人力资源和社会保障部职业能力建设司推荐

有色金属行业职业教育培训规划教材

轻有色金属及其合金
熔炼与铸造

谭劲峰　编著

北　京

冶　金　工　业　出　版　社

2013

内 容 简 介

本书是有色金属行业职业教育培训规划教材之一，是根据有色金属企业生产实际、岗位技能要求以及职业学校教学需要编写的，并经人力资源和社会保障部职业培训教材工作委员会办公室组织专家评审通过。

全书共分上下两篇。上篇为铝及铝合金熔炼与铸造，主要内容包括铝及铝合金、熔炼炉、中间合金的制备技术、原材料的管理和使用及其配料计算、铝合金的熔炼、铝合金的熔体净化、铸造工具及设备、铝及铝合金的铸造、铸锭的均匀化与加工、铸锭质量的检验及缺陷分析、铝合金连续铸轧技术、铝合金的连铸连轧技术；下篇为镁及镁合金熔炼与铸造，主要内容包括镁及镁合金、变形镁合金熔铸设备及安全技术与操作、变形镁合金的熔炼、变形镁合金的铸造、镁合金铸锭均匀化退火、镁合金铸锭的质量检查和常见缺陷及防止办法。

本书可作为有色金属企业岗位操作人员的培训教材，也可作为职业学校（院）相关专业的教材，也可供有关工程技术人员参考。

图书在版编目（CIP）数据

轻有色金属及其合金熔炼与铸造/谭劲峰编著 . —北京：冶金工业出版社，2013.4

有色金属行业职业教育培训规划教材

ISBN 978-7-5024-6204-8

Ⅰ.①轻… Ⅱ.①谭… Ⅲ.①轻有色金属—熔炼—技术培训—教材 ②轻有色金属—铸造—技术培训—教材 ③轻有色金属合金—熔炼—技术培训—教材 ④轻有色金属合金—铸造—技术培训—教材 Ⅳ.①TG292

中国版本图书馆 CIP 数据核字（2013）第 066104 号

出 版 人 谭学余
地　　址　北京北河沿大街嵩祝院北巷 39 号，邮编 100009
电　　话　（010）64027926　电子信箱　yjcbs@cnmip.com.cn
责任编辑　张登科　王雪涛　美术编辑　李　新　版式设计　孙跃红
责任校对　石　静　责任印制　牛晓波
ISBN 978-7-5024-6204-8
冶金工业出版社出版发行；各地新华书店经销；三河市双峰印刷装订有限公司印刷
2013 年 4 月第 1 版，2013 年 4 月第 1 次印刷
787mm×1092mm　1/16；19 印张；506 千字；284 页
48.00 元
冶金工业出版社投稿电话：（010）64027932　投稿信箱：tougao@cnmip.com.cn
冶金工业出版社发行部　电话：（010）64044283　传真：（010）64027893
冶金书店　地址：北京东四西大街 46 号（100010）　电话：（010）65289081（兼传真）
（本书如有印装质量问题，本社发行部负责退换）

序

有色金属工业是国民经济重要的基础原材料产业和技术进步的先导产业。改革开放以来，我国有色金属工业取得了快速发展。十种常用有色金属产销量已经连续多年位居世界第一，产品品种不断增加，产业结构趋于合理，装备水平不断提高，技术进步步伐加快，时至今日，我国已经成为名符其实的有色金属大国。

"十二五"期间，是我国由有色金属大国向强国转变的重要时期，要成为有色金属强国，根本靠科技，基础在教育，关键在人才，有色金属行业必须建立一支规模宏大、结构合理、素质优良、业务精湛的人才队伍，尤其是要建立一支高水平的技能型人才队伍。

建立技能型人才队伍既是有色金属工业科学发展的迫切需要，也是建设国家现代职业教育体系的重要任务。首先，技能型人才和经营管理人才、专业技术人才一样，同是企业人才队伍中不可或缺的重要组成部分，在企业生产过程中，装备要靠技能型人才去掌握，工艺要靠技能型人才去实现，产品要靠技能型人才去完成，技能型人才是企业生产力的实现者。其次，我国有色金属行业与世界先进水平相比还有一定差距，要弥补差距，赶超世界先进水平靠的是人才，而现在最缺乏的就是高技能型人才。再次，随着对实体经济重要性认识的不断深化，有色金属工业对技能型人才的重视程度和需求也在不断提高。

人才要靠培养，培养需要教材。有色金属工业人才中心和洛阳有色金属工业学校为了落实中国有色金属工业协会和教育部颁发的《关于提高职业教育支撑有色金属工业发展能力的指导意见》精神，为了适应行业技能型人才培养的需要，与冶金工业出版社合作，组织编写了这套面向企业和职业技术院校的培训教材。这套教材的显著特点就是体现了基本理论知识和基本技能训练的"双基"培养目标，侧重于联系企业生产实际，解决现实生产问题，是一套面向中级技术工人和职业技术院校学生实用的中级教材。

该教材的推广和应用，将对发展行业职业教育，建设行业技能人才队伍，推动有色金属工业的科学发展起到积极的作用。

中国有色金属工业协会会长 陈全训

2013 年 2 月

前　言

本书是按照人力资源和社会保障部的规划，参照行业职业技能标准和职业技能鉴定规范，根据有色金属企业生产实际、岗位技能要求以及职业学校教学需要编写的。书稿经人力资源和社会保障部职业培训教材工作委员会办公室组织专家评审通过，由人力资源和社会保障部职业能力建设司推荐作为有色金属行业职业教育培训规划教材。

熔炼与铸造是轻金属合金材料制备与加工的第一道工序，也是控制轻金属材料冶金质量的关键工序，而且熔铸缺陷在后续加工中具有遗传性，对产品的终身质量都有影响，因此，提高锭坯的质量对提高产品的质量有着极其重要的意义。

全书共分两篇，上篇为铝及铝合金熔炼与铸造，主要内容包括铝及铝合金、熔炼炉、中间合金的制备技术、原材料的管理和使用及其配料计算、铝合金的熔炼、铝合金的熔体净化、铸造工具及设备、铝及铝合金的铸造、铸锭的均匀化与加工、铸锭质量的检验及缺陷分析、铝合金连续铸轧技术、铝合金的连铸连轧技术；下篇为镁及镁合金熔炼与铸造，主要内容包括镁及镁合金、变形镁合金熔铸设备及安全技术与操作、变形镁合金的熔炼、变形镁合金的铸造、镁合金铸锭均匀化退火、镁合金铸锭的质量检查和常见缺陷及防止办法。

本书重点突出了熔体质量控制（合金化、成分与温度的均匀化、熔体净化、晶粒细化）以及熔铸缺陷产生的原因和解决办法，特别突出的是随着连续铸轧、连铸连轧在铝行业的广泛应用，本书将连续铸轧与连铸连轧独立出两个章节进行了全面详细的介绍。

本书的编写密切结合生产实际，通俗易懂，突出行业特点。为便于读者自学，加深理解和学用结合，各章均附有复习思考题。

　　本书可作为有色金属企业职工技能教育培训和职业院校相关专业的教材，也可供有关工程技术人员参考。

　　本书是在洛阳有色金属工业学校多年使用的内部教材的基础上编写的。本书大部分章节由谭劲峰编写，铸造设备部分由陈长水编写，全书由谭劲峰统稿，杜运时老师负责审核。本书在编写过程中，得到了洛阳有色金属工业学校领导杨伟宏和姚晓燕、李巧云、申智华、白素琴老师以及同事刘阳等的热情支持和帮助，马宝平、董朝克、张华乐、晏京京、蔡中云对书稿的整理做了大量的工作，同时对编写过程中参考的一些相关著作和文献资料的作者，在此一并表示衷心的感谢。

　　由于编者水平所限，编写经验不足，书中不妥之处，恳请读者批评指正。

作　者

2013 年 1 月 10 日

目　　录

上篇　铝及铝合金熔炼与铸造

下篇　镁及镁合金熔炼与铸造

上篇

铝及铝合金熔炼与铸造

1 铝及铝合金

1.1 概述

世界铝（包括再生铝）产量的85%以上被加工成板、带、条、箔、管、棒、型、线、粉、自由锻件、模锻件、铸件、压铸件、冲压件及其深加工件等铝及铝合金产品。无论是何种铝及铝合金产品，其铸锭（件）的质量都直接关系到材料的使用性能，尤其对变形铝及铝合金加工材来说，铸锭质量是至关重要的。铝及铝合金铸锭的化学成分、内部组织和性质，既决定了铝及铝合金铸锭的加工性能，也直接影响铝及铝合金加工材的最终性能。因此合理的熔炼工艺和铸造工艺，对铸锭成型和获得理想的结晶组织具有决定作用。所以学习和研究铝及铝合金熔炼和铸造技术，对于提高铝及铝合金加工材质量，充分发挥铝及铝合金材料在航天、航空、兵器、交通、建筑、电子、包装等工业的应用，具有十分重要的意义。

1.2 铝的一般特性

铝是一种银白色轻金属，是地壳中分布最广、储量最多的一种金属元素，约占地壳总质量的8.2%，仅次于氧和硅，比铁（约占5.1%）、镁（约占2.1%）和钛（约占0.6%）的总和还多。铝作为化学元素是丹麦人奥斯忒（H. C. Oersted）于1825年发现的。自1886年美国人霍尔（C. M. Hall）与法国人埃鲁（P. L. Heroult）发明铝的电解法以来，全世界铝的产量开始迅速增加。铝具有工业生产规模仅仅是20世纪初才开始的，但发展迅速。目前，世界铝的年产量仅次于钢铁而跃居有色金属的首位。

铝及铝合金具有很多可贵的性质，在国民经济各部门得到广泛的应用。

（1）密度小。在室温时，纯度为99.75%的铝，密度为 $2.703 \times 10^3 \, kg/m^3$；铝合金的密度与合金元素的种类和含量有关，其值为 $2.63 \times 10^3 \sim 2.85 \times 10^3 \, kg/m^3$，仅为钢密度的35%左右。铝合金具有相当高的强度，其比强度（强度与密度的比值）可与优质合金钢相比。例如，常用的2A12合金在淬火时效状态的比强度为17.4，合金结构钢40Cr的比强度为12.8。也就是说，在制件质量相同的情况下，2A12合金比铬钢能承受更大负荷。因此，铝及铝合金成为重要的轻型结构材料，主要用于航空工业部门，可以说铝合金材料的发展与航空工业是密切相关的。据资料介绍，一架超音速飞机所用的材料中70%是铝合金，而导弹的用铝量占其总量的10% ~ 50%。

（2）良好的导电性和导热性。铝的导电性和导热性仅次于银和铜，约相当于铜的 50% 以上。随着铝中杂质元素含量的增加，其导电性和导热性降低；以铜为标准，纯度为 99.97% 的铝，电导率为铜的 65.4%，而纯度为 99.5% 的铝，电导率为铜的 62.5%。等质量的铝导热量是铁的 12 倍，铜的 2 倍。因此，铝广泛用于电线电缆工业及热交换器、散热材料等。

（3）良好的耐蚀性。铝是比较活泼的金属，在空气中极易氧化，生成致密而坚固的 Al_2O_3 氧化膜。Al_2O_3 的熔点约为 2010~2050℃，铝表面生成的这层氧化膜可以防止铝合金的继续氧化，对于处在固态和液态的铝均有良好的保护作用。因此，铝及某些铝合金在淡水、海水、浓硝酸、各种硝酸盐、汽油等以及各种有机物中都具有足够的耐腐蚀性。应当指出的是，纯铝的抗蚀性与铝的纯度有关，通过试验表明，铝的纯度越高，其耐腐蚀性越好。铝合金的抗蚀性随合金元素不同而异。一般来说，Al-Mg 系铝合金的抗蚀性较好，大多数成分较复杂的铝合金的抗蚀性不如 Al-Mg 系铝合金，有些合金制品要包铝，以提高其抗蚀性。

（4）良好的塑性和加工性能。铝属于面心立方晶格。铝及其合金可塑性较好，能进行各种形式的压力加工，可以压成薄板和箔，拉成铝丝和挤压成复杂形状的型材供各个工业部门使用。铝及其合金易切削加工，黏合、焊合性能也很好，具有极大的深加工潜力。

（5）耐低温。铝的强度与塑性随温度的下降而升高，即使在超低温范围内，也不会出现类似普通钢的低温脆性，因此铝是理想的低温结构材料。

（6）对光、热、电波的反射率高。铝对红外线、紫外线、可见光、激光、电波等的反射率高。抛光后铝的反射率为 70%，而 99.8% 以上的纯铝电解抛光后反射率可高达 94%；铝对热辐射也有很好的反射性能，因此用铝材作房屋的墙板有利于保持室内温度。用铝材与泡沫塑料的复合材料可进一步提高墙板的绝热性能。

（7）表面处理性能良好。铝及铝合金具有良好的表面处理性能。通过阳极氧化处理可在铝材表面形成一层透明的氧化膜，并可着各种颜色，使之美观耐用。另外，添加铁、硅、锰等元素可以形成自然色调，因此，铝材在民用建筑部门和家庭用品中得到了广泛的应用，最常见的有银白色和古铜色门窗、玻璃幕墙材料、建筑用壁板、装饰板及室内装修材料、器具装饰、装饰品和标牌等。铝材表面经过特殊的改性处理，可具有某种特殊性能而成为功能膜材料，如可选择性地吸收太阳光，提高吸收太阳能效益的太阳能铝材；计算机磁盘膜片；电/色转换膜；绝缘膜；电致发光元件；亲水性膜和润滑膜等。此外，还可以通过化学处理、涂油漆、电泳涂漆等特殊表面处理，使铝材获得各种所需的性能。

（8）无磁性。铝是非磁体，可用作船上的罗盘、天线、操舵室的器具、电子计算机存储硬盘、导弹体稳定器材料等。在磁性地层中也是地质勘探和石油钻井的良好钻杆材料。

（9）基本无毒性。铝本身没有毒性，与大多数食品接触时，溶出量很微小，同时由于表面光滑，容易清洗，故细菌不易停留繁殖，因此，适于制作食具、食品包装、鱼罐、鱼仓、医疗器械、食品容器等。但现代医学证实，铝对人体是一种有轻微毒性的元素，特别对神经系统有一定危害。因此，应控制食品与饮料用包装铝材中的有毒元素含量，要求：$w(As) \leqslant$ 0.015%，$w(Pb) \leqslant 0.15\%$，$w(In) \leqslant 0.3\%$。

（10）有吸音性。铝对声音是非传播体，有吸收声波的性能，可用作室内天棚板和隔音器材。

（11）耐酸性好。铝对硝酸、冰醋酸、过氧化氢等化学药品和试剂有非常好的耐蚀性，适于制作化学试剂和药品的容器。

（12）抗核辐射性。铝对热中子的吸收截面较小，为 0.22×10^{-24} cm^2，辐照感应放射能衰减快。放射性同位素^{28}Al存在寿命短，在放射线作用下，其组织、性能变化的敏感性小。因此，在核反应堆中用作工艺管、元件包壳材料。

（13）弹性系数小。铝合金的弹性率小，具有耐冲击性能，可用作车辆的缓冲体和装甲车的甲板等。

（14）良好的力学性能。铝及铝合金的常规力学性能随合金种类与状态的不同而不同，其R_m可在50~800MPa之间，$R_{p0.2}$可在10~700MPa之间，A可在2%~50%之间变化，主要结构材料的刚性大致与密度成比例，而与合金成分和状态关系不大。铝材的弹性模量变化范围较窄，大致为$(7~8)\times10^4$MPa，在刚性相同情况下，铝材的厚度应为钢材的1.44倍，而相同刚性的铝零件质量比钢的质量轻50%左右。高强度铝合金的力学性能优于普通钢，可与特殊钢媲美。在特殊的热处理状态下，铝合金有较好的抗疲劳强度和断裂韧性。力学性能良好的铝合金适用于飞机、机器、桥梁（吊桥、可动桥等）、压力容器、建筑结构、自行车车身、汽车保险杠和车身板、底盘大梁、消防车云梯、升降台支架、跳水板、跳高撑杆、球拍框架、三角架、发动机转子以及其他受力结构件。

（15）优良的铸造性能。铝的铸造性能良好，可用多种方法铸成精密铸件和精密压铸件以及日常用品等，也可与多种金属元素熔铸成各种铝合金铸锭，然后用压力加工方法制成各种高强度铝合金零件。铝的熔化温度为660℃，因此废料易于回收。

（16）其他特征。铝撞击时不会发生火花，冲击吸收性能强，所以某些铝合金材料可作为矿井下的防爆材料。此外，铝材还具有一定的高温性能、低温性能、成型性能、焊接性能、切削性能和焊接性能等，为铝材的应用扩大了范围。

1.3　铝合金的主要分类及牌号命名

1.3.1　主要分类

纯铝虽然塑性高，导电性和导热性好，但其用途由于强度和硬度低而受到限制。为适应工业上不同用途的需要，需对纯铝进行合金化。所谓合金化，就是以一种金属为基加入一种或几种元素，熔在一起，构成一种新的金属组成物，使之具有某种特性或良好的综合性能的过程。铝在合金化时，常加入的合金元素有铜、镁、锌、硅、镍、锂和稀土等。铝合金的种类很多，根据生产方式不同，可分为铸造铝合金和变形铝合金两大类。一般来说，铸造铝合金中合金元素的含量较高，具有较多的共晶体，有较好的铸造性能，但塑性低，不宜进行压力加工而用于铸造零件，故称之为铸造铝合金。变形铝合金塑性好，可用压力加工方法制成各种形式的半成品。应当指出，铸造铝合金和变形铝合金之间的界限并不十分严格，有些铸造铝合金也可以进行压力加工，一些铝-硅系合金就可以轧成板材使用。

根据状态图，铝合金的分类如图1-1所示，位于B点右侧的合金属于铸造铝合金，本书不作介绍；位于B点左侧的合金均可用加热的方法变成单

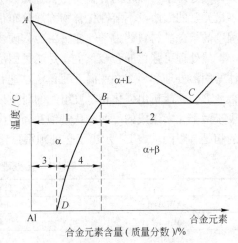

图1-1　铝合金的分类

1—变形铝合金；2—铸造铝合金；
3—热处理不可强化的变形铝合金；
4—热处理可强化的变形铝合金

相组织，有加工变形的可能，称为变形铝合金；位于 4 区内的合金，随温度的降低，合金元素溶解度越来越小，因而有热处理强化的可能，称为热处理可强化的变形铝合金；位于 3 区内的合金，不论温度如何变化，合金的组织不发生变化，属于热处理不可强化的变形铝合金，此类合金能承受冷深冲压，并有较高的耐腐蚀性，可用冷加工硬化方式提高强度。虽然大多数元素能与铝组成合金，但只有几种元素在铝中有较大的固溶度而成为常用合金元素。在铝中固溶度超过 1%（原子分数）的元素有 8 个：锰、铜、镓、锗、锂、镁、硅、锌，其中铜、锰、镁、锌、硅为普遍采用的添加元素，是合金化的基本元素。要指出的是，在合金中除表征合金主要特点的主要合金化元素以外，尚有少量的添加元素，如锰（作为合金化元素时除外）、铬、钛、锆等，它们对过饱和固溶体的分解、再结晶过程、晶粒度和各种性能都有很大影响，也能防止铸锭产生裂纹。此外，铁、硅（作为合金元素的除外）等杂质，对加工性能、使用性能都是相当有害的。

按照所含主要合金元素的不同，变形铝合金可分为 8 个合金系。

其中，热处理不可强化的铝合金有以下 4 个合金系：

(1) 1×××系（工业纯铝）。

(2) 3×××系（铝-锰合金）。

(3) 4×××系（铝-硅合金）。

(4) 5×××系（铝-镁合金）。

热处理可强化的铝合金主要有以下 3 个合金系：

(1) 2×××系（铝-铜合金）。

(2) 6×××系（铝-镁-硅合金）。

(3) 7×××系（铝-锌-镁合金）。

还有一个合金系是以其他合金元素为主要合金元素的 8×××系。

4×××系和 5×××系中包含少数热处理可强化合金，7×××系和 8×××系中也包含少数热处理不可强化合金。

热处理不可强化的合金，主要通过冷加工而得到强化（即加工硬化或冷作硬化）。另外，少量元素的固溶及不溶性化合物弥散分布也可得到部分强化。硬化的材料可通过退火得到不同程度的软化。材料的力学性能可由冷作硬化程度和退火温度来控制。

热处理可强化的合金，主要是通过固溶、淬火和时效而得到强化的。使合金组元形成固溶体的固溶处理和形成在室温下亚稳定过饱和固溶体的淬火处理，所得到的部分强化，效果不是很显著，而能析出强化相过渡组织的时效处理则有显著的强化效果。多数强化相是由除铝外不少于两个元素组成的。一般从过饱和固溶体中析出的析出物种类可能很多，但有显著强化效应的相是有限的。表 1-1 示出了热处理可强化各系合金的强化相。

表 1-1　热处理可强化各系合金的强化相

合金系	具有热处理效应的强化相	发现年份
Al-Cu-Mg	$\theta(CuAl_2)$、$S(Al_2CuMg)$	1909 ~ 1911
Al-Cu-Mn	$\theta(CuAl_2)$、$T(Al_{12}Mn_2Cu)$	1838 ~ 1950
Al-Mg-Si	$\beta(Mg_2Si)$	1915 ~ 1921
Al-Zn-Mg	$\eta(MgZn_2)$、$T(Al_2Mg_3Zn_3)$	1923 ~ 1924
Al-Zn-Mg-Cu	$\eta(MgZn_2)$、S 相、$T(Al_2Mg_3Zn_3)$	1932
Al-Cu-Li	$\theta(CuAl_2)$、$T1(Al_2CuLi)$、$T(Al_{7.5}Cu_4Li)$	1956
Al-Li-Mg	$S1(Al_2LiMg)$、$A(AlLi)$	1963 ~ 1965

1.3.2 合金牌号命名

按照 GB 340—76 标准的规定，我国采用汉语拼音字母加阿拉伯数字表示变形铝合金牌号，并把铝合金分为 7 类，即纯铝（L）、防锈铝（LF）、锻铝（LD）、硬铝（LY）、超硬铝（LC）、特殊铝（LT）和钎焊铝（LQ）。随着铝合金研制和生产技术的不断发展，越来越多的新型铝合金加工材料相继问世，GB 340—76 所规定的命名方法及分类原则越加显得缺乏科学性，并越来越不适应世界技术交流和贸易往来。

我国目前的铝及铝合金大致有 3 个大类：一是国内研制的铝及铝合金（包括从前苏联引进牌号的铝及铝合金）；二是引进的国际四位数字牌号的铝及铝合金；三是仿制国际四位数字牌号的及西欧某些发达国家的铝及铝合金。针对上述情况，我国新制订了 GB/T 16474—1996《变形铝及铝合金牌号表示方法》，它是根据变形铝及铝合金国际牌号注册协议组织（简称国际牌号注册组织）推荐的国际四位数字体系牌号命名方法制定的，是国际上比较通用的牌号命名方法，该标准包括国际四位数字体系牌号和四位字符体系牌号两种牌号的命名方法。已在国际牌号注册组织注册命名的铝及铝合金，直接采用国际四位数字体系牌号；国际牌号注册组织未命名的铝及铝合金则按四位字符体系牌号的规定命名。国内使用多年，今后仍然继续使用的铝及铝合金，均按四位字符体系牌号命名方法命名。

1.3.2.1 四位字符体系牌号命名方法简介

四位字符体系牌号的第一、三、四位为阿拉伯数字，第二位为英文大写字母（C、I、L、N、O、P、Q、Z 字母除外）。牌号的第一位数字表示铝及铝合金的组别，如表 1-2 所示，除改型合金外，铝合金组别按主要合金元素（6×××系按 Mg_2Si）来确定。主要合金元素指极限含量算术平均值为最大的合金元素。当有一个以上的合金元素极限含量算术平均值同为最大时，应按 Cu、Mn、Si、Mg_2Si、Zn、其他元素的顺序来确定合金组别。牌号的第二位字母表示原始纯铝或铝合金的改型情况，最后两位数字标识同一组中不同的铝合金或表示铝的纯度。

表 1-2 铝合金组别分类

组 别	牌号系列
纯铝（铝含量不小于 99.00%）	1×××
以铜为主要合金元素的铝合金	2×××
以锰为主要合金元素的铝合金	3×××
以硅为主要合金元素的铝合金	4×××
以镁为主要合金元素的铝合金	5×××
以镁和硅为主要合金元素并以 Mg_2Si 相为强化相的铝合金	6×××
以锌为主要合金元素的铝合金	7×××
以其他合金元素为主要合金元素的铝合金	8×××
备用合金组	9×××

A 纯铝的牌号命名法

铝含量不低于 99.00% 时为纯铝，其牌号用 1××× 系列表示。牌号的最后两位数字表示最低铝百分含量。当最低铝百分含量精确到 0.01% 时，牌号的最后两位数字就是最低铝百分含量中小数点后面的两位。牌号第二位的字母表示原始纯铝的改型情况。如果第二位的字母为

A, 则表示为原始纯铝; 如果是 B～Y 的其他字母 (按国际规定用字母表的次序选用), 则表示为原始纯铝的改型, 与原始纯铝相比, 其元素含量略有改变。

B　铝合金的牌号命名法

铝合金的牌号用 2×××～8××× 系列表示。牌号的最后两位数字没有特殊意义, 仅用来区分同一组中不同的铝合金。牌号第二位的字母表示原始合金的改型状况。如果牌号第二位的字母是 A, 则表示为原始合金; 如果是 B～Y 的其他字母 (按国际规定用字母表的次序选用), 则表示为原始合金的改型合金。改型合金与原始合金相比, 化学成分的变化, 仅限于下列任何一种或几种情况:

(1) 一个合金元素或一组组合元素形式的合金元素, 元素极限含量算术平均值的变化量符合表 1-3 的规定。

表 1-3　合金元素极限含量算术平均值的变化量

原始合金中的元素极限含量算术平均值范围/%	元素极限含量算术平均值的变化量(不大于)/%
≤1.0	0.15
>1.0～2.0	0.20
>2.0～3.0	0.25
>3.0～4.0	0.30
>4.0～5.0	0.35
>5.0～6.0	0.40
>6.0	0.50

注: 改型合金中的组合元素极限含量的算术平均值, 应与原始合金中相同组合元素的算术平均值或各相同元素 (构成该组合元素的各单个元素) 的算术平均值之和相比较。

(2) 增加或删除了元素极限含量算术平均值不超过 0.30% 的一个合金元素; 增加或删除了元素极限含量算术平均值不超过 0.40% 的一组组合元素形式的合金元素。

(3) 为了同一目的, 用一个合金元素代替另一个合金元素。

(4) 改变杂质的极限含量。

(5) 细化晶粒的元素含量有变化。

1.3.2.2　国际四位数字体系牌号简介

变形铝及铝合金国际四位数字体系牌号是指按照 1970 年 12 月制定的变形铝及铝合金国际牌号命名体系推荐方法命名的牌号。此推荐方法是由承认变形铝及铝合金国际牌号体系宣言的世界各国团体或组织提出, 牌号及成分注册登记秘书处设在美国铝业协会 (AA)。

A　国际四位数字体系牌号组别的划分

国际四位数字体系牌号的第一位数字表示组别, 如下所示:

(1) 纯铝 (铝含量不小于 99.00%)　　　1×××。

(2) 合金组别按下列主要合金元素划分:

1) Cu　2×××。

2) Mn　3×××。

3) Si　4×××。

4) Mg　5×××。

5) Mg + Si　6×××。

6）Zn　　7×××。

7）其他元素　　8×××。

8）备用组　　9×××。

B　国际四位数字体系1×××牌号系列

1×××组表示纯铝（其铝含量不小于99.00%），其最后两位数字表示最低铝百分含量中小数点后面的两位。

牌号的第二位数字表示合金元素或杂质极限含量的控制情况，如果第二位为0，则表示其杂质极限含量无特殊控制；如果是1~9，则表示对一项或一项以上的单个杂质或合金元素极限含量有特殊控制。

C　国际四位数字体系2×××~8×××牌号系列

2×××~8×××牌号中的最后两位数字没有特殊意义，仅用来识别同一组中的不同合金，其第二位表示改型情况，如果第二位为0，则表示为原始合金；如果是1~9，则表示为改型合金。

D　国际四位数字体系国家间相似铝及铝合金牌号

国家间相似铝及铝合金表示某一国家新注册的、与已注册的某牌号成分相似的纯铝或铝合金。国家间相似铝及铝合金采用成分相似的四位数字牌号后缀一个大写字母（按国际字母表的顺序，由A开始依次选用，但I、O、Q除外）来命名。

1.4　主要变形铝合金的特性及合金元素在铝合金中的作用

1.4.1　1×××系（纯铝）

纯铝并不是纯金属，铝的最低含量为99.00%，有时把工业纯铝列为合金之一。因为工业纯铝中都含有一定量的铁和硅及少量的其他元素，因此，在性质上工业纯铝并不同于真正的纯铝。按纯度不同，可分为高纯铝、工业高纯铝和工业纯铝。

1.4.1.1　纯铝及其用途

1×××系铝合金属于工业纯铝，具有密度小、导电性好、导热性高、溶解潜热大、光反射系数大、热中子吸收界面积较小及外表色泽美观等特性。铝在空气中表面能生成致密而坚固的氧化膜，阻止氧的侵入，因而具有较好的抗蚀性。1×××系铝合金用热处理方法不能达到强化效果，只能采用冷作硬化方法来提高强度，因此强度较低，在变形度高达60%~80%的情况下，其强度也只有150~180MPa。随着铝的纯度降低，其强度有所提高，但导电性、耐蚀性和塑性则会降低。因而，各种不同牌号的纯铝，其用途也不相同。高纯铝主要用于科学研究、化学工业以及一些其他特殊用途。电气工业中所用的纯铝，除要求导电性能好之外，还要求具有一定强度，所以制造导线、电缆及电容器等用1070、1060和1050纯铝。一般日常生活用家具器皿多用1100合金制造。大部分铝都用于制造铝基合金。有些纯度不高的铝，也可加工成各种形状的半成品材料。

1.4.1.2　微量元素在1×××系合金中的作用

1×××系铝合金中的主要杂质是铁和硅，其次是Cu、Mg、Zn、Mn、Cr、Ti、B等以及一些稀土元素，这些微量元素在部分1×××系铝合金中还起合金化的作用，并且对合金的组织和性能均有一定的影响。

　　铁、硅是纯铝中的主要杂质，其含量与相对比例，对工艺和使用性能影响很大。如果在高纯铝 1A99 纯铝中将 Fe 含量由 0.0017% 增加到 1.0% 时，其伸长率则由 36% 降低到 14.3%；若将 Si 含量从 0.002% 增加到 0.5%，其伸长率由 36% 降至 24.5%。这主要是由于引起了组织的变化。

　　Al-Fe 和 Al-Si 二元状态图如图 1-2 和图 1-3 所示，从图中可以看到，铁在 928K 共晶温度下的溶解度为 0.052%，室温下则非常小。而硅在 850K 共晶温度的溶解度虽比铁高，但在室温时同样很小，所以在纯铝中当铁、硅含量很低时就会出现第二相 FeAl$_3$ 和 β(Si)。它们性硬而脆，以针状或片状存在于组织中，塑性、抗腐蚀性都差。另外，还形成三元化合物 α(Al、Fe、Si) 和 β(Al、Fe、Si)。α 相呈骨骼状，性脆；β 相呈针状或条状，性更脆。它们是 1×××系铝合金中的主要相，性硬而脆，对力学性能影响较大，一般是使铝合金强度略有提高，而塑性降低，并可以提高再结晶温度。由于铁和硅含量不同，可能出现如下四种情况：

　　（1）铁和硅含量均少时，硅能溶解在基体内，只有铁和铝形成 FeAl$_3$ 相。

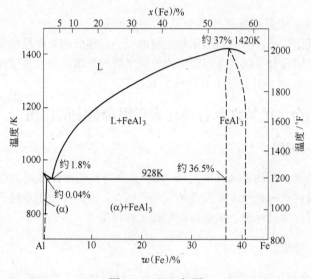

图 1-2　Al-Fe 相图

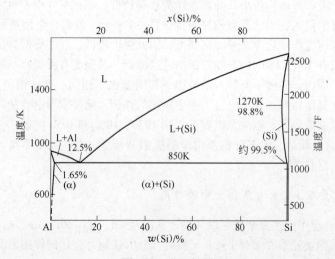

图 1-3　Al-Si 相图

（2）在标准规定范围内，当 Si 含量大于 Fe 时，将形成以 Fe 为主的 α 相。

（3）硅含量高时，除形成 β 相，多余硅以游离状态单独存在，性硬而脆，使合金的强度略有提高，而塑性降低，并对高纯铝的二次再结晶晶粒度有明显影响。

无论出现 α 相和 β 相或游离硅皆属脆相，它们均能降低塑性。铁和硅是有害杂质，生产中应严格控制含量。

对于熔铸工艺来说，铁与硅的相对含量不同，铸锭形成裂纹的倾向性也不相同。工业纯铝中的铁与硅含量之和在 0.65% 左右或更低时，最易产生裂纹。若控制铁含量大于硅含量时，可防止裂纹，当 Fe 与 Si 含量均高时，即便是 Si 含量大于 Fe 含量也不会产生裂纹。

Cu：Cu 在 1××× 系铝合金中主要以固溶状态存在，对合金的强度有些贡献，对再结晶温度也有影响。

Mg：Mg 在 1××× 系铝合金中可以是添加元素，并主要以固溶状态存在，其作用是提高强度，对再结晶温度的影响较小。

Mn 和 Cr：Mn、Cr 可以明显提高再结晶温度，但细化晶粒的作用不大。

Ti 和 B：Ti、B 是 1××× 系铝合金的主要变质元素，既可以细化铸锭晶粒，又可以提高再结晶温度并细化晶粒。但钛对再结晶温度的影响与 Fe 和 Si 的含量有关，当含有铁时，其影响非常显著；若含有少量的硅时，其作用减小；但当硅含量达到 0.48%（质量分数）时，铁又可以使再结晶温度显著提高。

添加元素和杂质对 1××× 系铝合金的电学性能影响较大，一般均使导电性能降低，其中 Ni、Cu、Fe、Zn、Si 使合金导电性能降低较少，而 V、Cr、Mn、Ti 则降低较多。此外，杂质的存在破坏了铝表面形成氧化膜的连续性，使铝的抗蚀性降低。

1.4.2　2×××系（铝-铜系合金）

2××× 系铝合金是以铜为主要合金元素的铝合金，它是在铝铜二元素合金基础上发展起来的。Al-Cu 二元相图见图 1-4，在 820K 发生共晶转变，可溶解 5.6% 的铜。在合金缓慢冷却过程中，从 α 固溶体中可析出化合物 $CuAl_2$，合金的强度因此而增加。2××× 系合金包括了 Al-Cu-Mg 合金、Al-Cu-Mg-Fe-Ni 合金和 Al-Cu-Mn 合金等，这些合金均属热处理可强化铝合金。

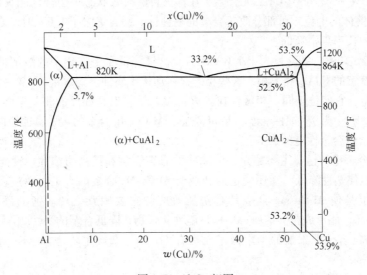

图 1-4　Al-Cu 相图

合金的特点是强度高，通常称为硬铝合金，其耐热性能和加工性能良好，但耐蚀性不如大多数其他铝合金好，在一定条件下会产生晶间腐蚀，因此，板材往往需要包覆一层纯铝，或一层对芯板有电化学保护的 6×××系铝合金，以提高其耐腐蚀性能。其中，Al-Cu-Mg-Fe-Ni 合金具有极为复杂的化学组成和相组成，它在高温下有高的强度，并具有良好的工艺性能，主要用于锻压在 150~250℃以下工作的耐热零件；Al-Cu-Mn 合金的室温强度虽然低于 2A12 和 2A14 合金，但在 225~250℃或更高温度下强度却比二者高，并且合金的工艺性能良好，易于焊接，主要应用于耐热可焊的结构件及锻件。该系合金广泛应用于航空和航天领域。

合金元素和杂质元素在 2×××系铝合金中的作用如下：

（1）Al-Cu-Mg 系合金。Al-Cu-Mg 系合金的主要合金牌号有 2A01、2A02、2A06、2A10、2A11、2A12 等，主要添加元素有 Cu、Mg 和 Mn，它们对合金的作用如下：

1）Cu、Mg 含量对合金力学性能的影响：

当镁含量为 1%~2% 时，铜含量从 1.0% 增加到 4% 时，淬火状态的合金抗拉强度从 200MPa 提高到 380MPa；淬火自然时效状态下合金的抗拉强度从 300MPa 增加到 480MPa。铜含量在 1%~4% 范围内，镁含量从 0.5% 增加到 2.0% 时，合金的抗拉强度增加；继续增加镁含量时，合金的强度降低。

含 4.0% Cu 和 2.0% Mg 的合金抗拉强度值最大，含 3%~4% Cu 和 0.5%~1.3% Mg 的合金，其淬火自然时效效果最大。试验指出，含 4%~6% Cu 和 1%~2% Mg 的 Al-Cu-Mg 三元合金，在淬火自然时效状态下，合金的抗拉强度可达 490~510MPa。

2）Cu、Mg 含量对合金耐热性能的影响：

由含有 0.6% Mn 的 Al-Cu-Mg 合金在 200℃和 160MPa 应力下的持久强度试验值可知，含 3.5%~6% Cu 和 1.2%~2.0% Mg 的合金，持久强度最大，这时合金位于 Al-S(Al_2CuMg) 伪二元截面上或这一区域附近。远离伪二元截面的合金，即当镁含量小于 1.2% 和大于 2.0% 时，其持久强度降低。若镁含量提高到 3.0% 或更多时，合金持久强度将迅速降低。在 250℃和 100MPa 应力下试验，也得到了相似的规律。文献指出，在 300℃下持久强度最大的合金，位于镁含量较高的 Al-S 二元截面以右的 α+S 相区中。

3）Cu、Mg 含量对合金耐蚀性能的影响：

铜含量为 3%~5% 的 Al-Cu 二元合金，在淬火自然时效状态下耐蚀性能很低。加入 0.5% Mg，降低 α 固溶体的电位，可部分改善合金的耐蚀性。镁含量大于 1.0% 时，合金的局部腐蚀增加，腐蚀后伸长率急剧降低。

铜含量大于 4.0%，镁含量大于 1.0% 的合金，镁降低了铜在铝中的溶解度，合金在淬火状态下，有不溶解的 $CuAl_2$ 和 S 相，这些相的存在加速了腐蚀。铜含量为 3%~5% 和镁含量为 1%~4% 的合金，它们位于同一相区，在淬火自然时效状态耐蚀性能相差不多。α+S 相区的合金比 α-$CuAl_2$-S 区域的耐蚀性能差。晶间腐蚀是 Al-Cu-Mg 合金的主要腐蚀倾向。

4）Mn 元素对合金性能的影响：

Al-Cu-Mg 合金中加锰，主要是为了消除铁的有害影响和提高耐蚀性。锰能稍许提高合金的室温强度，但使塑性降低。锰还能延迟和减弱 Al-Cu-Mg 合金的人工时效过程，提高合金的耐热强度。锰也是使 Al-Cu-Mg 合金具有挤压效应的主要因素之一。锰的添加量一般低于 1.0%，含量过高，能形成粗大的(FeMn)Al_6 脆性化合物，降低合金的塑性。

5）Al-Cu-Mg 合金中添加的少量微量元素有 Ti、Zr，杂质主要是 Si、Fe、Zn 等，其影响如下：

Ti：合金中加钛能细化铸态晶粒，减小铸造时形成裂纹的倾向性。

Zr：少量的锆和钛有相似的作用，可细化铸态晶粒，减小铸造和焊接裂纹的倾向性，提高铸锭和焊接接头的塑性。加锆不影响含锰合金冷变形制品的强度，对无锰合金强度稍有提高。

Si：镁含量低于 1.0% 的 Al-Cu-Mg 合金，硅含量超过 0.5%，能提高人工时效的速度和强度，而不影响自然时效能力，因为硅和镁形成了 Mg_2Si 相，有利于人工时效效果。但镁含量提高到 1.5% 时，经淬火自然时效或人工时效处理后，合金的强度和耐热性能随硅含量的增加而下降。因而，硅含量应尽可能地降低。

除此以外，硅含量增加将增大 2A12、2A06 等合金铸造形成裂纹的倾向，铆接时塑性下降。因此，合金中的硅含量一般限制在 0.5% 以下。要求塑性高的合金，硅含量应更低些。

Fe：Fe 和 Al 形成 $FeAl_3$ 化合物；并且 Fe 溶入 Cu、Mn、Si 等元素所形成的化合物中，这些不溶入固溶体中的粗大化合物，降低了合金的塑性，变形时使合金易于开裂，并使强化效果明显降低。而少量的 Fe（小于 0.25%）对合金力学性能影响很小，改善了铸造、焊接时裂纹的形成倾向，但使自然时效速度降低。为获得高塑性的材料，合金中的 Fe、Si 含量应尽量低。

Zn：少量的 Zn（0.1%~0.5%）对 Al-Cu-Mg 合金的室温力学性能影响很小，但使合金耐热性降低。合金中锌含量应限制在 0.3% 以下。

（2）Al-Cu-Mg-Fe-Ni 系合金。Al-Cu-Mg-Fe-Ni 系合金的主要合金牌号有 2A70、2A80、2A90 等，各合金元素的作用如下：

Cu 和 Mg：Cu、Mg 含量对上述合金室温强度和耐热性能的影响与 Al-Cu-Mg 合金的相似。由于该系合金中 Cu、Mg 含量比 Al-Cu-Mg 合金低，使合金位于 $\alpha + S(Al_2CuMg)$ 相区中，因而合金具有较高的室温强度和良好的耐热性；另外，Cu 含量较低时，低浓度的固溶体分解倾向小，这对合金的耐热性是有利的。

Ni：Ni 与合金中的 Cu 可以形成不溶解的三元化合物，Ni 含量低时形成 AlCuNi，Ni 含量高时形成 $Al_3(CuNi)_2$，因此 Ni 的存在，能降低固溶体中 Cu 的浓度。对淬火状态晶格常数的测定结果也证明了合金固溶体中 Cu 溶质原子的贫化。当 Fe 含量很低时，Ni 含量增加能降低合金的硬度，减小合金的强化效果。

Fe：Fe 和 Ni 一样，也能降低固溶体中的浓度。当镍含量很低时，合金的硬度随 Fe 含量的增加，开始时是明显降低，但当 Fe 含量达到某一数值后，又开始提高。

Ni 和 Fe：在 AlCu2.2Mg1.65 合金中同时添加 Fe 和 Ni 时，淬火自然时效、淬火人工时效、淬火和退火状态下的硬度变化特点相似，均在 Ni、Fe 含量相近的部位出现一个最大值，相应地在此处，其淬火状态下的晶格常数出现一极小值。

当合金中 Fe 含量大于 Ni 含量时，会出现 Al_7Cu_2Fe 相。相反地，当合金中 Ni 含量大于 Fe 含量时，则会出现 AlCuNi 相，上述含 Cu 三元相的出现，降低了固溶体中 Cu 的浓度，只有当 Fe、Ni 含量相等时，则全部生成 Al_9FeNi 相。在这种情况下，由于没有过剩的 Fe 或形成不溶解的含 Cu 相，合金中的 Cu 除形成 $S(Al_2CuMg)$ 相外，同时也增加了 Cu 在固溶体中的浓度，这有利于提高合金强度及其耐热性。

Fe、Ni 含量可以影响合金的耐热性。Al_9FeNi 相是硬脆的化合物，在 Al 中溶解度极小，经锻造和热处理后，当它们弥散分布于组织中时，能够显著地提高合金的耐热性。例如在 AlCu2.2Mg1.65 合金中含 1.0% Ni，加入 0.7%~0.9% Fe 的合金持久强度值最大。

Si：在 2A80 合金中加入 0.5%~1.2% Si，提高了合金的室温强度，但使合金的耐热性降低。

Ti：在 2A70 合金中加入 0.02%~0.1% Ti，细化铸态晶粒，提高锻造工艺性能，对耐热性有利，但对室温性能影响不大。

（3）Al-Cu-Mn 系合金。Al-Cu-Mn 系合金主要合金牌号有 2A16、2A17 等，其主要合金元素的作用如下：

Cu：在室温和高温下，随着 Cu 含量提高，合金强度增加。Cu 含量达到 5.0% 时，合金强度接近最大值。另外，Cu 能改善合金的焊接性能。

Mn：Mn 是提高耐热合金的主要元素，它提高固溶体中原子的激活能，降低溶质原子的扩散系数和固溶体的分解速度。当固溶体分解时，析出 T 相（$Al_{20}Cu_2Mn_3$）的形成和长大过程也非常缓慢，所以合金在一定高温下长时间受热时性能也很稳定。添加适当的 Mn（0.6% ~ 0.8%），能提高合金淬火和自然时效状态的室温强度和持久强度。但 Mn 含量过高，T 相增多，使界面增加，加速了扩散作用，降低了合金的耐热性。另外，Mn 也能降低合金焊接时的裂纹倾向。

Al-Cu-Mn 系合金中添加的微量元素有 Mg、Ti 和 Zr，而主要杂质元素有 Fe、Si、Zn 等，其影响如下：

Mg：在 2A16 合金中 Cu、Mn 含量不变的情况下，添加 0.25% ~ 0.45% Mg 而成为 2A17 合金。Mg 可以提高合金的室温强度，并改善 150 ~ 225℃ 以下的耐热强度，然而，当温度再升高时，合金的强度明显降低。加入 Mg 能使合金的焊接性能变坏，故在用于耐热可焊的 2A16 合金中，杂质 Mg 的含量应不大于 0.05%。

Ti：Ti 能细化铸态晶粒，提高合金的再结晶温度，降低过饱和固溶体的分解倾向，使合金高温下的组织稳定。但 Ti 含量大于 0.3% 时，生成粗大针状晶体 $TiAl_3$ 化合物，使合金的耐热性有所降低。合金的 Ti 含量规定为 0.1% ~ 0.2%。

Zr：在 2219 合金中加入 0.1% ~ 0.25% Zr 时，能细化晶粒，提高合金的再结晶温度和固溶体的稳定性，从而提高合金的耐热性，并改善了合金的焊接性和焊缝的塑性。但 Zr 含量高时，能生成较多的脆性化合物 $ZrAl_3$。

Fe：合金中的 Fe 含量超过 0.45% 时，形成不溶解相 Al_7Cu_2Fe，能降低合金淬火时效状态的力学性能和 300℃ 时的持久强度，所以含量应限制在 0.3% 以下。

Si：少量 Si（0.4%）对室温力学性能影响不明显，但降低 300℃ 时的持久强度。Si 含量超过 0.4% 时，还降低室温力学性能，故含量限制在 0.3% 以下。

Zn：少量 Zn（0.3%）对合金室温性能没有影响，但能加快 Cu 在 Al 中的扩散速度，降低合金 300℃ 时的持久强度，故其含量限制在 0.1% 以下。

1.4.3　3×××系（铝-锰系合金）

3×××系铝合金是以锰为主要合金元素的铝合金，属于热处理不可强化铝合金。它的塑性高，焊接性能好，强度比 1×××系铝合金高，而耐蚀性能与 1×××系铝合金相近，是一种耐腐蚀性能良好的中等强度铝合金，用途广，用量大。

Al-Mn 系相图如图 1-5 所示。含量小于 2% 的一部分 Mn 能溶于铝中形成固溶体，在 930K（658℃）时 Mn 的含量是 1.8%，在 20℃ Mn 含量为 0.05%。3A21 合金的组织是由固溶体和分散的第二相 $MnAl_6$ 的质点组成，因而塑性好，但强度不高。

合金元素和杂质元素在 3×××系铝合金中的作用如下：

Mn：Mn 是 3×××系铝合金中唯一的主合金元素，其含量一般在 1.0% ~ 1.6% 范围内，合金的强度、塑性和工艺性能良好。Mn 与 Al 可以生成 $MnAl_6$ 相。合金的强度随 Mn 含量的增加而提高，当 Mn 含量高于 1.6% 时，合金强度随之提高，但由于形成大量脆性化合物 $MnAl_6$，合金变形时容易开裂。随着 Mn 含量的增加，合金的再结晶温度相应地提高。该系合金具有很

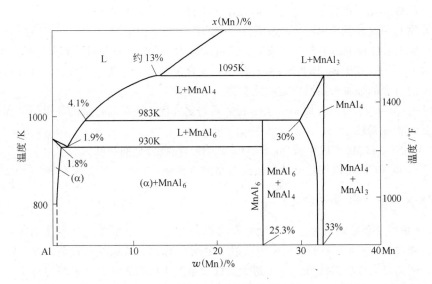

图 1-5　Al-Mn 相图

强的过冷能力，因此在快速冷却结晶时，产生很大的晶内偏析。Mn 的浓度在枝晶的中心部位低，而在边缘部位高，当冷加工产品存在明显的 Mn 偏析时，在退火后易形成粗大晶粒。

Fe：Fe 能溶于 $MnAl_6$ 中形成（FeMn）Al_6 化合物，从而降低 Mn 在 Al 中的溶解度。在合金中加入 0.4% ~ 0.7% Fe，并且保证 Fe + Mn 含量不大于 1.85%，可以有效地细化板材退火后的晶粒，否则，形成大量的粗大片状（FeMn）Al_6 化合物，会显著降低合金的力学性能和工艺性能。

Si：Si 是有害杂质。Si 与 Mn 形成复杂三元相 T（$Al_{12}Mn_3Si_2$），该相也能溶解 Fe，形成（Al、Fe、Mn、Si）四元相。若合金中 Fe 和 Si 同时存在，则先形成 α（$Al_{12}Mn_3Si_2$）或β（$Al_9Mn_2Si_2$）相，破坏了 Fe 的有利影响，故合金中的 Si 应控制在 0.6% 以下。Si 也能降低 Mn 在 Al 中的溶解度，而且比 Fe 的影响大。Fe 和 Si 可以加速 Mn 在热变形时从过饱和固溶体中的分解过程，也可以提高合金的力学性能。

Mg：少量的 Mg（约为 0.3%）能显著地细化该系合金退火后的晶粒，并稍许提高其抗拉强度，但同时也损害了退火材料的表面光泽。Mg 也可以是 Al-Mg 合金中的合金化元素，添加 0.3% ~ 1.3% Mg，合金强度提高，伸长率（退火状态）降低，因此发展出 Al-Mg-Mn 系合金。

Cu：合金中含有 0.05% ~ 0.5% Cu，可以显著提高其抗拉强度，但含有少量的 Cu（0.1%），能使合金的耐蚀性能降低，故合金中 Cu 含量应控制在 0.2% 以下。

Zn：Zn 含量低于 0.5% 时，对合金的力学性能和耐蚀性能无明显影响。考虑到 Zn 对合金焊接性能的影响，其含量限制在 0.2% 以下。

1.4.4　4×××系（铝-硅系合金）

4×××系铝合金是以硅为主要合金元素的铝合金，其大多数合金属于热处理不可强化铝合金，只有含 Cu、Mg 和 Ni 的合金，以及焊接热处理强化合金吸取了某些元素时，才可以通过热处理强化。该系合金由于硅含量高，熔点低，熔体流动性好，容易补缩，并且不会使最终产品产生脆性，因此主要用于制造铝合金焊接的添加材料，如钎焊板、焊条和焊丝等。另外，由于一些该系合金的耐磨性能和高温性能好，也被用来制成活塞及耐热零件。硅含量在 5% 左右的合金，经阳极氧化上色后呈黑灰色，适宜作建筑材料以及制造装饰件。

合金元素和杂质元素在 4××× 系铝合金中的作用如下：

Si：Si 是该系合金中的主要合金成分，含量最低为 4.5%，最高可达到 13.5%。Si 在合金中主要以 α+Si 共晶体和 β(Al_5FeSi) 形式存在，Si 含量增加，其共晶体增加，合金熔体的流动性增加，同时合金的强度和耐磨性也随之提高。

Ni 和 Fe：Ni 和 Fe 可以形成不溶于铝的金属间化合物，能提高合金的高温强度和硬度，而又不降低其线膨胀系数。

Cu 和 Mg：Cu 和 Mg 可以生成 Mg_2Si、$CuAl_2$ 相，提高合金的强度。

Cr 和 Ti：Cr 和 Ti 可以细化晶粒，改善合金的气密性。

1.4.5　5×××系（铝-镁系合金）

5××× 系铝合金是以镁为主要合金元素的铝合金，属于不可热处理强化铝合金。该系合金密度小，强度比 1××× 系和 3××× 系铝合金高，属于中高强度铝合金，疲劳性能和焊接性能良好，耐海洋大气腐蚀性好。为了避免高镁合金产生应力腐蚀，对最终冷加工产品要进行稳定化处理，或控制最终冷加工量，并且限制其使用温度（不超过 65℃）。该系合金主要用于制作焊接结构件和应用在船舶领域。

5××× 系铝合金的主要成分是 Mg，并添加少量的 Mn、Cr、Be、Ti 等元素，而杂质元素主要有 Fe、Si、Cu、Zn、Na 等。

合金元素和杂质元素在 5××× 系铝合金中的作用如下：

Mg：Mg 主要以固溶状态和 β(Mg_2Al_3 或 Mg_5Al_8) 相存在，如图 1-6 所示。虽然 Mg 在合金中的溶解度随温度降低而迅速减小，但由于析出形核困难，核心少，析出相粗大，因而合金的时效强化效果低，一般都是在退火或冷加工状态下使用，因此，该系合金也称为不可强化铝合金。该系合金的强度随 Mg 含量的增加而提高，塑性则随之降低，其加工工艺性能也随之变差。Mg 含量对合金的再结晶温度影响较大，当 Mg 含量小于 5% 时，再结晶温度随 Mg 含量的增加而降低；当 Mg 含量超过 6% 时，再结晶温度则随 Mg 含量的增加而升高。Mg 含量对合金的焊接性能也有明显影响，当 Mg 含量小于 6% 时，合金的焊接裂纹倾向性随 Mg 含量的增加而降

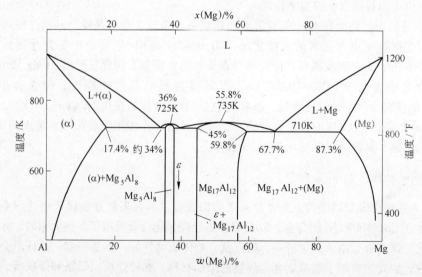

图 1-6　Al-Mg 相图

低；当 Mg 含量超过 6% 时，则相反。当 Mg 含量小于 9% 时，焊缝的强度随 Mg 含量的增加而显著提高，此时塑性和焊接系数虽略有降低，但变化不大；当 Mg 含量大于 9% 时，其强度、塑性和焊接系数均明显降低。

Mn：5×××系铝合金中通常含有 1.0% 以下的 Mn。合金中的 Mn 部分固溶于基体，其余以 $MnAl_6$ 相的形式存在于组织中。Mn 可以提高合金的再结晶温度，阻止晶粒粗化，并使合金强度略有提高，尤其对屈服强度更为明显。在高 Mg 合金中，添加 Mn 可以使 Mn 在基体中的溶解度降低，减少焊缝裂纹倾向，提高焊缝和基体金属的强度。

Cr：Cr 和 Mn 有相似的作用，可以提高基体金属和焊缝的强度，减少焊接热裂倾向，提高耐应力腐蚀性能，但使塑性略有降低。某些合金可以 Cr 代替 Mn。就强化效果来说 Cr 不如 Mn，若两元素同时加入，其效果比单一加入的大。

Be：在高 Mg 合金中加入微量的 Be（0.0001% ~ 0.005%），能降低铸锭的裂纹倾向和改善轧制板材的表面质量，同时减少熔炼时 Mg 的烧损，并且还能减少在加热过程中材料表面形成的氧化物。

Ti：高 Mg 合金中加入少量的 Ti，主要起细化晶粒的作用。

Fe：Fe 与 Mn 和 Cr 能形成难溶的化合物，从而降低 Mn 和 Cr 在合金中的作用，当铸锭组织中形成较多硬脆化合物时，容易产生加工裂纹。此外，Fe 还降低该系合金的耐腐蚀性能，因此 Fe 含量一般应控制在 0.4% 以下；对于焊丝材料，Fe 最好限制在 0.2% 以下。

Si：Si 是有害杂质（5A03 合金除外），Si 与 Mg 形成 Mg_2Si 相，由于 Mg 含量过剩，降低了 Mg_2Si 相在基体中的溶解度，所以不但强化作用不大，而且降低了合金的塑性。轧制时，Si 比 Fe 的有害作用更大一些，因此 Si 含量一般应限制在 0.5% 以下。5A03 合金中含 0.5% ~ 0.8% 的 Si，可以降低焊接裂纹倾向，改善合金的焊接性能。

Cu：微量的 Cu 就能使合金的耐蚀性能变差，因此 Cu 含量应限制在 0.2% 以下，有的合金限制得更严格。

Zn：Zn 含量小于 0.2% 时，对合金的力学性能和耐腐蚀性能没有明显影响。在高 Mg 合金中添加少量的 Zn，抗拉强度可以提高 10 ~ 20MPa。合金中杂质 Zn 应限制在 0.2% 以下。

Na：微量杂质 Na 能强烈损害合金的热变形性能，出现钠脆性，在高 Mg 合金中更为突出。消除钠脆性的办法是使富集于晶界的游离 Na 变成化合物，可以采用氯化方法使之产生氯化钠并随炉渣排出，也可以采用添加微量铅的方法。

1.4.6　6×××系（铝-镁-硅系合金）

6×××系铝合金是以镁和硅为主要合金元素并以 Mg_2Si 相为强化相的铝合金，属于热处理可强化铝合金。合金具有中等强度、耐蚀性高、无应力腐蚀破裂倾向、焊接性能良好、焊接区腐蚀性能不变、成型性和工艺性能良好等优点。当合金中含铜时，合金的强度可接近 2×××系铝合金，工艺性能优于 2×××系铝合金，具有良好的锻造性能，但耐蚀性变差。6×××系合金中应用得最广的是 6061 和 6063 合金，它们具有最佳的综合性能，主要产品为挤压型材，是最佳的挤压合金。该合金广泛用作建筑型材。

6×××系铝合金的主要合金元素有 Mg、Si、Cu，其作用如下：

（1）Mg 和 Si 的作用。Mg、Si 含量的变化对退火状态的 Al-Mg-Si 合金抗拉强度和伸长率的影响不明显。随着 Mg、Si 含量的增加，Al-Mg-Si 合金淬火自然时效状态的抗拉强度提高，伸长率降低。当 Mg、Si 总含量一定时，变化 Mg、Si 含量之比对性能也有很大影响。固定 Mg 含量，合金的抗拉强度随着 Si 含量的增加而提高。固定 Mg_2Si 相的含量，增加 Si 含量，合金的强化效果提高，而伸长率稍有提高。固定 Si 含量，合金的抗拉强度随着 Mg 含量的增加而提高。Si 含量较小的合金，抗拉强度的最大值位于 α(Al)-Mg$_2$Si-Mg$_2$Al$_3$ 三元相区内。Al-Mg-Si 三元合金抗拉强度的最大值位于 α(Al)-Mg$_2$Si-Si 三元相区内。

Mg、Si 对淬火人工时效状态合金的力学性能的影响，与淬火自然时效状态合金的情况基本相同，但抗拉强度有很大提高，最大值仍位于 α(Al)-Mg$_2$Si-Si 三元相区内，同时伸长率相应降低。

合金中存在剩余 Si 和 Mg$_2$Si 时，随其数量的增加，耐蚀性能降低。但当合金位于 α(Al)-Mg$_2$Si 二元相区以及 Mg$_2$Si 相全部固溶于基体的单元相区内的合金，耐蚀性最好。所有合金均无应力腐蚀破裂倾向。

合金在焊接时，焊接裂纹倾向性较大，但在 α(Al)-Mg$_2$Si 二元相区中，成分为 0.2% ~ 0.4% Si、0.2% ~ 1.4% Mg 的合金和在 α(Al)-Mg$_2$Si-Si 三元相区中，成分为 0.2% ~ 2.0% Si、0.8% ~ 2.0% Mg 的合金焊接裂纹倾向较小。

（2）Cu 的作用。Al-Mg-Si 合金中添加 Cu 后，Cu 在组织中的存在形式不仅取决于 Cu 含量，而且受 Mg、Si 含量的影响。当 Cu 含量很少，Mg、Si 比为 1.73∶1 时，则形成 Mg$_2$Si 相，Cu 全部固溶于基体中；当 Cu 含量较多，Mg、Si 比小于 1.08 时，可能形成 W(Al$_4$CuMg$_5$Si$_4$) 相，剩余的 Cu 则形成 CuAl$_2$ 相。当 Cu 含量多，Mg、Si 比大于 1.73 时，可能形成 S(Al$_2$CuMg) 相和 CuAl$_2$ 相。W 相、S 相、CuAl$_2$ 相与 Mg$_2$Si 相不同，固态下只部分溶解参与强化，其强化作用不如 Mg$_2$Si 相大。

合金中加入 Cu，不仅显著改善了合金在热加工时的塑性，而且增加热处理强化效果，还能抑制挤压效应，降低合金因加 Mn 后所出现的各向异性。

6××× 系铝合金中的微量添加元素有 Mn、Cr、Ti，而杂质元素主要有 Fe、Zn 等，其作用如下：

Mn：合金中加 Mn，可以提高强度，改善耐蚀性、冲击韧性和弯曲性能。在 AlMg0.7Si1.0 合金中添加 Cu、Mn 时，当含量低于 0.2% 时，随着 Mn 含量的增加，合金的强度提高很大。Mn 含量继续增加，Mn 与 Al 形成 AlMnSi 相，损失了一部分形成 Mg$_2$Si 相所必需的 Si，由于 AlMnSi 相的强化作用比 Mg$_2$Si 相小，因而，合金强化效果下降。

Mn 和 Cu 同时加入时，其强化效果不如单独加入 Mn 好，但可提高伸长率，并改善退火状态制品的晶粒度。

当合金中加入 Mn 后，由于 Mn 在 α 相中产生严重的晶内偏析，影响了合金的再结晶过程，造成退火制品的晶粒粗化。为获得细晶粒材料，铸锭必须进行高温均匀化（550℃），以消除 Mn 偏析。退火时以快速升温为好。

Cr：Cr 和 Mn 有相似的作用。Cr 抑制 Mg$_2$Si 相在晶界的析出，延缓自然时效过程，提高人工时效后的强度。Cr 可细化晶粒，使再结晶后的晶粒呈细长状，因而提高了合金的耐蚀性。Cr 含量一般以 0.15% ~ 0.3% 为宜。

Ti：6××× 系铝合金中添加 0.02% ~ 0.1% Ti 和 0.01% ~ 0.2% Cr，可以减少铸锭的柱状晶组织，改善合金的锻造性能，并细化制品的晶粒。

Fe：少量的 Fe（小于 0.4% 时）对合金的力学性能没有不良影响，并可以细化晶粒。Fe 含量超过 0.7% 时，生成不溶的 AlMnFeSi 相，降低制品的强度、塑性和耐蚀性能。合金中含有 Fe 时，能使制品表面阳极氧化处理后的色泽变坏。

Zn：少量杂质 Zn 对合金的强度影响不大，其含量允许达到 0.3%。

1.4.7　7×××系（铝-锌系合金）

7×××系铝合金是以锌为主要合金元素的铝合金，属于热处理可强化铝合金。合金中加镁，则为 Al-Zn-Mg 系合金，具有良好的热变形性能，淬火范围很宽，在适当的热处理条件下能够得到较高的强度，焊接性能良好，一般耐蚀性较好，有一定的应力腐蚀倾向，是高强可焊的铝合金。Al-Zn-Mg-Cu 合金是在 Al-Zn-Mg 系合金基础上通过添加 Cu 发展起来的，其强度高于 2×××系铝合金，一般称为超高强铝合金，其屈服强度接近抗拉强度，屈强比高，比强度也很高，但塑性和高温强度较低，宜作为常温或 120℃ 以下使用的承力结构件。合金易于加工，有较好的耐腐蚀性能和较高的韧性。该系合金广泛应用于航空和航天领域，并成为这个领域中最重要的结构材料之一。

合金元素和杂质元素在 7×××系合金中的作用如下：

（1）Al-Zn-Mg 系合金。Al-Zn-Mg 系合金中的 Zn、Mg 是主要合金元素，其含量一般不大于 7.5%。

Zn 和 Mg：随着 Zn、Mg 含量的增加，合金的抗拉强度和热处理效果也随着增加。合金的应力腐蚀倾向与 Zn、Mg 含量的总和有关，高 Mg 低 Zn 或高 Zn 低 Mg 的合金，只要 Zn、Mg 含量之和不大于 7%，合金都具有较好的耐应力腐蚀性能。合金的焊接裂纹倾向性随 Mg 含量的增加而降低。

Al-Zn-Mg 系合金中的微量添加元素有 Mn、Cr、Cu、Zr 和 Ti，杂质元素主要有 Fe 和 Si。

Mn 和 Cr：添加 Mn 和 Cr 能提高合金的耐应力腐蚀性能，Mn 含量为 0.2% ~ 0.4% 时，效果显著。加 Cr 的效果比加 Mn 大，如果 Mn 和 Cr 同时加入，对减小应力腐蚀倾向的效果更好。Cr 的添加量以 0.1% ~ 0.2% 为宜。

Zr：Zr 能显著提高 Al-Zn-Mg 系合金的可焊性。在 AlZn5Mg3Cu0.35Cr0.35 合金中加入 0.2%Zr 时，焊接裂纹倾向性显著降低。Zr 还能提高合金的再结晶终了温度，在 AlZn4.5Mg1.8Mn0.6 合金中，Zr 含量高于 0.2% 时，合金的再结晶终了温度在 500℃ 以上，因此，材料在淬火以后仍保留着变形组织。含 Mn 的 Al-Zn-Mg 系合金添加 0.1% ~ 0.2%Zr，还可提高合金的耐应力腐蚀性能，但 Zr 的作用比 Cr 低些。

Ti：合金中添加 Ti 能细化合金在铸态时的晶粒，并可改善合金的可焊性，但其效果比 Zr 低。若 Ti 和 Zr 同时加入效果更好。在 AlZn5Mg3Cr0.3Cu0.3 合金中，Ti 含量超过 0.15% 时，合金有较好的可焊性和较高伸长率，可获得与单独加入 0.2% 以上 Zr 时相同的效果。Ti 也能提高合金的再结晶温度。

Cu：Al-Zn-Mg 系合金中加少量的 Cu，能提高合金的耐应力腐蚀性能和抗拉强度，但合金的可焊性有所降低。

Fe：Fe 能降低合金的耐蚀性和力学性能，尤其对 Mn 含量较高的合金更为明显。所以 Fe 含量应尽可能低，其含量应限制在 0.3% 以下。

Si：Si 能降低合金的强度和弯曲性能，增加焊接裂纹倾向。Si 的含量应限制在 0.3% 以下。

（2）Al-Zn-Mg-Cu 系合金。Al-Zn-Mg-Cu 系合金为热处理可强化合金，起强化作用的元素主要为 Zn 和 Mg，Cu 也有一定强化效果，但其主要作用是提高材料的抗腐蚀性能。

Zn 和 Mg：Zn、Mg 是主要强化元素，它们共同存在时会形成 $\eta(MgZn_2)$ 相和 $T(Al_2Mg_2Zn_3)$ 相。η 相和 T 相在 Al 中溶解度很大，且随温度升降剧烈变化。$MgZn_2$ 在共晶温度下的溶解度达 28%，在室温下降低到 4% ~ 5%，有很强的时效强化效果。Zn 和 Mg 含量的提高可使合金强度、硬度大大提高，但会使合金塑性、抗应力腐蚀性能和断裂韧性降低。

Cu：当 Zn/Mg 比大于 2.2，且 Cu 含量大于 Mg 时，Cu 与其他元素能产生强化相 $S(CuMgAl_2)$ 而提高合金的强度，但在与之相反的情况下，S 相存在的可能性很小。Cu 能降低晶界与晶内电位差，还可以改变沉淀相结构和细化晶界沉淀相，但对 PFZ 的宽度影响较小。Cu 可抑制沿晶界开裂的趋势，因而改善了合金的抗应力腐蚀性能，然而当 Cu 含量大于 3% 时，合金的抗蚀性反而变差。Cu 能提高合金的过饱和程度，加速合金在 100～200℃ 之间人工时效过程，扩大 GP 区的稳定温度范围，提高合金的抗拉强度、塑性和疲劳强度。此外，美国 F. S. Lin 等人研究了 Cu 的含量对 7×××系铝合金疲劳强度的影响，发现 Cu 含量在不太高的范围内随着 Cu 含量的增加，会提高周期应变疲劳抗力和断裂韧性，并在腐蚀介质中降低裂纹扩展速率，但 Cu 的加入使合金产生晶间腐蚀和点腐蚀的倾向。另有资料介绍，Cu 对断裂韧性的影响与 Zn/Mg 比值有关，当比值较小时，Cu 含量愈高，合金韧性愈差；当比值大时，即使 Cu 含量较高，合金的韧性仍然很好。

合金中还有少量的 Mn、Cr、Zr、Ti、B 等微量元素，Fe 和 Si 在合金中是有害杂质，其作用如下：

Mn 和 Cr：添加少量的元素 Mn、Cr 等对合金的组织和性能有明显的影响。这些元素可在铸锭均匀化退火时产生弥散的质点，阻止位错及晶界的迁移，从而提高了再结晶温度，有效地阻止了晶粒的长大，可细化晶粒，并保证组织在热加工及热处理后保持未再结晶或部分再结晶状态，使强度提高的同时具有较好的抗应力腐蚀性能。在提高抗应力腐蚀性能方面，加 Cr 比加 Mn 效果好，加入 0.45% 的 Cr 比加同量的 Mn 的抗应力腐蚀开裂寿命长几十至上百倍。

Zr：最近出现了用 Zr 代替 Cr 和 Mn 的趋势，可大大提高合金的再结晶温度，无论是热变形还是冷变形，在热处理后均可得到未再结晶组织。Zr 还可提高合金的淬透性、可焊性、断裂韧性、抗应力腐蚀性能等，是 Al-Zn-Mg-Cu 系合金中很有发展前途的微量添加元素。

Ti 和 B：Ti、B 能细化合金在铸态时的晶粒，并提高合金的再结晶温度。

Fe 和 Si：Fe 和 Si 在 7×××系铝合金中是不可避免存在的有害杂质，其主要来自原材料，以及熔炼、铸造中使用的工具和设备。这些杂质主要以硬而脆的 $FeAl_3$ 和游离的 Si 形式存在，并且还与 Mn、Cr 形成 $(FeMn)Al_6$、$(FeMn)Si_2Al_5$、$Al(FeMnCr)$ 等粗大化合物。$FeAl_3$ 有细化晶粒的作用，但对抗蚀性影响较大，随着不溶相含量的增加，不溶相的体积分数也在增加，这些难溶的第二相在变形时会破碎并拉长，出现带状组织。杂质颗粒沿变形方向呈直线状排列，由短的互不相连的条状组成。由于杂质颗粒分布在晶粒内部或者晶界上，在塑性变形时，在部分颗粒-基体边界上发生孔隙，产生微细裂纹，成为宏观裂纹的发源地，同时也促使裂纹过早发展。此外，杂质颗粒对疲劳裂纹的成长速度有较大的影响，它具有一定的减小局部塑性的作用，这可能和杂质数量增加使颗粒之间距离缩短，从而减小了裂纹尖端周围塑性变形流动性有关。因为含 Fe、Si 的相在室温下很难溶解，起到缺口作用，容易成为裂纹源而使材料发生断裂，对伸长率，特别是对合金的断裂韧性有非常不利的影响。因此，新型合金在设计及生产时，对 Fe、Si 的含量控制较严，除采用高纯金属原料外，在熔铸过程中也采取一些措施，避免这两种元素混入合金中。

1.5　变形铝合金制品对锭坯的要求

随着铝加工技术的发展以及科技进步对材料要求的不断提高，铝合金铸锭质量对铝合金材料性能至关重要，因而铝合金材料对铸锭组织、性能和质量提出了更高要求，尤其对铸锭的冶金质量提出更加严格的要求。

1.5.1　对化学成分的要求

随着铝合金材料对组织、性能均匀和一致性的要求，对材料合金成分的控制和分析提出了更高的要求。首先，为了使组织和性能均匀一致，对合金主元素采取更加精确控制，确保熔次之间主元素一致，铸锭不同部位成分偏析最小。同时为了提高材料的综合性能，对合金中的杂质和微量元素进行优化配比和控制。其次，对化学成分的分析的准确性和控制范围要求越来越高。

1.5.2　对冶金质量的要求

铸锭的冶金质量对材料后序加工过程和最终的产品有着决定作用。长期生产实践表明，约70%缺陷是铸锭带来的，铸锭的冶金缺陷必将对材料产生致命的影响。因此，铝合金材料对铝熔体净化质量提出了更高的要求，主要表现在以下三个方面：

（1）铸锭氢含量要求越来越低。根据不同材料要求，对其氢含量控制有所不同。一般来说，普通制品要求的氢含量控制在每100g Al 0.15～0.2mL以下，而对于有特殊要求的航空、航天材料，双零铝箔等制品氢含量应控制在每100g Al 0.1mL以下。由于检测方法的不同，所测氢含量值会有所差异，但其趋势是一致的。

（2）非金属夹杂物要求降低到最大限度。要求夹杂物数量少而小，其单个颗粒应小于10μm；而对于有特殊要求的航空、航天材料，双零铝箔等制品非金属夹杂的单个颗粒应小于5μm。非金属夹杂一般通过铸锭低倍和铝材超声波探伤定性检测，或通过测渣仪定量检测。目前可以通过电子扫描等检测手段对非金属夹杂物组成进行分析和检测。

（3）碱金属含量控制。碱金属主要是金属钠对材料的加工和性能造成一定危害，要求在熔铸过程尽量降低其含量，因此碱金属钠的含量（除高硅合金外）一般应控制在 $5 \times 10^{-4}\%$ 以下，甚至更低，达到 $2 \times 10^{-4}\%$ 以下。

1.5.3　对铸锭组织的要求

铸锭组织对铝及铝合金材料性能有着直接的影响。一般说来，铸锭组织缺陷有光晶、白斑、花边、粗大化合物等，这些缺陷对材料性能造成相当大的影响。随着铝加工技术的发展，材料对铸锭组织提出了更高的要求：一是要求铸锭晶粒组织更加细小和均匀，要求铸锭晶粒在一级以下，甚至比一级还小，要求铸锭晶粒尺寸（直径）达到160μm以下，仅为一级晶粒的一半以下，这对于铸锭生产来说是很难达到的；二是要求铸锭的化合物尺寸不仅小而弥散外，对化合物形状也提出了不同的要求。此外，随着铝材质量要求的不断提高，对铸锭的组织也提出了更新更高的要求。

1.5.4　对铸锭几何尺寸和表面质量要求

随着铝加工技术的发展，为了提高铝材的成材率，对铸锭几何尺寸和表面质量提出了更高的要求。要求铸锭表面平整光滑；减少或消除粗晶层、偏析瘤等表面缺陷；铸锭厚差尽可能小；减少底部翘曲和肿胀等，使铸锭在热轧前尽可能少铣或不铣面；挤压等加工前减少车皮或不车皮。

1.6　现代铝合金熔铸技术的发展趋势

随着铝材被广泛应用于航天、航空、建筑、交通、运输、包装、电子、印刷、装饰等领域，铝加工技术得到了迅速的发展和提高。我国企业开发出了 PS 板基、制罐料、高压电子箔、波音飞机锻件等技术含量高的产品，填补了国内空白，替代了进口产品。然而，由于我国铝加工业起步晚，规模小，技术落后，不仅要面临国内竞争，而且还要与国外发达国家的大企业进行更激烈的竞争，这就要求国内铝加工企业不断加大投入，推动铝加工技术迅速发展，缩小与国外先进水平的差距，在竞争中生存和发展。

熔铸是铝加工的第一道工序，为轧制、锻造、挤压等生产提供合格的锭坯。铸锭质量的高低与各种铝材的最终质量密切相关，20 世纪 90 年代以来，特别是 21 世纪开始，国内熔铸技术得到了迅速的发展和提高，不断追求"提质（提高质量）、降耗（降低能耗）和减损（减少烧损）"，某些方面甚至达到了国际先进水平。但在整体上看，我国的熔铸技术水平同国际先进水平相比，还存在一定的差距。

1.6.1　熔铸设备

多年来，熔铸设备的发展一直追求大型、节能、高效和自动化。在国外，大型顶开圆形炉和倾动式静置炉得到广泛应用，容量一般达 30 ~ 60t，有的达 200t 以上，熔铝炉装料完全实现机械化。铸造机通常使用液压铸造机，大型液压铸造机可铸 100t/次以上，最大铸锭质量达 30t。熔炼炉燃烧系统一般采用中、高速烧嘴，加快了炉内燃气和炉料的对流传热，燃烧尾气通过换热器将助燃空气加热到 350 ~ 400℃，从而将熔炼炉的热效率提高到 50% 以上。燃烧系统的新发展是使用了快速切换蓄热式燃烧技术，即所谓的"第二代再生燃烧技术"，它采用力学性能可靠、迅速频繁切换的四通换向阀和压力损失小、比表面积大且维护简单方便的蜂窝型蓄热体，实现了极限余热回收和超低 NO_x 排放。同时，已较普遍地实现了计算机控制熔铸生产全过程。

另外，为了使熔化炉内铝熔体的化学成分更均匀，并减小劳动强度，发达国家通常都在炉底安装电磁搅拌器，国内亦有应用。

1.6.2　晶粒细化

众所周知，在铝液中加入晶粒细化剂，可以明显改善铸锭的组织。晶粒细化的方法有多种，最常用的方法是使用二元合金 Al-Ti 和三元合金 Al-Ti-B，产品主要有 Al-4Ti 和 Al-5Ti-1B 块状或棒状细化剂。块状细化剂在调整好铝熔体成分后加入，而棒状细化剂在铸造流槽中加入，晶粒的细化效果显著提高。细化剂有 Al-5Ti-1B、Al-5Ti-0.2B、Al-3Ti-1B、Al-6Ti 等，国内很多厂家在生产高质量产品时，一般采用进口的棒状细化剂。

1.6.3　熔体净化和检测

多年来，铝合金制品对铸锭的内部质量尤其是清洁度的要求不断提高，而熔体净化是提高铝熔体纯洁度的主要手段。熔体净化可分为炉内处理和在线净化两种方式。

1.6.3.1　炉内处理

炉内熔体处理主要有气体精炼、熔剂精炼和喷粉精炼等方式。炉内处理技术的发展较慢，国内只有 20 世纪 90 年代中期出现的喷粉精炼技术相对较新，其除气除渣效果较气体精炼和熔剂精炼稍好，但因精炼杆靠人工移动，精炼效果波动较大。

国外先进的炉内净化处理都采用了自动控制，较有代表性的有两种：一种是从炉顶或炉墙向炉内熔体中插入多根喷枪进行喷粉或气体精炼，但由于该技术存在喷枪易碎和密封困难的缺点未广泛应用；另一种是在炉底均匀安装多个可更换的透气塞，由计算机控制精炼气流和精炼时间。该方法是比较有效的炉内处理方法。

1.6.3.2　在线净化

炉内处理对铝合金熔体的净化效果是有限的，要进一步提高熔体纯洁度，尤其是进一步降低氢含量和去除非金属夹杂物，必须采用高效的在线净化技术。

A　在线除气

在线除气装置是各大铝熔铸厂重点研究和发展的目标，种类繁多，典型的有 MINT 等采用固定喷嘴的装置和 SNIF、AlPur 等采用旋转喷头的设备。我国从 20 世纪 80 年代末有不少厂家先后从国外购买了 MINT、SNIF、AlPur 等装置，此后，在引进装备的基础上，也自行开发了多种除气设备，如西南铝的 SAMRU、DFU、DDF 等。这些除气装置都采用 N_2 或氩气作为精炼气体，能有效去除铝熔体中的氢。如在精炼气体里加入少量的 Cl_2、CCl_4 或 SF_6 等物质，还能很好地去除熔体中碱金属和碱土金属。然而，上述除气装置的体积都较大，铸次间放干料多或需加热保温，运行费用高昂。除气装置新的发展方向是在不断提高除气效率的同时，通过减小金属容积，消除或减少铸次间的金属放干料，取消加热系统降低运行费用，如 ALCAN 开发的紧凑型除气装置 ACD，该装置是在一般流槽上用多个小转子进行精炼，转子间用隔板分隔。该装置在铸次间无金属存留，无需加热保温，运行费用大幅下降，除气效果与传统装置相当或更好。另一种有发展前途的装置是加拿大 Casthouse Technology Lit 研制的流槽除气装置，该装置的宽度和高度与流槽接近，在侧面下部安装固定喷嘴供气，该装置占地极少，有极少放干料，操作简单，除气效率高。

B　熔体过滤

过滤是去除铝熔体中非金属夹杂物最有效和最可靠的手段，从原理上讲有滤饼过滤和深层过滤之分。过滤方式有多种，效果最好的是过滤管和泡沫陶瓷过滤板。

床式过滤器体积大，安装和更换过滤介质费时费力，仅适用于大批量单一合金的生产，因而使用的厂家较少，目前在我国很少有应用，其最新的进展是挪威科技大学等正研制的紧凑深床过滤器。该装置中，铝液向下流动，从装置底部中央位置的透气塞加入惰性气体，气体与透气塞上方的铝液上升管形成一个气体提升泵，可调节出口金属水平，目的是在提高过滤效率的同时，能更有效地利用过滤球。此装置小巧紧凑，易于装填、清空和移动。

刚玉管过滤器过滤效率高，但价格较昂贵，使用不方便，在日本应用较多。中铝西南铝业（集团）有限公司曾在 20 世纪 80 年代研制成了刚玉管过滤器，但因装配质量等原因过滤效果不稳定，在 90 年代已不再使用。该技术近年来未见有进一步发展。

相反地，泡沫陶瓷过滤板因使用方便、过滤效果好、价格低，在全世界广泛使用。发达国家 50% 以上的铝合金熔体都采用泡沫陶瓷过滤板过滤。该技术发展迅速，为满足高质量产品对熔体质量的要求，过滤板的孔径越来越细，国外产品已从 15ppi、20ppi、30ppi、40ppi、50ppi 发展到 60ppi、70ppi，同时还有不少新品种面世，较有前途的一个是 Selee 公司的复合过滤板，该过滤板分为上下两层，上面 25mm 厚的孔径较大，下面 25mm 厚的孔径较小，品种有30/50ppi、30/60ppi、30/70ppi 等，复合过滤板较普通过滤板效率高，通过的金属量更大；另一种是 Vesuvius Hi-Tech Ceramics 生产的新型波浪高表面过滤板，此种过滤板的表面积比传统过滤板大 30%，金属通过量有所增加。

对于较高质量要求的制品，发达国家普遍采用双级泡沫陶瓷过滤板过滤，其前面一级过滤板孔径较粗，后一级过滤板孔径较细，如 30/50ppi、30/60ppi，甚至 40/70ppi 配置等；国内西南铝业（集团）有限公司对双零铝箔、PS 板基、制罐料等产品的熔体也采用 30/50ppi 双级泡沫陶瓷过滤板过滤。

1.6.3.3　检测技术

铝熔体和铸锭内部纯洁度的检测有测氢和测夹杂物两种，前者的种类很多，目前世界上使用的测氢技术有 20 多种，如减压凝固法、热真空抽提法、载气熔融法等，但应用最广泛的是以 Telegas 和 ASCAN 为代表的闭路循环法，该法数据可靠，是目前唯一适合铸造车间使用的检测方法。

在我国，对铝合金夹杂物检测的研究较少，使用的方法仅限于铸锭的低倍和氧化膜检查两种；对铝熔体的非金属夹杂物检测几乎是空白。国外对铝熔体的夹杂物检测研究很多，比较成熟的方法有 POPFA、LAIS 和 LiMCA，其中前两种都是以过滤定量金属后，过滤片上的夹杂物面积除以过滤的金属量作为指标，不能连续测量；LiMCA 是一种定量测量方法，其第二代产品 LiMCA Ⅱ 可同时测量过滤前后的夹杂物含量，过滤前使用硅酸铝取样头，过滤后使用带伸长管的硼硅玻璃取样头，伸长管可减小除气装置产生的悬浮气泡对测量结果的影响。LiMCA 可连续检测熔体中的 $20 \sim 30\mu m$ 夹杂物，是目前最先进、测量速度最快、测量结果最直观的夹杂物检测仪。

氢含量和夹杂物含量检测可有效监控铝熔体净化处理的效果，为提高和改进工艺措施提供依据，对提高铝材质量意义重大。

1.6.4　铸造技术

半连续铸造是世界上应用最普遍、历史最悠久的铝合金铸造技术，我国在 20 世纪 50 年代初从前苏联引进了此技术。对于铝合金铸造，除达到铸锭成型的基本目的之外，各铝加工企业和研究机构，一直致力于提高铸锭表面质量，即使铸锭表面尽可能平整光滑，减少或消除粗晶层偏析瘤等表面缺陷，减少铸锭厚差及底部翘曲和肿胀等等，使铸锭在热轧前尽可能少铣或不铣面，提高成材率。

铸造技术的新进展和有前途的技术有：脉冲水和加气铸造、电磁铸造、气滑铸造、可调结晶器、低液位铸造（LHC）、ASM 新式扁锭结晶器等。

复习思考题

1. 基本概念：变形铝合金、铸造铝合金、变形强化、热处理强化。
2. 简述铝的主要特点及用途。
3. 简述变形铝合金的分类及牌号。
4. 简述铁与硅杂质含量对纯铝的组织与铸造工艺的影响。
5. 简述变形铝合金制品对锭坯的主要要求。

2 熔 炼 炉

2.1 铝合金熔炼炉和静置炉的基本要求

铝合金熔炼炉的基本任务是熔化炉料，配制铝合金。对现代铝合金熔炼炉的基本要求是：热工特性好，冶金质量高，操作方便，环保安全，性能价格比适宜。具体来说，在热工特性方面，要求熔化速度快，隔热密封性能好，热效率高，炉衬寿命长，对燃料变化的适应性强；在冶金质量方面，要求熔体表面积与熔池深度之比合理，炉温均匀，炉温、炉压、炉内气氛可以方便调节控制，熔炼损耗少；在操作方面，要求装料、搅拌便于实现机械化、自动化作业，工艺操作和合金转换方便，辅助时间短，生产效率高，设备维护检修方便；在环境保护方面，要求设备噪声低，排放达标，设备在点火、燃烧、熄火过程中要有可靠的安全保障；在性能价格比方面，要求设备占地面积小，单位产量的设备投资低，操作成本和维护成本低。

静置炉用于接受在熔炼炉中熔炼好的合金熔体，并在其中进行精炼、静置和调整熔体温度，在铸造过程中对熔体起保温作用；对于仅接受铝液的静置炉还有配合金、调整成分的任务。因此，熔体的最终质量在许多情况下与静置炉的类型和结构有关。对静置炉的基本要求是：炉内水蒸气含量少；熔池内熔体的温差小，保温良好并能准确控制炉温；具有一定的升温能力；容量与熔炼炉相适应；结构简单，操作方便。

铝及铝合金的熔化，宜采用火焰炉，热效率应大于40%（当前国际先进水平可达到80%）。容量15t及以上的火焰熔化炉宜采用圆形或其他先进炉型，配以换热器，燃烧系统宜采用自动控制。容量15t以下的火焰熔化炉可采用比例控制烧嘴。静置炉（保温炉）宜采用电阻炉，当电源不足或炉子容量较大时，也可采用火焰炉，并应设置炉温自动控制装置。

2.2 熔炼炉的分类及对炉衬材料的基本要求

2.2.1 熔炼炉的分类

2.2.1.1 按加热能源分类

按加热能源不同，熔炼炉可分为以下两种：

（1）燃料加热式（包括天然气、石油液化气、煤气、柴油、重油、焦炭等），以燃料燃烧时产生的反应热能加热炉料。

（2）电加热式，由电阻元件通电产生热量或者将线圈通交流电产生交变磁场，以感应电流加热磁场中的炉料。

2.2.1.2 按加热方式分类

A 直接加热方式

燃料燃烧时产生的热量或电阻元件产生的热量直接传给炉料的加热方式，称为直接加热方式。其优点是热效率高，炉子结构简单。缺点是燃烧产物中含有的有害杂质对炉料的质量会产生不利影响；炉料或覆盖剂挥发出的有害气体会腐蚀电阻元件，降低其使用寿命；燃料燃烧过程中，燃烧产物中过剩空气（氧）含量高，造成加热过程金属烧损大。目前随着燃料与空气比例控制精度的提高，燃烧产物中过剩空气（氧）含量可以控制在很低的水平，可大大减少加热过程的金属烧损。

　　B　间接加热方式

间接加热方式有两类。第一类是燃烧产物或通电的电阻元件不直接加热炉料，而是先加热辐射管等传热中介物，然后热量再以辐射和对流的方式传给炉料；第二类是将线圈通交流电产生交变磁场，以感应电流加热磁场中的炉料，感应线圈等加热元件与炉料之间被炉衬材料隔开。间接加热方式的优点是燃烧产物或电加热元件与炉料之间被隔开，相互之间不产生有害的影响，有利于保持和提高炉料的质量，减少金属烧损。感应加热方式对金属熔体还具有搅拌作用，可以加速金属熔化过程，缩短熔化时间，减少金属烧损。其缺点是热量不能直接传递给炉料，与直接加热方式相比，热效率低，炉子结构复杂。

2.2.1.3　按操作方式分类

　　A　连续式炉

连续式炉的炉料从装料侧装入，在炉内按给定的温度曲线完成升温、保温等工序后，以一定速度连续地或按一定时间间隔从出料侧出来。连续式炉适合于生产品种少、批量大的产品。

　　B　周期式炉

周期式炉的炉料按一定周期分批加入炉内，按给定的温度曲线完成升温、保温等工序后全部运出炉外。周期式炉适合于生产品种多、规格多的产品。

2.2.1.4　按炉内气氛分类

　　A　无保护气体式

炉内气氛为空气或者是燃料自身燃烧气氛，多用于炉料表面在高温能生成致密的保护层，能防止高温时被剧烈氧化的产品。

　　B　保护气体式

如果炉料氧化程度不易控制，通常把炉膛抽为低真空，向炉内通入氮、氢等保护气体，可防止炉料在高温时剧烈氧化。随着产品内外质量的要求不断提高，保护气体式炉的使用范围不断扩大。

2.2.2　对熔炼炉炉衬材料的基本要求

2.2.2.1　熔炼设备炉衬材料的基本要求

凡是耐火度不低于1580℃，能在一定程度上抵抗温度骤变作用和炉渣侵蚀作用，并能承受高温荷重作用的材料均称为耐火材料。

对铝合金熔炼炉用的耐火材料，有以下基本要求：

（1）耐高温。熔铝炉的加热温度一般都在900～1300℃之间，耐火材料在高温作用下应具有不易熔化的性能。

（2）高温结构强度大。各种耐火材料在熔化之前首先开始软化，从而降低结构强度。因此，耐火材料还应具有在受到炉子砌体的荷重作用或其他机械振动作用下，在高温下不易软化的性能。

（3）在高温下长期使用时体积稳定。耐火材料在长期高温使用中，砌体内部发生物理化学变化会产生体积收缩或体积膨胀，无论是收缩或膨胀，都会造成砌体的损坏。因此，要求耐火材料在高温时体积稳定。

（4）耐急冷急热性好。熔铝炉在使用过程中，由于温度骤变引起材料各部位温度不均匀，砌体内部会产生应力而使材料破裂和剥落。因此，耐火材料应具有较好的耐急冷急热性，以抵抗破损。

（5）不污染铝熔体，本身亦不受铝熔体的侵蚀。耐火材料在使用过程中，其主要损坏原因之一是由于炉渣、金属和炉气的作用而被腐蚀，因此，耐火材料必须具有抵抗侵蚀的能力。同样，与金属熔体接触的耐火材料在使用过程中，也不应该与铝熔体发生化学反应而污染金属熔体，否则，就不可能保证熔炼质量。

（6）透气性低，热损失小。透气性是评价耐火制品致密程度的指标之一，在某些情况下，能决定制品的使用寿命；此外，熔铝炉在工作过程中要消耗大量的热能，提高炉子的热效率始终是用户的期盼，因此，除了隔热材料外，也要求耐火材料具有一定的隔热保温作用。

（7）具有一定的外形和正确尺寸，价格低廉。当耐火材料以砖体形式供货时，要求外形尺寸规整，公差小。因为砖体之间由耐火泥填充，而耐火泥的结构强度低于耐火材料，不规则的耐火砖体使填充物增加，从而降低耐火材料的寿命。

实际上没有一种耐火材料能满足上述的全部要求，因此炉子的设计和使用者应根据具体条件合理地选用各部位的耐火材料。

2.2.2.2　铝合金熔炼炉常用的炉衬材料

铝合金熔炼炉常用的炉衬材料大致分为块状耐火材料、不定形耐火材料、隔热材料三类。

常用的块状耐火材料有普通黏土砖（Al_2O_3 含量在 30% ~ 48% 范围内；主要矿物组成为方英石 + 莫来石）和高铝砖（Al_2O_3 含量大于 48%；其中一级砖为 75%，主要矿物组成为刚玉 + 莫来石；二级砖 60% ~ 75%，三级砖 48% ~ 60%，主要矿物组成为莫来石 + 方英石）。高铝砖主要用于砌筑与铝熔体相接触的熔池内壁，并作为支撑电热体材料的炉梁砌体。这种砖具有耐火度高、机械强度大、抗渣性好等优点，但耐急冷急热性不如普通黏土砖，且价格稍贵。普通黏土砖主要用于不与金属熔体直接接触的部位及炉膛内衬。这种砖具有耐急冷急热性好，导热性差、体积稳定性好、价格低廉等优点，但由于 Si 含量较高，抗渣性较差，与铝液接触时易被还原而污染熔体，且易被铝熔体渗透而结块，维修困难，故一般不作为熔炼炉和静置炉熔池的表层材料。

不定形耐火材料是以耐火熟料作为骨料和掺和料，加入适量结合剂，经过混合而成的，具有制造成本低、施工速度快、热稳定性好、重烧收缩率小、炉子浇注后整体性好、抗机械碰撞能力强的特点，因而比砌筑的熔铝炉具有更高的使用寿命，深受操作者的欢迎。不定形耐火材料按胶结剂或硬化条件的不同，分为以各种水泥为胶结剂的水硬性材料、以水玻璃为胶结剂的气硬性材料和以磷酸或磷酸盐为胶结剂的热硬性材料三类。铝合金熔炼炉常用的不定形耐火材料有整体炉衬使用的超高强低水泥浇注料（实质为耐火水泥），有在感应熔铝炉炉衬制作过程中使用的捣打料，有用于砌筑炉体的耐火泥，还有用于保护砌体表面的耐火涂料和喷补炉衬损坏部位的喷补料等。

隔热材料的特点是孔隙率高（不小于 50%）、体积密度小（一般不大于 $13g/cm^3$）和导热系数低（一般不大于 $0.3W/(m \cdot K)$）。隔热材料主要用于炉子的隔热保温层。铝合金熔炼炉常用的隔热材料有轻质黏土砖、硅藻土砖、矿渣棉、硅酸铝纤维棉、石棉等制品。

　　此外，铝合金熔炼炉常用的炉衬材料还有烧结镁砂，主要用作熔体液线以下炉墙和炉底夹层部位的填充铺底材料，防止铝液渗漏。镁砂干燥程度对铝熔体含气量影响较大，使用前应进行干燥处理（650℃，2h）。

2.3　火焰反射炉

2.3.1　火焰反射炉工作原理

　　火焰反射炉熔化金属所需的热量是靠燃料燃烧装置供给的。燃烧产物在从燃烧装置流向烟道的过程中，热量主要以对流和辐射的形式传给炉料。为了提高炉子的熔化效率，有的企业采用火焰直接喷射加热和顶吹加热的快速熔化技术，在这种炉子中，热量主要是以对流的方式传给炉料的。因此，火焰反射炉设备一般都由直接进行熔炼的炉体、供给热源的燃料燃烧装置（如各种油喷嘴、煤气烧嘴及配套的燃烧安全控制系统和自动燃烧控制系统等）、提高热效率的废热利用装置（如各种预热、换热装置）和对工艺过程进行监管的测控装置（如温度、炉压、空燃比、可控气氛和与环境保护有关的烟尘、硫、氮化合物的检测和控制）等几部分组成。

　　火焰炉的最大优点是熔化速度快，炉子可以做得容量很大，因而产量高，成本低。其缺点是火焰直接与金属接触，易烧损，易造成局部过热，炉子中水蒸气含量高，熔体吸气量多；由于燃烧废气带走大量热量，与电炉比较，炉子的热效率低；此外，在采用气体或液体燃料时噪声较大，在排烟和通风设备不健全的情况下，燃烧废气有可能污染车间空气，恶化作业环境。但是应该指出，在现代条件下，人们已针对上述缺点进行了大量改进，目前在产品质量、热效率、生产效率、环保和自动控制等方面都取得了比较满意的结果，因此，火焰炉仍是铝合金熔铸行业最广泛使用的设备。

2.3.2　火焰式固定矩形熔铝炉

　　火焰式固定矩形熔铝炉炉体通常包括炉基、炉底、炉墙、炉顶、炉门和金属构架等几部分。常用的固定式矩形炉的炉体结构有四种形式：图 2-1a、b、c 三种分别称为直焰式、倒焰式和交替式炉，多作为液体或气体燃料炉，图 2-1d 型炉多作为固体燃料（块煤）炉。在图 2-1a 型炉中，火焰从炉头进入炉内，沿熔池物料面经过，到炉尾被吸入烟道。在图 2-1b 型炉中，炉顶在纵向呈下垂式，火焰从烟道的同一端进入炉内，从炉顶压向熔池液面，然后折返进入烟道。这种炉型使火焰紧贴金属，且燃烧产物在炉内停留时间较长，增加了对金属的辐射传热和对流传热作用。图 2-1c 型炉主要用于采用蓄热式燃烧器的炉子。图 2-1d 型炉，火焰从燃烧室越过火墙进入炉膛，然后被下垂式弧形炉顶压向炉料，再进入烟道。所有类型的火焰炉，炉基多用混凝土砌筑，在炉基上通常还铺设槽钢或工字钢，以避免潮湿，并起通风散热作用。熔池一般都砌成倒拱形，以避免炉底上浮。为了防止金属渗入炉底，在炉底中间一般铺有

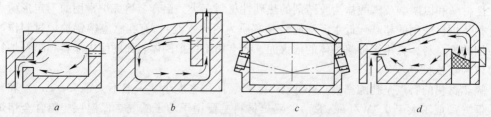

$$a \qquad\qquad b \qquad\qquad c \qquad\qquad d$$

图 2-1　固定矩形式熔铝炉

一层厚度不大但十分紧密的镁砂层。为了便于放出金属，熔池底略向金属流口方向倾斜1°~2°。火焰炉的炉顶一般采用拱顶，拱顶中心角一般为60°~90°，拱高约为跨距的12%~15%。根据炉子容量的大小，炉墙上开有数量不等的炉门，炉门按需要可开在炉子正面或侧面，其大小主要根据加料机的装卸尺寸和操作情况而定，炉门有的做成斜面，一般用电动机启闭。金属构架可防止炉子变形，抵抗砌砖在烘炉或工作过程中产生的膨胀和收缩力，加固炉体。

这种炉子的特点是：

（1）铸造时液面比较稳定。

（2）烧嘴安装灵活，既可装在侧墙，也可装在炉顶，既可平装，也可斜装。

（3）能随意设计炉子容量的大小。

（4）可以留出较大的装料口和操作口。

（5）易于小修。

（6）可将炉床面积扩大，熔化能力大。

（7）设备费用比倾动式炉和圆形炉便宜。

2.3.3　火焰式固定圆形熔铝炉

圆形炉比矩形炉的历史短，也是目前被广泛采用的炉型之一。图 2-2 是圆形熔铝炉的结构示意图。圆形炉在结构上采用了可开启的炉盖，炉盖周边采用冷却套。在炉盖的上面有一个专用或共用的炉盖提升装置。加料方式是用天车吊运料斗在顶部加料，一次可装大量炉料。按需要可设置 2~6 个对称均布在炉墙上的烧嘴，火焰沿切线方向并向下呈一定角度射向炉料。此外，在炉墙上还相应开有呈对称分布的烟道口。

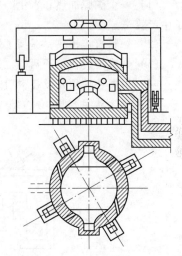

这种炉子的特点是：

（1）炉体由圆筒形炉壁和钟罩形炉顶组成，具有理想的辐射条件。

（2）可在恰当位置按所需要的角度装设烧嘴，燃烧气体在炉内旋转，火焰呈一定角度喷向液面，加强了对流传热，有利于提高熔化速度和熔化能力。

（3）冷料装炉时间短，可缩短辅助时间。

（4）因为炉顶能开盖，修炉时，炉子冷却快，易于修补。

图 2-2　圆形熔铝炉结构示意图

（5）与矩形炉比较，在容量和熔池深度相同的情况下，占地面积较小。

（6）简化了耐火材料结构，减少了砌砖工作量，但圆形炉的建设投资比同容量矩形炉大。

2.3.4　倾动式熔铝炉

倾动式熔铝炉就是在固定式矩形炉或圆形炉上装设了倾动装置，如图 2-3 所示。熔炼过程结束后，用液压缸倾动炉体，使金属液流入静置炉，这种炉子可适应各种熔化量。其主要特点是：

（1）能控制金属液的流量，可用传感器测量炉内液体金属的质量，以便准确地配制合金。当用于静置炉时，可准确控制铸造过程中的金属液面。

（2）根据需要可设计成单侧或两侧倾动（图2-3）。

（3）容易运转和操作。

（4）可以在短时间内洗炉和更换合金品种。

2.3.5　双膛双向熔铝炉

双膛双向熔铝炉是我国技术人员在20世纪80年代开发的一种新炉型（图2-4），它由两个炉膛组成，共用一个静置炉，炉子两端根据容量大小各安装1～3个烧嘴，两侧分别设有装料门和出料口，采用机械加料，两个炉膛之间和两个烟道内分别设有闸板，以调节控制两个炉膛的烟气量和炉压。一个炉膛熔化时，另一个炉膛对炉料进行预热，交替进行，周而复始，可使燃烧废气排放温度降

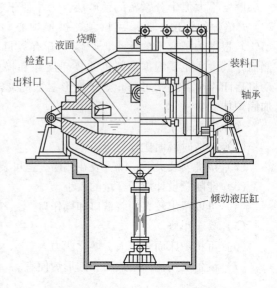

图2-3　两侧倾动式熔铝炉截面图

低到350℃左右，从而使热效率提高15%～20%。这种炉子的特点是：

（1）一个炉膛加热和熔化冷料时，另一个炉膛装料和预热，大大节省了辅助时间，提高了生产效率。

（2）炉料直接预热，提高了炉子的热效率。

（3）烧嘴可装在炉子两端，还可在炉顶设置辅助烧嘴，进一步提高了加热速度。

（4）也可在炉顶开设装料口，进一步缩短加料时间。

（5）合金转组方便。

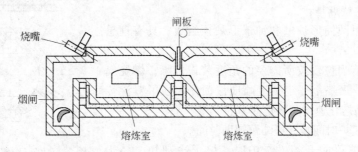

图2-4　双膛双向熔铝炉示意图

其缺点是占地面积大，初始投资大。

2.3.6　竖式熔铝炉

竖式炉是我国科技人员开发的一种节能性熔铝炉，从20世纪70年代至今，经过30多年的不断完善，现在已成为中小铝熔铸厂使用的主要炉型之一。这种炉子（图2-5）形式很多，有矩形，也有圆形；叫法也不一，有人称为快速熔铝炉，也有人称之为L形熔铝炉，还有人称为冲天炉、塔形炉等。这种炉子的典型结构由底炉和竖炉两部分组成，竖炉接受冷料，并对炉料进行预热，还起烟囱的作用；底炉设熔化室和静置室，分别完成配制合金和精炼、调温的任务。炉料采用翻斗机或炉顶平台人工装入，为了防止大、小料间隔混装时发生砸炉溅液安全事

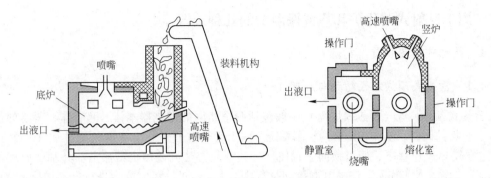

图 2-5　固定竖式熔炼炉结构简图

故，改型后的炉子设计了上下两个装料口，下口装铝锭，上口装废料。竖炉底部装有主烧嘴对炉料进行喷射加热，底炉两个室的顶部都设有辅助烧嘴。这种炉子的主要特点是：

（1）从排烟口装料，结构简单。

（2）占地面积小。

（3）熔化速度快。

（4）可实现机械化装料。

（5）利用烟气的热量预热炉料，烟气排出温度低，热效率较高。

竖式熔铝炉适用于合金单一的大批量连续生产的场合，但对于合金品种多、需要频繁更换合金的场合比较麻烦。这种炉子如操作不当，也会产生不容忽视的环保问题，即由于竖炉顶部装有炉料，调整炉压比较困难，因排烟不畅而常造成烟雾向车间内泄漏。

2.4　电阻式反射炉

电阻式反射炉利用炉膛顶部布置的电阻加热体通电产生的辐射热加热炉料，常作为熔炼炉和静置保温炉。电阻式熔炼炉和静置保温炉可分为固定式和倾动式。两种形式的主要结构特点与火焰反射式熔炼炉和静置保温炉相同。

电阻式反射炉电阻带加热体多置于炉膛顶部，其炉型及加料方式多为矩形炉侧加料。电阻加热体的加热形式可分为电阻带直接加热和保护套管辐射式加热。当炉子加热功率增加时电阻加热体要相应加长，炉膛面积亦相应增加，从方便加料、扒渣、搅拌等工艺操作和提高能源利用率、降低能耗和方便工艺操作的角度考虑，炉膛面积不能过大，因此，电阻式反射炉不适合用于大容量、大功率的炉型。国外已很少应用电阻式反射熔炼炉和静置保温炉，国内的老厂还有使用电阻式反射熔炼炉和静置保温炉的，新建厂一般也不用于熔炼炉，只用于保温炉，吨位不超过30t。电阻式保温炉结构如图 2-6 所示。

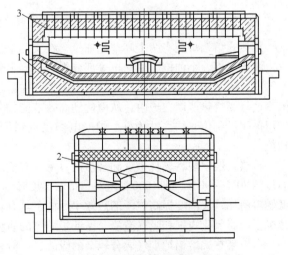

图 2-6　电阻式保温炉结构简图
1—炉体；2—扒渣炉门；3—电阻加热带

2.5　用于反射式熔化炉和静置保温炉的几种装置

2.5.1　蓄热式预热装置（蓄热式烧嘴）

2.5.1.1　蓄热式预热装置结构与原理

蓄热式预热装置（蓄热式烧嘴）一般包括两个相同的燃烧器本体、两个体积紧凑的蓄热室、一套换向阀门系统和相配套的控制系统。两个蓄热室分别处于蓄热（流过烟气）或预热（流过空气）工作状态，通过换向装置使烟气和空气交替流过每个蓄热室。其基本原理如图2-7所示，烧嘴A工作时，烧嘴B起排烟及蓄热作用，经过一段时间后进行自动切换，烧嘴B工作，烧嘴A起排烟及蓄热作用，如此循环切换。在工作过程中，约1100℃的高温烟气先通过蓄热室，以辐射和对流传热的方式在相当短的时间内迅速将热量传给蓄热室内的蓄热体，烟气释放后温度降至200℃以下甚至更低排放；然后，通过切换，冷空气由相反方向进入烧嘴蓄热体，以对流换热为主的方式将热量迅速传给冷空气，蓄热体被冷却，空气被预热到高温，预热后的热空气通过烧嘴出口外环进入炉膛后，由于高速喷射，形成一低压区，抽引周围低速或静止的燃烧产物形成一股贫氧高温气流，气体燃烧经喷嘴出口中心喷入炉内后与此高温低氧气流扩散混合，产生与传统燃烧完全不同的高温低氧燃烧。通过这种方式可以连续地产生高温空气，实现所谓"极限余热回收"和助燃空气的高温预热。

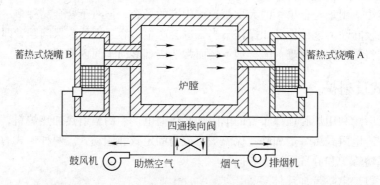

图2-7　蓄热式燃烧技术原理示意图

蓄热式熔铝炉配有两个高速燃油枪，在实际工作中喷油量在200～260L/h，熔化率在4t/h。它由液化气柜、小油枪、主油枪等部分组成，每个烧嘴与蓄热床直接相连，配以切换阀门及中间管网，两个烧嘴交替工作或排烟，高温烟气在蓄热床中进行充分热交换后低温排出，可最大限度地将燃烧热能留在炉内，从而达到高效节能的目的。考虑到熔铝炉燃烧安全运行问题，在炉门关闭没到位、炉盖没盖好、炉气电偶没进到位的情况下，系统具有控制大火不会燃烧的功能。

蓄热式熔铝炉将燃烧系统和余热回收系统有机地结合在一起，使助燃空气温度预热到烟气温度的80%～90%，即1000℃左右，排烟温度降到200℃以下，余热回收率可达70%，从而降低燃料消耗，大幅度提高炉子的热效率。由于具有较高的热效率，熔体可以快速熔炼，有效地减少了金属氧化烧损和吸气造渣，保证了熔体的质量。

由于蓄热式熔铝炉烟气成分较杂的缘故，一般采用三氧化二铝球作为蓄热载体，以便于快速更换。如不受油料影响，氧化球可一两个月更换一次。

蓄热烧嘴在简化炉体结构的同时还可缩小炉体尺寸。新一代蓄热烧嘴因采用了烟气强循环再生燃烧技术和高温空气燃烧技术，NO_x 的排放量仅为传统燃烧技术的 10%，烟气排放量可减少 30%。

2.5.1.2 蓄热式熔铝炉的特点

（1）节能效果显著，比传统熔铝炉节能 30%。由于蓄热床"极限回收"了烟气中大部分的余热，并由参与燃烧的介质带回炉内，大大降低了炉子的热损失，所以采用蓄热式燃烧系统的炉子比传统熔铝炉节能效果显著。

（2）消除局部高温区，炉温分布均匀。燃料采用二级雾化技术，雾化介质为压缩空气，并在高温低氧浓度工况下，雾状燃料炉内形成了扩散火焰，消除了固定火焰产生的局部高温区，火焰几乎充满整个炉膛，使炉温更加均匀。采用二级雾化技术，压缩空气为介质，烧嘴喷头交换工作时方便快捷，火焰的位置及炉气流动方向频繁改变，可加强炉气对流，减少炉内死角，也使炉温更加均匀。

（3）提高加热质量。均匀的炉温能使炉料熔化更加均匀，降低了局部高温以及富氧环境对铝熔体的氧化烧损及蒸气挥发损失。

（4）自动化程度高，控温准确。由于采用 PLC 控制系统，铝液温度控制采用串级控制技术，控温精度达 ±5℃，可同时兼顾熔化及保温需要；采用炉压连续控制技术，自动有效地按设定值控制炉压；采用了独特的渐进点火方式。

（5）减少温室效应。燃料节能 30%，相应的二氧化碳排放量也减少 30%。由于消除了局部高温区，有效地降低了 NO_x 的生成量。

2.5.2 炉底电磁搅拌装置

安装于反射炉底部的电磁感应搅拌装置产生交变磁场，铝液在搅拌力作用下，铝液表面的热量快速向下部传导，减少了铝液表面过热，使其上下温差小，化学成分均匀。电磁感应搅拌铝液过程与炉子加热过程可同时进行，不需要打开炉门，提高了炉子的生产效率，避免了炉内热量的散失和开炉门时铝液表面与空气反应造成的金属损失。按照设定的交变磁场模式，电磁搅拌装置还可以把熔池表面的浮渣聚集到炉门附近，便于扒渣操作，减少扒渣时间。电磁搅拌装置可在熔化炉和保温炉下面行走，一个电磁搅拌器可以兼顾熔化炉和保温炉两台炉子，也可以多台熔化炉共用一个电磁搅拌器。安装电磁搅拌装置时，炉体结构须在传统结构的基础上进行适当改变，以防炉体钢结构产生感应电流，影响对铝液的搅拌效果。

2.6 电感应炉

2.6.1 感应加热原理

感应加热的原理是以电磁感应定律和焦耳-楞次定律为依据，即用导体绕成一个线圈，并在线圈中通入交变电流，则在线圈内产生一个相应的交变磁场，其磁通量大小和方向都随时间改变。当把一块导电金属放在线圈内时，根据电磁感应定律，金属内必定会产生感应电势。由于一块整体金属可以视作一短路的导体，于是在感应电势的作用下，金属内就有电流产生，这种电流称为感应电流或涡流，线圈称为感应线圈或感应器。涡流产生的磁通量，总是力图阻止线圈内的磁通量发生变化。若施于线圈的交变电流不停止，则金属内的涡流也不会停止。众所周知，任何金属都具有电阻，因此金属被加热甚至熔化，即是一般所称的感应加热。

感应炉就是利用电磁感应原理，使处于交变磁场中的金属材料内部产生感应电流，从而把材料加热直至熔化的一种电热设备。

显然，实现感应加热必须具备两个条件：一是感应线圈中通入的必须是交变电流；二是处于感应线圈中的被加热材料必须是能导电的，或用电的导体作为发热体，利用导体发出的热量去间接加热非导电材料。

此外，如果处于感应线圈中的是导磁的金属（例如，磁性钢、铁、钴和镍等），则除了由于涡流发热外，还会由于这些金属内部存在磁滞现象，在被交变磁场反复磁化的过程中产生磁滞损耗而发热，这也是感应加热的效果之一。但相对于感应电流发热来说，磁滞损耗发热较为次要。

2.6.2　电感应炉的用途

在铝加工生产中，电感应炉常用于废屑重熔。由于作用于炉料的电功率密度大以及电磁搅拌作用，电感应炉能够将切屑等废料快速熔化，减少了熔化过程中金属损耗。另外，感应熔炼炉可根据需要开启和关闭，所以，特别适合于工作负荷不均衡、间歇作业的情况。

2.6.3　感应熔炼炉类型

2.6.3.1　感应熔炼炉的分类

A　按工作频率分类

感应熔炼炉按工作频率分类如下：

（1）工频感应炉。它的工作频率为 50Hz，可由单相、两相和三相电源供电。

（2）中频感应炉。它的工作频率范围高于工频，低于 10kHz。通用频率（Hz）档级依次是：150、（250）、450、1000、2500、4000、8000、10000。一律采用单相供电。自从出现可控硅中频装置以后，所用的频率范围已逐渐扩大到 100kHz。

（3）高频感应炉。它的工作频率高于 10^5 Hz。

B　按结构特点分类

根据炉子结构中有无铁芯穿过被熔化的金属熔池，可把感应熔炼炉分为无（铁）芯和有（铁）芯两种。

（1）无芯感应熔炼炉。这种熔炼炉分为真空和非真空两种。非真空无芯感应熔炼炉（简称无芯感应炉）多用于熔炼钢、铸铁以及铜、铝、锌、镁等有色金属及其合金。真空感应熔炼炉（简称真空感应炉）用于熔炼耐热合金、磁性材料、电工材料、高强度钢、特种钢和核燃料等。无芯感应熔炼炉视所熔炼材料的性质及工艺要求可选用工频、中频或高频加热电源。图2-8 为工频无芯感应熔炼炉结构示意图。

（2）有芯感应熔炼炉。这种炉子设有围绕铁芯的液体金属熔沟，因此又称为熔沟炉或沟槽式感应熔炼炉。这种炉子一般用于铸铁和铜、铝、锌等有色金属及其合金的熔炼、保温和浇注。通常都采用工频电源。图2-9 为有铁芯感应电炉工作原理及结构示意图。

2.6.3.2　感应熔炼炉的特点

感应熔炼炉同其他一些用于熔炼金属和合金的电弧炉、冲天炉等相比具有下列优点：

（1）在被加热的金属本身感应产生强大的感应电流，使金属发热而熔化，因而加热温度均匀，金属烧损少，可以避免像电弧炉那样产生局部高温。

（2）感应熔炼炉中，由于电磁力引起金属液搅动，所以熔化所得的金属成分均匀，质量

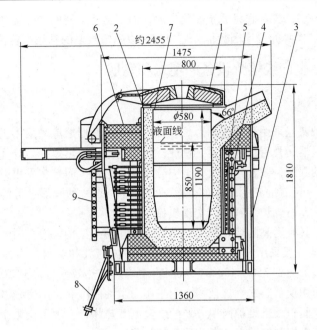

图 2-8 工频无芯感应熔炼炉

1—炉盖；2—坩埚；3—炉架；4—轭铁；5—感应器；6—耐火砖；
7—坩埚模；8—可绕汇流排；9—冷却水系统

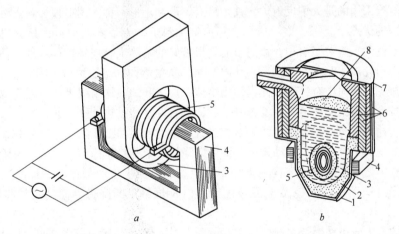

图 2-9 有铁芯感应电炉工作原理（a）及结构示意图（b）

1—炉底；2—炉底石；3—熔沟；4—铁芯；5—感应器；6—炉衬；7—炉壳；8—熔体

高，加热设备不会污染金属。

（3）熔化升温快，炉温容易控制，生产效率高，能广泛应用于黑色及有色金属的熔炼。

（4）炉子周围的温度低，烟尘少，噪声小，因此作业的环境条件好。

（5）没有电极或不需要燃料，可以间歇或连续运行。

感应熔炼炉的缺点是：

（1）对作为加热对象的原材料有一定要求，多用于金属和合金的重熔。

（2）冷料开炉时，需要起熔块（频率较低的炉子升温慢）。材料熔化后，由于炉渣本身不产生感应电流，靠金属液传递热量，所以炉渣的温度比金属液低，不利于造渣，从而影响精炼反应的进行。这种缺点，决定它只适于熔化金属，而不适于金属的冶炼提纯。

（3）感应熔炼炉本身的功率因数低，需要辅之以一定数量的补偿电容器，成本比较昂贵。

2.7　铝及铝合金生产线熔炼设备的现状和发展

2.7.1　熔炼炉

在国外，熔炼炉普遍采用顶开盖圆形炉替代矩形炉，圆形熔炼炉采用机械装料、计算机程序控制并且配有换热器，具有加料方便、快捷、熔化速率高、热效率高等优点。缩短了加料时间，减轻了装料劳动强度，改善了炉料在炉内分布的均匀性，而且多采用大容量的熔炼炉，容量一般多在 50～70t。目前世界上最大的熔炼炉为 150t，是一种圆形、可倾斜、可开盖、计算机自动控制的燃气炉，熔炼炉装料完全实现机械化。

炉子容量加大，具有更高的熔化能力，熔炼炉正在朝大型化发展。国内熔炼炉最大容量达 50t。熔炼炉燃烧系统一般采用中、高速烧嘴，加快炉内燃气和炉料的对流传热，燃烧尾气通过换热器将助燃空气加热到 350～400℃，从而将熔炼炉的热效率提高到 50% 以上。燃烧系统的新发展是使用快速切换蓄热式燃烧技术，它采用力学性能可靠，迅速频繁切换的四通换向阀和压力损失小、比表面积大且维护简单方便的蜂窝型蓄热体，实现了极限余热回收和超低 NO_x 排放。同时，用计算机控制熔铸生产全过程已较为普遍。

另外，为了使熔炼炉内铝熔体的化学成分更均匀，减少劳动强度等，发达国家通常都在炉底安装电磁搅拌器。

目前，普遍采用的是火焰反射炉，其炉型有圆形和矩形两种。圆形顶加料熔炼炉，由于具有加料时间短的优点，获得了广泛应用。矩形侧加料炉，为了方便加料，其炉门尺寸必须加大，有的甚至达到一侧炉墙面积。目前节能效果最好的蓄热式燃烧系统逐步推广使用，使熔化能耗降低到吨铝耗油 42kg，可大大降低生产成本。接触熔体的熔池炉材采用 Al_2O_3 含量高的优质高铝砖，避免了炉衬中有害杂质元素污染熔体；炉墙和炉顶均由耐火砖和耐高温抗侵蚀的耐火浇注料、抗渗铝耐火浇注料、保温砖等组成，具有良好的隔热性能，而且炉龄长。熔炼炉采用倾动方式转注铝液，可避免固定炉从炉底放流时熔池底部沉渣随着流出的弊端，有利于提高铸锭的纯洁度。另外，由于倾动式熔炼炉可以降低炉子的操作标高，如果保温炉也采用倾动式，则可使整个熔铸机组都处于同一地面标高上，既方便了生产操作，又提高了场地的利用率。随着国产液压系统和电控系统可靠性提高以及价格不断降低，倾动式炉将得到广泛的应用。

熔炼炉的最大改进在燃烧系统。一方面多采用中、高速烧嘴（燃烧速度为 30～300m/s），加强了炉内燃气和炉料的对流换热；另一方面普遍采用余热回收装置，回收一部分炉气热量，以预热助燃空气，使原来 30% 左右的热效率提高到 50% 左右。特别是英国 HOT-WORK 公司推出的再生式烧嘴，使炉子的热效率提高到 80%。这项技术目前已在许多国家得到推广，近年国内已有少数厂家引进了这项技术。燃烧系统的改进，极大地提高了炉子的生产效率，炉子的熔化速度一般可达 9～12t/h，最快的可达 15～17t/h。

世界上大型铝及铝合金生产线普遍采用大容量火焰熔炼炉，用电子计算机程序控制熔炼过程、调节燃料与助燃空气量比例、强化烧嘴能力、控制炉膛压力、利用烟气余热预热助燃空气等措施来提高熔炼能力和降低燃料消耗。熔炼能力依据炉子容量和燃料的不同而不同，35t 熔炼炉熔炼能力为 9t/h，50t 熔炼炉为 12t/h，75t 熔炼炉为 18t/h。为缩短炉子辅助操作时间、减轻工人劳动强度、提高炉子生产能力等，目前都采用机械化装炉、机械扒渣搅拌、快速准确的成分分析（带计算机的光谱分析仪）、多流眼的铝液转注（或倒炉）。炉子热效率在50％以上。

随着铝需求量的扩大及对其质量的高要求，铝熔炼炉也向着大型化、高级化、高效率化的方向发展，为此人们进行了多种努力，其中之一就是开发了电磁搅拌装置，它克服了反射熔炼炉及保温炉的缺点，开辟了铝熔炼炉自动控制的途径，给人们带来了很大希望。

2.7.2 保温（静置）炉

铝静置保温炉是熔铸生产中的重要设备，其主要任务是向半连续铸造机或铸轧机提供高质量的铝液。目前比较先进的熔铸车间，保温炉都采用倾翻形式，采用一个或两个液压缸进行翻动。

近年来，我国的铝板带生产发展很快，与连续铸造技术的发展相适应。保温炉有固定式和倾动式矩形炉。固定式静置炉要满足现代化大型连续生产，显然是不够的。与固定式炉相反，倾动式静置炉具有明显的优点。倾动式矩形炉的优点是铝熔体流动平稳、纯洁度高；通过采用计算机控制保温周期、炉压、燃料、空燃比、铝液温度等，实现自动控制；铸造过程中，可自动控制流槽液面，使炉内液面与流槽液面几乎保持同一水平，从而保证进入结晶器内的铝液流平稳和温度稳定。

保温炉容量也在朝大型化发展，美国戴维公司制造的127t可倾动式静置炉是铝工业最大的静置炉之一。国内最大保温炉容量达50t，炉型趋向采用倾动式炉，炉温和炉子放出铝液量可大范围精确地自动控制，并可以进行铸造工艺过程的连锁自动控制。反射式火焰保温炉采用火焰出口速度高、调节比大（1∶20）、自动控制、自动点火的燃烧器，可保证铝液温度控制精度达±3℃。倾动式保温炉可精确控制流槽液位，精度可达±1mm；接触熔体的熔池炉衬采用优质高铝砖，避免了炉衬中有害杂质元素污染熔体；炉墙和炉顶均由耐火砖及耐高温抗侵蚀的耐火浇注料、抗渗铝耐火浇注料、保温砖等组成，炉龄长，并具有良好的隔热性能；通过设置于炉底的透气砖向熔体中吹入惰性气体进行除气精炼，可有效地使惰性气体散布于熔体中，取得较好的除气精炼效果。电磁感应搅拌装置国外已经应用于倾动式炉，显示出了良好的使用效果。目前国内电磁感应装置与倾动式炉结合起来对于提高熔体质量有明显的效果。

大容量保温炉普遍采用倾动式火焰炉，用电子计算机控制铝液温度；铸造时炉子倾动，铝液通过炉嘴流过流槽、流盘进入结晶器内；铸造过程中铝液液面与流槽中液面几乎保持水平，因此进入结晶器内液流平稳，铝液温度稳定。

倾动式矩形保温炉装备有完善的燃烧及液压倾动控制系统，可方便控制铝熔体温度，流速平稳且液面易于控制。采用倾动式保温炉，铸造时使熔体上部的铝液首先流出，可避免固定式炉从炉底放流时熔池底部沉渣随着流出的弊端，有利于提高铸锭的纯洁度，还可以靠精确控制炉子倾角来控制铝液流量。采用高精度温度控制新技术后，金属温度控制范围提高到±3℃以内，为保证铸造质量创造了条件。

国外铝熔体的保温炉普遍采用大容量、倾动式火焰炉。火焰炉的燃烧装置能够使燃烧产物均匀掠过液面，而不引起局部过热；采用计算机控制保温周期、炉压、燃料、空燃比、铝液温度、火焰监控等；铸造时炉子倾动，铝液通过炉嘴流过流槽，进入结晶器内；铸造过程中，自动控制流槽液面、结晶器液面，使炉内液面与流槽液面几乎保持同一水平，保证进入结晶器内的液流平稳和铝液温度稳定。

复习思考题

1. 基本概念：熔炼炉、蓄热式预热装置。
2. 简述熔炼炉的基本要求及分类。
3. 简述各种熔炼炉的工作原理及优缺点。
4. 简述蓄热式装置的工作原理。

3　中间合金的制备技术

3.1　使用中间合金的目的

　　熔制铝合金时，合金元素的添加方法一般有四种：一是以纯金属直接加入；二是以中间合金的形式加入；三是以化工材料的形式加入；四是以添加剂的形式加入。

　　铝合金熔制过程中，大多数合金化元素是以中间合金的形式加入。中间合金一般是由两种或三种元素熔制而成的合金。使用中间合金，主要从以下方面考虑：

　　（1）有些合金元素的含量范围较窄，为使合金获得准确的化学成分，不适于加入纯金属，而需以中间合金形式加入。如 6A02 合金中的铜含量为 0.2% ~ 0.6%，采用加入 Al-Cu 中间合金较为合适。

　　（2）某些纯金属熔点较高，不能直接加入铝熔体中，而应先将此难熔金属预先制成中间合金以降低其熔点。如镍的熔点为 1453℃，制成含镍 20% 的中间合金时，其熔点降为 780℃；锰的熔点为 1244℃，制成含锰 10% 的中间合金时，其熔点降为 780℃。

　　（3）某些纯金属密度大，在铝中溶解速度慢，这些合金元素若以纯金属形式加入，易造成偏析，因此须预先制成中间合金，如铁、镍、锰等。

　　（4）某些纯金属表面不清洁，有的锈蚀严重，直接加入熔体易污染熔体，因此宜预先制成中间合金后使用，如铁片等。

　　（5）某些元素单质易蒸发或氧化，熔点高，在铝中溶解度低，如硅。单质硅以块状等形式存在时，因其几何尺寸偏大，因此需要在高温下长时间溶解，增加了氧化烧损，影响生产效率和冶金质量，且不利于准确控制成分，因此应预先制成中间合金。

　　因此，使用中间合金的目的是：防止熔体过热，缩短熔炼时间，降低金属烧损，便于加入高熔点、难熔和易氧化挥发的合金元素，从而获得成分均匀、准确的熔体。

　　但并不是所有的合金化元素都要以中间合金形式加入，下述情况可直接使用纯金属：

　　（1）熔点低、在铝中溶解度大的合金元素，当它在合金中含量高且范围较宽时，为方便可在炉料熔化一部分后以纯金属形式加入，如铜。

　　（2）熔点低、易氧化烧损且在铝中溶解度大的金属，制成中间合金反而增加了烧损，因此宜以纯金属形式加入，如镁。

　　（3）熔点低、易蒸发且在铝中溶解度大的金属，也应直接以纯金属形式加入，如锌。

3.2　对中间合金的要求

　　对中间合金的要求包括以下几方面：

　　（1）成分均匀，以保证合金得到准确的化学成分。

　　（2）杂质元素含量尽可能低，以免污染合金成分。

　　（3）熔点较低，最好是与铝的熔点接近，既可减少金属烧损，又可加快熔炼速度。

　　（4）中间合金中的元素含量尽可能高一些，这样既可减少中间合金的用量，又可减少中间合金的制造量。

（5）有足够的脆性，易于破碎，便于配料。

（6）不易蒸发和腐蚀，无毒，便于保管。

（7）在铝中有良好的溶解度，以加快熔炼速度。

（8）中间合金锭纯净度高，氧化夹杂物少，对成品合金的污染小。

（9）易于搬运。中间合金锭的形状和单块质量应满足使用方便的原则。

（10）中间合金锭应有明显的标识。

3.3　常用中间合金成分和性质

常用的中间合金成分及性质见表 3-1。

表 3-1　工业常用的中间合金成分及性质

中间合金	成分/%	熔点/℃	韧脆性
Al-Cu	45 ~ 55Cu	575 ~ 600	脆性
Al-Mn	7 ~ 12Mn	780 ~ 800	韧性
Al-Ni	18 ~ 23Ni	780 ~ 810	韧性
Al-Fe	6 ~ 11Fe	800 ~ 900	稍脆
Al-Si	15 ~ 25Si	640 ~ 770	韧性
Al-Be	2 ~ 4Be	720 ~ 820	韧性
Al-V	2 ~ 4V	780 ~ 900	韧性
Al-Zr	2 ~ 4Zr	950 ~ 1050	韧性
Al-Cr	2 ~ 4Cr	750 ~ 820	韧性
Al-P	7 ~ 14P	780 ~ 840	脆性

3.4　中间合金的熔制技术

中间合金的熔制方法，目前采用的有以下两种：

（1）熔配法。将两种或两种以上的金属同时加热熔化，或者用先后加热熔化的办法使这些金属相互熔合以制取中间合金，如熔制 Al-Cr、Al-Cu、Al-Fe、Al-Mn、Al-Ni、Al-Si 等中间合金所用的方法。

目前，大多数中间合金都采取先将易熔金属铝熔化，并加热至一定温度后，再分批加入难熔的金属元素熔合而成。

（2）还原法，也称热还原法。利用在热的状态下使某些金属化合物被其他更活泼的金属元素还原成金属，并熔入基本金属中而制成中间合金，如用铝还原二氧化钛制成的 Al-Ti 中间合金。

以铝为基的二元中间合金，成分含量差别较大。一般来讲，二元中间合金中元素的含量都超过该二元合金的共晶成分，其铸块的组织为过共晶组织。由于各元素的物理化学性质不同，在熔制过程中各有特点，常用的几种中间合金的熔制特点如下。

3.4.1　铝-钛

3.4.1.1　利用 TiO_2 熔制 Al-Ti 中间合金

钛的熔点很高，约 1700℃，在高温下能与其他元素及气体发生反应，所以用纯钛制作 Al-Ti 中间合金很难，一般采用在冰晶石的作用下，用熔融状态下的铝还原二氧化钛的方法制

Al-Ti 中间合金。其化学反应如下：

$$2TiO_2 + 2Na_3AlF_6 \longrightarrow 2Na_2TiF_6 + Na_2O + Al_2O_3 \qquad (3-1)$$

$$Na_2TiF_6 + 4Al \longrightarrow 2NaF + TiAl_4 + 2F_2 \qquad (3-2)$$

熔炼时除留出一定量原铝锭作为冷却料，将其余的原铝锭装入炉内，升温熔化，待铝全部熔化后，扒除表面渣，将等量的二氧化钛和冰晶石粉末均匀混合后，加入金属液表面。继续升温至1100℃，然后将二氧化钛压入铝液中，此时如冒出浓烈白烟，表明上述反应正常进行。待白烟停止，即可认为反应停止，清出炉内结渣，加入冷却料，除去表面白渣，经搅拌后即可进行铸造。

合格的 Al-Ti 中间合金铸块，断面具有明显的金属光泽，并有金黄色的、均匀的钛斑点，呈细晶粒结构。Al-Ti 中间合金用中频感应炉制作，也可在火焰反射炉中制作。利用海绵钛与铝制作中间合金时，合金成分易于控制，较为准确，操作方便、省力，缺点是海绵钛价格昂贵，生产成本高。一般 Al-Ti 中间合金的 $w(Ti) = 2\% \sim 4\%$，因为铝合金中钛含量很低，通常 $w(Ti) \leqslant 0.2\% \sim 0.4\%$，因此生产 $w(Ti) = 3\%$ 的中间合金就能满足要求。

3.4.1.2 利用海绵钛熔制 Al-Ti 中间合金

利用海绵钛熔制 Al-Ti 中间合金，熔炼时留出一定量原铝锭作为冷却料，将其余的原铝锭装入炉内，升温熔化，待铝全部熔化后，扒出表面渣；均匀撒入一层覆盖剂，待熔体温度升至1100～1200℃时，将海绵钛分多次加入到熔体中，加入海绵钛后，及时用耙子将其推入熔体，减少海绵钛的烧损；待海绵钛充分溶解后加入冷却料，熔体成分均匀后即可铸造。铸造过程中勤搅拌，防止成分偏析。

3.4.2 铝-镍

Al-Ni 中间合金是用纯度99.2%以上的电解镍板和原铝锭在感应电炉或反射炉中熔制的。由于镍的熔点很高，因此在中频感应炉中熔制质量较好。熔制时除留一部分冷料外，其余的铝和镍板同时装入炉内，以提高导磁性加速熔化。镍在溶解时放出大量的热，故不宜多搅拌，待全部熔化搅拌后，即可铸造。

用反射炉熔制 Al-Ni 中间合金时，先留出4%冷料及镍块，其余炉料尽可能一次装完；升温熔化，当炉料软化下塌时，撒上8%～10%的覆盖剂；温度升至950～1000℃，可分2～3次加镍块，每次都应彻底搅拌、扒渣、用熔剂覆盖；待镍全部熔化后，加入冷料，温度降至800～850℃时即可铸造。铸块宜铸成小块以便于使用。

3.4.3 铝-铬

Al-Cr 中间合金是用原铝锭和纯度为98.0%的金属铬熔制的，中间合金的铬含量按4%控制。

因铬的密度大（$7.14 \times 10^3 kg/m^3$），远大于铝的密度，在熔制时容易产生重度偏析，因此铬应以小块加入，同时加强搅拌，防止铬沉底。此外，在熔炼温度下铬在熔融状态铝中溶解缓慢，为加速溶解，应加强搅拌。

在中频感应炉或反射炉熔制 Al-Cr 中间合金的方法是：先将铝锭装炉熔化，待铝全部或一半熔化后，扒去表面渣，将铬块加入铝液中，继续升温至1000～1100℃。熔化过程中应经常搅拌，加速熔化，待铬全部熔化后，扒出表面渣，即可铸造。

3.4.4　铝-硅

Al-Si 中间合金是用原铝锭和纯度为 97.0% 以上的结晶硅在感应炉中熔制，也可以在反射炉或坩埚炉内熔制。

硅的密度为 $2.4g/cm^3$，与铝液的密度接近。硅极易与氧化合而生成难熔的 SiO_2，当把硅加入铝液中时，硅易浮在溶液表面，极不易溶解。此外硅的氧化烧损大，实收率低，因此加硅时有以下要求：

（1）加硅前把大小块结晶硅分开，小块用纯铝板包起来。

（2）加硅前扒净表面渣，防止氧化渣与硅块互混成团，影响硅的实收率。

（3）加硅时，熔体温度在 1000℃ 为宜，再将硅按照碎块、小块、大块的顺序依次加入；用耙子将硅块压入熔体内，不要过多地搅拌，待全部熔化再彻底搅拌。铸造温度可控制在 750～800℃，不宜过高。

硅含量为 20% 的 Al-Si 中间合金铸块具有无光泽的灰色，熔点为 700℃ 左右。

3.4.5　铝-铁

Al-Fe 中间合金是用原铝锭和厚度小于 5mm、锈蚀少、干燥、小块的低碳钢板熔制而成的。用反射炉、感应炉或坩埚炉均可熔制。铁含量一般控制在 8%～12% 的范围内。

铁片在加入熔体前，必须充分预热烘烤，以免加入时引起金属熔体飞溅。铁的密度为 $7.8g/cm^3$，熔点为 1534℃，将铁加入熔融铝中，极易沉底、粘底，彻底熔化困难；而提高温度易氧化烧损，造渣多，也不宜采纳；当 $w(Fe) > 6\%～8\%$ 时，溶解很慢。因此熔制时铁应该分批加入。Al-Fe 中间合金熔体流动性不好，铸造温度宜稍高一些，以上限为宜。

铁含量为 10% 的 Al-Fe 中间合金熔点约 800℃，铸块表面有收缩小孔的突出物，断口呈粗晶组织。

3.4.6　铝-铜

Al-Cu 中间合金是用原铝锭和电解铜板熔制而成。

铜的密度为 $8.9g/cm^3$，是铝的 3 倍多，将电解铜板加入铝熔体中，极易沉底，即使长时间升温，加强搅拌，也很难将粘在炉底的铜板熔化。因此应将铜板剪成小块，当铝锭熔化到铝液能淹没铜板时即将铜板加入炉内，这样可以避免铜板粘底，也能缩短熔化时间。熔炼温度控制在 900℃ 以内即可。由于熔化温度不高，熔体流动性较好，因而铸造温度不宜过高，一般控制在 680～720℃。铸造开始时，铸造温度可控制在上限，过程中可控制在 700℃ 或稍低一些，同时还可以采用多种方法加强冷却，以免因铸造温度高、冷却不好，脱模时摔碎铸块。

铜含量为 40% 的 Al-Cu 中间合金熔点约 570℃，铸块表面有灰白色的光泽，在大气中长期保存，表面氧化成绿色的氧化铜。铸块很脆，易碎。

3.4.7　铝-锰

Al-Mn 中间合金是用原铝锭和纯度大于 93% 的金属锰熔制而成，可在反射炉、中频感应炉中熔制。

金属锰的密度为 $7.43g/cm^3$，是铝的 2.8 倍，且锰在铝中的溶解较困难，故应将锰砸碎至不大于 20mm 的粒状，分批加入铝液中，加锰温度控制在 950～1000℃。

也可以使用电解锰熔制 Al-Mn 中间合金。电解锰纯度高，粒度小，呈细碎薄片状，加入铝熔体时易与氧化膜及熔渣包在一起浮在表面，造成烧损，降低实收率。因此可将加电解锰的温度控制在加难熔成分的上限，加锰前扒净表面渣，再将电解锰加入熔体内，如有团块浮于表面可压入熔体内，待全部熔化搅拌均匀后即可铸造。

锰含量为 10% 的 Al-Mn 中间合金，熔点约 780℃，铸块表面有较圆滑的突出物。

3.5　中间合金的熔铸工艺与设备

中间合金一般采用反射炉和中频感应炉熔制。反射炉是熔制中间合金常用的设备，因使用的燃料不同可分为若干类，操作工艺大同小异。

与中频感应炉对比，反射炉熔制中间合金的优点是容量大，生产效率高，一般容量在 8~10t 左右，中频感应炉的容量一般不超过 200kg；反射炉能耗少，可以节约能源。缺点是反射炉熔制的中间合金质量不如中频感应炉熔制的质量高；金属烧损大；成分的准确性精度不高；劳动强度大，劳动条件不好；不适合小批量的生产。中频感应炉熔制中间合金，金属烧损少，一般不超过 1.0%，合金质量较好。对于含高熔点元素且用量不大的中间合金，宜在中频感应炉中制取，如 Al-Ti、Al-Cr、Al-V 等。在大生产中，中频感应炉具有辅助作用。

复习思考题

1. 基本概念：中间合金、熔配法、还原法。
2. 简述使用中间合金的目的及对中间合金的要求。
3. 简述制作中间合金的熔制技术。

4　原材料的管理和使用及其配料计算

铝及铝合金在熔炼时加入的炉料称为原材料。原材料的科学管理和合理使用，不但关系着企业的经济效益，而且影响着产品的质量、工艺性能以及工人的劳动强度，所以原材料的管理和使用是企业管理重点工作之一。

原材料大致可分为三类：

（1）纯金属：原铝锭、紫铜板、锌、锰、硅、镍、铬、铁、镁等。

（2）铝基中间合金：铝-铜、铝-锰、铝-铁、铝-硅、铝-镍、铝-铬等。

（3）废料：本厂的废料和外厂的回收废料。

原材料进厂必须经过检查验收，符合厂"原、辅材料验收标准"的，可进行分区、分类、分级、分组妥善保管，防止破包、乱放、乱倒等无管理状态，否则会造成纯金属、中间合金、废料混料，其后果是非常严重的。

4.1　纯金属的管理、使用和验收

铝合金是在纯铝的基础上加入其他合金元素配制而成的，因此，在配制合金之前，首先应依据所配制的合金成分的要求，选择所需要的纯金属的品位。

新金属指由矿石直接冶炼出的一次工业纯金属，它成分标准化、品质较好、价格较贵。熔炼时使用新金属主要是为了弥补有色金属材料生产的金属消耗量，同时也是为了降低炉料中总的杂质含量，以满足制品最终综合性能的要求。此外，许多合金化组元也直接采用新金属引进。

对配料用新金属的基本要求是：化学成分符合国家标准的规定，表面清洁，无气孔夹杂，无腐蚀，锭重、锭型应适应配料和装炉的要求。有色金属合金，如铝合金、镁合金，是在纯金属熔炼的基础上，加入其他合金元素而制成的，因此配制合金以前，首先应根据所需配制的合金成分要求，选择所需的纯金属的品位。

有色金属的工业纯金属多来源于冶炼厂，如工业纯铝（称原铝锭或电解铝）都是从电解工厂制得的，其中原铝多铸成 15～20kg 的锭。即使是这些所谓工业纯金属，杂质仍是不可避免的，如铁和硅是原铝锭中的主要杂质，用电解法提炼也不可能完全除去。这两种杂质元素对合金的性质都有极大的影响，所以在使用原铝锭时，必须注意这些杂质的含量，根据所要求配制的合金正确地选用原铝锭。铝冶炼厂生产的原铝新料，是按所含铁和硅两种主要杂质元素的多少而定品位的。原铝锭分类及化学成分见表 4-1。

表 4-1　原铝锭分类及化学成分

牌　号	Al（不小于）	化学成分/%							
		Si	Fe	Cu	Mn	Mg	Zn	其他	总量
		杂质含量（不大于）							
1A99	99.99	0.003	0.003	0.005				0.002	0.01
1A97	99.97	0.015	0.015	0.005				0.005	0.03

牌　号	Al（不小于）	化学成分/%								
		杂质含量（不大于）								
		Si	Fe	Cu	Mn	Mg	Zn	其他	总量
1A95	99.95	0.030	0.030	0.010				0.005	0.05
1A93	99.93	0.040	0.040	0.010				0.007	0.07
1A90	99.90	0.060	0.060	0.010				0.010	0.10
1A80	99.80	0.150	0.150	0.030	0.020	0.02	0.03	0.020	0.20
1070	99.70	0.20	0.25	0.04	0.04	0.03	0.04	0.030	0.30
1060	99.60	0.25	0.35	0.05	0.03	0.03	0.05	0.030	0.40
1050	99.50	0.025	0.40	0.05	0.05	0.05	0.05	0.030	0.50
1200	99.00	1.00		0.05	0.05		0.10	0.050	1.00

4.2　废料的保管、交付和验收

　　废料，又称回炉料或旧料。熔炼时使用废料的目的是合理利用资源，降低生产成本，但废料成分复杂，外形不一，污染严重，表面积大，如利用不合理，会对产品品质产生重大影响。按来源分，废料可分为本厂废料和厂外废料两类。

　　（1）本厂废料。本厂废料来源于熔铸车间及各加工车间各工序所产生的加工余料及不合格废料。例如，一般铝加工厂的成品率在 60%～75% 左右，也就是说，将有 25%～40% 的原料变为废料。这部分废料大都可能保持不受掺杂，属于高质量废料，是熔炼金属及合金的重要原料来源之一。对本厂废料只要管理得好，都能保持良好质量，不被掺杂、污染及混料，在工厂称为一级废料，通常不需处理可以直接入炉使用。而从车床、刨床、锯床等回收的细碎切削料等，常被油污或氧化，或含过多杂质，质量较差，通常不能直接入炉，要事先经过洗涤、干燥等处理及复化重熔。

　　（2）厂外废料。这部分废料来源于使用有色金属材料的工厂或者回收部门，它们的来源大都很杂，无法确定其化学成分，质量低劣，必须经过复化（重熔）、精炼、化验等步骤，经过准确鉴定后才能使用。另外要注意的是，这些厂外回收的废料，往往含有一般化验方法难于检查出来的有害杂质元素，其含量即使仅为万分之一，也会严重地影响产品质量及工业性能。因此，凡制造高质量的产品，最好不使用厂外回收的废料。

　　化学成分不符合金属或合金标准的杂料，有的被称为化学废料，也应进行复化铸成铸锭，在明确其化学成分后，才能使用。

　　合金废料的管理特别重要，对废料的分级、隔离保管的要求更严格。因合金一经混杂入炉，就无法控制或精炼，除非加入大量金属予以冲淡。因此对本厂废料要按合金系统进行严格管理，使用时，如果混料，则宁愿将少量的低成分合金废料并入高成分合金废料中，而不能使少量的高成分合金废料混入低成分合金料中。

4.3　配料计算

　　金属加工材的组织与性能，除受到压力加工、热处理等工艺因素影响外，主要依靠化学成分来保证。因此，准确控制熔体的化学成分，是保证产品质量的首要任务。

控制成分，除控制熔损及杂质吸收外，还要做到正确合理地进行备料和配制；制定合理的加料顺序；做好炉前的成分分析和调整。

4.3.1　炉料选择

为了便于装炉和配料，降低熔损和控制成分，必须对炉料进行加工处理。备料包括炉料选择和处理。

炉料选择的依据是合金的使用性能、工艺性能、杂质的允许含量。在保证性能的前提下，为了降低成本，尽量少用纯度高的新金属料，合理地使用废料。

新金属料一般占总炉料的 40% ~ 60%，但对要求高及杂质含量少的合金，可用 80% ~ 100% 的新金属料。一般工业用的杂质允许量较多的如 2A11 等合金，可用 10% ~ 20% 较低品位的新金属料或全部使用废料。

为减少熔体的气体和非金属夹杂，炉料入炉前要进行炉料处理。不便于装炉的长料要预先锯断；小而薄的边角料须先打捆；锯末废料宜先磁选去铁，并经清洗、烘干、打包、重熔，进行化学成分分析后才能配入炉料。

4.3.2　配料

根据合金本身的工艺性能和该合金加工制品技术条件的要求，在国家标准或有关标准所规定的化学成分范围内，确定合金的配料标准（又称计算成分）、炉料组成和配料比，计算出每炉的全部炉料量，并进行炉料称重和准备的工艺过程称为配料。合金的化学成分是由国标或厂标所规定的。标准包括合金元素的含量范围和有害杂质的最大限量两部分，前者是为保证合金的稳定性能而有意加入的合金元素，后者是各种原材料和工具等在熔炼过程中带入的杂质。

配料的基本任务是：（1）控制合金成分和杂质含量，使之符合有关标准；（2）合理利用各种炉料，降低生产成本；（3）保证炉料质量，正确备料，为提高熔铸产品的质量和成品率创造有利条件。

配料的顺序是：确定合金元素的各成分；每种炉料的品种、配料比及熔损；计算料重及根据炉前分析进行成分调整。配料的计算程序为：

（1）了解合金的技术标准，即主成分范围及杂质允许极限。

（2）了解各种炉料的实际成分。

（3）确定使用新金属的品位。

（4）根据实际生产情况确定各组分的配料和易耗成分的补偿量。

（5）确定是否采用中间合金及哪种成分采用什么配比的中间合金。

（6）计算包括熔损在内的各种金属与中间合金的质量。

4.3.2.1　确定计算成分

确定计算成分是为了计算所需炉料的质量，一般取各元素的平均成分作为计算成分。根据合金的用途及使用性能、加工方法及工艺性能、熔损率及分析误差等情况，决定取平均值或偏上限或偏下限作为计算成分。

根据合金产品的用途和使用性能，具有重要用途及使用性能要求高者，应按照元素在合金中的作用，具体分析后才能确定计算成分。

工艺性能包括熔铸、压力加工、热处理及焊接性能等。合金成分与工艺性能的关系比较复杂，高强度的 7A04 合金，在半连续铸造大扁锭时，水冷易裂。在调整铸锭工艺的基础上，将

Cu 含量取偏下限，Mg 取偏上限，Mn 取中限，使 $w(\mathrm{Fe}) > w(\mathrm{Si})$ 且 $w(\mathrm{Mg})/w(\mathrm{Si}) \geqslant 12$ 时，锭则不易裂。对 Fe、Si 含量较高的铝合金，在水冷半连续铸造尺寸较大的锭坯时有较大的裂纹倾向，尤其是当 Fe/Si 比失调时更明显。只有在 Fe/Si 比较低，且铸锭尺寸小时，Fe/Si 比对裂纹的影响才显得不明显。此外，加工方法、加工率及材料的供应状态不同，对成分的要求也不同。用于挤压管材和模锻件的 2A12 合金，Cu 含量取下限就能满足要求；但用于生产厚板及二次挤压制品时，Cu 含量取上限才能满足力学性能的要求，因此，对挤压制品，Cu 含量取上限才能满足力学性能的要求。对软态的中厚板及二次挤压件，为保证其强度，合金成分必须取中上限作为计算成分。对于使用时需将管子压扁的 5A02 防锈管，伸长率要高，为此 Mg 含量最好取下限；为保证其可焊性，Si 含量取中上限。凡是易使合金塑性降低的能形成金属间化合物的元素，一般取低含量作为计算成分。

4.3.2.2　确定熔损率

合金在熔炼过程中由于氧化、挥发以及与炉墙、精炼剂相互作用而造成的不可回收的金属损失称为烧损。烧损和渣中金属总称熔损。控制合金元素熔损量，不仅对合金成分的控制起重要作用，而且对提高生产率，降低能耗都有很大的影响。合金元素熔损率可在很大范围内波动，是随熔炉类型、容量、合金元素的对比关系及含量（质量作用定律）、熔炼工艺及操作方法等变化的。一般从实际生产条件下所得合金成分的成批分析统计资料中，可得出可靠实用的熔损率。表 4-2 列出了某些合金的金属熔损率，可供配料计算时参考。

表 4-2　某些合金元素的熔损率　　　　　　　　（%）

合　金	合　金　元　素											
	Al	Cu	Si	Mg	Zn	Mn	Sn	Ni	Pb	Be	Ti	Zr
铝合金	1~5	0.5	1~5	2~4	1~3	0.5~2		0.5		10	20	
镁合金	2~3		1~5	3~5	2	5				15		

分析误差是由分析方法本身引起的。一般地，工厂的化学分析误差最大可达 ±（0.02% ~ 0.08%），光谱分析的误差更大。显然，若合金成分控制在偏上限时，加上分析误差及其他误差，便有可能使成分超出规定。此外，由于称重不准确，中间合金成分不均匀，搅拌不够以及取样不符合要求等都可造成误差。因此，在计算成分时，特别是在炉前调整成分时都要注意这些情况，做出合理的估计。

计算方法有两种：不计算杂质和计算杂质。当炉料全部是新金属和中间合金时，或仅有少量的一级废料，或对合金中的杂质要求不严而允许含量较多时，则可不计算杂质。对重要用途或杂质含量控制较严的合金，或料级品位低以及杂质较多的废料，特别是在半连续铸造规格较大或易产生裂纹的合金锭坯时，要计算杂质。在计算由新金属料带入的杂质元素时，若该元素是合金元素之一，则取下限计算；若为杂质，则按上限计算。

通常配料计算的程序如下：

（1）明确下达配料任务（合金牌号、制品状态、每炉的实际配料量）。

（2）根据化学成分内部标准或有关规定确定计算成分；根据配料规程和材料库存确定炉料组成和配料比。

（3）明确每种炉料的化学成分。

（4）计算各元素的需要量。

（5）计算各种废料用量及带入元素的量。

（6）计算各中间合金和新金属需要量。

（7）校核。将计算结果填入熔铸卡片，供备料。

下面以配制 10t 熔炼炉的 6063 铝合金挤压型材用铸锭为例，说明配料的步骤和方法。

（1）确定计算成分和配料比。产品是建筑装饰用铝型材，强度要求达到国家标准，为保证其装饰性，要求氧化后表面美观。根据上述要求，取 Mg 和 Si 成分为中限；为保证型材表面质量，Fe 含量小于 0.2%。新旧料比为 6:4。新料采用含杂质 Fe 较低的 Al99.80 原铝锭。废料为压余和挤压型材，本厂废料可直接装炉。镁选用 Mg99.90 纯镁加入，硅采用 Al-Si 中间合金。为防止铸锭裂纹，强化结晶组织，在出炉前 5~10min 加入少量晶粒细化剂 Al-Ti-B。各种炉料成分见表 4-3。

表 4-3　6063 铝合金各种炉料成分

项　目		化学成分/%								
		Mg	Si	Fe	Mn	Zn	Cr	Ti	Cu	Al
国家标准		0.45~0.9	0.2~0.6	≤0.35	≤0.1	≤0.1	≤0.1	≤0.1	≤0.1	余量
计算成分		0.5	0.4	0.2				0.02		余量
炉料	Al99.80 锭	0.03	0.10	0.15					0.01	99.8
	Mg99.90 锭	99.9	0.01	0.04					0.004	
	6063 废料	0.6	0.36	0.2				0.02		余量
	Al-Si 合金	0.1	2.0	0.6	0.1	0.3				余量
	Al-Ti-B							5		余量

（2）按计算成分计算各元素的需要量和杂质含量。

1）主成分：

Mg：$10000 \times 0.5\% = 50kg$

Si：$10000 \times 0.4\% = 40kg$

2）杂质：

Fe：$10000 \times 0.2\% \leqslant 20kg$

Mn：$10000 \times 0.1\% \leqslant 10kg$

Zn：$10000 \times 0.1\% \leqslant 10kg$

Cu：$10000 \times 0.1\% \leqslant 10kg$

Ti：$10000 \times 0.2\% \leqslant 20kg$

其他：$10000 \times 0.15\% \leqslant 15kg$

3）杂质总和：$\leqslant 77kg$

（3）6063 废料中各成分的总量。

Mg：$4000 \times 0.6\% = 24kg$

Si：$4000 \times 0.36\% = 14.4kg$

Ti：$4000 \times 0.02\% = 0.8kg$

Fe：$4000 \times 0.21\% = 8.4kg$

（4）计算烧损。根据合金元素烧损的统计资料确定各元素的烧损率：Al：1%；Si：2%；Mg：3%。各元素的烧损量计算如下：

Mg：$50 \times 3\% = 1.5kg$

Si：$40 \times 2\% = 0.8kg$

Al：$[10000 - (50 + 40)] \times 1\% = 99.1kg$

（5）计算各种炉料用量。

Al-Si：$(40 + 0.8 - 14.4) \div 20\% = 132kg$

Al-Ti-B：$(2 - 0.8) \div 5\% = 24kg$

Mg：$(50 + 1.5 - 24) \div 99.9\% = 27.52kg$

Al：$(10000 + 99.1) - (4000 + 132 + 24 + 27.52) = 5915.58kg$

（6）杂质含量校核。

Fe：$8 + 0.79 + 0.003 + 8.87 = 17.66kg < 20kg$

核算表明，计算基本正确，可以投料。如果核算结果不符合要求，则需要复查计算数据，或重新选择炉料及料比，再进行计算，直到核算正确为止。

（7）炉料装炉量及各合金元素含量见表4-4。配料计算完成后，应根据配料计算卡片标明的炉料规格、牌号、废料级别和数量，将炉料称重并按装炉顺序依次送往炉台。

表4-4　各种炉料装炉量总表

炉　料		计算各炉料元素含量/kg								
组　成	质量/kg	Mg	Si	Fe	Mn	Zn	Cr	Ti	Cu	其他
配料总量	10000	50	40	≤20	≤10	≤10	≤10	2	≤10	≤15
6063废料	4000	24	14.4	8				0.8		
Al-Si合金	132	0.13	26.4	0.79						
Mg99.90	27.52	27.5	0.003	0.003						
Al-Ti-B	24							1.2		B0.24
Al99.80	5915.58		5.91	8.87						

合理利用废料和确定配比对降低生产成本具有重要意义，而配料计算又是一项繁琐的工作，为此，一些工厂开发出专门的用于配料的计算机程序软件和配料决策系统，并已投入实际使用，不仅效率高，而且计算准确，对合理利用炉料，稳定和提高产品品质起到了很好的作用。

复习思考题

1. 基本概念：配料、炉料、新金属、废料、烧损。
2. 简述本厂废料的分级、保管及使用。
3. 简述确定炉料品种和配料比时应注意的原则。
4. 简述使用不同炉料时的配料计算步骤。

5　铝合金的熔炼

5.1　概述

5.1.1　熔炼目的

熔炼的基本目的是：熔炼出化学成分符合要求，并且纯净度高的合金熔体，为铸造各种形状的铸锭创造有利条件。

（1）获得化学成分均匀并且符合要求的合金熔体。合金材料的组织和性能，除了工艺条件的影响以外，首先要靠化学成分来保证。如果某一成分或杂质超出标准，就要按化学成分废品处理，造成很大的损失。同时，在合金成分范围内对一些元素含量进行调整，可提高铸锭成型性，减少裂纹废品的产生。

（2）获得纯净度高的合金熔体。冶炼厂供应的金属或回炉的废料，往往含有杂质、气体、氧化物或其他夹杂物，必须通过熔炼过程，借助物理或化学的精炼作用去除这些杂质、气体、氧化物等，以提高熔体的纯净度。

（3）复化、回收废料，使其得到合理使用。回收的废料由于各种原因，不同合金被混杂，成分不清，要么被油等杂物污染，要么是碎屑不能直接用于成型和加工零件，必须借助熔炼过程以获得准确的化学成分，并铸成适于再次入炉的铸锭。

5.1.2　熔炼特点

铝非常活泼，能与气体发生反应，反应如下：

$$4Al + 3O_2 \longrightarrow 2Al_2O_3$$

$$2Al + 3H_2O \longrightarrow Al_2O_3 + 3H_2$$

这些反应都是不可逆的，一发生反应金属就不能还原，造成金属损失，而且生成物（氧化物、碳化物等）进入熔体，污染金属，使铸锭产生内部组织缺陷。

因此在铝合金的熔炼过程中，对工艺设备（如炉型、加热方式等）有严格的选择，对工艺流程也有严格的选择和控制，如缩短熔炼时间，控制适当的熔化速度，采用熔剂覆盖等。

铝合金熔炼具有以下特点：

（1）原材料必须以金属形式加入。原材料必须是以金属材料形式加入的，极个别的组元（如 Be、Sr 等）可以以化工原料形式加入，没有制造其他有色金属或黑色金属合金时，以间接形式（如以矿石之类）加入的还原造渣过程，因为这样的过程，会给铝合金带来金属损失，并污染金属。

（2）铝在熔炼过程中易与其他物质发生反应。由于铝的活性，在熔炼温度下，它与大气中的水分和一系列工艺过程中接触的水分、油、碳氢化合物等，都会发生化学反应。一方面增加熔体中的含气量，造成疏松、气孔等缺陷；另一方面其生成物可污染熔体，因此，在熔化过程中必须采取一切措施尽量减少水分，对工艺设备、工具和原材料等要严格保持干燥和避免污染，并在不同季节采取不同形式的保护措施。

（3）任何组元加入后均不能除去。熔化铝合金，加入任何组元，一般都不能去除，所以对铝合金的加入组元必须格外注意。误加入非合金组元或者加入合金组元过多或过少，都有可能出现化学成分不符，同时也可能给铸造成型带来困难。

如在高镁合金中误加入钠含量较高的熔剂，则会引起钠脆性，造成铸造时的热裂性和压力加工时的热脆性。如在 7075 合金中多加入硅，则会给铸锭成型带来一定的困难。

（4）熔化过程易产生冶金缺陷。冶金缺陷在后续加工中难以补救，而且直接影响材料的使用性能。大多数的冶金缺陷是在熔化过程中造成的，如含气量高、非金属夹渣、晶粒粗大、金属化合物的一次晶等。适当地控制化学成分和杂质含量以及加入变质剂（细化剂），可以改善铸造性能，对提高熔体质量是很重要的。

5.1.3 熔炼方法

5.1.3.1 分批熔炼法

分批熔炼法是一个熔次一个熔次地熔炼，即一炉料装炉后，经过熔化、扒渣、调整化学成分、再经过精炼处理，温度合适后出炉，炉料一次出完，不允许剩有余料，然后再装下一炉料。

这种方法适用于铝合金的成品生产，它能保证合金化学成分的均匀性和准确性。

5.1.3.2 半分批熔炼法

半分批熔炼法与分批熔炼法的区别，在于出炉时炉料不是全部出完，而留下五分之一到四分之一的液体料，随后装入下一熔次炉料进行熔化。

此法的优点是所加入的金属炉料浸在液体料中，从而加快了熔化速度，减少烧损；可以使沉于炉内的夹杂物留在炉内，不至于混入浇注的熔体中，从而减少铸锭的非金属夹杂；同时炉内温度波动不大，可延长炉子寿命，有利于提高炉龄。但是，此法的缺点是炉内总有余料，而且这些余料在炉内停留时间过长，易产生粗大晶粒而影响铸锭质量。半分批熔炼法适用于中间合金以及产品质量要求较低、裂纹倾向较小的纯铝生产。

5.1.3.3 半连续熔炼法

半连续熔炼法与半分批熔炼法相似，即每次出炉量为三分之一到四分之一，随后可加入下一熔次炉料。与半分批熔炼法不同的是，留于炉内的液体料为大部分，每次出炉量不多，新加入的料可以全部搅入熔体中，以致每次出炉和加料互相连续。此法适用于双膛炉熔炼碎屑。由于加入的炉料浸入液体中，不仅可以减少烧损，而且还使熔化速度加快。

5.1.3.4 连续熔炼法

连续熔炼法是加料连续进行，间歇出炉。连续熔炼法灵活性小，仅适用于纯铝的熔炼。

综上所述，对于铝合金熔炼，熔体在炉内停留时间要尽量缩短。因为延长熔体停留时间，尤其在较高的熔炼温度下，大量的非自发晶核复活，引起铸锭晶粒粗大，而且增加金属吸气，使熔体非金属夹杂和含气量增加，另外液体料中大量地加入固体料，严重污染金属。因此，分批熔炼法是最适合于铝合金生产的熔炼方法。

5.2　熔炼过程中的物理化学作用

在熔炼铝合金的过程中，若是在大气下的熔炼炉中加热，则随着温度的升高，金属表面与炉气或大气接触，会发生一系列的物理化学作用。根据温度、炉气和金属性质的不同，金属表面可能产生气体的吸附和溶解以及产生氧化物、氢化物、氮化物和碳化物。

5.2.1　炉内气氛

根据所用的熔炼炉炉型及结构，以及所用燃料的燃烧或发热方式，炉内气氛中往往含有不同比例的氢气（H_2）、氧气（O_2）、水蒸气（H_2O）、二氧化碳（CO_2）、一氧化碳（CO）、氮气（N_2）、二氧化硫（SO_2）等，此外还有各种碳氢化合物（主要以 CH_4 为代表）。表 5-1 是几种典型的炉气成分。

表 5-1　几种典型炉气成分分析

炉　型	气体组成(质量分数)/%						
	O_2	CO_2	CO	H_2	C_mH_n	SO_2	H_2O
煤气反射炉	0～0.40	4.1～10.30	0.1～41.50	0～1.40	0～0.90		0.25～0.80
燃煤反射炉	0～22.40	0.30～13.50	0～7.00	0～2.20		0～1.70	0～12.60
燃油反射炉	0～5.80	8.70～12.80	0～7.20	0～0.20		0.30～1.40	7.50～16.40
坩埚外加热的煤油炉	2.90～4.40	10.80～11.60				0.40～2.10	8.00～13.50
坩埚上边加热的煤油炉	0.20～3.90	7.70～11.30	0.40～4.40			0.40～3.00	1.80～12.30

从表 5-1 中所列几种炉子的炉气成分来看，在火焰炉的废气中，除了氧及氧化碳外，同时存在大量的水蒸气。

实际上，这种水蒸气有两种不同来源：

一种是燃料中原来吸附的水分；另一种是燃料中所含的氢元素与氧燃烧后生成的水蒸气，而且碳氢化合物（如 CH_4）燃烧后也会产生大量的水蒸气。生产实践证明，熔化铝合金的燃料燃烧后都有大量水蒸气。即使不用火焰发热的炉子，例如电阻发热的反射炉，如果在比较潮湿的环境中，如在雾露较大的地区或在我国南方的梅雨季节和潮湿的夏季，炉气中都会含有较多的水蒸气。

5.2.2　液态金属与气体的相互作用

5.2.2.1　氢的溶解

氢是铝及铝合金中最易溶解的气体。铝所溶解的气体，按溶解能力，顺序为 H_2、C_mH_n、CO_2、CO、N_2，见表 5-2。在所溶解的气体中，氢占 90% 左右。氢和铝不发生化学反应。

表 5-2　铝合金溶解的气体组成

含量(体积分数)/%						
H_2	CH_4	H_2O	N_2	O_2	CO_2	CO
92.2	2.9	1.4	3.1	0	0.4	
95.0	4.5		0.5			
68.0	5.0		10.0		1.7	15.0

A　氢的溶解机理

凡是与金属有一定结合力的气体，都能不同程度溶解于金属中，而与金属没有结合力的气体，一般只能进行吸附，但不能溶解。气体与金属之间的结合能力不同，则气体在金属中的溶解度也不同。

金属的吸气由三个过程组成，即吸附、扩散、溶解。

吸附有物理吸附和化学吸附两种。物理吸附是不稳定的，单靠物理吸附的气体是不会溶解的。然而当金属与气体有一定结合力时，气体不仅能吸附在金属之上，而且还会离解为原子，其吸附速度随温度升高而增大，达到一定温度后才变慢，这就是化学吸附。只有能离解为原子的化学吸附，才有可能进行扩散或溶解。

由于金属不断地吸附和离解气体，当金属表面某一气体的分压达到大于该气体在金属内部的分压时，气体在分压差及与金属结合力的作用下，开始向金属内部扩散，即溶解于金属中。其扩散速度与温度、压力有关，金属表面的物理、化学状态对扩散也有较大影响。

气体原子通过金属表面氧化膜（或熔剂膜）时，其扩散速度比在液态中慢得多。氧化膜和熔剂膜越致密、越厚，其扩散速度越小。气体在液态中的扩散速度比在固态中快得多。

在金属液体表面无氧化膜的情况下，气体向金属中的扩散速度，与金属厚度成反比，与气体压力平方根成正比，并随温度升高而增大。

其关系式如下：

$$v = \frac{n}{d} \sqrt{p_H}\, e^{-E/(2RT)} \tag{5-1}$$

式中　v——扩散速度；

n——常数；

d——金属厚度；

p_H——气体分压；

E——激活能；

R——气体常数；

T——铝液温度。

气体在金属中的溶解是通过吸附、扩散、溶解诸过程而进入金属中，但溶解速度主要取决于扩散速度。

B　氢的溶解

由于氢是结构比较简单的单质气体，其原子或分子都很小，较易溶于金属中，在高温下也容易迅速扩散，所以氢是一种极易溶解于金属中的气体。

氢在熔融态铝中的溶解过程如下：

物理吸附→化学吸附→扩散(H_2)→2H→2[H]

氢与铝不发生化学反应，而是以原子状态存在于晶体点阵的间隙内，形成间隙式固溶体。

因此，在达到气体的饱和溶解度之前，熔体温度越高，则氢分子离解速度越快，扩散速度也就越快，熔体中含气量越高。在压力为 0.1MPa 下，不同温度时氢在铝中的溶解度如表 5-3 所示。

表 5-3　不同温度下氢在铝中的溶解度（在 0.1MPa 下）

温度/℃	氢在 100g 铝中的溶解度/mL
850	2.01
658（液态）	0.65
658（固态）	0.034
300	0.001

表 5-3 中说明，在一定的压力下，温度越高，氢在铝中的溶解度越大；温度越低，氢在铝中的溶解度越小。在固态时，氢几乎不溶于铝。还可以看出，由固态到液态，氢在铝中的溶解度出现一个突变现象。这种溶解度急剧变化的特点，决定了铝在凝固时，使原子氢从金属中析出成为分子氢，最后以疏松、气孔的形式存在于铸锭中。因此，也说明了铝及铝合金最容易吸收氢而造成疏松、气孔等缺陷。

5.2.2.2　与氧的作用

在生产条件下，无论采用何种熔炼炉生产铝合金，熔体都会直接与空气接触，也就是和空气中的氧接触。铝是一种比较活泼的金属，它与氧接触后，必然产生强烈的氧化作用而生成氧化铝，其反应式为：

$$4Al + 3O_2 \xrightarrow{\hspace{1cm}} 2Al_2O_3 \tag{5-2}$$

铝一经氧化，就变成了氧化渣，造成不可挽回的损失。氧化铝是十分稳定的固态物质，如混入熔体内，便成为氧化夹渣。

由于铝与氧的亲和力很大，所以铝与氧的反应很激烈。表面铝与氧反应生成 Al_2O_3，Al_2O_3 的分子体积比铝的分子体积大，即：

$$\alpha = \frac{V_{Al_2O_3}}{V_{Al}} = 1.23 > 1 \tag{5-3}$$

所以表面的一层铝氧化生成的 Al_2O_3 膜是致密的，它能阻止氧原子透过氧化膜向内扩散，同时也能阻止铝离子向外扩散，因而阻止了铝的进一步氧化。此时金属的氧化按抛物线的规律变化，其关系式如下：

$$W^2 = k\tau \tag{5-4}$$

式中　W——氧化物质量；

　　　k——氧化反应速度常数；

　　　τ——时间。

金属在其氧化膜的保护下，氧化率随时间增长而减慢，铝、铍属于这类金属。某些金属固态时的 α 值如表 5-4 所示。

表 5-4　某些金属固态时 α 的近似值

金　属	Mg	Al	Zn	Ni	Be	Cu	Fe	Li	Ca	Pb	Ce
氧化物	MgO	Al_2O_3	ZnO	NiO	BeO	Cu_2O	Fe_2O_3	Li_2O	CaO	PbO	Ce_2O_3
α	0.78	1.23	1.57	1.60	1.68	1.74	3.16	0.60	0.64	1.27	2.03

若 $\alpha < 1$，则氧化膜容易破裂或呈疏松多孔状，氧原子和金属离子通过氧化膜的裂缝或空隙接触，金属便会继续氧化，氧化率将随时间增长按直线规律变化，其关系式如下：

$$W = k\tau \tag{5-5}$$

镁和锂属于此类金属，即氧化膜不起保护作用，因而在高镁铝合金中加入铍，改善氧化膜的性质，则可以降低合金的氧化性。

在温度不太高时，金属多按抛物线规律变化；高温时多按直线规律氧化。因为温度高时原子扩散速度快，氧化膜与金属的线膨胀系数不同，强度降低，因而易于被破坏。例如铝的氧化膜强度较高，其线膨胀系数与铝相近，熔点高，不溶于铝，在400℃以下金属的氧化呈抛物线规律，保护性好，但在500℃以上时，则按直线规律氧化，在750℃时易于断裂。

炉气性质由炉气与金属的相互作用决定。若金属与氧的结合力比碳、氢与氧的结合力强，则含 CO_2、CO、H_2O 的炉气会使金属氧化，这种炉气是氧化性的；否则，便是还原性的。

生产实践表明，炉料的表面状态是影响氧化的一个重要因素。在合金熔炉一定时，氧化烧损主要取决于炉料状态和操作方法。例如在相同条件下熔炼铝合金时，大块料烧损为0.8%～2.0%，打捆片料时烧损为2%～10%，碎屑料的烧损可高达30%，另外熔池表面越大，熔炼时间越长，烧损越大。

降低氧化烧损主要应改进熔炼工艺。一是在大气下的熔炉中熔炼易烧损的合金时，尽量选用熔池表面积小的炉子，如低频感应电炉；二是采用合理的加料顺序，快速装料以及高温快速熔化，缩短熔炼时间，而且易氧化烧损的金属尽可能后加；三是采用覆盖剂覆盖，尽可能在熔剂覆盖下的熔池内熔化，对易氧化烧损的高镁铝合金，可加入0.001%～0.005%的铍；四是应正确地控制炉温及炉气性质。

5.2.2.3 与水的作用

A 铝与水的反应

熔炉的炉气中虽然含有不同程度的水蒸气，但是以分子状态存在的水蒸气并不容易被金属吸收，因为 H_2O 对一般金属的溶解度是不大的，而且水在2000℃以后才开始离解。水蒸气之所以成为造成铸锭内部疏松、气孔的根源，是因为在金属熔融状态的高温下，水分子（H_2O）被具有比较活性的铝分解，生成原子状态的[H]，即：

$$3H_2O + 2Al \longrightarrow Al_2O_3 + 6[H] \tag{5-6}$$

分解出的[H]原子，很容易溶解于金属熔体内，成为铸锭内部疏松、气孔缺陷的根源。这种反应即使是在水蒸气分压力很低的情况下，也可以进行。

B 水的来源

（1）从空气中来。空气中有大量的水蒸气，尤其在潮湿季节，空气中水气含量更大。我国南方的夏季气温较高，空气中绝对湿度较大，铝合金在这种条件下生产时，如不采取措施，将会增加合金中气体的溶解量。根据西南某厂历年生产统计资料证明，每年五月到十月是空气中湿度较大的季节，在净化条件差的情况下，在这个季节里生产的铸锭，易产生疏松、气孔缺陷，七、八、九三个月尤甚。

如某厂某年曾对2017合金熔体做过测定，在一般熔炼温度下，气体含量与大气湿度的关系如表5-5所示。

表5-5 **2017合金熔体的气体含量与大气湿度的关系**

月　份	1	2	3	4	5	6	7	8	9	10	11	12
湿度（平均）	30	32	34	38	38	40	52	60	46	40	32	30
100g铝平均含气量/mL	0.11	0.11	0.12	0.125	0.13	0.14	0.155	0.16	0.14	0.12	0.10	0.10

（2）从原材料中来。经生产实践证明，用于生产铝合金的原材料以及精炼用的熔剂或覆盖剂潮湿，一经入炉，所蒸发出来的大量水蒸气必定成为铸锭疏松、气孔的根源，所以在生产中都严禁使用潮湿的原材料。对于极易潮湿的氯盐熔剂，尤其应注意存放保管。有些容易受潮的熔剂，入炉前应在一定温度下进行烘烤。

（3）从燃料中来。当采用反射炉熔炼铝合金时，燃料中的水分以及燃烧时所产生的水分，是水蒸气的主要来源。

（4）从耐火材料中来。耐火材料表面吸附的水分，以及砌砖泥浆中的水分，烘炉不彻底时，熔炼前几熔次甚至几十熔次，对熔体中气体含量有明显的影响。

我国是一个幅员辽阔的国家，由于所在地点不同，一年四季温度和湿度都不一样，在铝加工厂环境湿度还未能控制的条件下，自然界的湿度对铝合金生产是有明显影响的。

5.2.2.4　与氮的作用

氮是一种惰性气体元素，它在铝中的溶解度很小，几乎不溶于铝。但也有人认为，在较高的温度时，氮可能与铝结合生成氮化铝，其反应为：

$$2Al + N_2 \longrightarrow 2AlN \tag{5-7}$$

同时氮还能和合金组元镁形成氮化镁，其反应为：

$$3Mg + N_2 \longrightarrow Mg_3N_2 \tag{5-8}$$

氮还能溶解于铁、锰、铬、锌、钒、钛等金属中，形成氮化物。

氮溶于铝中，与铝及合金元素反应，生成氮化物，形成非金属夹渣，影响金属的纯净度。有些人还认为，氮不但影响金属的纯净度，还能直接影响合金的抗腐蚀性和组织的稳定性，这是由于氮化物不稳定，遇见水后，立刻由固态分解产生气体：

$$Mg_3N_2 + 6H_2O \longrightarrow 3Mg(OH)_2 + 2NH_3 \uparrow \tag{5-9}$$

$$AlN + 3H_2 \longrightarrow Al(OH)_3 + NH_3 \uparrow \tag{5-10}$$

5.2.2.5　与碳氢化合物的作用

任何形式的碳氢化合物（C_mH_n），在较高的温度下都会分解为碳和氢，其中氢溶解于铝熔体中，而碳则以元素形式或以碳化物形式进入液态铝，并以非金属夹杂物形式存在，其反应式如下：

$$Al + 3C \longrightarrow Al_4C_3 \tag{5-11}$$

例如，天然气中的 CH_4，在熔炼铝的温度下，发生下列反应：

$$CH_4 + 2O_2 \longrightarrow CO_2 \uparrow + 2H_2O \tag{5-12}$$

$$3H_2O + 2Al \longrightarrow Al_2O_3 + 3H_2 \uparrow \tag{5-13}$$

$$3CO_2 + 2Al \longrightarrow 3CO \uparrow + Al_2O_3 \tag{5-14}$$

$$3CO + 6Al \longrightarrow Al_4C_3 + Al_2O_3 \tag{5-15}$$

5.2.3　影响气体含量的因素

5.2.3.1　合金元素的影响

金属的吸气性是由金属与气体的结合能力决定的。金属与气体的结合能力不同，气体在金属中的溶解度也不同。

蒸气压高的金属与合金，由于具有蒸发吸附作用，可降低含气量。与气体有较大结合力的合金元素，会使合金的溶解度增大；与气体结合力较小的元素则相反。增大合金凝固温度范围，特别是降低固相线温度的元素，易使铸锭产生气孔、疏松。Cu、Si、Mn、Zn 均可降低铝合金中气体溶解度，而 Ti、Zr、Mg 则相反。

5.2.3.2 温度的影响

熔融金属的温度越高，金属和气体分子的热运动越快，气体在金属内部的扩散速度也增快。因而，在一般情况下，气体在金属中的溶解度随温度升高而增加。图 5-1 所示为氢在铝中的溶解度与温度关系的试验结果。

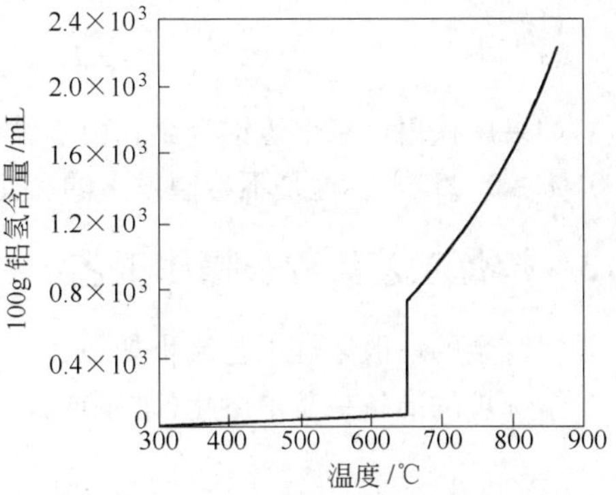

图 5-1 纯铝（99.99%）中氢的溶解度与温度的关系

5.2.3.3 压力的影响

压力和温度是两个互相关联的外界条件，压力对金属吸收气体的能力也有很重要的影响。随着压力的增大，气体溶解度也增大。其关系式如下：

$$S = K\sqrt{p} \tag{5-16}$$

式中 S——气体的溶解度（在温度和压力一定的条件下）；

K——平衡常数，表示标准状态时金属中气体的平衡溶解度，也可称为溶解常数；

p——气体的分压力。

式（5-16）表明，双原子气体在金属中的溶解度与其分压的平方根成正比。真空处理熔体可降低其含气量，就是利用了这个规律。

5.2.3.4 其他因素

由于金属熔体表面有氧化膜存在，而且致密，阻碍了气体向金属内部扩散，使溶解速度大大减慢。如果氧化膜遭到破坏，就必然加速金属吸收气体，所以在熔铸过程中，任何破坏熔体表面氧化膜的操作，都是不利的。

另外，对任何化学反应，时间因素总是有利于一种反应的连续进行，最终达到气体溶解于金属的饱和状态，因此，在任何情况下金属暴露时间越长，吸气就越多。特别是熔体在高温下长时间的暴露，增加了吸气的机会，如图 5-2 所示。

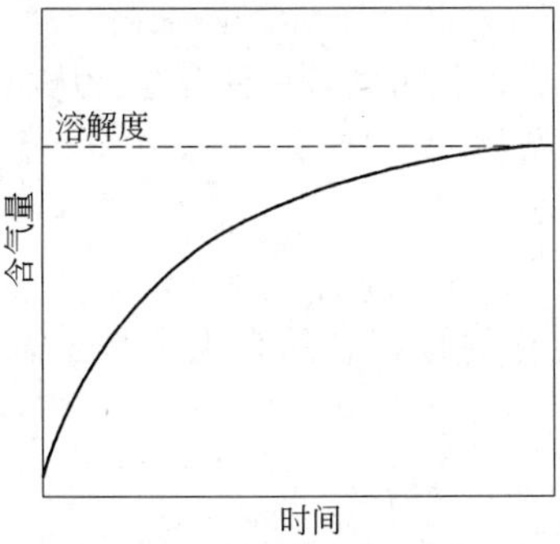

因而，在熔炼过程中，总是力求缩短熔炼时间，以降低熔体的含气量。

在其他条件相同时，熔炉的类型对金属氢含量有一定的影响。在使用坩埚煤气炉熔炼铝合金时，100g 铝的含气量可高达 0.4mL 以上，有熔剂保护时 100g 铝的含气量为 0.3mL 左右；电阻炉为 0.25mL 左右。

图 5-2 金属中含气量与时间的关系

5.2.4 熔融金属与炉衬的相互作用

金属在高温下被熔化成液体后，不可避免地要与炉衬接触而发生物理和化学作用。物理作用是指炉衬在高温下，由于熔体的静压力作用而溶解，被熔蚀破损。化学作用是指金属或金属氧化物与炉衬的相互反应，例如当用含 SiO_2 或 FeO 的炉衬熔炼铝合金时，会发生反应而使合金增硅或铁：

$$3SiO_2 + 4Al \Longrightarrow 2Al_2O_3 + 3Si \tag{5-17}$$

$$3FeO + 2Al \Longrightarrow Al_2O_3 + 3Fe \tag{5-18}$$

如果用铁坩埚来熔炼铝合金，由于铁与铝的作用相当强，因而可使铝中增加铁含量（可达 0.01% ~ 0.05%），这是不希望发生的。比较妥善的方法是将坩埚刷上涂料。

5.3　熔炼工艺流程及操作工艺

铝合金的一般熔炼工艺流程如下：

熔炼炉的准备→装炉熔化(加铜或锌)→扒渣与搅拌(加镁、铍)→ 调整成分→出炉→清炉
　　　　　　　　　　　　　　　　　　　　　　　　　└→精炼→

熔炼工艺的基本要求是：尽量缩短熔炼时间；准确地控制化学成分；尽可能减少熔炼烧损；采用最好的精炼方法以及正确地控制熔炼温度，以获得化学成分符合要求，且纯净度高的熔体。

熔炼过程的正确与否，与铸锭的质量及以后加工材的质量密切相关。

5.3.1　熔炼炉的准备

为保证铸锭质量，尽量延长熔炼炉的使用寿命，并做到安全生产，事先对熔炼炉必须做好各项准备工作。这些工作包括烘炉、洗炉及清炉。

5.3.1.1　烘炉

凡新筑或中修过的炉子，在进行生产前需要烘炉，以减少或消除炉中的湿气。不同炉型采取不同的烘炉制度。

5.3.1.2　洗炉

A　洗炉目的

洗炉就是将残留在熔池内各处的金属和炉渣清除出炉外，以免污染另一种合金，从而确保产品的化学成分。另外对新修的炉子，可清出大量非金属夹杂物。

B　洗炉原则

(1) 新修、中修和大修后的炉子生产前应进行洗炉。

(2) 长期停歇的炉子，可以根据炉内清洁情况和要熔化的合金制品来决定是否需要洗炉。

(3) 前一炉的合金元素为后一炉的杂质时，应该洗炉。

(4) 由杂质高的合金转换熔炼纯度高的合金需要洗炉。

表5-6列出了常用铝合金转换的洗炉制度。

C　洗炉用料原则

(1) 向高纯度和特殊合金转换时，必须用100%的原铝锭。

(2) 新炉开炉，一般合金转换时，可采用原铝锭或纯铝的一级废料。

(3) 中修或长期停炉后，如单纯为清洗炉内脏物，可用纯铝或铝合金的一级废料。

表5-6 常用铝合金转换的洗炉制度

上熔次生产的合金	下熔次生产下述合金前必须洗炉	根据具体情况选择是否洗炉
1×××系（1100除外）		所有合金不洗炉
1100	1A99、1A97、1A93、1A90、1A85、1A50、5A66、7A01	
2A02、2A04、2A06、2A10、2A11、2B11、2A12、2B12、2A17、2A25、2014、2214、2017、2024、2124	1×××系、2A13、2A16、2B16、2A20、2A21、2011、2618、2219、3×××系、4×××系、5×××系、6101、6101A、6005、6005A、6351、6060、6063、6063A、6181、6082、7A01、7A05、7A19、7A33、7A52、7003、7005、7020、8A06、8011、8079	2A01、2A70、2B70、2A80、2A90、2117、2118、6061、6070
2A13	1×××系、2A16、6005、2A20、2219、3××系、4×××系、5×××系、6101、6101A、6005、6005A、6351、6060、6063、6181、6082、7A01、7A05、7A19、7A52、7003、7005、7020、8A06、8011、8079	2011
2A16、2B16、2219	1×××系、2A13、2A20、2A21、2011、2618、3×××系、4×××系、5×××系、6101、6101A、6005、6351、6060、6063、6181、7A01、7A05、7A19、7A33、7A52、7003、7005、7020、7475、8A06、8011、8079	2A70、2B70、2A80、2A90、6061、6070、7A09
2A70、2B70	除2A80、2A90、2618、4A11、4032外的所有合金	
2A80、2A90	除2618、4A11、4032外的所有合金	2A70
3A21、3003、3103	1×××系、2A13、2A20、2A21、2011、2618、4A01、4004、4032、4043、5A33、5A66、5052、6101、6101A、6005、6005A、6060、6063、7A01、7A33、7050、7475、8A06	2A70、2A80、2A90、5082、6061、6063A、7A09、8011
3004、3104	1×××系、2A13、2A16、2B16、2A20、2A21、2011、2618、3A21、3003、4A01、4A13、4A17、4004、4032、4043、5A33、5A66、5052、6101、6101A、6005、6005A、6060、6063、7A01、7A33、7050、7475、8A06、8011	2A70、2A80、2A90、3103、5082、6061、6063A、7A09
4A11、4032	其他所有合金	2A80、2A90
4A01、4A13、4A17	除4A11、4004、4032、4043、4047外的所有合金	2A14、2A50、2B50、2A80、2A90、2014、2214、5A03、6A02、6B02、6101、6005、6060、6061、6063、6070、6082、8011
4004	除4A11、4032、4043A外的所有合金	2A14、2A50、2B50、2A80、2A90、2014、2214、4047、6A02、6B02、6351、6082

上熔次生产的合金	下熔次生产下述合金前必须洗炉	根据具体情况 选择是否洗炉
5×××系、6063	1×××系、2A16、2B16、2A20、2011、2219、3A21、3003、4A01、4A13、4A17、4043、5A66、7A01、8A06、8011	
2A14、2A50、2B50、6A02、6B02、6061、6070	1×××系、2A02、2A04、2A10、2A13、2A16、2B16、2A17、2A20、2A21、2A25、2011、2219、2124、3A21、3003、4A01、4A13、4A17、4043、5A66、6101、6101A、7050、7075、7475、8A06、8011	2A12、2A70、2B70
7A01	除 2A11、2A12、2A13、2A14、2A50、2B50、2A70、2A80、2A90、2011、5A33、7×××系外的所有合金	2014、2214、2017、2024、2124、3004、4A11、4032、5A01、5A30、5005、5082、5182、5083、5086、6061、6070
7×××系	7A01 及其他所有合金	5A33

（4）洗炉时洗炉料用量一般不得少于炉子容量的40%，但也可根据实际情况酌情减少。

D　洗炉要求

（1）装洗炉料前必须放干、大清炉；洗炉后必须彻底放干。

（2）洗炉时的熔体温度控制在800～850℃，在达到此温度时，应彻底搅拌熔体，其次数不少于三次，每次搅拌间隔时间不少于半小时。

5.3.1.3　清炉

清炉就是将炉内残存的结渣彻底清出炉外。每当金属出炉后，都要进行一次清炉。当合金转换，普通制品连续生产5～15炉，特殊制品每生产一炉，一般都要进行大清炉。大清炉时，应先均匀向炉内撒入一层粉状熔剂，并将炉膛温度升至800℃以上，然后用三角铲将炉内各处残存的结渣彻底清除。

5.3.1.4　煤气炉（或天然气炉）烟道清扫制度

A　清扫目的

（1）集结在烟道内的升华物含有大量的硫酸钾和硫酸钠盐，在温度高于1100℃时能和熔态铝发生复杂的化学反应，可能产生强烈爆炸，使炉体遭受破坏。

（2）集结在烟道内的大量挥发性熔剂，会降低烟道的抽力，从而影响炉子的正常工作，因此必须将这些脏物定期清除出去。

B　爆炸原因

熔炼铝合金时需要用大量的NaCl、KCl等制作的熔剂，这些熔剂在高温时易挥发，并与废气中的SO_2发生反应，即：

$$2NaCl + SO_2 + H_2O + \frac{1}{2}O_2 \longrightarrow Na_2SO_4 + 2HCl \tag{5-19}$$

$$2KCl + SO_2 + H_2O + \frac{1}{2}O_2 \longrightarrow K_2SO_4 + 2HCl \tag{5-20}$$

生成的硫酸盐随温度升高而增加，凝结在炉顶及炉墙上，并大量地被炉气带出集聚在烟道内。上述硫酸盐产物若与熔态铝作用，则发生以下反应：

$$3K_2SO_4 + 8Al \longrightarrow 3K_2S + 4Al_2O_3, \quad \Delta_rH_m^\ominus = +3511.2kJ/mol \quad (5\text{-}21)$$

$$3Na_2SO_4 + 8Al \longrightarrow 3NaS + 4Al_2O_3, \quad \Delta_rH_m^\ominus = +3247.9kJ/mol \quad (5\text{-}22)$$

以上反应为放热反应，反应时放出大量的热能，反应温度可达1100℃以上。因此，在一定的高温条件下，当硫酸盐浓度达到一定值时，遇到熔态铝，就存在爆炸的危险。

C　清扫制度

（1）在前一次烟道清扫及连续生产一季度时，应从烟道内取烟道灰，分析其硫酸根含量，以后每隔一个月分析一次。

（2）当竖烟道内硫酸根含量超过表5-7的规定时，应停炉清扫烟道。

表 5-7　竖烟道硫酸根允许含量

温度/℃	硫酸根允许含量/%
1000 以内	≤45
1000~1200	≤38

（3）竖烟道温度不允许超过1200℃。

（4）要经常检查烟道是否有漏铝的现象，如果漏铝应立即停炉进行处理。

5.3.2　熔炼工艺流程和操作

5.3.2.1　装料

熔炼时，装入炉料的顺序和方法不仅关系到熔炼时间、金属的烧损、热能消耗，还会影响金属熔体的质量和炉子的使用寿命。装料的原则有：

（1）装炉料顺序应合理。正确的装料顺序要根据所加入炉料的性质与状态而定，而且还应考虑最快的熔化速度、最少的烧损以及准确的化学成分控制。

装料时，先装小块或薄片废料，铝锭和大块料装在中间，最后装中间合金。熔点低易氧化的中间合金装在中下层，高熔点的中间合金装在最上层。所装入的炉料应当在熔池中均匀分布，防止偏重。

小块或薄板料装在熔池下层，可减少烧损，同时还可保护炉体免受大块料的直接冲击而损坏。中间合金有的熔点高，如 Al-Ni 和 Al-Mn 合金的熔点为 750~800℃，装在上层，因为炉内上部温度高容易熔化，而且有充分的时间扩散；使中间合金分布均匀，有利于熔体的成分控制。

炉料装平，各处熔化速度相差不多可以防止偏重造成的局部金属过热。

炉料应尽量一次入炉，二次或多次加料会增加非金属夹杂物及含气量。

（2）对于质量要求高的产品（包括锻件、模锻件、空心大梁和大梁型材等）的炉料除上述的装料要求外，在装料前必须向熔池内撒20~30kg粉状熔剂，在装炉过程中对炉料要分层撒粉状熔剂，这样可提高炉体的纯净度，也可减少烧损。

（3）电炉装料时，应注意炉料最高点距电阻丝的距离不得小于100mm，否则容易引起短路。

5.3.2.2　熔化

炉料装完后即可升温熔化。熔化是炉料从固态转变为液态的过程，这一过程的好坏，对产品质量有决定性的影响。

A　覆盖

熔化过程中随着炉料温度的升高，特别是当炉料开始熔化后，金属外层表面所覆盖的氧化膜很容易破裂，将逐渐失去保护作用，气体在这时很容易侵入，造成内部金属的进一步氧化；而且已熔化的液滴或液流要向炉底流动，当液滴或液流进入底部汇集起来时，其表面的氧化膜就会混入熔体中。所以为了防止金属进一步氧化和减少进入熔体中的氧化膜，在炉料软化下塌时，应适当在金属表面撒一层粉状熔剂覆盖，其用量见表5-8。这样也可以减少熔化过程中的金属吸气。

表 5-8　覆盖剂种类及用量

炉型及制品		覆盖剂用量(占投料量)/%	覆盖剂种类
电炉熔炼	普通制品	0.4~0.5	粉状熔剂
	特殊制品	0.5~0.6	
煤气炉熔炼	普通制品	1~2	KCl∶NaCl 按 1∶1 混合

B　加铜、锌

当炉料熔化一部分后，即可向液体中均匀加入锌锭或铜板，以熔池中的熔体正好能淹没锌锭和铜板为宜。

这里应强调的是，铜板的熔点为1083℃，在铝合金熔炼温度范围内，铜溶解在铝合金熔体中。因此，铜板如果加得过早，熔体未能将其盖住，将增加铜板的烧损；反之如果加得过晚，铜板来不及溶解和扩散，将延长熔化时间，影响合金的化学成分控制。

电炉熔炼时，应尽量避免更换电阻丝带，以防脏物落入熔体中，污染金属。

C　搅动熔体

熔化过程中应注意防止熔体过热，特别是天然气炉（或煤气炉）熔炼时炉膛温度高达1200℃，在这样高的温度下容易产生局部过热。因此，当炉料熔化以后，应适当搅动熔体，使熔池内各处温度均匀一致，同时也利于加速熔化。

5.3.2.3　扒渣与搅拌

当炉料在熔池内已充分熔化，并且熔体温度达到熔炼温度时，即可去除熔体表面漂浮的大量氧化渣。

A　扒渣

扒渣前应先向熔体均匀撒入粉状熔剂，使渣与金属分离，有利于去渣，并可少带出金属。

扒渣要求平稳，防止渣卷入熔体内。扒渣要彻底，因浮渣的存在会增加熔体的含气量，并弄脏金属。

B　加镁、铍

扒渣后便可向熔体内加入镁锭，同时要用2号粉状熔剂进行覆盖，以防镁的烧损。

对于高镁铝合金为防止镁的烧损，并且改变熔体及铸锭表面氧化膜的性质，在加镁后须向熔体内加入少量（0.001%~0.004%）的铍。铍一般以 Al-Be 中间合金形式加入，为了提高铍的实收率，Na_2BeF_4 与 2 号粉状熔剂按 1∶1 混合加入，加入后应进行充分搅拌。

$$Na_2BeF_4 + Al \longrightarrow 2NaF + AlF_2 + Be \tag{5-23}$$

为防止铍中毒，在加铍操作时应戴好口罩。另外，加铍后扒出的渣滓应堆积在专门的堆放场地或作专门处理。

C 搅拌

在取样之前及调整化学成分之后，都应当及时进行搅拌。其目的在于使合金成分均匀分布和熔体内温度趋于一致。这看起来似乎是一种极简单的操作，但是在工艺过程中是很重要的工序。因为一些密度较大的合金元素容易沉底，另外合金元素的加入也不可能绝对均匀，这就造成了熔体上下层之间、炉内各区域之间合金元素的分布不均匀。如果搅拌不彻底（没有保证足够长的搅拌时间和消灭死角），容易造成熔体化学成分不均匀。

搅拌应当平稳进行，不应激起太大的波浪，以防氧化膜卷入熔体中。

5.3.2.4 取样与调整成分

熔体经充分搅拌之后，在熔炼温度中限进行取样，对炉料进行化学成分快速分析，并根据炉前分析结果调整成分。

5.3.2.5 精炼

工业生产的铝合金绝大多数在熔炼炉不再设气体精炼过程，而主要靠静置炉精炼和在线熔体净化处理，但有的铝加工厂仍设有熔炼炉精炼，其目的是为了提高熔体的纯净度。这些精炼方法可分为两类：气体精炼法和熔剂精炼法。

5.3.2.6 出炉

当熔体经过精炼处理并扒出表面浮渣后，待温度合适时，即可将金属熔体注入静置炉，以便准备铸造。

5.3.2.7 清炉

关于清炉已在本节叙述，此处不再重复。

5.3.3 熔炼时温度控制和火焰控制

5.3.3.1 温度控制

熔炼过程必须有足够高的温度以保证金属及合金元素充分熔化及溶解。加热温度越高，熔化速度越快，同时也会使金属与炉气、炉衬等相互有害作用的时间缩短。生产实践表明，快速加热可以加速炉料的熔化，缩短熔化时间，对提高生产率和产品质量都是有利的。

但是，过高的温度容易发生过热现象，特别在使用火焰反射炉加热时，火焰直接接触炉料，熔融或半熔融状态的金属，最易导致气体的侵入。同时，温度越高，金属与炉气、炉衬等互相作用的反应进行得越快，这样，就造成了金属的损失及熔体质量的降低。过热不仅容易大量吸收气体，而且易使凝固后铸锭的晶粒组织粗大，增加铸锭裂纹的倾向性，影响合金性能。因此，在熔炼操作时，应控制好熔炼温度，严防熔体过热。图 5-3 所示为熔体过热温度和晶粒度及裂纹倾向性之间的关系。

过低的熔炼温度在生产实践中是没有意义的，因此，在实际生产中，既要防止熔体过热，

又要加速熔化，缩短熔炼时间，所以熔炼温度的控
制就极为重要。目前，大多数工厂都是采用快速加
料后高温快速熔化，使处于半固体、半液体状态的
金属较短时间暴露于强烈的炉气及火焰下，降低金
属的氧化、烧损和减少熔体的吸气。当炉料化平后
出现一层液体金属时，为了减小熔体的局部过热，
应适当地降低熔炼温度，并在熔炼过程加强搅拌以
利于熔体的热传导。特别注意要控制好炉料即将全
部熔化完的熔炼温度，因为金属或合金有熔化潜
热，当炉料全部熔化完后温度开始回升，此时如果
熔炼温度控制过高就会造成整个熔池内的金属过
热。在生产实践中，发生的熔体过热大多数是在这
种情况下温度控制不好造成的。

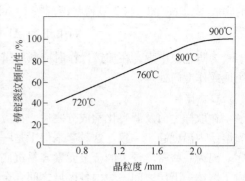

图 5-3　熔体过热与晶粒度、裂纹倾向性
之间的关系（Al-4% Cu 合金）

　　实际熔化温度的选择，理论上应该根据各种不同合金的熔点温度来确定。各种不同合金具
有不同的熔点，即不同成分的合金，在固体开始被熔化的温度（称为固相线温度）及全部熔
化完毕的温度（称为液相线温度）也是不同的。在这两个温度之间的范围内，金属是处于半
液半固状态。表 5-9 是几种铝合金的熔融温度。

表 5-9　几种铝合金的熔融温度

合　金	熔融温度/℃		合　金	熔融温度/℃	
	开始熔化（固相线温度）	融化完成（液相线温度）		开始熔化（固相线温度）	融化完成（液相线温度）
1070	643	657	2017	515	645
3003	643	654	2024	502	630
5052	643	650	7050	475	638

　　在工业生产中要准确地控制温度就必须测量熔体温度。测量熔体温度最准确的方法，仍然
是借助于热电偶-仪表方法。但是，有实践经验的工人在操作过程中，能够通过观察许多物理
化学现象来判断熔体的温度，例如从熔池表面的色泽、渣滓燃烧的程度以及操作工具在熔体中
粘铝或者软化等现象来判断，但是，这些都不是绝对可靠的，因为光线和天气常常会影响其准
确性。

　　由表 5-9 可知，多数合金的熔化温度区间是相当大的。当金属处于半固体、半液体状态
时，如长时间暴露于强热的炉气或火焰下，最易吸气。因此在实际生产中多选择高于液相线温
度 50～60℃的温度为熔炼温度，以迅速避开半熔融状态的温度范围。常用铝合金的熔炼温度如
表 5-10 所示。

表 5-10　常用铝合金的熔炼温度

合　金	熔炼温度范围/℃
3A21、3003、2618、2A70、2A80、2A90	720～770
其余铝合金	700～760

5.3.3.2　火焰控制

气体燃料火焰反射炉大部分使用煤气或天然气,要使这些可燃气体燃烧后达到适当的炉膛温度,需要相应的火焰控制,以实现合理的加热或熔化。

A　火焰

由于燃料与空气的混合主要靠分子扩散,层流扩散火焰可明显地分成四个区域:纯可燃气层、可燃气加燃烧产物层、空气加燃烧产物层和纯空气层,如图5-4所示。燃料浓度在火焰中心最大,沿径向逐渐减小,直至燃烧前沿面上减为零。在工业上,常见的是紊流扩散火焰,在层流的条件下,增加煤气和空气的流速,可使层流火焰过渡到紊流火焰。紊流火焰是紊乱而破碎的,其浓度分布比较复杂,各区域之间不存在明显的分接口。

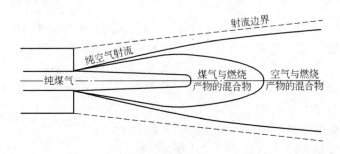

图5-4　层流扩散火焰结构

B　火焰控制

火焰是可见的高温气流,对火焰长度的调节与控制有重要的实际意义。影响火焰长度的因素很多,主要有:(1)可燃气和空气的性质。发热量越高的可燃气在燃烧时,要求的空气量越多,混合不易完成,在其他条件相同的情形下,所得火焰越长。(2)过剩空气量,通常以过剩空气系数表示。适当加大过剩空气系数可缩短火焰。(3)喷出情形。改善喷出情形,增加混合能力,可以缩短火焰。有一种火焰长度可调式烧嘴,通过改变中心煤气与外围煤气或中心空气与外围空气的比例,来得到不同长度的火焰。

现代化的大生产中,熔铝炉的燃烧实现全自动化控制,燃气流量,空、燃气配比,点火、探火以及炉温、炉压的操作均由计算机自动完成。针对当今普遍采用的圆形熔铝炉,在设计选用燃烧器方面,可考虑采用适当的火焰长度;安装烧嘴和设计烧嘴砖时,应设计合适的下倾角和侧倾角;在熔铝炉的熔化期,高压全流量开启燃烧器,利用火焰长度,实现强化对流冲击加热,并形成旋转气流,以实现快速加热和熔化。在保温期以及静置炉的保温,则小流量燃烧,依靠火焰和炉壁的辐射来均匀和维持炉温,以减少铝液烧损和防止过烧。

在生产实践中要防止回火的产生。所谓回火即可燃气混合物从烧嘴喷出的速度小于火焰的传播速度,此时燃烧火焰会向管内传播而引起爆炸。但是若可燃气混合物从烧嘴喷出的速度过大,则混合气体来不及被加热到着火温度,火焰将脱离烧嘴喷出,最后甚至熄灭。为确保火焰的稳定性,目前主要是采用火焰监视装置和保焰措施,以便及时发现火焰的熄灭和确保燃烧的稳定。

5.4　化学成分调整

5.4.1　成分调整

在熔炼过程中,由于各种原因都可能会使合金成分发生改变,这种改变可能使熔体的真实成分与配料计算值发生较大的偏差，因而须在炉料熔化后，取样进行快速分析，以便根据分析结果确定是否需要调整成分。

5.4.1.1　取样

熔体经充分搅拌之后，即应取样进行炉前快速分析，分析其化学成分是否符合标准要求。取样时的炉内熔体温度应不低于熔炼温度中限。

快速分析试样的取样部位要有代表性，天然气炉（或煤气炉）在两个炉门中心部位各取一组试样，电炉在二分之一熔体的中心部位取两组试样。取样前试样勺要进行预热，对于高纯铝及铝合金，为了防止试样勺污染，取样应采用不锈钢试样勺并涂上涂料。

5.4.1.2　成分调整

当快速分析结果和合金成分要求不相符时，应调整成分，即冲淡或补料。

（1）补料。快速分析结果低于合金化学成分要求时需要补料。为了使补料准确，应按下列原则进行计算。

1）先算量少者后算量多者。

2）先算杂质后算合金元素。

3）先算低成分的中间合金，后算高成分的中间合金。

4）最后算新金属。

一般可按下式近似地计算所需补加的料量，然后予以核算：

$$X = \frac{(a - b)Q + (c_1 + c_2 + \cdots)a}{d - a} \tag{5-24}$$

式中　b——该成分的分析量，%；

　　c_1，c_2——分别为其他金属或中间合金的加入量，kg；

　　d——补料用中间合金中该成分的含量（如果是加纯金属，则 $d = 100\%$），%。

举例说明其计算方法。

例 1　如有 2024 合金装炉量为 24000kg，该合金的控制成分为：

Cu	Mg	Mn	Fe	Si	Zn	Ti	Ni	Al
4.65%	1.65%	0.55%	≤0.5%	≤0.5%	≤0.3%	≤0.15%	≤0.05%	余量

但取样实际分析结果为：

Cu	Mg	Mn	Fe	Si	Ti
4.40%	1.50%	0.50%	0.25%	0.24%	≤0.05%

计算其补料量：

因 Al-Fe、Al-Mn 和 Al-Cu 所含杂质量较少，在补料时虽然可能带入一些，但对于 2024 合金装炉量为 24000kg 的情况下，所带入的杂质对该合金的成分影响不大，故为了计算简单起见，将这些中间合金所带入的杂质忽略不计。

铁对于该合金属于杂质，其含量应越少越好，但根据熔铸车间长期生产实践统计，当铁含量大于硅含量 0.05% 以上时，就可以使 2024 合金的裂纹倾向性大大降低，故应补入 0.04% 的铁，以满足铁、硅之比的要求，即：

Al-Fe：$24000 \times (0.29 - 0.25)/(10 - 0.29) = 99kg$

Al-Mn：$24000 \times (0.55 - 0.50)/(10 - 0.55) = 120kg$

因 Cu、Mg 为该合金的主要元素，故补料量还应考虑上述补入量的含量，即：

Mg：$$\frac{24000 \times (1.65 - 1.50) + 1.65 \times (99 + 120)}{100 - 1.65} = 40kg$$

Al-Cu：$$\frac{24000 \times (4.65 - 4.40) + 4.65 \times (99 + 120 + 40)}{40 - 4.65} = 200kg$$

（2）冲淡。快速分析结果高于化学成分的国家标准、交货标准等的上限时就需冲淡。在冲淡时高于化学成分标准的合金元素要冲至低于标准要求的该合金元素含量上限。

我国的铝加工厂根据历年来的生产实践，对于铝合金都制定了厂内标准，以便使这些合金获得良好的铸造性能和力学性能。因此，在冲淡时一般都冲至接近或低于该元素的厂内化学成分标准上限所需的化学成分。

在冲淡时一般可按照下式计算出所需的冲淡量：

$$X = Q(b - a)/a \tag{5-25}$$

式中　X——所需的冲淡量，kg；

　　　Q——熔体总重，kg；

　　　b——某成分的分析量，%；

　　　a——该成分的（厂内）标准上限的要求含量，%。

例 2　根据上炉料熔化后快速分析结果如下：

Cu	Mg	Mn	Fe	Si	Zn	Ti	Ni
5.2%	1.60%	0.60%	0.30%	0.20%	≤0.05%	≤0.05%	≤0.05%

5.4.1.3　调整成分时应注意的事项

（1）试样有无代表性。试样无代表性是因为某些元素密度较大，溶解扩散速度慢，或易于偏析分层，故取样前应充分搅拌，以均匀其成分。由于反射炉熔池表面温度高，炉底温度低，没有对流传热作用，取样前要多次搅拌，每次搅拌时间不得少于 5min。

（2）取样部位和操作方法要合理。由于反射炉熔池大而深，尽管取样前进行多次搅拌，熔池内各部位的成分仍然有一定的偏差，因此试样应在熔池中部最深部位的二分之一处取出。

取样前应将试样模充分加热干燥，取样时操作方法正确，使试样符合要求，否则试样有气孔、夹渣或不符合要求，都会给快速分析带来一定的误差。

（3）取样时温度要适当。某些密度大的元素，它的溶解扩散速度随着温度的升高而加快，如果取样前熔体温度较低，虽然经过多次搅拌，其溶解扩散速度仍然缓慢，此时取出的试样仍然无代表性，因此取样前应将熔体温度控制得适当高些。

（4）补料和冲淡时一般都用中间合金，应避免使用熔点较高和较难熔化的新金属料。

（5）补料量或冲淡量在保证合金元素要求的前提下应越少越好，并且冲淡时应考虑熔炼炉的容量和是否便于冲淡的有关操作。

（6）如果在冲淡量较大的情况下，还应补入其他合金元素，应使这些合金元素的含量不低于相应的标准或要求。

5.4.2　1×××系铝合金的成分控制

（1）控制铁、硅含量，降低裂纹倾向。1×××铝合金中工业纯铝部分，当其品位较高时，应控制铁、硅含量，以降低铸锭的热裂纹废品率。这是因为当纯铝中 $w(Fe) > w(Si)$ 时，其有效结晶温度范围区间比 $w(Si) > w(Fe)$ 的情况缩小 34℃，合金的热脆性降低，因而合金的热裂纹倾向也降低。

生产1035品位以下纯铝时，可不控制铁、硅含量，这是因为合金中的铁硅总量增加，不平衡共晶量增加，合金在脆性区的塑性提高，裂纹倾向低。

此外，在1070、1060合金的 $w(Si) > w(Fe)$，调整铁、硅比会造成纯铝品位降级的情况下，也可不调整铁、硅比，而是采用加晶粒细化剂的方法来弥补，以提高合金抵抗裂纹的能力。

（2）控制合金中钛含量。钛能急剧降低纯铝的导电性，因此，用作导电制品的纯铝不加钛。

5.4.3　2×××系铝合金的成分控制

5.4.3.1　Al-Cu-Mg 系合金的熔炼

控制合金中铁、硅含量，降低裂纹倾向。

2A11和2A12是2×××系里比较有代表性的合金。下面以2A11、2A12合金为例介绍铁、硅含量对裂纹倾向的影响及其含量控制。

2A12合金处于热脆性曲线的上升部分，合金形成热裂纹的倾向随硅含量的增加而增大。同时，合金中铁、硅杂质数量越多，铸态塑性越低，形成冷裂纹的倾向越大，因此，为了消除2A12合金热裂和冷裂倾向，应尽量降低并控制硅含量。一般大直径圆锭和扁锭控制 $w(Si) < 0.30\%$，$w(Fe)$ 比 $w(Si)$ 多 0.05% 以上。2A11合金处于热脆性曲线的下降部分，具有较大的热裂纹倾向。为减少热裂纹，通常控制合金中 $w(Si) > w(Fe)$。

5.4.3.2　Al-Cu-Mg-Fe-Ni 系合金的熔炼

2A70合金应尽量控制 $w(Fe)$ 及 $w(Si)$ 小于 1.25%，并尽量控制 $w(Fe):w(Si)$ 为 1:1。

5.4.4　3×××系铝合金的成分控制

（1）抑制粗大化合物一次晶缺陷。3×××系部分合金（如3003、3A21）锰含量过高时在退火板材中易产生 $FeMnAl_6$ 金属化合物一次晶缺陷，恶化合金的组织和性能。为抑制 $FeMnAl_6$ 金属化合物的产生，生产中采取控制合金中锰含量的措施，一般控制合金中 $w(Mn) < 1.4\%$。此外，适量的铁可显著降低锰在铝中的溶解度，生产中一般控制 $w(Fe) = 0.4\% \sim 0.6\%$，同时使 $w(Fe + Mn) < 1.8\%$。

（2）减少裂纹倾向。为减少裂纹倾向，控制合金中 $w(Fe) > w(Si)$，并在熔体中添加晶粒细化剂细化晶粒。

5.4.5　4×××系铝合金的成分控制

成分接近共晶成分时，控制 $w(Si) < 12.5\%$，以避免产生初晶硅缺陷。

5.4.6 5×××系铝合金的成分控制

控制合金中 $w(Na) < 1 \times 10^{-5}$，以避免产生钠脆性。

5.4.7 6×××系铝合金的成分控制

Mg_2Si 是该系合金的强化相，该系合金的成分控制是控制硅剩余，因此一般将硅控制在中上限。

5.4.8 7×××系铝合金的成分控制

7×××系合金具有极大的裂纹倾向。以7A04合金为例，合金中的主要成分及杂质都对裂纹具有重要的影响。在成分控制上，应将铜、锰含量控制在下限，以提高固、液区的塑性；镁控制在上限，使合金中的镁与硅形成 Mg_2Si，从而降低游离硅的数量。该合金处于热脆性曲线的上升部分，因此对扁锭或大直径圆锭，应控制 $w(Si) < 0.25\%$，并保证 $w(Fe)$ 比 $w(Si)$ 多 0.1%以上。

5.5 主要铝合金的熔炼特点

5.5.1 1×××系铝合金的熔炼

1×××系铝合金在熔炼时应保持其纯度。1×××系铝合金杂质含量低，因此在原材料的选择上对品位高的合金制品使用原铝锭。在熔炼时，为避免晶粒粗大，要求熔炼温度不超过750℃，液体在熔炼炉（尤其火焰炉）停留不超过2h。熔制高精铝时，要将与熔体接触的工具喷上涂料，以避免引起熔体铁含量增高。

5.5.2 2×××系铝合金的熔炼

(1) Al-Cu-Mg系合金的熔炼。

1) 减少铜的烧损，避免成分偏析。2×××系合金中的Al-Cu-Mg合金Cu含量较高，熔炼时铜多以纯铜板形式直接加入。在熔炼时应注意以下问题：为减少铜的烧损，并保证其有充分的溶解时间，铜板应在炉料熔化下塌，且熔体能将铜板淹没时加入，以保证铜板不露出液面。为保证成分均匀，同时防止铜产生重度偏析，铜板应均匀加入炉内；炉料完全熔化后在熔炼温度范围内搅拌，搅拌时先在炉底搅拌数分钟，然后彻底均匀地搅拌熔体。

2) 加强覆盖、精炼操作，减少吸气倾向。2×××系合金一般含镁，尤其2A12、2024合金镁含量较高，合金液态时氧化膜的致密性差，同时因为结晶温度范围宽，因此产生疏松的倾向性较大。为防止疏松缺陷的产生，熔炼时应加强对熔体的覆盖，并采用适当的精炼除气措施。

(2) Al-Cu-Mg-Fe-Ni系合金的熔炼。2×××系合金中的Al-Cu-Mg-Fe-Ni合金因铁、镍在铝中的溶解度小，不易溶解，因此熔炼温度一般控制在720～760℃。

(3) Al-Cu-Mg-Si系合金的熔炼。2×××系合金中的Al-Cu-Mg-Si合金熔炼制度基本同于2A11合金。

5.5.3 3×××系铝合金的熔炼

3×××系铝合金的主要成分是锰。锰在铝中的溶解度很低，在正常熔炼温度下锰含量为

10%的 Al-Mn 中间合金溶解速度很慢，因此，装炉时 Al-Mn 中间合金应均匀分布于炉料的最上层。当熔体温度达到720℃后，应多次搅动熔体，以加速锰的溶解和扩散。应该注意一定要保证搅拌温度，否则如搅动温度过低，取样分析后的锰含量往往要比实际含量偏低，按此分析值补料可能会造成锰含量偏高。

5.5.4　4×××系铝合金的熔炼

4×××系铝合金硅含量较高，硅是以 Al-Si 中间合金形式加入的。为保证 Al-Si 中间合金中硅的充分溶解，一般将熔炼温度控制在750～800℃，并充分搅拌熔体。

5.5.5　5×××系铝合金的熔炼

5×××系铝合金的熔炼应注意以下问题：

（1）避免形成疏松的氧化膜。5×××系铝合金镁含量较大，$w(\mathrm{MgO})/w(\mathrm{Mg})$ 为 0.78，因此该系合金表面的氧化膜是疏松的，氧化反应可继续向熔体内进行。合金中镁含量越高，熔体表面氧化膜的致密性越差，抗氧化能力越低。氧化膜致密性差会造成以下危害：氧化膜失去保护作用，合金烧损严重，镁更易烧损；使合金吸气性增加；易形成氧化夹杂，降低铸锭质量；在铸锭表面存在氧化夹杂易引起应力集中，导致铸锭裂纹倾向增加。

为此，采取的措施是：合金加镁后及炉料熔化下塌时应在熔体表面均匀撒一层 2 号熔剂进行覆盖；在熔体中加镁后要加入少量的铍，以改变氧化膜性质，提高抗氧化能力，铍含量因合金中镁含量不同而不同，一般控制在 $w(\mathrm{Be}) = 0.001\% \sim 0.004\%$。但加铍后合金晶粒易粗大，因此在加铍后应加钛来消除铍的有害作用。

（2）选择正确的加镁方法。镁的密度小，在高温下遇空气易燃，不易加入熔体。因此，加镁时将镁锭放在特制的加料器内，迅速浸入铝液中，往复搅动，使镁锭逐渐熔化于铝液中，加镁后立即撒一层 2 号熔剂覆盖。

（3）避免产生钠脆性。所谓钠脆性，是指合金中混入一定量的金属钠后，在铸造和加工过程中裂纹倾向大大提高的现象。高镁铝合金钠脆性产生的原因是合金中的镁和硅先形成 $\mathrm{Mg_2Si}$，析出游离钠的缘故。

$$\mathrm{NaAlSi} + 2\mathrm{Mg} \longrightarrow \mathrm{Mg_2Si} + \mathrm{Na(游离)} + \mathrm{Al}$$

钠只有在合金中呈游离状态时，才会出现钠脆性。钠的这种影响是因为钠的熔点低，在铝和镁中均不溶解，在合金凝固过程中，被排斥在生长着的枝晶表面，凝固后分布在枝晶网络边界，削弱了晶间联系，使合金的高温和低温塑性急剧降低。在晶界上形成低熔点的吸附层，降低晶界强度，影响铸造和加工性能，在铸造或加工时产生裂纹。

在不含镁的铝合金中，钠不以游离态存在，是以化合态存在于高熔点化合物 NaAlSi 中，不使合金变脆。在镁含量小的合金中也没有或很少有钠脆性，因为虽然镁对硅的亲和力比钠的大，镁与硅能优先形成 $\mathrm{Mg_2Si}$，但合金中的镁含量有限，而硅含量相对过剩，合金中的镁一部分要固溶到铝中（镁在铝中的最小溶解度在室温时约为2.3%），另一部分又要以1.73:1的比例与硅化合，因此，镁消耗殆尽，过剩的硅仍可与钠作用生成 NaAlSi 化合物，所以不使合金呈现钠脆性。但在高镁铝合金中，杂质硅被镁全部夺走，使钠只能以游离态存在，因而显现出很大的钠脆性。生产实践证明，当高镁铝合金中 $w(\mathrm{Na}) > 1 \times 10^{-5}\%$，铸锭在铸造和加工时裂纹倾向急剧增大。

抑制钠脆性的措施就是在熔炼时严禁使用含钠离子的熔剂覆盖或精炼熔体，一般使用

$MgCl_2$、KCl 为主要成分的 2 号熔剂。为避免前一熔次炉子内残余钠的影响，生产高镁铝合金时，一般提前 1~2 熔次使用 2 号熔剂。控制钠的含量在 $1 \times 10^{-5}\%$ 以下。

5.5.6 6×××系铝合金的熔炼

6×××系铝合金的熔炼温度为 700~750℃。

5.5.7 7×××系铝合金的熔炼

（1）保证成分均匀。7×××系合金的成分复杂，而且合金元素含量总和较高，元素间密度相差大，为使成分均匀，在操作时应注意以下事项：为减少铜、锌的烧损和蒸发，并保证纯金属有充分的溶解时间，铜板、锌锭应在炉料熔化下塌，并且熔体能将其淹没时加入，加入时铜板、锌锭不能露出液面。为保证成分均匀，并防止铜、锌产生密度偏析，铜板、锌锭应均匀加入炉内，炉料完全熔化后在熔炼温度范围内搅拌。搅拌时先在炉底搅拌数分钟，然后再彻底均匀地搅拌熔体。

（2）加强覆盖精炼操作，减少吸气倾向。7×××系合金中的成分复杂，而且合金中镁、锌含量较高，在熔炼过程中吸气、氧化倾向很大。此外，结晶温度范围宽，产生疏松的倾向性也较大。因此，在操作时应加强对熔体的覆盖和精炼操作（$w(Mg) > 2.5\%$ 时，采用 2 号熔剂覆盖）；对镁含量高、熔炼时间长的合金制品可适当加铍，并保证原材料清洁。

5.6 铝合金废料复化

废料复化的目的是将无法直接投炉使用的废料重新熔化，从而获得准确均匀的化学成分，消除废料表面油污等污染，以获得纯净度高的熔体，减少熔制成品合金时的烧损，供配制成品合金使用。复化后的复化锭也便于管理和使用。

5.6.1 废料复化前的预处理

废料中一般含有油、乳液、水分等，易使金属强烈地吸气、氧化，甚至还有爆炸的危险，不宜直接装炉，因此复化前应对废料进行预处理。预处理工序如下：

（1）通过离心机进行净化，去掉油类。

（2）通过回转窑或其他干燥形式干燥器进行干燥，去掉水分等。

（3）通过打包机或制团机，制成一定形状的料团，便于装炉和减少烧损。

5.6.2 废料的复化

废料复化多在火焰炉中进行，为减少烧损，一般采用半连续熔化方式，具体操作如下：

（1）第一炉先装入部分大块废料作为底料，底料用量约为炉子容量的 35%~40%。

（2）第一炉加料前，应先将覆盖剂用量的 20% 撒在炉底进行熔化，覆盖剂用量见表 5-11。

表 5-11 覆盖剂用量

类　别	用量（占投料量的百分比）/%
小碎片	6~8
碎　屑	10~15
渣　滓	15~20

（3）炉料应分批加入，彻底搅拌，防止露出液面。前一批料搅入熔体后再加下一批料。

（4）熔化过程中可根据炉内造渣情况适时扒渣，并覆盖。

（5）熔炼温度为750～800℃。一炉料全部熔化，并经充分搅拌后即可铸造，铸造时取一个有代表性的分析试样。

5.6.3　复化锭的标识、保管和使用

复化锭可分为高锌、高硅、低硅、高镍、混合等组别。每块复化锭应有清晰的组别、炉号、熔次号等标识，并按组别、炉号、熔次号进行分组保管。复化锭按成分进行使用。

复习思考题

1. 基本概念：分批熔炼法、半连续熔炼法、烘炉、洗炉、补料、冲淡、复化锭。
2. 简述熔炼的目的及方法。
3. 简述典型铝合金的熔炼工艺流程。
4. 简述主要铝合金的熔炼特点。
5. 简述化学成分的调整及主要合金的成分控制。

6 铝合金的熔体净化

6.1 概述

随着科学技术和工业生产的发展，特别是宇航、导弹、航空和电子工业技术等的飞速发展，对铝合金的质量要求日益严格，大多变形铝合金材料，除要求合格的化学成分和力学性能外，还要求有合格的内在质量和表面质量，然而传统的熔铸工艺，因其所含气体和非金属夹杂物超标，不能完全满足这些要求。为减少气体和非金属夹杂物的影响，人们一方面对配制合金的原材料及熔炼过程提出了严格要求，另一方面致力于研试应用先进的熔体净化新技术。净化成为铝合金极其重要的生产工艺环节。先进的净化技术对于确保铝合金的冶金质量，提高产品的最终使用性能具有非常重要的意义。

铝合金在熔铸过程中易于吸气和氧化，因此在熔体中不同程度地存在气体和各种非金属夹杂物，使铸锭产生疏松、气孔、夹杂等缺陷，显著降低铝材的力学性能、加工性能、抗疲劳性能、抗蚀性及抗阳极氧化性等，甚至造成产品报废。此外，受原辅材料的影响，在熔体中可能存在一些对熔体有害的其他金属，如 Na、Ca 等碱及碱土金属，部分碱金属对多数铝合金的性能有不良影响，如钠在含镁高的 Al-Mg 系合金中除易引起钠脆性外，还降低熔体流动性而影响合金的铸造性能。因此，在熔铸过程中需要采取专门的工艺措施，去除铝合金中的气体、非金属夹杂物和其他有害金属，以保证产品质量。

传统的工艺是采用精炼措施提高熔体质量。所谓精炼，就是向熔体中通入氯气、惰性气体或某种氯盐去除铝合金中的气体、夹杂物和碱金属。随着现代科学技术的发展，出现了许多新的铝合金熔体净化的方法，这些方法的内容已超出了精炼一词所包含的意义，因此现代科学技术引进了熔体净化的概念。熔体净化就是利用一定的物理化学原理和相应的工艺措施，去除铝合金熔体中的气体、夹杂物和有害元素的过程，它包括炉内精炼、炉外精炼及过滤等过程。

铝及铝合金对熔体净化的要求，根据材料用途不一样而有所不同，一般来说，对于一般要求的制品，100g 铝氢含量控制在 0.15 ~ 0.2mL 以下，非金属夹杂的单个颗粒应小于 10μm；而对于有特殊要求的航空材料、双零箔等 100g 铝氢含量应控制在 0.1mL 以下，非金属夹杂的单个颗粒应小于 5μm。当然由于检测方法的不同，所测氢含量值会有所差异。非金属夹杂一般通过铸锭低倍和铝材超声波探伤定性检测，或通过测渣仪定量检测。碱金属钠（除高硅合金外）一般应控制在 $5 \times 10^{-4}\%$ 以下。

6.2 铝及铝合金熔体净化原理

6.2.1 脱气原理

为获得含气量低的金属熔体，一方面要精心备料，严格控制熔化，采用覆盖剂等措施以减少吸气；另一方面必须在熔炼后期进行有效的脱气精炼，使溶于金属熔体中的气体降到尽可能低的水平。从前面的气体溶解过程可知，影响气体溶解度的主要因素是压力和温度，因此，适当地控制这两个因素就可以达到除气的目的。

6.2.1.1　分压差脱气原理

利用气体分压对熔体中气体溶解度影响的原理，控制气相中氢的分压，造成与熔体中溶解气体浓度平衡的氢分压和实际气体的氢分压间存在很大的分压差，这样就产生较大的脱气驱动力，使氢很快排出。

如向熔体中通入纯净的惰性气体，或将熔体置于真空中，因最初惰性气体和真空中的氢分压 $p_{H_2}=0$，而熔体中溶解氢的平衡分压 $p_{H_2}\gg0$，在熔体与惰性气体的气泡间及熔体与真空之间，存在较大的分压差，这样熔体中的氢就会很快地向气泡或真空中扩散，进入气泡或真空中，复合成分子状态排出。这一过程一直进行到气泡内氢分压与熔体中氢平衡分压相等，即处于新的平衡状态时为止，该方法是目前应用最广泛、最有效的方法。

然而上述关于吹入惰性气体脱氢的理论分析还不够完整，因为它仅涉及热力学理论而未涉及到流体力学和除气反应的动力学研究。

6.2.1.2　预凝固脱气原理

影响气体溶解的因素除气体分压以外还有温度的影响。气体的溶解度随着温度的降低而减小，特别是在熔点温度变化最大时。根据这一原理，让熔体缓慢冷却到凝固，就可使溶解在熔体中的大部分气体自行扩散逸出，然后再快速重熔，即可获得气体含量较低的熔体。当然此时应注意熔体的保护，以防止熔体重新吸气。

另外，熔体在急冷情况下，凝固速度很快，导致气体来不及析出，气体以过饱和状态溶于固溶体内，也可避免气泡产生，获得不含气眼、气孔的铸锭。但是这种气体以过饱和状态存在于固相中，是处于不稳定状态，试验表明，会使金属富有脆性。缓冷和快速冷却都可得到消除气孔的效果，但除气机理是不相同的。

6.2.1.3　振动除气原理

金属液体在振动下凝固能使晶体细化。试验表明，振动也能有效地达到除气的目的，而且振动频率越大越好。一般使用 $5000\sim20000Hz$ 的频率，振动源常使用声波、超声波、交变电流或磁场等。

用振动法除气的基本原理，是液体分子在极高频率振动下发生位移运动，在运动时，一部分分子与另一部分分子之间的运动是不和谐的，所以在液体内部产生无数个真空的显微空穴。金属中的气体很容易扩散到这些空穴中去，结合成分子状态，形成气泡上升逸出。

6.2.2　除渣原理

金属在熔炼过程中，液态金属内往往含有大量氧化物，包括一部分氯化物悬混于其中，造成铸锭的夹杂。这种夹杂必须在熔炼过程及浇注前除掉，否则将造成大量的夹杂废品。

除去悬混夹杂的过程也是一种精炼过程。由于大多采用物理方法去除，因此也可称为物理性精炼过程。物理性除渣精炼对于许多轻金属，如铝、镁及其合金的精炼都具有重要的意义。

6.2.2.1　澄清除渣原理

一般金属氧化物与纯金属之间密度总是有差异的，如果这种差异较大，再加上氧化物的颗粒也较大，在一定的过热条件下，金属的悬混氧化物渣可以和金属分离，这种分离作用也称为澄清作用，可以用斯托克斯（Stokes）定律来说明。杂质颗粒在熔体中上升或沉降的速度为：

$$v = \frac{2r^2(\rho_2 - \rho_1)g}{9\eta} \qquad (6-1)$$

上升或沉降时间为：

$$\tau = \frac{9\eta H}{2r^2(\rho_2 - \rho_1)g} \qquad (6-2)$$

式中　v——颗粒平均升降速度，cm/s；

　　　τ——颗粒上浮或下降时间，s；

　　　η——介质（熔融金属）的黏度，P(1P = 0.1Pa · s)；

　　　H——颗粒升降的距离，cm；

　　　r——颗粒半径，cm；

　　　ρ_1——颗粒的密度，g/cm³；

　　　ρ_2——介质（熔融金属）的密度，g/cm³。

根据斯托克斯定律可知，在一定的条件下，可以通过介质的黏度、密度以及悬浮颗粒的大小控制杂质颗粒的升降时间。通常温度高，介质的黏度减小，从而缩短了升降的时间。因此，在熔炼过程中采用稍稍过热的温度，增加金属的流动性，对于利用澄清法除渣是有利的。杂质颗粒直径的大小，对升降所需时间有很大的影响。较大的颗粒，特别是半径大于 0.01cm，而且与熔体密度差也较大的颗粒，沉浮所需时间短，极有利于采用澄清法除渣。但实际上，在铝合金熔炼时氧化铝的状态十分复杂，它有几种不同的形态，固态时其密度为 3.53 ~ 4.15g/cm³，在熔融状态其密度为 2.3 ~ 2.4g/cm³，而且在氧化铝中必然会存在或大或小的空腔和气孔，此外，氧化物的形状也不都是球形的，通常多以片状或树枝状存在。薄片状和树枝状夹杂就难以采用斯托克斯公式计算。

澄清法除渣对许多金属，特别是轻合金不是主要有效的方法，还必须辅以其他方法，但根据物理学基本原理，它仍不失为一种基本方法。在铝合金精炼过程中，首先仍要用这一简单方法将一部分固体杂质从金属中分开。一般静置炉的应用就是为了这个目的。已熔炼好的金属在静置炉内进行静置澄清，为了在静置炉内取得较好的除渣效果，静置炉要有一定的深度，并要求熔体在静置炉内要有足够的时间，至少 20 ~ 45min；另外要适当控制温度，以便能提高液体的流动性，适应浇注的要求。当然，静置炉的作用不只是为澄清分渣，还有保温和控制铸造温度的作用，所以有时也称为保温炉。

6.2.2.2　吸附除渣原理

吸附净化主要是利用精炼剂的表面作用，当气体精炼剂或熔剂精炼剂在熔体中与氧化物夹杂相遇时，杂质被精炼剂吸附在表面上，从而改变了杂质颗粒的物理性质，随精炼剂一起被除去。若夹杂物能自动吸附到精炼剂上，根据热力学第二定律，熔体、杂质和精炼剂三者之间应满足以下关系：

$$\sigma_{金\text{-}杂} + \sigma_{金\text{-}剂} > \sigma_{剂\text{-}杂}$$

式中　$\sigma_{金\text{-}杂}$——熔融金属与杂质之间的表面张力；

　　　$\sigma_{金\text{-}剂}$——熔融金属与精炼剂之间的表面张力；

　　　$\sigma_{剂\text{-}杂}$——精炼剂与杂质之间的表面张力。

因为金属液和氧化物夹杂是相互不润湿的，所以金属与杂质之间的接触角 $\theta \geqslant 90°$，如图 6-1 所示。其力的平衡应有如下关系：

$$\cos\theta = \frac{\sigma_{剂-杂} - \sigma_{金-杂}}{\sigma_{金-剂}} \qquad (6-3)$$

因 $\sigma_{金-剂}$ 为正值，故符合热力学的表面能关系，所以熔融金属液中的夹杂物能自动吸附在精炼剂的表面上而被除去。

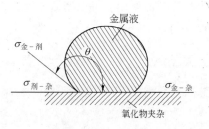

图 6-1　氧化物夹杂、金属液、精炼剂三相间表面张力示意图

6.2.2.3　溶解除渣原理

多数铝合金除渣剂中，一般都含有一定量的冰晶石（Na_3AlF_6）。冰晶石的化学分子结构和某些性质与氧化铝极为相似，所以在一定温度下它们就可能互溶。等量的氯化钠和氯化钾混合物中加入 10% 的冰晶石，能溶解 0.15% 的 Al_2O_3，且随着冰晶石含量的增加，氧化铝在熔剂中的溶解度也随之增加。由 Al_2O_3-Na_3AlF_6 相图可知，在 935℃ 时形成共晶，冰晶石最大可溶解 18.5% 的氧化铝，这种溶解作用改变了氧化铝的性质，使之易于从铝液中分离。总之，熔剂中添加冰晶石会大大增加熔剂的精炼能力，熔剂除渣精炼是通过吸附、溶解而进行的。

6.2.2.4　过滤除渣原理

上述方法都不能将熔体中氧化物夹杂分离得足够干净，遗留一些微小的夹杂常给有色金属加工材料的质量带来不良影响，所以近代采用了过滤除渣的方法，获得良好的效果。

过滤装置种类很多，从过滤方式的除渣机理来看，大致可分机械除渣和物理化学除渣两种。机械除渣主要是靠过滤介质的阻挡作用、摩擦或流体的压力使杂质沉降及堵滞，从而净化熔体；物理化学除渣主要是利用介质表面的吸附和范德华力的作用。不论是哪种作用，熔体通过一定厚度的过滤介质时，由于流速的变化、冲击或者反流作用，杂质较容易被分离。通常，过滤介质的空隙越小，厚度越大，金属熔体流速越低，过滤效果越好。

6.3　炉内净化处理

吸附精炼是指通过铝熔体直接与吸附剂（如各种气体、液体和固体精炼剂及过滤介质）接触，使吸附剂与熔体中的气体和固态非金属夹杂物发生物理化学、物理或机械作用，从而达到除气、除渣的方法。吸附精炼只对吸附剂接触的部分熔体起作用，所以熔体净化程度取决于接触条件，即决定于熔体与吸附剂的接触面积、接触的持续时间和接触的表面状态。属于吸附精炼的有：吹气精炼、氯盐精炼、熔剂精炼、熔体过滤等。吸附精炼的净化机理在除气方面主要是利用气体分压定律除气，利用与氢形成化合物除气；在除渣方面主要是吸附除渣、溶解除渣、化合除渣、过滤除渣。在采用活性精炼剂时，还同时兼有除去熔体中钠、钙、镁、锂等金属杂质（比铝活泼的金属杂质）的作用。吸附精炼是目前铝材行业最为广泛采用的精炼方法。

非吸附精炼是指不依靠在熔体中加入吸附剂，而通过某种物理作用，改变金属-气体系统或金属-夹杂物系统的平衡状态，从而使气体和固体非金属夹杂物从铝熔体中分离出来的方法。非吸附精炼对全部铝熔体都有精炼作用，其精炼效果取决于破坏平衡的外界条件及铝熔体与夹杂和气体的运动特性。属于非吸附精炼的有：静置处理、真空处理、超声波处理、预凝固处理等。非吸附精炼的净化机理在除气方面主要是利用温度和压力对铝中气体溶解度的影响规律及高频机械振荡在熔体中产生空穴的现象；在除渣方面主要是利用密度差和除气时的辅助浮选作用。除了静置处理外，其他非吸附精炼方法目前在一般铝材厂的实际生产中很少采用（个别特殊材料生产厂家例外）。

几十年来，铝熔体精炼技术一直在朝着环保、高效、低耗、便捷的方向发展。尽管在除气和除渣原理上还没有大的突破，但人们在实际生产中发现，最大的除气效果可从纯净惰性气体的连续过滤处理中得到，而最充分的除渣处理可通过过滤来保证。因此，把这些具有较好单一处理效果的方法结合在一起的炉外复合处理便成了一个新的发展趋势。

6.3.1　吸附净化

6.3.1.1　浮游法

A　惰性气体吹洗

向熔体中不断吹入惰性气泡，在气泡上浮过程中将氧化夹杂物和氢带出液面的精炼方法称为惰性气体精炼。向熔体中吹入惰性气体之所以能除渣，是因为吹入的惰性气体与熔融铝及溶解的氢不发生化学反应，又不溶解于铝液。通常使用的惰性气体是氮气或氩气。

根据吸附除渣原理，氮气被吹入铝液后，形成许多细小的气泡。气泡在从熔体中通过时与熔体中的氧化物夹杂相遇，夹杂被吸附在气泡的表面并随气泡上浮到熔体表面，如图6-2所示。由于惰性气泡吸附熔体中的氧化夹杂物后，能使系统的总表面自由能下降，因而这种吸附作用可以自动发生。惰性气体和夹杂物之间的表面张力越小，熔体和惰性气体之间的表面张力以及熔体和夹杂物之间的界面张力越大，则这种惰性气体的除渣能力越强。采用惰性气体精炼时，应该在液面均匀撒上熔剂，这是因为惰性气泡把夹杂物带出液面后夹杂物进入熔剂中成为熔渣，如果此时液面有熔剂层，便于扒出。否则，密度较大的夹杂将重新落入铝液，而密度较小的夹杂物在液面形成浮渣，与铝液很难分离，将这些浮渣扒出时将带出很多金属液而增加金属损失。

向熔体中吹入惰性气体除气的依据是分压差脱气原理，如图6-3所示，当吹入熔体的氮气泡中开始没有氢气，其氢分压为零，而气泡附近熔体中的氢分压远大于零，因此在气泡内外存在着一个氢分压差，熔体中的氢原子在这个分压差的作用下，向气泡界面扩散，并在界面上复合为分子进入气泡，这一过程一直要进行到氢在气泡内外的分压相等时才会停止。进入气泡的氢气随着气泡上浮而逸入大气，此外，气泡在上浮过程中，还可以通过浮选作用将悬浮在熔体中的微小分子氢气泡和夹杂中的气体一并带出液面，从而达到除气的目的。

由于吸附是发生在气泡与熔体接触的界面上，只能接触有限的熔体，除渣效果受到限制。

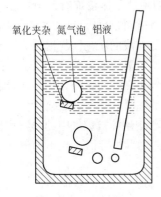

图6-2　通氮精炼原理

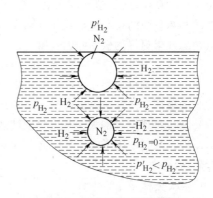

图6-3　通氮去除气体原理

当吹入精炼气体的气泡量愈多时，气泡半径愈小，分布愈均匀，吹入的时间愈长，除渣效果愈好。

氮气的脱氢能力比氯气弱，使用氮气主要是考虑氮气的环境保护和无毒害特征。当100g铝液中氢含量为 $0.3 \sim 0.4cm^3$ 时，在大气压力作用下气泡中的氢分压可达到 10.1325Pa。也就是说，在大气压力作用下氮气泡能带出的氢量为其本身体积的10%。随着铝液中氢含量的降低，被除去气体的体积同样降低。为了提高惰性气体的精炼效果，降低用纯氯精炼的公害，通常采用在氯气中混入10%~20%氮气的混合气体，可以获得接近用纯氯精炼的效果。

通氮精炼时，工业用氮含有少量的水蒸气和氧，可使氮气通过干燥器（内盛 $CaCl_2$）后再通过装有铜屑的去氧器（铜屑加热至900℃）去除水蒸气和氧。吹氮在 $680 \sim 690$℃ 开始，吹氮管在铝液中来回移动，通氮时间为 $5 \sim 10$min。通氮后迅速将铝液加热至铸造温度，扒渣后进行铸造。通常处理1t铝液需要 $2m^3$ 氮气。

如果温度在700℃以上，氮就不再是不活泼的气体了，会生成氮化物影响铝液质量。镁和氮容易生成氮化镁，因此熔炼 Al-Mg 系合金时不希望用氮气。此外通氮精炼难以形成干浮渣，必须使用适当的熔剂进行浮渣分离。

B　活性气体吹洗

氯气作为化学活性气体，与铝液中的氢发生剧烈化学反应：

$$2Al + 3Cl_2 \Longrightarrow 2AlCl_3 \uparrow$$

$$2H + Cl_2 \Longrightarrow 2HCl$$

$$H_2 + Cl_2 \Longrightarrow 2HCl$$

反应生成物 HCl 和 $AlCl_3$（沸点183℃）都是气态，不溶于铝液，和未参加反应的氯气一样都具有精炼作用（图6-4），因此精炼效果比通氮好得多。但是，氯气是剧毒气体，对人体健康有害，而且设备复杂，有腐蚀性，铝合金晶粒易粗大，因此，近年来已改用钠加一定数量氟利昂除气，效果接近或等于氯气的除气效果。此外，通过对处理时排放的废气进行分析，结果表明有害发散物含量显著降低，其中氟利昂和氯气含量不超过0.1%。

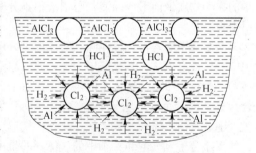

图6-4　吹氯精炼示意图

采用氯气精炼时，100g 铝熔体里的氢含量可降至 $0.04 \sim 0.08cm^3$，氧化膜污染度降至 $0.05mm^2/cm^2$；而采用惰性气体精炼时，100g 铝中的氢含量和氧化膜污染度通常只能降到 $0.15 \sim 0.2cm^3$ 和 $0.1mm^2/cm^2$ 的水平。和惰性气体相比，氯气精炼效果更好的根本原因：第一，反应产物氯化铝和氯化氢形成的反应性气泡极为细小弥散，使扩散除氢过程进行得更为彻底和充分。第二，氯气可直接与溶解的氢化合。第三，氯气及氯化物可与氧化物相互反应，对氧化铝起分解作用，不仅起到了良好的除渣作用，而且表面氧化膜的破坏，使氢逸出更容易。第四，精炼后逸出熔体表面的气体（氯气、三氯化铝、氯化氢等）密度都比空气的大，并聚集于熔体表面，能防止精炼过程中熔体被炉气中的水汽重新污染。此外，氯气精炼降低非金属夹杂物的表面活性，导致生成颗粒状的浮渣，扒出的渣几乎不含金属珠。

C　联合精炼

联合精炼就是惰性气体和活性气体混合使用的方法。它利用了两者的优点，减少了两者的缺点。现在生产中常用10%~20%的氯气和90%~80%氮气的混合气体进行除气，可获得较好的效果，也比较安全。

采用氯气精炼铝合金熔体，具有除气效果好，反应平稳，渣呈粉状不为金属液所润湿，渣量少（约0.61%），渣中金属少（约36.7%），同时兼有除渣、除钠效果等优点。但是，氯气及其反应产物有毒，污染环境，腐蚀设备，而烟尘的收集和处理设备较为复杂，且成本较高。另外，采用氯气处理还有使铸锭产生粗大晶粒的倾向，镁的损失大（可达0.20%）等缺点。

采用氮气精炼，其优缺点正好与氯气的相反。氮气无毒，无需采取特别的排烟措施，且镁的损失极小（0.01%左右）。但是，氮气的精炼效果较差，精炼时易喷溅，渣呈糊状，不仅渣量大（约1.97%），且渣中金属量也大（约60.2%）。采用氮-氯混合气体精炼，正好取了两者的长处，弥补了两者的短处。据资料介绍，采用20% Cl_2 和80% N_2 的混合气体能达到纯氯一样的精炼效果，渣亦呈粉状，渣量少（约0.55%），渣中金属也大为减少（约37.6%），而且减轻了环境污染，改善了劳动条件。

除了氮-氯混合气外，目前国内外还广泛采用氨-氯、氮-氟利昂、氮-氯—一氧化碳、氮-六氟化硫等混合气作为精炼气体。将一氧化碳加入氮-氯混合气中的目的是夺取氯气还原熔体中的氧化铝时产生的氧，与之生成二氧化碳，避免氧气再度与铝在气泡表面形成氧化膜。铝液中通入 N_2、Cl_2、CO 产生下列反应：

$$2Al_2O_3 + 6Cl_2 \Longrightarrow 4AlCl_3 \uparrow + 3O_2$$

$$3O_2 + 6CO \Longrightarrow 6CO_2$$

$$Al_2O_3 + 3Cl_2 + 3CO \Longrightarrow 2AlCl_3 \uparrow + 3CO_2$$

$AlCl_3(g)$ 和 CO_2 都有精炼作用，还能分解部分 Al_2O_3，因而可以明显提高精炼效果。根据试验，三气联合精炼所需时间为通氯气精炼时间的1/2。N_2 的作用是稀释 Cl_2，改善劳动条件。当 CO 来源有困难时，可用 CO_2 通过高温石墨管生成 CO，然后通入铝液中。混合气体可采用下述比例 $V(Cl_2):V(CO):V(N_2) = 1:1:8$，精炼温度可采用705~820℃。

D 氯盐净化

氯盐的精炼作用主要是基于氯盐与铝熔体的置换反应，以及氯盐本身的热离解与化合作用，其中主要的是氯盐与铝作用时生成三氯化铝的反应。

a 置换作用

当氯化锌、氯化锰、四氯化钛、六氯乙烷等氯盐被压入铝液时，分别与铝液发生如下反应：

$$3ZnCl_2 + 2Al \Longrightarrow 2AlCl_3 \uparrow + 3Zn$$

$$3MnCl_2 + 2Al \Longrightarrow 2AlCl_3 \uparrow + 3Mn$$

$$3TiCl_4 + 4Al \Longrightarrow 4AlCl_3 \uparrow + 3Ti$$

$$3C_2Cl_6 + 2Al \Longrightarrow 3C_2Cl_4 \uparrow + 2AlCl_3 \uparrow$$

以上反应生成的 $AlCl_3$ 和 C_2Cl_4 在熔炼条件下都是气体，自铝液底部向上浮起的过程中起着和惰性气体精炼时相似的除气、除渣作用。

b 挥发作用

许多氯盐的沸点低于铝熔点，如 $AlCl_3$、BCl_3、$TiCl_4$、CCl_4、$SiCl_4$、C_2Cl_6 等。在熔体温度下，这些挥发物具有很高的蒸气压（如 $AlCl_3$ 的蒸气压高达2.3MPa），它们在熔体中上浮时，起着精炼作用。

c　热离解作用

许多氯盐在熔体温度下发生分解放出氯气，起着和氯气相同的精炼作用，如：

$$2CCl_4 = C_2Cl_4 \uparrow + 2Cl_2 \uparrow$$

在铝材行业，有少数工厂采用四氯化碳和六氯乙烷精炼，基本没有采用氯化锌和氯化锰进行精炼的，因为它们吸湿性大，还会使熔体增锌、增锰；就同一质量的氯盐产生的气体量而言，后者也要比前者少得多，故精炼效果也要差得多。

四氯化碳的精炼机理是基于下面的化学反应：

$$2CCl_4 = C_2Cl_4 \uparrow + 2Cl_2 \uparrow$$

$$4Al + 3C_2Cl_4 = 4AlCl_3 \uparrow + 6C$$

$$2Al + 3Cl_2 = 2AlCl_3 \uparrow$$

$$Cl_2 + 2H = 2HCl \uparrow$$

以上反应所生成的 C_2Cl_4、$AlCl_3$ 和 Cl_2 在熔炼条件下都是气体，起着和氯气一样的除气、除渣作用。采用四氯化碳精炼时，其工艺要点如下：精炼温度为 690～710℃；1t 金属加入量为 2～3kg；加入方式为载体加入法，即将烘烤过的轻质黏土砖浸泡吸收四氯化碳后压入熔体底部，并缓慢移动直至无气泡冒出为止。精炼完后将熔体静置 5～10min。

四氯化碳的优点是：吸湿性低，使用方便，精炼效果好，且有晶粒细化作用。缺点是：反应气体有毒，合金中含镁时镁的损失大。

六氯乙烷的精炼机理是基于下面的反应：

$$3C_2Cl_6 + 2Al = 3C_2Cl_4 \uparrow + 2AlCl_3 \uparrow$$

上述反应生成的 C_2Cl_4 和 $AlCl_3$ 在熔体中上浮时起着除气、除渣作用。采用六氯乙烷精炼时，其工艺要点如下：精炼温度 700～720℃；1t 金属加入量为 3～4kg；加入方式为载体加入法，即将六氯乙烷与约 20% 的硼氟酸钠（$NaBF_4$）或硅氟酸钠（Na_2SiF_6）压制成块，用钟罩压入铝液中精炼，以降低六氯乙烷的热分解速度和挥发速度，延长精炼时间，提高除气效果。精炼后将熔体静置 5～10min。C_2Cl_6 的精炼温度和合金成分有关，对不含镁的合金，精炼温度 700～720℃足够；但对含镁合金，精炼温度必须相应提高，使 $MgCl_2$ 处于液态，起辅助精炼作用。当存在固态 $MgCl_2$ 时，固态 $MgCl_2$ 成为夹杂物，优先于 Al_2O_3 被带出熔液进入熔渣中，削弱精炼效果。六氯乙烷的优缺点与四氯化碳的大致相似，但 C_2Cl_6 不吸湿、无毒性，使用、保管都很方便。

E　无毒精炼剂

用 C_2Cl_6 和 CCl_4 精炼的缺点是会产生有毒气体，劳动条件差，因此，很多工厂还是采用刺激性较小的 $ZnCl_2$。目前国内外研究使用了无毒精炼剂，效果良好。几种无毒精炼剂的典型配方见表 6-1。无毒精炼剂加入铝液中主要产生下列反应：

$$4NaNO_3 + 5C = 2Na_2CO_3 + 2N_2 \uparrow + 3CO_2 \uparrow$$

$$4KNO_3 + 5C = 2K_2CO_3 + 2N_2 \uparrow + 3CO_2 \uparrow$$

由于反应生成的 N_2 和 CO_2 的沸腾作用，气泡上浮时将氢和非金属夹杂物带出铝液，所以这种混合物的除气效果良好。

表 6-1 几种典型无毒精炼剂配方

序 号	主要成分(质量分数)/%							用量/%
	硝酸钠	硝酸钾	石墨粉	六氯乙烷	冰晶粉	食盐	耐火砖粉	
1	36		6	3 ~ 5		23 ~ 25	30	0.3
2	36		6			28	30	0.5
3	40 ~ 42		7 ~ 8					0.4 ~ 0.6
4	34		6	4		24	32	0.3
5		40	6	4		24	26	0.3
6	34		6		20	10	30	0.3

六氯乙烷是反应的催化剂,可使反应更容易进行。食盐与耐火砖粉是作为惰性介质加入的,加入后有分散有效物促使气泡细化的作用,从而达到增加气体与铝液的接触面积、加强脱气作用的目的,而且耐火砖粉在铝液中会烧结成块,精炼完毕,硝酸钠或硝酸钾和石墨粉全部烧完,只留下孔洞,精炼熔剂残渣仍完整地上浮至铝液表面,极易除去。由于食盐的加入会增加熔渣黏度,故可不用。冰晶粉和氟硅酸钠既起精炼作用,又起缓冲作用。

这个方法的实质是使脱氢用的气体以非常细小的气泡上升以增加其与铝液接触的面积,这样便可加速气体与铝液中的氢相遇而起反应,增加氢扩散入气泡的机会,从而达到加强脱气的目的。另外,用一氧化碳与二氧化碳的混合物除气,除使氢扩散入气泡而被除掉的物理作用外,还有使氢被氧化的可能,加强了脱气作用。

无毒精炼剂的配比可根据具体要求做必要的调整,当反应过慢时,可增加硝酸钠和石墨粉的比例。反之,增加耐火砖粉和食盐的比例。

精炼时,用钟罩把精炼剂压到铝液中,操作与用氯盐精炼时一样。移动式旋转除气装置(MDU)和金属处理工作台(MTS)是近年出现的新型除气装置,其中 MTS 是 MDU 的改进型。它增加了一个熔剂输送系统,粒状熔剂(23% Na_3AlF_6 + 47% KCl + 30% NaCl 或增加适量的 Na_3AlF_6)随 N_2 或氩气流送入熔体中,以提高精炼效果。

精炼温度为 740 ~ 750℃,用量大约为铝液质量的 0.6% ~ 0.8%,精炼剂的实际用量取决于铝液质量、合金种类、铝液覆盖情况等,应通过现场试验来确定。

6.3.1.2 熔剂法

铝合金净化所用的熔剂主要是碱金属的氯盐和氟盐的混合物,熔剂的除渣能力是由熔剂对熔体中氧化夹杂物的吸附作用和溶解作用以及熔剂与熔体之间的化学作用所决定的。工业上常用的几种熔剂成分及用途见表 6-2。

表 6-2 工业上常用熔剂成分及用途

溶剂种类	主要组元	主要成分(质量分数)/%	主 要 用 途
覆盖剂	NaCl	39	Al-Cu 系
	KCl	50	Al-Cu-Mg 系
	Na_3ClF_6	6.6	Al-Cu-S 系
	CaF_6	4.4	Al-Cu-Mg-Zn 系
	KCl, $MgCl_2$	80	Al-Mg 系
	CaF_2	20	Al-Mg-Si 系

溶剂种类	主要组元	主要成分(质量分数)/%	主 要 用 途
精炼剂	NaCl	47	除 Al-Mg 系及 Al-Mg-Si 系合金以外的合金
	KCl	30	
	Na$_3$ClF$_6$	23	
	KCl，MgCl$_2$	60	Al-Mg 系及 Al-Mg-Si 系合金
	CaF$_2$	40	

熔剂的精炼作用主要是靠其吸附和溶解氧化夹杂,其吸附作用可根据热力学条件判定。因为氧化夹杂是不被铝液润湿的,两者间的界面张力很大;而熔剂对氧化夹杂是润湿的,两者间的界面张力较小。熔剂吸附熔体中的氧化夹杂后,能使系统的表面自由能降低,因此,熔剂具有自动吸附氧化夹杂的能力,这种能力称为熔剂的精炼性。这种吸附作用是熔剂除渣的主要因素。显然,熔剂和非金属夹杂物的界面张力愈小,熔剂和铝液的界面张力及铝液和非金属夹杂物之间的界面张力愈大,则熔剂的吸附性愈好,除渣作用愈强。

熔剂对氧化物的溶解作用是由熔剂的本性所决定的。通常,当熔剂的分子结构与某些氧化物的分子结构相近时或化学性质相近时,在一定温度下可以产生互溶,比如阳离子相同的 Al$_2$O$_3$ 和 Na$_3$AlF$_6$,MgO 和 MgCl$_2$ 等都有一定的互溶能力。熔剂与熔体还能产生下述化学反应:

$$Na_3AlF_6 \Longrightarrow 3NaF + AlF_3 \uparrow$$

$$Al + 3NaF \Longrightarrow AlF_3 \uparrow + 3Na$$

$$Al + 3NaCl \Longrightarrow AlCl_3 \uparrow + 3Na$$

气态产物 AlF$_3$ 和 AlCl$_3$ 不溶解在铝中,在金属-氧化物的边界上呈气泡析出时,促使氧化膜与金属分离,并使氧化膜转入到熔剂中去,同时气泡亦具有浮选除渣作用。此外,熔剂在离解过程中形成的气泡亦能通过浮选作用除去部分夹杂物。

熔剂的除气作用主要表现在三个方面:一是随配合物 γ-Al$_2$O$_3$·xH 的除去而去除被氧化夹杂所吸收的部分配合氢。二是熔剂产生分解或与熔体相互作用时形成的气态产物可以扩散除氢。三是熔体表面氧化膜被溶解而使得溶解的原子氢向大气扩散变得容易。但是,熔剂的除气作用是有限的,在生产条件下,100g 铝氢含量只能降到大约 0.2~0.25mL 的水平。

6.3.1.3　气体-熔剂混吹精炼

用惰性气体进行吹气精炼时,具有操作方便、环保安全、成本低廉的特点,但精炼效果受惰性气体纯度的制约。一般惰性气体即使采用很严格的纯化措施,也会含有一定量的水分和氧气。这种气体吹入铝液后,在吹入的气泡表面会形成薄而致密的氧化膜,从而阻碍熔体中的氢进入气泡内,使除气效果降低。在吹入惰性气体的同时引入一定量的粉状熔剂时,气泡表面被熔化的熔剂膜包围,不仅隔断了气泡中水分和氧气与铝液的接触,使之不能形成氧化膜,而且,即使有氧化物生成,也会被熔剂膜吸附,从而有效地提高了精炼的效果。

有人对纯氮精炼和纯氮-熔剂混吹法精炼的效果进行过对比实验,精炼时间同为 12min,精炼前 100g 铝熔体氢含量为 0.41mL,用纯氮精炼后的 100g 熔体氢含量为 0.29mL,而用氮气-熔剂混吹后的 100g 熔体氢含量只有 0.06 mL。前者除氢率只有 29%,而后者则达 85%。图 6-5 是气体-熔剂混吹法示意图。

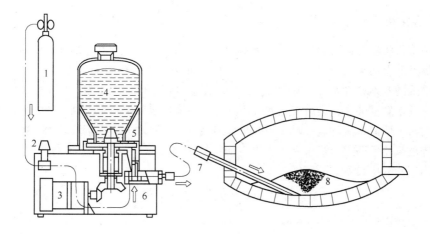

图 6-5 气体-熔剂混吹法示意图

1—氮气；2—减压阀；3—电动机；4—熔剂；5—拨料板；6—混合室；7—喷吹管；8—铝熔体

6.3.2 非吸附净化

依靠其他物理作用达到精炼目的的精炼方法，统称非吸附精炼。它对全部铝液有精炼作用，因此效果比较好。

6.3.2.1 超声波处理

超声波精炼的原理是：向铝液通入弹性波时，弹性振荡经过液体介质（熔液）传播产生空穴现象，使液相连续性破坏，在铝液内部产生了无数显微空穴，溶入铝中的氢逸入这些空穴中成为气泡核心，继续长大成为气泡，逸出铝液，达到精炼目的。用超声波处理结晶过程中的铝液时，在超声波的作用下，枝晶振碎成为结晶核心，因而能够细化晶粒。

6.3.2.2 直流电精炼

根据氢在金属中可能处于离子状态的假说，提出了电流除去液态金属中气体的处理工艺。对一系列纯铝和铝硅合金依次用直流电处理 20~30s，在某些合金中能得到很好的除气效果，但在某些合金中未能得到预期的效果。

用直流电可除去熔液（铝液）中的气体的事实证实了熔液中有离子氢，因此在某些试验中如果没有除气效果，应认为在此条件下氢电离化程度很低。在这种情况下，可观察到氢在熔液中是不均匀分布的，阳极处吸气增加，而阴极处则降低。在关闭电流后含气量沿整个熔液体积达到平衡，这是因为氢不仅以离子状态存在，而且也存在复杂的离子胶体颗粒，这些颗粒在熔液中移动，但氢在电极上不析出，仅仅建立起了熔液中的氢气浓度梯度。此外，溶于金属中的氢具有金属性质，像金属一样，因此，可以认为氢在熔液中不是完全电离而只是部分电离。

根据在熔液中掺有离子型化合物时电解效应增加的观点，向熔液中加入少量的钠或锂，结果发现用直流电不能除气的合金在加钠或加锂几分钟后就很快除气，这就可用处在未电离状态的氢与以上两金属相互作用所形成的氢化物来除气。这时，铝液中的氢离子浓度增加，氢在电极上析出，提高了除气效果。这不仅确定了处于熔液中的氢有几种形式（离子状态，胶体颗粒状态或复杂离子状态，原子、分子状态）外，还奠定了建立新的铝合金除气方法的基础。

6.3.2.3　真空精炼

真空精炼是将盛有铝液的坩埚置于密闭的真空室内，在一定温度下镇静一段时间使溶入铝液中的气体及非金属夹杂析出，上浮至表面，然后加以排出。

真空精炼的基本原理是：一方面在真空中，铝液吸气的倾向趋于零；另一方面，根据氢在液体金属中的溶解度公式，当熔液上方气压降低时熔体内氢的溶解度急剧下降，溶入铝液中的氢有强烈的析出倾向，由此氢吸附在固体非金属夹杂上，随之上浮至熔液表面。由于铝液表面有一层致密的氧化铝薄膜，溶于铝液的氢不能直接透过，氢只能以分子状态气泡的形式析出。铝液中析出气泡时应具备如下条件：

$$p_{H_2} > p_{外} = p_{at} + p_{Me} + 2\sigma/r$$

式中　　p_{H_2}——铝液中的氢气压，Pa；

$\quad\quad p_{外}$——施加在铝液中氢气泡上的外部压力，Pa；

$\quad\quad p_{at}$——铝液上方的大气压力，Pa；

$\quad\quad p_{Me}$——金属静压力，Pa；

$\quad\; 2\sigma/r$——铝液内产生氢气泡的附加压力；

$\quad\quad\;\; \sigma$——铝液的表面张力，N/m；

$\quad\quad\;\; r$——氢气泡半径，m。

从熔体内析出氢所需的分压显著减小，临界气泡半径也相应减小。真空精炼的优点是可从熔液中除氢和夹杂，比常用的吸附方法更有效，可使针孔率显著下降，一般可降至二级左右，力学性能明显提高。真空精炼的另一个优点是，铝液可在变质后和浇注之前进行处理，这样不会破坏变质作用，避免了变质过程中二次吸氢、氧化，可保证获得优质的铸件。

真空精炼过程中温度会下降，不容易满足铸造温度的要求；当熔体深度过大时，除气效果显著降低；真空精炼要求有一套设备，熔炼、铸造、维修技术要求高，而且由于坩埚吊运、铝液温度调整等使生产率降低，因此，虽然真空精炼优点很多，但在生产中没有得到广泛应用。真空精炼常有静态真空处理、静态真空处理加电磁搅拌、动态真空处理等三种类型。

静态真空处理是将熔体置于 1.3 ~ 4kPa 的真空度下，保持一段时间。铝液表面有致密的 γ-Al_2O_3 膜存在，往往使真空除气达不到理想的效果，因此在真空除气之前，必须清除氧化膜的阻碍作用，如在熔体表面撒一层熔剂，可使气体顺利通过氧化膜。

动态真空处理是预先使真空处理达到一定的真空度（约 1.3kPa），然后通过喷嘴向真空炉内喷射熔体，喷射速度约为 1 ~ 1.5t/min。熔体形成细小液滴，这样熔体与真空的接触面积增大，气体的扩散距离缩短，并且不受氧化膜的阻碍，所以气体得以迅速析出。与此同时，钠被蒸发烧掉，氧化夹杂聚集在液面。真空处理后 100g 铝熔体的气体含量低于 0.12mL，氧含量低于 0.0006%，钠含量也可降低到 0.0002%。真空处理炉有 20t、30t、50t 级三种，其装置如图 6-6 所示。

动态真空处理不但脱气速度快，净化效果好，而且对环境没有任何污染，是一种很有前途的净化方法，但这些方法由于受一些条件限制，应用较少。

6.4　炉外在线净化处理

一般而言，炉内熔体净化处理对铝合金熔体的净化是相当有限的，要进一步提高铝合金

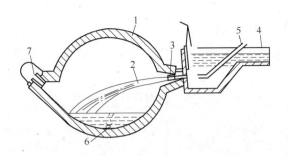

图 6-6　动态真空处理装置

1—真空炉；2—喷射铝液；3—喷嘴；4—流槽；5—塞棒；6—气体入口；7—浇注口

熔体的纯净度，更主要的是靠炉外在线净化处理，才能更有效地去除铝合金熔体中的有害气体和非金属夹杂物。炉外在线净化处理根据处理方式和目的，可分为以除气为主的在线除气，以除渣为主的在线熔体过滤处理，以及两者兼而有之的在线处理。根据产品质量要求不同，可采用不同的熔体在线处理方式，下面简要介绍实践中最常见的几种在线处理方式。

6.4.1　在线除气

在线除气是各大铝加工企业熔铸重点研究和发展的对象，种类繁多，比较典型的炉外复合精炼工艺有英国铝业公司的 FILD 法（费尔德法）、美国铝业公司的 Alcoa469 法、美国联合碳化物公司的 SNIF 法、美国联合铝公司的 MINT 法、法国普基工业公司的 AlPur 法、英国福塞科公司的 RDU 法、英国福塞科日本公司的 GBF 法等。我国中铝西南铝业（集团）有限责任公司自行开发的旋转喷头除气装置 DFU、DDF 等，这些除气方式都采用 N_2 或氩气作为精炼气体或 $Ar(N_2)$ + 少量的 $Cl_2(Cl_4)$ 等活性气体，不仅能有效除去铝熔体中的氢，而且还能很好地除去碱金属或碱土金属，同时还可提高渣液分离的效果。下面简单介绍几种常见的在线除气方式、使用方式及效果。

6.4.1.1　FILD 无烟连续除气法

FILD 无烟连续除气法（fumeless in-line degassing）是 1968 年由英国铝公司研制并投入使用的一种除气、过滤铝熔体的连续精炼方法。该法的装置示于图 6-7。

耐火坩埚用隔板分成两室，进液侧的铝液表面覆盖有液体熔剂层，并设置有通入氮气的石墨管，氧化铝球直径为 20mm，进液侧的氧化铝球用熔剂包覆。熔剂的成分为 52% KCl + 43% NaCl + 5% CaF_2。该装置的净化能力与吹入的氮气量有关。由上可以看出，费尔德法把活性氧化铝球床式过滤、惰性气体精炼和液体熔剂过滤等多种净化方法融为一体，因此，提高了装置除去固态非金属夹杂物的能力，并在不发生有害气体的条件下脱气。

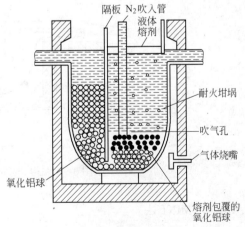

图 6-7　FILD 法连续精炼装置示意图

6.4.1.2　Alcoa469 法

Alcoa469 法是美国铝业公司研制并于 1974 年公布的铝液连续精炼法。该法的装置示意图如图 6-8 所示。

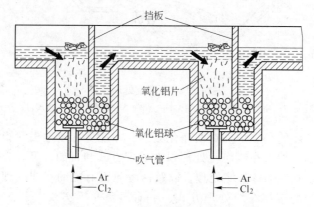

图 6-8　Alcoa469 法连续精炼装置示意图

它由两个箱式过滤装置组成，在每一个装置中同时与金属流向相反地通入氯气和氮气的混合气。气体扩散器采用多孔氧化铝、多孔石墨或多孔炭制成。二次过滤床由层厚 50～255mm、直径为 10～20mm 的氧化铝球组成，其上覆盖一层厚 150～255mm、块度为 3.5～6.5mm 的片状氧化铝。一次过滤床全部由直径为 10～20mm 的氧化铝球组成，总厚为 150～380mm。采用两个过滤床的目的在于分别除去大的和小的夹杂物，从而延长过滤器底层氧化铝球的使用期。

6.4.1.3　Air-Liquide 法

Air-Liquide 法是炉外在线处理的一种初级形式，其装置如图 6-9 所示，装置的底部装有透气砖（塞），氮气（或氮氯混合气体）通过透气砖（塞）形成微小气泡在熔体中上升，气泡在和熔体接触及运动的过程中吸附气体，同时吸附夹杂，并带出表面，产生净化效果。此法也有除渣作用，但效果不是很理想。此法一般除气率达 15%～30%。

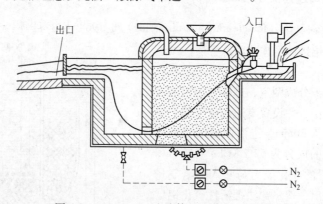

图 6-9　Air-Liquide 法熔体处理装置示意图

6.4.1.4　MINT 法

MINT 法（melt in-line treatment system）是美国联合铝业公司（Conalco）于 1979 年发明的

一种熔体炉外在线处理方法，该法对铝液中的氢、碱金属、非金属夹杂物都有很高的净化效率。MINT法装置如图6-10所示。MINT系统共分两个部分：一部分是反应器；另一部分是泡沫陶瓷过滤器。铝熔体从反应器的入口以切线进入圆形反应室，使熔体在其中产生旋转。反应室的下部装有气体喷嘴，分散喷出细小气泡。旋转熔体使气泡均匀分散到整个反应器中，产生较好的净化效果。熔体从反应室进入陶瓷泡沫过滤器，可进一步除去非金属夹杂物。净化气体一般为氩气，也可添加1%~3%的氯气。生产中使用的MINT装置，有几种不同型号，目前国内使用的MINT装置有MINT II型和MINT III型。MINT II型反应器的锥形底部有6个喷嘴，气体流量为15m³/h，铝熔体处理量为130~320kg/min，反应室静态容量为200kg；MINT III型反应器锥形底部有12个喷嘴，气体流量为32m³/h，铝熔体处理量为320~600kg/min，反应室静态容量为350kg。MINT法除气的缺点是金属熔体在反应室旋转有限，除气率波动较大，且金属翻滚可能产生较多氧化夹杂物。

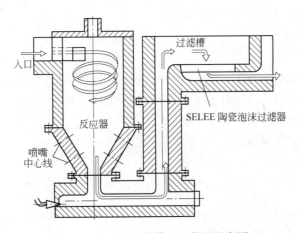

图6-10　MINT法熔体处理装置示意图

6.4.1.5　SAMRU法

SAMRU法除气装置是中铝西南铝业（集团）有限责任公司吸收MINT装置的一些优点后独立开发的装置。该装置采用矩形反应室，其梯形底部装有12~18个喷嘴，反应室静态容量为1~1.5t，处理能力一般为320~600kg/min，与泡沫陶瓷板联合使用效果最好。

6.4.1.6　斯奈福（SNIF）旋转喷头法

SNIF法（spinning nozzle inert flotation）为旋转喷嘴惰性气体浮游法的简称，是美国联合碳化物公司（Union Carbide）研制的一种铝熔体炉外在线处理装置，如图6-11和图6-12所示。

此装置在两个反应室设有两个石墨的气体旋转喷嘴，气体通过喷嘴转子形成分散细小的气泡，同时转子搅动熔体使气泡均匀地分散到整个熔体中去，从而产生除气、除渣的熔体净化效果。此法避免了单一方向吹入气体造成气泡的聚集，上浮形成气体连续通道，使气体与熔体接触时间缩短，而影响净化效果，吹入气体为Ar或N_2（Ar为最佳）。为了提高净化效果，可混入2%~5% Cl_2，也可添加少量熔剂。SNIF法装置有两种型号，一是单喷嘴（S形），处理能力为11t/h；二是双喷嘴（T形），处理能力为36t/h。

6.4.1.7　AlPur旋转除气法

AlPur法（aluminium purifier）是法国普基工业公司发明并于1981年开始在彼西涅公司应

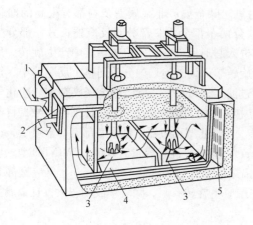

图 6-11　SNIF 法熔体处理装置示意图
1—入口；2—出口；3—旋转喷嘴；
4—石墨管；5—发热体

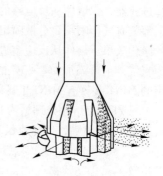

图 6-12　SNIF 法旋转喷嘴

用。该法也是一种借助旋转喷嘴产生微小气泡的炉外连续精炼装置，其旋转喷嘴结构和装置结构示于图 6-13。旋转喷嘴由高纯石墨制成，喷嘴结构除考虑打散气泡外，还利用搅动熔体而产生的离心力，使熔体进入喷嘴内与水平喷出的气体均匀混合，形成气-液流喷出，从而增加了气泡与熔体的接触面积和接触时间，以此提高精炼效果。

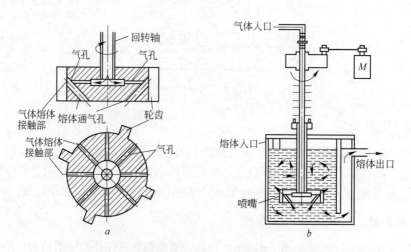

图 6-13　AlPur 法喷嘴及装置结构示意图
a—旋转喷嘴结构；b—装置整体结构

6.4.1.8　DFU 旋转喷头除气装置

DFU（degassing and filtration unit）是中铝西南铝业（集团）有限责任公司开发应用的旋转喷头除气与泡沫陶瓷过滤相结合的铝熔体净化装置，如图 6-14 所示。它的除气原理和方法与 SNIF 法和 AlPur 法相近，除气箱采用单旋转喷头法除气，内部由隔板分为除气区和静置区，内置浸入式加热器，可在铸造或非铸造期间对金属熔体进行加热和保温。它采用的是 Ar（或 N_2）加 1% ～3% Cl_2（或 CCl_4）的混合气体，可提高熔体净化效果。

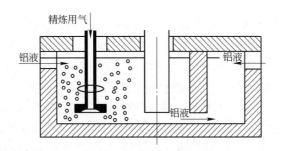

图 6-14 DFU 旋转喷头除气装置示意图

6.4.1.9 RDU 快速除气装置

RDU（rapid degassing unit）是英国福塞科公司于 1987 年开发并投入使用的一种旋转喷嘴形式的精炼装置。其装置结构和喷嘴结构示于图 6-15。

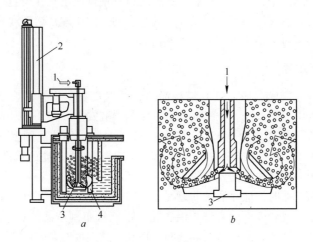

图 6-15 RDU 净化装置和喷嘴结构示意图
a—装置结构图；b—喷嘴结构图
1—净化气体；2—升降装置；3—选装喷嘴；4—加热器

RDU 的喷嘴也由高纯石墨制成，喷嘴根据泵的工作原理设计，喷嘴在通气和旋转时，除喷出气泡和搅动熔体外，还会产生泵吸作用，使熔体由上而下进入喷嘴的拨轮内，与气体混合后喷出，产生含有气泡的强制流动，增强气-液混合的均匀性，并使气泡变得非常细小，从而提高净化效果。

6.4.2 熔体过滤

将铝熔体通过用中性或活性材料制造的过滤器，以分离悬浮在熔体中的固态夹杂物的净化方法称为过滤。

按过滤性质，铝合金熔体的过滤方法可分为表面过滤和深过滤两类；按过滤材质，可分为网状材料过滤（如玻璃丝布、金属网）、块状材料过滤（如松散颗粒填充床、陶瓷过滤器、泡沫陶瓷过滤器）和液体层过滤（如熔剂层过滤、电熔剂精炼）三类。目前，我国使用最广泛的是玻璃丝布过滤、泡沫陶瓷过滤和刚玉质陶瓷管过滤。松散颗粒填充床过滤器虽然简单，但准备费力，合金换组不方便，在国内很少采用。

表面过滤指固体杂质主要沉积在过滤介质表面的过滤，又称滤饼过滤。网状材料过滤都属于表面过滤。深过滤也称内部过滤，固体杂质主要在过滤介质孔道内部沉积，并且随着过滤的进行，孔道有效过滤截面逐渐减小，透过能力下降，过滤精度提高。块状材料过滤都属于深过滤。

网状材料过滤器的过滤机理主要是通过栅栏作用机械分离熔体中宏观粗大的非金属夹杂物，它只能捕集熔体中尺寸大于网格尺寸的夹杂物（假定夹杂物不能变形）。用中性材料制造的块状材料过滤器的过滤机理主要是通过沉积作用、流体动力作用和直接截取作用机械分离熔体中的固体夹杂物。块状材料过滤器具有很大的比表面，熔体和过滤介质有着充分接触的机会，当熔体携带固体杂质沿过滤器中截面变化不定的细长孔道作变速运动时，由于固态夹杂物的密度和速度与熔体的不相同，所以有可能在重力作用下产生沉积；另外，固体粒子的非球性和受到不均匀的切变力场的作用，使之产生横向移动，从而被孔道壁勾住、卡住或吸附住。上述现象在孔道截面发生突然变化的地方，由于形成低压的涡流区而得到加强。用活性材料制造的块状材料过滤器，除具有上述过滤机理外，还由于表面力和化学力的作用，产生物理化学深过滤，熔体得到更精细的净化。块状材料过滤器可以捕集到比本身孔道直径小得多的固体夹杂物。液体层过滤器就是用液态熔剂洗涤液体金属，它的过滤机理是熔剂和非金属夹杂物之间的物理化学反应以及熔剂对夹杂物的润湿吸附和溶解。

6.4.2.1　玻璃丝布过滤

玻璃丝布过滤的主要优点是：（1）结构简单，可以安装在从静置炉向结晶器转注的任何地方，如流槽、流盘中，落差处，分配漏斗中，结晶器液穴里。（2）使用成本低，在正常条件下，1g金属玻璃丝布的消耗量为$0.05 \sim 0.07 m^2$。（3）对原有的铸造制度（铸造温度、铸造速度等）没有任何影响。（4）对铸锭晶粒组织无影响。玻璃丝布过滤的缺点是：除渣程度有限，不能除气，只能使用一个铸次，需要经常更换。

在采用玻璃丝布过滤时，应注意的问题是：（1）为了防止与铝相互作用，应采用铝硼硅酸盐制造的玻璃丝布，或者表面涂有硅酸铝陶瓷的玻璃丝布制造滤网；（2）为了提高平板网格的稳定性，在缝制滤网前，最好对玻璃丝布采用在熔化温度时具有稳定性的表面活性物质进行预处理；（3）玻璃丝布滤网的形状和大小必须根据安放的位置条件和熔体流量的大小进行设计；（4）滤网的安放地点最好放在金属液流的落差处，这样不但可以充分消除落差处金属液流的冲击翻滚，减少造渣污染，增加过滤效果，而且，由于铝液的静压头较大，过滤流量也大；（5）在使用过程中，应防止滤网和熔剂液接触，避免滤网腐蚀损坏。

用玻璃丝布过滤铝熔体在国内外已广泛应用，一般用于转注过程和结晶器内熔体过滤。国产玻璃丝布孔眼尺寸为$1.2mm \times 1.5mm$，过流量约为200kg/min。此法特点是适应性强，操作简便，成本低，但过滤效果不稳定，只能拦截除去尺寸较大的夹杂，对微小夹杂几乎无效，所以适用于要求不高的铸锭生产。图6-16所示是一种底注玻璃丝布过滤器。

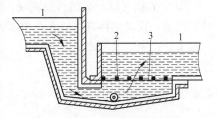

图6-16　底注玻璃丝布过滤器
1—流槽；2—格子；3—玻璃丝布

6.4.2.2　刚玉质陶瓷过滤器

目前一些工厂采用的陶瓷过滤装置的典型结构示于图6-17。这种过滤器的外壳是用10mm

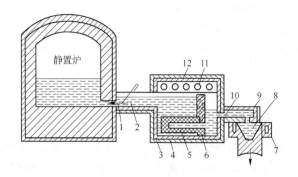

图 6-17　刚玉过滤装置结构示意图

1—流量控制钎；2—流槽；3—过滤器保温衬里；4—外壳；5—陶瓷管；6—隔板；7—结晶器；
8—漏斗；9—小流盘；10—滤液出口；11—加热元件；12—加热保温盖

厚的钢板焊成的，内衬硅酸铝纤维毡，再砌一层轻质耐火砖，内刷滑石粉。

　　过滤器内脏用多孔陶瓷板或碳化硅板间隔成 A、B 两室。A 室为过滤室，过滤管装配在隔板孔眼上，装配部位用硅酸铝纤维毡密封；B 室为贮存室，汇集过滤后的金属。过滤器上部有加热盖，内配电阻加热丝。热电偶连续测温，电子电位差计自动控制过滤器中金属温度。过滤器下部有放流眼。全部工作压头有 100mm 和 200mm 两种。过滤室内安装 $\phi110/70mm \times 325mm$ 的过滤管，安装数目视需要而定。熔体从静置炉沿流槽进入与此相连接的过滤室 A，再通过过滤管微孔渗出，汇集于贮存室，最后经流盘进入结晶器。

6.4.2.3　泡沫陶瓷过滤器

　　泡沫陶瓷是美国康索尼达德铝公司在 20 世纪 70 年代末期研制的一种具有海绵状结构的用于过滤铝熔体的开孔网状物。我国在 80 年代初期试制成功并普遍推广使用。泡沫陶瓷过滤器即以泡沫陶瓷作为过滤介质的过滤装置，它是将泡沫陶瓷安装在静置炉和铸造台之间的熔融金属转注系统的滤盆里而构成的。滤盆用普通钢板焊成，内衬绝热毡，最里层是耐火砖。滤盆的深度一般不低于 200mm（从泡沫陶瓷板的板面算起）。铝水从静置炉经滤盆过滤后流向结晶器。泡沫陶瓷过滤板因使用方便，过滤效果好，价格低，在全世界被广泛使用，在发达国家中 50% 以上铝合金熔体都采用泡沫陶瓷过滤板过滤。

6.4.3　除气 + 过滤

　　任何熔体处理过滤和除气都是相辅相成的，渣和气不能截然分开，一般情况是渣伴生气，夹杂物越多，必然熔体中气体含量越高，反之亦然。同时在除气过程中必然同时去除熔体中的夹杂物，在去除夹杂物的同时，熔体中的含气量必然要降低。因此，把除气和过滤结合起来，对于提高熔体纯净度是非常有益的。前面介绍的除气装置有许多都是除气与过滤相结合的熔体在线处理装置，这也是许多铝加工企业铝熔体在线处理所采用的方式，所以，这里就不再单独介绍除气与过滤在线处理相结合的方式，这需要根据产品的质量要求及生产状况选择应用。

6.5　熔体净化技术的发展趋势

6.5.1　炉内处理的发展趋势

　　炉内熔体处理主要有气体精炼、熔剂精炼和喷粉精炼等方式。炉内处理技术由于受条件的限制，发展较慢，绝大部分企业基本采用炉内气体精炼方式；一些比较先进的大型企业，在炉内处理方面有所发展，较有代表性的有两种，一种是从炉顶或炉墙向炉内插入多根喷枪进行喷粉式气体精炼，该技术最大的缺点是喷枪易碎和密封困难，因而未被广泛使用。另一种是在炉底均匀安装多个透气塞，由计算机控制精炼气体和精炼时间。该方法是比较有效的炉内处理方法。

6.5.2　炉外在线净化技术的发展

由于炉内处理净化技术发展有限，全世界各大铝加工熔铸企业重点研究发展炉外熔体在线净化技术，其主要的发展方向是不断提高熔体纯净度，不断地追求高效、价廉的净化技术，以满足铝加工熔体净化技术的发展需求。

目前，使用的 MINT、SNIF、AlPur 等除气装置，其除气效果均能满足产品质量要求，但这些装置的体积较大，铸次间需放干金属或需加热保温，运行费用高昂。除气装置新的发展方向是在不断提高除气效率的同时，通过减小金属处理容积，消除或减少铸次间金属的放干，取消加热系统来降低运行费用，如 ALCAN 开发的紧凑型除气装置 ACD。该装置是在供流流槽上用多个小转子进行精炼，转子间用隔板分隔。该装置在铸次间无金属放干，无需加热保温，且运行费用大幅度下降，除气效果可与传统装置相媲美。另一种有前途的除气装置是加拿大 Casthouse Technology Lit 研制的流槽除气装置。该装置的宽度和高度与流槽接近，在侧面下部安装固定喷嘴供气。该装置占地极小，放干料极少，操作简单，除气效率高，投资少，运行费用低，特别适用于中小型熔铸厂熔体净化处理。中铝西南铝业（集团）有限责任公司也研制出了类似的紧凑型除气装置，如图 6-18 所示。该装置在仅用 Ar 或 N_2 的情况下，除气率达到 50%，占地 $1m \times 0.5m$，无需加热保温，铸次间放干料约 30kg，而造价仅为传统装置的 $1/4 \sim 1/3$，运行费用降低 30% 以上，是一种极有推广价值的除气装置。

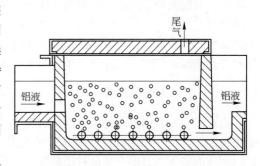

图 6-18　CDU 紧凑型精炼除气装置

熔体过滤也是铝熔体净化处理发展的重要研究对象。同样提高过滤效果、有效除去非金属夹杂物是熔体净化技术发展的重点，前面所提及的各种过滤方法，都是很有效的过滤方式，对于提高熔体纯净度有很好的作用。目前各国所研究的熔体过滤方式多种多样，但研究得较多的还是泡沫陶瓷过滤板，它有不少新的品种出现，为提高过滤精度，过滤板的孔径由 50ppi 发展到 60ppi、70ppi；并出现复合过滤板，即过滤板分为上下两层，上面一英寸的孔径极大，下面一英寸的孔径较小，品种规格有 30/50ppi、30/60ppi、30/70ppi。复合过滤板过滤效率高，通过的金属量更大。此外由 Vesuius Hi-Tech Ceramics 研制的新型波浪高表面过滤板也很有特点，此种过滤板的表面积比传统过滤板多 30%，金属通过量有所增加。我国的过滤板生产起步较晚，生产厂家多，规模却较小，工业基础较差，技术相对落后，目前生产出的一些泡沫陶瓷过滤板还很不过关，普遍存在盲孔、通孔、强度低的缺点，有待进一步提高质量，以满足我国铝加工熔铸净化技术发展的要求。

当前，在一些铝加工先进企业，为了提高产品质量，提高熔体纯净度，采用双级泡沫陶瓷过滤板过滤，其前一级过滤板孔径较粗，后一级过滤板孔径较细，如 30/40 ppi、30/50 ppi、30/60 ppi 甚至 40/70 ppi 等。国内中铝西南铝业（集团）有限责任公司采用类似的 30/40 ppi、

30/50 ppi 双级陶瓷板过滤。

总之，随着铝加工产品质量的提高，对熔体质量的要求也不断提高。熔体净化技术不断进步，以满足产品质量要求，是铝熔体净化发展的必然趋势。

复习思考题

1. 基本概念：精炼、除气、熔体净化。
2. 简述熔体脱气和除渣精炼的几种基本原理。
3. 简述铝合金熔体净化的炉外在线处理技术。

7　铸造工具及设备

7.1　铸造工具的设计与制造

　　铸造工具是指用于铸锭成型的铸模，是铸锭成型的关键部件，对铸锭起重要作用。目前应用较多的是不连续铸造（锭模铸造）、连续铸造及半连续铸造。本章重点介绍的是立式半连续（连续）铸造工具设计与制造。

7.1.1　铸造工具设计与制造的原则

7.1.1.1　结晶器设计的基本原则

　　半连续铸造用的铸模称为结晶器，俗称冷凝槽，它是铸造成型的关键部件。结晶器设计应遵循以下原则：

　　（1）使铸锭冷却均匀。在结晶器中所产生的冷却强度必须满足能形成具有足够强度凝壳的要求。

　　（2）脱模容易，能生产表面质量良好的铸锭。

　　（3）结构简单，安装方便，有一定强度、刚度和抗冲击性。

　　（4）确定铸锭的收缩率。合金不同，规格不同，收缩率也不相同。一般来说，圆锭取1.6%～3.1%；扁锭各部分的收缩率差别很大，铸锭横截面宽度方向的收缩率为1.5%～2.0%，厚度方向的收缩率，在两端处为2.8%～4.35%，在中心处为5.5%～8.5%。

　　（5）确定结晶器的高度，扁锭的小面形状。

7.1.1.2　结晶器材料的基本要求

　　结晶器材料的基本要求包括以下几点：

　　（1）具有一定的导热性，能使结晶器对铸锭进行一次冷却，形成凝固壳。

　　（2）具有足够的强度，以抵抗内外表面温度不同而造成的热应力、冷却水的压力及熔体静压力。

　　（3）具有良好的耐磨性和一定的硬度，以防止表面粗糙的铸锭将结晶器表面磨损。

　　（4）有足够的刚度，以保证铸锭有正确的形状，并避免器壁扭曲变形。

　　（5）不被熔体烧损，并与润滑油有良好的磨合性能。

　　结晶器通常采用经冷加工的紫铜或者经过淬火的2A50合金、6061合金锻造毛坯和厚板制造。

7.1.1.3　结晶器高度对铸锭质量的影响

　　结晶器高度对铸锭质量有以下几方面影响：

　　（1）对铸锭组织的影响。随着结晶器高度的降低，有效结晶区缩短，冷却速度加快，溶质元素来不及扩散，活性质点多，晶粒结构细。上部熔体温度高，流动性好，有利于气体和非金属夹杂物的上浮，疏松倾向小。

（2）对力学性能的影响。随着有效结晶区的缩短，晶粒细小，有利于提高平均力学性能和降低裂纹倾向。采用矮结晶器对铸锭裂纹的影响与提高铸造速度对裂纹的影响相似。

（3）对表面质量的影响。使用矮结晶器时，铸锭表面光滑，这是因为铸锭周边反偏析程度和深度小，凝壳无二次重熔现象，抑制了偏析瘤的生成。

因此，对软合金及塑性好的窄规格扁铸锭、小规格圆铸锭和空心铸锭，因其裂纹倾向小，宜采用矮结晶器铸造，结晶器一般为 20～80mm；对塑性低的较宽规格扁铸锭、大直径圆铸锭及空心铸锭采用高结晶器铸造，结晶器高度一般为 100～200mm。

7.1.2　铸造工具的设计

7.1.2.1　立式半连续（连续）铸造工具

立式半连续（连续）铸造工具按作用可分为三类：一是铸锭成型工具，包括结晶器、芯子、水冷装置和底座；二是液流转注和控制工具，包括流槽、流盘、漏斗、控制阀等；三是操作工具，包括渣刀、铺底用纯铝桶、钎子等。

A　结晶器

结晶器是半连续（连续）铸造用的锭模，俗称冷凝槽，它是铸锭成型和决定铸锭质量的关键部件，要求结构简单、安装方便，有一定强度、刚度，耐热冲击，具有高的导热性和良好的耐磨性。普通模用结晶器高度一般为 100～200mm，有效结晶高度大于 50mm。

a　普通模铸造结晶器

（1）实心圆铸锭结晶器。实心圆铸锭结晶器见图 7-1。

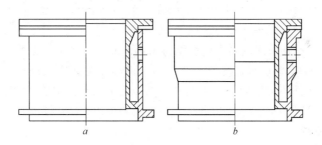

图 7-1　实心圆铸锭结晶器
a—普通圆铸锭结晶器；*b*—带锥度的圆铸锭结晶器

1）结构特点。它是两端敞开，由内、外套组合而成的滑动式结晶器，内、外套构成水套。对于直径小于 160mm 的圆铸锭，其内套内表面加工成筒形；直径在 160mm 以上的圆铸锭，在距离内表面上口 20～50mm 处，加工成 1:10 的锥度区，其作用是使铸锭与内表面优先生成气隙，以降低结晶器中铸锭的冷却强度，有利于减少或消除冷隔。内套外表面具有双螺纹筋，目的在于提高结晶器刚度，防止内套翘曲，同时作为冷却水的导向槽，提高冷却水的流速，保证水冷均匀。外套上部两端开有对称的两个进水孔，通过胶管与螺纹管头和循环冷却水系统连接。外套内缘下壁开有方形的沟槽，与内套外壁下缘的斜面组成方形水孔。冷却水由进水管经内外套间的螺旋形水路从方形水孔喷向铸锭。

2）主要尺寸。结晶器的尺寸主要包括高度和内套下缘直径。

结晶器的高度：结晶器的高度是连续铸造中的重要工艺参数，它是根据合金性质、铸锭直径及铸锭使用性能确定的。生产中一般采用 100 ~ 200mm。

内套下缘直径：内套下缘直径是得到指定铸锭直径的决定性参数，其计算公式如下：

$$D = (d + 2\delta)(1 + \varepsilon) \tag{7-1}$$

式中　D——内套下缘直径，mm；

　　　d——铸锭名义直径，mm；

　　　δ——铸锭车皮厚度，mm；

　　　ε——铸锭线收缩率，%。

车皮厚度取决于铸锭表面质量及用途，合金规格不同，对车皮的要求也不同。铸锭的线收缩率与合金性质、铸造工艺参数和铸锭直径有关，通常在 1.6% ~ 3.1% 之间，计算时多取 2.3% ~ 2.5% 。

圆铸锭结晶器内套下缘直径见表 7-1。

表 7-1　圆铸锭结晶器内套下缘直径

铸锭规格 /mm	结晶器内套下缘直径/mm			铸锭规格 /mm	结晶器内套下缘直径/mm		
	不车皮的	少车皮的	多车皮的		不车皮的	少车皮的	多车皮的
60	62			350	358	371	
100	102			360	368	379	
120	123			405	414	430	435
162	165	175		482	490	512	519
192	195	206		550			590
270	276	290		630			670
290	296	310		775			825

3) 水冷系统。结晶器下缘的喷水孔面积为 3mm × 3mm，水孔中心距为 7mm，出水孔对铸锭中心线夹角为 20° ~ 30°，进水孔直径一般为 20 ~ 50mm。原则上，进水孔总面积应大于出水孔总面积，当进水孔面积不能满足这个条件时，在工艺上用水压调整。理想的冷却是冷却水沿铸锭壁流下，因此出水孔水流速度不宜过大。有些资料提出，将出水孔设计成内小外大的喇叭形，以降低出水的流速。

铸造时，耗水量根据下式计算：

$$W = HF \sqrt{2gp} \tag{7-2}$$

式中　W——耗水量，$\mathrm{m^3/s}$；

　　　H——流量系数，由实验室确定，通常取 0.6；

　　　F——出水孔总面积，$\mathrm{m^2}$；

　　　g——重力加速度，$\mathrm{m/s^2}$；

　　　p——结晶器入口处的水压，MPa。

(2) 空心圆铸锭结晶器。

1) 结构特点。空心圆铸锭结晶器和芯子装置见图 7-2。外圆成型结晶器与实心圆铸锭结晶器相同，只是在上口开了一道口，用来安放芯子架。芯子安放在芯子架中央，水由胶管从芯子顶部通入，而后沿芯子底部喷向铸锭。为防止铸造

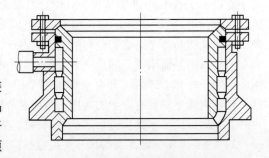

图 7-2　空心圆铸锭结晶器结构示意图

开始时因铸锭内孔收缩而抱芯子或悬挂，芯子和芯子支架用螺旋连接，通过手柄可以在铸造过程中转动芯子。为防止在铸造过程中烧芯子或因液面高而使铸锭拉裂，应使芯子内充满水，还可提高冷却效果，采用的方法是在芯子底部拧进一个塞子，俗称芯子堵。

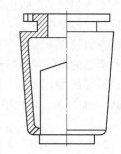

图 7-3　空心铸锭用芯子

2）主要尺寸。芯子高度与结晶器相等或稍短一点。芯子水孔直径为 3~4mm，水孔中心线间距为 7~10mm，芯子出水孔与铸锭中心线呈 20°~30°。为防止铸造过程中由于铸锭热收缩而抱芯子，芯子应带有一定锥度（图 7-3）。

芯子锥度应根据合金性质和铸锭规格而定，一般 $\Delta d/h$ 在 1：14~1：17 之间。锥度过小，铸锭不能顺利脱模，易使内孔产生放射状裂纹，严重时，铸锭因收缩而将芯子抱住，使铸造无法进行；锥度过大铸锭与芯子间形成气隙，使其冷却强度降低，从而使内表面偏析物增多。

（3）扁铸锭结晶器。

1）扁铸锭结晶器的结构及尺寸。铸造 300mm ×1040mm 纵向压延扁铸锭结晶器见图 7-4，铸造 255mm ×1500mm 横向压延扁铸锭结晶器见图 7-5。扁铸锭结晶器主要尺寸见表 7-2。

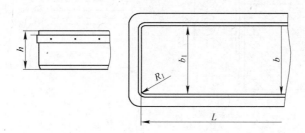

图 7-4　铸造 300mm ×1040mm 纵向压延扁铸锭结晶器

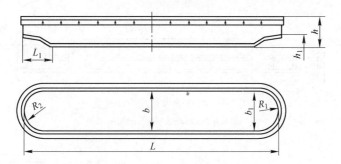

图 7-5　铸造 255mm ×1500mm 横向压延扁铸锭结晶器

表 7-2　扁铸锭结晶器主要尺寸参数

铸锭规格 /mm × mm	结晶器长度/mm		结晶器宽度/mm		结晶器高度/mm		小弧半径/mm		备注
	L	L_1	b	b_1	h	h_1	R_1	R_2	
275 ×1040	1070	80	280	280	190	35	15	225	软铝合金
275 ×1240	1260	80	280	280	190	35	15	500	软铝合金
300 ×1200	1230	230	310	300	200	65	88	210	7A04 合金
200 ×1400	1420	205	205	205	200	75	66	145	硬铝合金

扁铸锭结晶器有两种类型，一种是小面呈椭圆形或楔形的结晶器，如图7-5所示。这种结晶器适用于横向压延扁铸锭的铸造，是为适应横向压延工艺设计的，其目的是控制金属在轧制时的不均匀流动，防止张嘴缺陷，减少几何废料，同时对铸造时的应力分布有利。这种结晶器小面一般都带有缺口，缺口的目的是让小面优先见水，防止侧面裂纹。另一种结晶器横断面外形呈近似长方形，见图7-4，其小面不开缺口或缺口很小，开缺口是为了防止小面漏铝。无论哪种类型的扁铸锭结晶器，在宽面都呈向外凸出的弧形，这是考虑到铸锭宽面中部的收缩较大；铸锭截面上沿宽度方向上收缩率为1.5%~2.0%，在横截面两端沿厚度方向上的收缩率为2.8%~4.35%，宽面中心沿厚度方向的收缩率为6.4%~8.1%。结晶器高度一般为180~200mm。

2）水冷装置。几种常用的水冷装置见图7-6~图7-8。水管式冷却装置适用于纵向压延扁铸锭的铸造。结晶器周边有两排直径为38mm的环行管道，上下排列，每条水管向结晶器方向各开一排水孔，孔径为3~5mm，孔中心距为6~10mm，与轴线呈45°，为使大小面冷却均匀，下层水管两小面端不开孔。

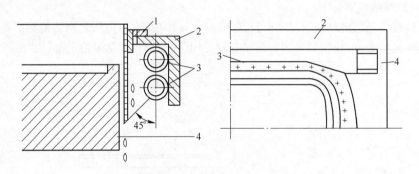

图7-6　水管式冷却装置
1—结晶器；2—盖板；3—水管；4—底座

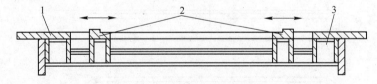

图7-7　可移动水箱式冷却装置
1—盖板；2—活动水箱；3—固定水箱

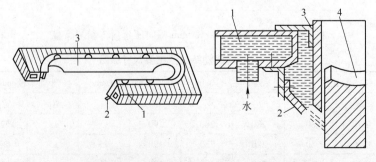

图7-8　横向压延扁铸锭用水箱式冷却装置
1—水箱（兼盖板）；2—挡水板；3—结晶器；4—底座

可移动水箱式冷却装置，适用于纵向压延扁铸锭的铸造。该装置的特点是铸锭厚度不变，宽度变化时，换工具不需要更换水冷装置，通过移动两侧小面的水箱即可。其优点是节省了工具制造费用，简化了换工具操作。横向压延扁铸锭用的水箱式冷却装置，适用于横向压延扁铸锭的铸造。水箱内用隔板将大小面分开，以便于大小面分开供水和控制。水箱下面装有挡水板，以确保水沿铸锭均匀流下。水箱内有 2 ~ 3 个排水孔，孔径为 3 ~ 5mm，孔间距为 6 ~ 14mm。喷水孔角度对冷却有很大影响，上排喷水孔用于一次冷却，喷在结晶器壁上；要保证液面不能在喷水线以上，防止出现冷隔，角度一般为 45° ~ 90°。第二排水用于二次冷却，一般与铸锭轴线呈 30° ~ 45°，二次冷却水的位置距结晶器的下端距离取决于不同的合金及其他工艺因素，为减少中心裂纹，二次冷却水下移，液穴平坦。

b 同水平多模热顶铸造结晶器

有效结晶区高度是隔热模铸造的重要工艺参数，有效结晶区过高，铸锭表面会出现偏析瘤，影响铸块表面质量和结晶组织，失去隔热模的意义；过小则易使结晶凝壳壁延伸进隔热模内造成铸锭拉裂，严重时会损坏保温材料。有效结晶区高度为：

$$h_{结} + h_{水} - UCD = 0 ~ 15 \tag{7-3}$$

UCD 为上流导热距离，它表示铸锭由见进水线开始，单纯依靠二次冷却水的冷却作用在铸锭表面产生的向上的冷却距离。而单靠结晶器壁在铸锭表面产生的向下冷却距离，称为铸模单独冷却距离，简称 MAL，见图 7-9。在稳定的连续铸造中，UCD 的理论值可按下式确定：

$$UCD = -\frac{\alpha}{v}\ln\frac{c_p(t_0 - t_1) + Q}{c_p(t_0 - t_2) + Q} \tag{7-4}$$

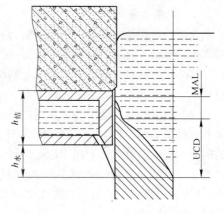

式中 α——铸锭的热扩散率，m^2/s；

  v——铸速，m/s；

  c_p——铸造合金的比热容，$J/(kg \cdot ℃)$；

  t_0——液穴中液态金属的温度，℃；

  t_1——铸造合金的液相线温度，℃；

  t_2——铸锭见水线温度，℃；

  Q——铸造合金的结晶潜热，J/kg。

图 7-9 UCD 与 MAL 示意图

（1）实心圆铸锭结晶器。

1）热帽。在水冷结晶器上方安装一个用绝热模材料做的保温帽，称为热帽。热帽高为 80 ~ 100mm。热帽过矮会出现紊流，不便控制液面；热帽过高金属静压力大，易出现金属瘤和漏铝，同时也有使偏析浮出物增大的趋势，不利于表面质量的提高。铸造过程中控制金属水平距热帽上沿 20mm 左右。热帽内径与硅酸铝隔热密封垫圈内径相同，比石墨环小 3 ~ 5mm。

2）隔热密封垫圈。隔热密封垫圈采用硅酸铝纤维毡切制而成，其内侧突出与结晶器距离应越短越好，一般控制小于 3 ~ 5mm。生产中为了减小凸台对铸锭表面影响，可采用斜面，与水平倾角为 45°。

3）结晶器。结晶器内衬石墨圈，石墨圈下留有 8mm 高的铝台，以满足多模铸造底座上升的需要。铝台内径比石墨圈内径大 1 ~ 1.5mm。结晶器总高度等于石墨圈高度和铝台高度之和。结晶器高度，即有效结晶区高度的计算公式见式（7-3）、式（7-4），生产中一般控制在 20～50mm。

4）石墨圈。石墨圈的高度是热顶铸造的一个重要参数，过小结晶区上涨，深入密封隔热圈内，易造成铸锭表面的拉痕和拉裂；过高铸造边部半凝固状态的金属与石墨圈接触面积大，铸锭表面不光滑。石墨圈内径起定径的作用。石墨圈厚度应越薄越好，但考虑到石墨本身强度和满足加工需要，厚度以 4mm 为宜。

5）水冷系统。热顶铸造的水冷系统一般有以下三种：第一种是水孔式，与普通模的水冷系统相同；第二种是双排水孔式，增强了冷却效果，水孔孔径及孔间距与普通模水冷系统相同；第三种是水帘式，即沿结晶器外套下缘开一圆缝，这种结构保证了冷却均匀，但易被冷却水中脏物堵塞，影响冷却效果。

（2）空心铸锭结晶器。

外圆成型结晶器与实心圆铸锭结晶器基本相同。芯子直径对空心铸锭起定孔作用，其总高度约为 30mm；中间有一锥度区，有效高度为 10mm±2mm，锥度为 1：20～1：14。喷水孔径为 2.5～3mm，孔间距为 4.5～6mm。芯子水管和芯子上部无锥度区套有隔热保温套。

c　隔热模铸造结晶器

隔热模铸造多用于纵向压延扁铸锭的铸造，其结晶器结构见图 7-10。生产中一般有效结晶区高度为 60～80mm。

B　润滑装置

为减少铸锭与结晶器间的摩擦阻力及机械阻力造成的拉裂，改善铸锭表面质量，延长结晶器的使用寿命，有必要对结晶器进行适当的润滑。润滑剂有油类、石墨粉等。

结晶器内衬自身润滑主要是石墨润滑，即在结晶器内壁衬一圈石墨套，石墨是很好的润滑材料。

油类润滑剂是普通模铸造常用的一种。油类润滑有人工润滑与自动润滑两种。自动润滑结晶器内衬套如图 7-11 所示。油剂依靠压力自小油孔道压入，从衬套小孔中输入到铸锭与衬套的间隙。自动润滑油可采用 HJ-50 机械油、HJ-30 机械油、菜籽油、蓖麻油等。人工润滑是在铸造前，在结晶器内表面涂抹一层轧机用润滑脂（GB 493—65）或钙基润滑脂（GB 491—65），铸造过程中，采用汽缸油（GB 448—64）润滑，润滑给油量的多少以使结晶器内壁始终维持一层油膜为准。

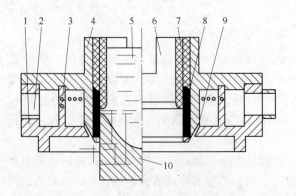

图 7-10　隔热模铸造结晶器

1—结晶器外套；2—冷却水入口；3—水隔板；4—结晶器
内套；5—铝合金熔体；6—切口；7—硅酸铝纤维毡；
8—石墨套；9—冷却水出口；10—铸锭

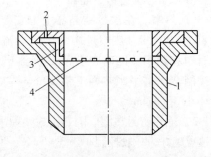

图 7-11　自动润滑结晶器内衬套示意图

1—结晶器内套；2—液体润滑剂进入孔；
3—输油孔道；4—油孔

C　底座

底座在铸造开始时起成型和牵引作用，在铸造过程中起支承作用。底座形状见图7-12～图7-15。为避免铸造时因热膨胀而将底座卡在结晶器内，底座所有横断面尺寸都应比结晶器下缘相应尺寸小1%～2%。

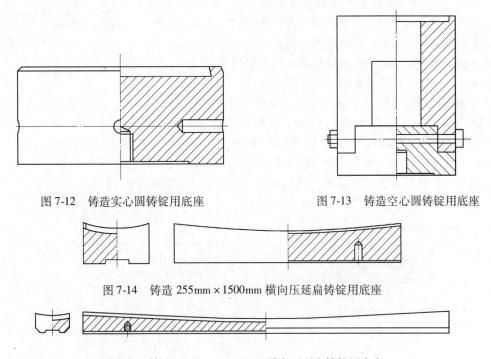

图 7-12　铸造实心圆铸锭用底座　　　　　图 7-13　铸造空心圆铸锭用底座

图 7-14　铸造 255mm×1500mm 横向压延扁铸锭用底座

图 7-15　铸造 300mm×1040mm 纵向压延扁铸锭用底座

D　液流转注和控制装置

金属液从静置炉输送到结晶器中的全过程称为转注。合理的转注方法是要使液流在氧化膜覆盖下平稳地流动，转注的距离要尽可能合理，严禁有敞露的落差和液流冲击。

传统的转注方法如图7-16所示。该装置中由于流槽与流盘间、流盘与结晶器间存在落差，金属翻滚严重，容易使已被净化的熔体二次污染。为避免熔体污染，要尽量减少转注频次，缩

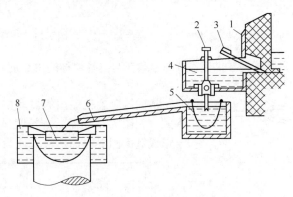

图 7-16　传统的金属转注装置示意图

1—静置炉；2—液体控制阀；3—节流钎；4—流槽；5—流盘；6—转注；
7—分配漏斗；8—结晶器

短转注距离，减小落差，在静置炉与流盘间实现水平供流，如图7-17所示。为防止漏铝，流槽与流盘间采用半圆形接头，或在静置炉与结晶器间只采用流盘连接，取消流槽。

漏斗是用于合理分布液流和调节流量的工具。通过它可以改变液穴的形状和深度，改变熔体温度分布及运动方向，它直接影响铸锭结晶组织和表面质量。对其基本要求是使熔体均匀供给铸锭的整个截面，使铸锭有均一的结晶条件。

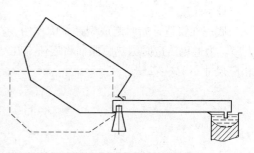

图7-17　水平转注示意图

一般圆铸锭铸造用漏斗，其直径为相应铸锭直径的30%~40%，漏斗孔径为8~12mm，孔间距为30~50mm，漏斗直径较大时，孔间距可稍大些。对于直径小于220mm的圆铸锭，可采用完全用石棉压制而成的自动控制漏斗，如图7-18所示，可实现简便的自动节流。直径在220mm以上者，可采用图7-19所示的铁质自动控制浮标漏斗。图7-20所示是圆铸锭非自动控制铸铁漏斗。直径大于550mm的圆铸锭采用环形自动控制浮标漏斗，如图7-21所示。

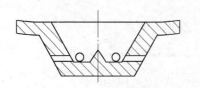

图7-18　石棉浮标漏斗

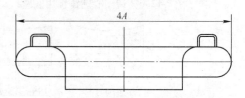

图7-19　铁质圆铸锭用自动控制浮标漏斗

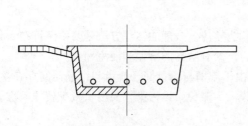

图7-20　圆铸锭用铸铁漏斗

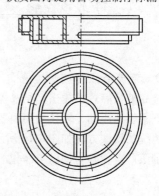

图7-21　环形漏斗（φ720mm）

空心铸锭采用弯月形叉式漏斗供流，液态金属在与直径对称的两点进入环形液穴，如图7-22所示。

横向压延扁铸锭用的自动控制漏斗一般为开口扁平式，如图7-23所示，其长度和扁平口的宽度以有利于形成宽面圆滑曲面形液穴底为原则，一般下缘长度

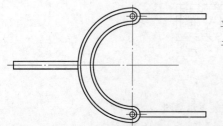

图7-22　铸造空心铸锭用弯月形叉式漏斗

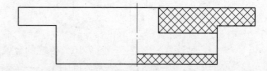

图7-23　扁铸锭用自动控制浮标漏斗

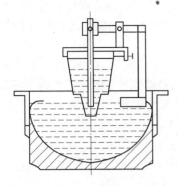

图 7-24　纵向压延扁铸锭液面
自动控制装置

为铸锭宽度的 8% ~ 15%，宽度为铸锭厚度的 20% ~ 40%。铸造纵向压延扁铸锭的液面自动装置如图 7-24 所示，其特点是漏斗和流盘连在一起，一般用杠杆系统或远红外线监测器实现液面自动控流。

手动控制的铸铁分配漏斗，使用前喷涂料。用于大直径铸锭的环形漏斗用钢板制作，使用前喷涂。空心铸锭弯月形叉式漏斗，使用前用石棉泥糊制，不准露出铁，糊制后表面光滑，且用滑石粉均匀涂刷。用于横向压延扁铸锭的自动控制漏斗是用黏土和石棉烧制而成。纵向压延扁铸锭用的漏斗与流盘连成一体耐火材料制作，使用前必须涂滑石粉。旧漏斗使用前必须清除脏物，消除盲孔，所有漏斗必须经充分干燥后方可使用。

7.1.2.2　横向连续铸造工具

横向连续铸造相当于水平的热顶铸造，其铸造系统如图 7-25 所示。

由图可见，中间包、导流板、结晶器等是主要的铸造工具。

中间包是储存、输送熔体和缓冲液流的装置，要求具有良好的保温性能和一定的深度，其深度一般为 300mm 左右，包底对水平轴线的倾角为 30° ~ 45°。

导流板是向结晶器分配液流的工具，通常采用石墨等导热性良好的材料制成，镶嵌在中间包的出口处。为防止液穴偏移及其带来的不利影响，导流口常开在结晶器轴线的下方，使熔体沿结晶器壁以片流方式注入结晶器，导流孔的大小为铸锭截面的 8% ~ 10%。

横向铸造用结晶器高度小，一般为 40 ~ 50mm，有效结晶区长度更短，一般圆铸锭为 25 ~ 30mm，空心铸锭为 20 ~ 25mm，扁铸锭为 25 ~ 35mm。结晶器内表面大多衬有石墨内套，可起缓冷和一定的润滑作用。在采用石墨导流板的情况下，结晶器非工作表面还贴有硅酸铝纤维隔热层。横向铸造结晶器的喷水孔较小，直径约为 2mm，孔距一般为 5 ~ 10mm，喷水线与水平线的夹角为 20° ~ 30°。生产扁铸锭时，由于小面受三面冷却，故结晶器小面的喷水孔间距应适当加大。

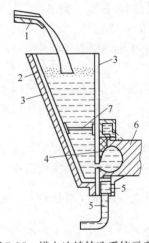

图 7-25　横向连续铸造系统示意图
1—静置炉流口；2—中间包；3—石墨或
镁砂衬里；4—导流板；5—结晶器；
6—铸锭；7—浇口

引锭杆是牵引铸锭装置，其作用及结构与立式铸造的底座基本相同，其上有销子孔，销子起定位作用。

7.1.3　铸造工具的制造

7.1.3.1　结晶器的制造

A　普通模结晶器的制造

a　实心圆铸锭结晶器的制造

(1) 材质的选择。内套材料要求具有高的导热性，良好的耐磨性和足够的强度，通常采·

用 2A50 合金或 2A11 合金锻造毛料，内套壁厚一般为 8 ~ 10mm。为减小铸造过程中的摩擦阻力，内套内表面粗糙度要求小于 1.6μm。外套可选择具有足够强度和适当塑性的任何材料制造，建议用铝合金锻造毛料，不用铸铁。

（2）加工工序。内套材料的加工工序为：铸造毛料→均火→锻造→一次淬火→粗车成型→二次淬火人工时效→精加工。均火的目的是减少或消除晶界及枝晶界上低熔点共晶。一次淬火是为了提高毛料硬度，便于加工，但一次淬火往往淬不透，需要进行二次淬火。

外套材料经铸造、均火、锻造后机械加工而成。

b　芯子的加工

芯子采用 2A50 挤压毛料，加工工序为：铸造毛料→均火→挤压→淬火人工时效→矫直。

c　普通模扁铸锭结晶器的制造

通常采用厚为 12mm，宽为 180 ~ 200mm 的冷轧纯铜板为原材料，加工工序为：铸造毛料→退火机械加工→成型组焊→成型→抛光，其内表面粗糙度小于 1.6μm。

B　同水平多模热顶结晶器的制造

热帽外壳采用 3mm 厚铁板焊接，内衬用 4 ~ 5mm 的石棉板或硅酸铝毡糊制。密封隔热垫圈采用厚 5 ~ 8mm 硅酸铝毡切制，因为硅酸铝毡隔热性能好，能够防止结晶区上涨；另外硅酸铝毡具有一定的弹性，而且液体铝对其不浸润，便于实现密封。对石墨圈的要求是具有良好的导热性、润滑性、足够的强度和低的粗糙度。生产中一般采用 G21 牌号的高纯细质石墨。

芯子隔热保温外套外糊一层 3mm 厚硅酸铝毡。

C　隔热模结晶器的制造

隔热模结晶器是在普通模水冷结晶器上部贴一层厚 3mm 的硅酸铝纤维毡做保温隔热材料制成的。硅酸铝纤维毡与结晶器内壁用卫生糨糊糊制；硅酸铝纤维毡内表面粉刷石墨以达到润滑的作用。

D　横向铸造结晶器的制造

横向铸造结晶器采用高 40 ~ 50mm 的矮结晶器，内衬石墨内套。

7.1.3.2　底座（引锭杆）的制造

立式圆铸锭及空心铸锭底座采用 2A50 合金经铸造均火后机械加工而成。一般来讲，圆铸锭底座高度为 140 ~ 180mm，空心铸锭底座高度为 300 ~ 500mm。

立式扁铸锭底座一般为铸铁经机械加工而成，其高度通常为 80 ~ 120mm。

引锭杆（横向用）常用 2A50（2A11）合金铸锭经机械加工而成。

7.1.3.3　液流转注及控制装置的制造

A　流槽、流盘、中间包的制造

对流槽、流盘、中间包的要求是保温性能好，对熔体不重新污染，易于清理，几何尺寸符合工艺要求，向结晶器供流的各流眼（流槽、流盘）底部平整，并保持在同一水平，质轻耐用。通常采用厚约 2mm 的 Q235 钢板焊制，内衬隔热保温材料。流槽、流盘、中间包必须充分干燥后使用。

B　漏斗的制造

直径为 220mm 以下的自动控制漏斗使用石棉压制而成；直径为 220mm 的铁制浮标漏斗采用薄钢板制作；漏斗中的小垫用石棉压制而成。

7.2 铸造机

7.2.1 铸造机的用途

铸造机的用途是把化学成分、温度合格的铝液铸造成规定截面形状，内部组织均匀、致密，具有规定晶粒组织结构，无缺陷的铸锭。

7.2.2 铸造机的分类

按照铸锭成型时冷却器的结构特点，铸造机可分为固定不动的直接水冷（direct chill，缩写为 DC）结晶器铸造机和铁模铸造机；冷却器随铸锭运动有双辊式、双带式、轮带式铸造机。按照铸造周期，铸造机可分为连续式和半连续式铸造机。按照铝液凝固成铸锭被拉出铸造机的方向，铸造机可分为立式（垂直式）、倾斜式和水平式铸造机。

目前应用最多的是直接水冷（DC）立式半连续铸造机，它可以生产各种合金牌号和规格的板锭以及实心和空心圆铸锭。直接水冷水平式连续铸造机和轮带式铸造机一般用于生产小规格圆铸锭以及小规格方锭。

双辊连续式铸造机的铸造过程还伴随有轧制过程，对铸锭具有一定的轧制变形能力，所以又称为铸轧机，用于生产纯铝、3×××系和低镁含量的5×××系板带坯铸锭。双带式连续铸造机主要用于生产纯铝、3×××系和低镁含量的5×××系板带坯铸锭。轮带式和双带式连续铸造机通常与热轧机组成连铸连轧机组。铁模式铸造机是最古老的铸造方式，现在已逐渐被淘汰，在此不作介绍。本章只介绍固定式直接水冷（DC）结晶器铸造机，而双辊连续铸轧机、双带式和轮带式连铸连轧机将在第11、12章中介绍。

7.2.3 直接水冷（DC）式铸造机

在直接水冷（DC）铸造中，与铝液接触的结晶器壁带走铝液表面少量热量并形成凝壳，结晶器底部喷射到铝液凝壳上的冷却水（被称为二次冷却水）带走了铝液结晶凝固产生的热量。

如上所述，直接水冷（DC）式铸造机按铸锭被拉出结晶器的方向，可分为立式和水平式；按照铸造周期，可分为连续式和半连续式。

连续式铸造机能够在保持铸造过程连续的前提下，利用铝切机和铸锭输送装置把铸造出来的铸锭切成定尺长度，然后送到下道加工工序。

半连续式铸造机则没有锯切机和铸锭输送装置。铸锭铸至最大长度后须终止铸造过程，把铸锭吊离铸造机后，重新开始下一铸造过程。

7.2.3.1 立式半连续铸造机

铸造过程中铝液质量基本压在引锭座上，对结晶器壁的侧压力较小，凝壳与结晶器壁之间的摩擦阻力较小，且比较均匀。牵引力稳定可保持铸造速度稳定，铸锭的冷却均匀度容易控制。

按铸锭从立式半连续铸造机结晶器中拉出的牵引动力，铸造机可分为液压油缸式、钢丝绳式和丝杠式。液压铸造机牵引力稳定，可按照工艺要求设定各种不同的牵引速度模式，速度控制精度高，但要求液压系统和电控系统运行可靠性高，铸造井深度比其他形式的铸造机大，国外铝加工厂大多采用液压油缸式铸造机。目前许多大型铸造机采用了液压油缸内部导向技术，取消了铸造井壁安装的引锭平台导轨，避免了因导轨粘铝或者磨损而影响引锭平台的正常上下运动，提高了运动精度。据报道，国外最大吨位的液压铸造机达 160t。钢丝绳式铸造机结构简单，但因钢丝绳磨损快，易被拉长变形，从而导致引锭平台牵引力和铸造速度稳定性较差，影响铸锭质量。丝杠式铸造机由于其悬臂传动和支撑结构特点，不适合同时铸造多根铸锭。近来，丝杠式铸造机已很少用于铸造铝铸锭。

为了长期稳定地生产出高质量铸锭，并且保证铸造过程的安全，可编程序控制器（PLC）已广泛用于显示和控制铸造工艺参数，如铸锭长度、铸造速度、冷却水量、铝液温度、铝液流量、结晶器润滑油量和气滑式结晶器的供气量等参数的控制。铸造机的 PLC 还可与炉子和其他设备的控制系统连锁，以实现紧急情况时停炉、控制晶粒细化线喂入速度等功能。图 7-26 和图 7-27 为两种立式半连续铸造机的结构简图。

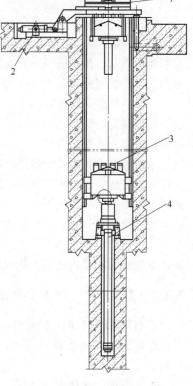

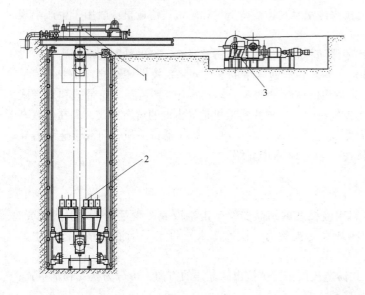

图 7-26 钢丝绳式铸造机

1—结晶器平台；2—引锭器平台；3—钢丝绳卷扬机

图 7-27 液压式铸造机

1—结晶器平台；2—倾翻机构；
3—引锭平台；4—液压油缸

7.2.3.2 水平式连续铸造机

与立式铸造相比，水平式铸造具有以下优点：（1）不需要深的铸造井和高大的厂房，可减少基建投资；（2）生产小截面铸锭时容易操作控制；（3）设备结构简单，安装维护方便；（4）容易把铸锭铸造、锯切、检查、堆垛、打包和称重等工序连在一起，形成自动化连续作业线。但是铝液在重力作用下，对结晶器壁下半部压力较大，凝壳与结晶器壁下半部之间的摩擦阻力较大，影响铸锭下半部表面质量。冷却过程中收缩的凝壳与结晶器壁的上半部产生间隙，造成上、下表面冷却不均匀，影响铸锭内部组织均匀性。铸造大规格的合金锭容易产生化学成分偏析。因此水平式连续铸造机多用于生产纯铝小截面铸锭。国外也有厂家用此法铸造 3××× 系和 5××× 系大截面合金铸锭。

水平式连续铸造机包括铝液分配箱、结晶器、铸锭牵引机构、锯切机和自动控制装置

（图7-28），可以与检查装置、堆垛机、打包机、称重装置和铸锭输送辊道装置连在一起，形成自动化连续作业线。

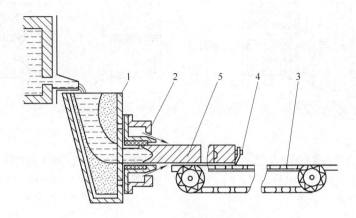

图7-28 水平式连续铸造机结构图

1—中间包；2—结晶器；3—铸锭牵引机构；4—引锭杆；5—铸锭

7.2.3.3 直接水冷（DC）结晶器

按照结晶器水冷内套的结构，直接水冷（DC）结晶器可分为传统式（图7-29）、热顶式（图7-30和图7-31）和电磁式（图7-32）；按照结晶器二次冷却水流控制方式，可分为传统式、脉冲式、加气及双重喷嘴（图7-33）等改进式；按照供给结晶器铝液的流量控制，可分为接触式浮标液位控制（图7-34）和非接触式（电感应、激光等）传感器加塞棒执行机构液位控制（图7-35）两种方式。

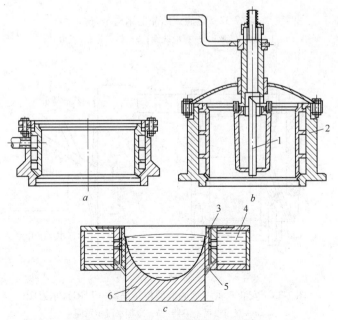

图7-29 传统式结晶器结构示意图

a—铸造实心圆铸锭结晶器；b—铸造空心圆铸锭结晶器；c—扁铸锭结晶器

1—芯子；2—结晶器本体；3—内套；4—水套；5—二次冷却水；6—铸锭

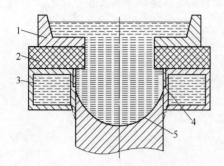

图 7-30　热顶式结晶器结构示意图

1—流槽；2—热顶；3—结晶器；
4—石墨圈；5—铸锭

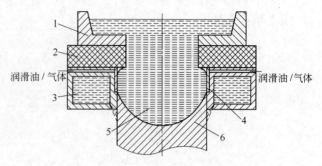

图 7-31　气滑热顶式结晶器结构示意图

1—流槽；2—热顶；3—结晶器；4—石墨圈；
5—铝熔体；6—铸锭

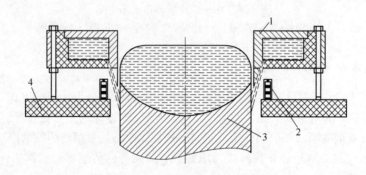

图 7-32　电磁式结晶器结构示意图

1—电磁屏蔽；2—感应线圈；3—铸锭；4—盖板

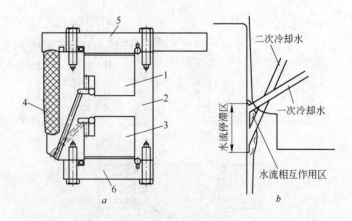

图 7-33　安装双重喷嘴的低液位结晶器（LHC）示意图

a—双重喷嘴结晶器；b—冷却水流示意图

1—二次冷却水；2—结晶器；3——次冷却水；4—石墨衬板；

5—上盖板；6—下盖板

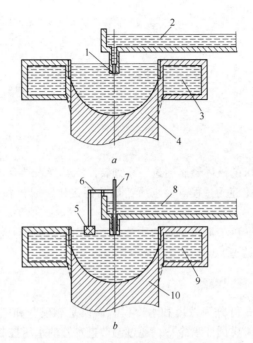

图 7-34   接触式铝液流量控制装置

a—浮标流量直接控制装置；*b*—浮标-杠杆流量控制装置

1—浮标漏斗；2，8—流槽；3，9—结晶器；4，10—铸锭；5—浮标；6—杠杆；7—控流塞棒

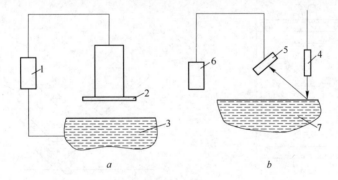

图 7-35   非接触式铝液流量控制的两种方式

a—电感应非接触式传感器示意图；*b*—激光非接触式传感器示意图

1，6—铝液流量控制机构；2—电感应非接触式传感器（电容器一极）；3—铝液
（电容器另一极）；4—激光发射器；5—非接触式液位传感器；7—铝液

复习思考题

1. 基本概念：结晶器、底座（引锭杆）、液流转注及控制装置、铸造机。
2. 简述结晶器的基本要求。
3. 简述结晶器高度对铸锭质量的影响。
4. 简述铸造机的用途及分类。

8　铝及铝合金的铸造

8.1　概述

铸造是将符合铸造要求的液体金属通过一系列转注工具浇入具有一定形状的铸模中，冷却后得到一定形状和尺寸的铸锭的过程。要求所铸出的铸锭化学成分和组织均匀、内外质量好、尺寸符合技术标准。

铸锭质量的好坏不仅取决于液体金属的质量，还与铸造方法和工艺有关。目前国内应用较多的是不连续铸造（锭模铸造）、连续铸造及半连续铸造。

8.1.1　锭模铸造

锭模铸造按其冷却方式可分为铁模和水冷模。铁模是靠模壁和空气传导热量而使熔体凝固；水冷模模壁是中空的，靠循环水冷却，通过调节进水管的水压控制冷却速度。

锭模铸造按其浇注方式可分为平模、垂直模和倾斜模三种。锭模的形状有对开模和整体模，目前国内应用较多的是垂直对开水冷模和倾斜模两种，如图 8-1 和图 8-2 所示。

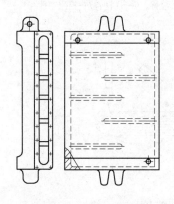
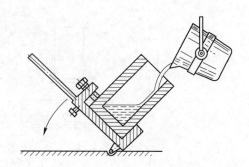

图 8-1　垂直对开水冷模　　　　　　　　　　图 8-2　倾斜模

对开水冷模一般由对开的两侧模组成。两侧模分别通冷却水，为使模壁冷却均匀，在两侧水套中设有挡水屏；为改善铸锭质量，使铸锭中气体析出，同时减缓铸模的激冷作用，常把铸模内表面加工成浅沟槽状。沟槽深约 2 mm，宽约 1.2 mm，沟槽间的齿宽约 1.2 mm。

倾斜模铸造中，首先将锭模倾斜与垂直方向呈 30°～40°，液流沿锭模窄面模壁流入模底。当浇注到模内液面至模壁高的 1/3 时，便一边浇注一边转动模子，使在快浇到预定高度时模子正好转到垂直位置。倾斜模浇注减少了液流冲击和翻滚，提高了铸锭质量。

锭模铸造是一种比较原始的铸造方法，铸锭晶粒粗大，结晶方向不一致，中心疏松程度严重，不利于随后的加工变形，只适用于产品性能要求低的小规模制品的生产，但锭模铸造操作简单、投资少、成本低，因此在一些小加工厂仍广泛应用。

8.1.2 连续及半连续铸造

8.1.2.1 概述

连续铸造是以一定的速度将金属液浇入结晶器内并连续不断地以一定的速度将铸锭拉出来的铸造方法。如只浇注一段时间把一定长度铸锭拉出来再进行第二次浇注称为半连续铸造。与锭模铸造相比，连续（半连续）铸造铸锭质量好、晶内结构细小、组织致密，气孔、疏松、氧化膜废品少，铸锭的成品率高。缺点是硬合金大断面铸锭的裂纹倾向大，存在晶内偏析和组织不均等现象。

8.1.2.2 连续（或半连续）铸造的分类

A 按作用原理分类

连续（或半连续）铸造按其作用原理，可分为普通模铸造、隔热模铸造和热顶铸造。

普通模铸造是采用铜质、铝质或石墨材料做结晶器内壁，结晶槽高度有 100 ~ 200mm，也有小于 100mm 的。结晶器起成型作用，铸锭冷却主要靠结晶器出口处直接喷水冷却，适用于多种合金、规格的铸造。

隔热模铸造结晶器是在普通模结晶器内壁上部衬一层保温耐火材料，从而使结晶器内上部熔体不与器壁发生热交换，缩短了熔体开始进行二次水冷的时间，使凝壳水冷，减小了冷隔、气隙和偏析瘤的形成倾向。结晶器下部为有效结晶区。与普通模铸造相比，同水平多模热顶铸造装置在转注方面采用横向供流，热顶内的金属熔体与流盘内液面处于同一水平，实现了同水平铸造。同时取消了漏斗，可铸更小规格的铸锭，简化了操作工艺。这两种方法铸造出的铸锭表面光滑，粗晶晶区小，枝晶细小而均匀，操作方便，可实现同水平多根铸造，生产效率高。但由于铸锭接触二次水冷的时间较早，这两种方法在铸造硬铝、超硬铝扁铸锭和大直径圆铸锭时，铸锭中心裂纹倾向大，故一般只适用于小直径圆铸锭和软合金扁铸锭的生产。

B 按铸锭拉出方向分类

连续及半连续铸造按铸锭拉出的方向不同，可分为立式铸造和卧式铸造。上述三种铸造方法均可用在立式铸造上，后两种铸造方法可以用于卧式铸造。

立式铸造的特征是铸锭以竖直方向拉出，可分为地坑式和高架式，通常采用地坑式。立式半连续铸造方法在国内有着广泛的应用，这种方法的优点是生产的自动化程度高，改善了劳动条件；缺点是设备初期投资大。卧式铸造又称水平铸造或横向铸造，铸锭沿水平方向拉出，如配以同步锯，可实现连续铸造。其优点是熔体二次污染小，设备简单，投资小，见效快，工艺控制方便，劳动强度低，配以同步锯时，可连铸连切，生产效率高；但由于铸锭凝固不均匀，液穴不对称，偏心裂纹倾向高，一般不适于大截面铸锭的铸造。

由于连续及半连续铸造的优越性及其在现代铝加工中不可替代的作用，因此，本章主要介绍连续及半连续铸造。

8.2 铸锭的结晶和组织

8.2.1 结晶过程的热交换

在半连续铸造过程中，当金属浇入结晶器中以后，热量通过结晶器壁传导给冷却水成为一次冷却水。冷却水直接喷到铸锭上，将大量的热量带走称为二次冷却水，如图 8-3 所示。

金属浇入结晶器之后，热量通过底座、结晶器壁传递到空气和一次冷却水中，使金属温度逐渐降低。当温度低于液相线时便开始结晶，形成一定厚度的外壳；当铸造机平台以一定速度向下移动时，外壳被拉出结晶器，与二次水冷接触，铸锭被强烈冷却，热量通过铸锭表面传递给冷却水使金属完全凝固，温度进一步降低。

由于铸锭沿轴线方向存在着温度梯度，即铸锭下部温度低，上部温度高，上部的热量向下传导，结晶器内熔体的热量也沿轴线方向向下传导，这种传导称为自身传导。

浇入结晶器内的熔体的热量是通过三个散热途径传导的：（1）一次水冷；（2）二次水冷；（3）沿轴线方向的自身传导。一次水冷时，由于受到结晶器材料热传导系数的限制，以及在铸锭冷却收缩后与结晶器形成的间隙，限制了热量的传导，只能通过水套内的冷却水将一部分热量带走，因此无限度增加一次水是无效的。一次水冷仅起凝固外壳的作用，二次水冷的流量越大，水温越低，带走的热量也越多。

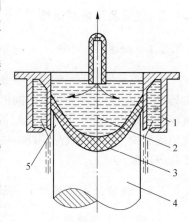

图 8-3　半连续铸造过程的热交换
1—结晶器；2—液穴；3—过渡区；
4—铸锭；5—凝壳

半连续铸造时，单位时间内浇入结晶器的液体金属所带进的热量与通过上述途径所带走的热量相等时，则达到了热平衡。达到热平衡是半连续铸造的先决条件，这种条件受到破坏，铸造就无法进行，则必须调整工艺制度。

8.2.2　铸锭结晶

8.2.2.1　结晶前沿、两相区、过渡带的概念

半连续铸造生产铸锭时，铸锭的结晶过程是由周围表面向中心，由底部向上部逐渐扩展。随着热量的不断导出，结晶逐渐向熔体深处进行，这时在结晶器内同时存在着结晶完了的固相和尚未结晶的液相及处于结晶过程的两相。液体金属与固体金属的交界面称为结晶前沿。结晶前沿与敞露液面之间的区域称液穴。具有一定结晶范围的合金，其液相线温度的等温面称为结晶开始面，不平衡固相线温度的等温面称为结晶结束面，如图 8-4a 所示。结晶前沿与结晶结束面之间的区域称为过渡带，如图 8-4b 中所示 BD 区间。包含在结晶开始面和结束面之间的区域是由固相和液相两相组成，称为两相区，如图 8-4c 所示 BE 区间。

过渡带靠近结晶前沿液相较多，称为液固区；远离结晶前沿固相较多，称为固液区。过渡带的形状决定着铸锭的偏析、树枝晶、疏松的特性和程度。不同合金过渡带的形状也不同，结晶范围较宽的合金，过渡带尺寸也大。对于同一合金，在其他条件相同时，过渡带尺寸与下列因素有关：

（1）冷却强度越大，温度梯度也越大，因而过渡带尺寸越小。

（2）铸锭断面增大，冷却强度变小，则过渡带的深度（垂直距离）和宽度（水平距离）增大。

（3）随着铸造速度的增加，过渡带宽度减小，而深度和总的体积增大。

（4）结晶器高度增加，过渡带的宽度也增大。

（5）结晶器高度降低，过渡带整个尺寸减小，而中心部位比边部大。

（6）铸造温度、金属导入方式、漏斗大小、结晶器锥度以及冷却介质等对过渡带尺寸和

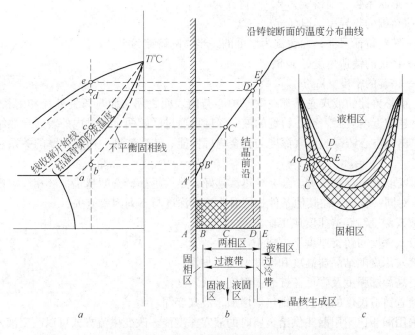

图 8-4　沿铸锭断面的结晶区域与结晶时温度范围的关系示意图

形状都有一定的影响。

8.2.2.2　液穴形状和深度

铸锭上部被结晶前沿和铸锭敞露液面所包围的液体金属区域，称为液穴。结晶面的形状即是液穴形状，如图 8-5 所示，图中从液面到液穴底部间的距离 h 为液穴深度。液穴的深度直接反映了铸锭的凝固时间和凝固速度，而液穴的形状又决定着铸锭断面结晶速度变化的性质。因此，液穴深度和形状是控制铸锭结晶组织的重要指标，测定和调整铸造过程中液穴的深度是控制铸锭质量的重要手段。

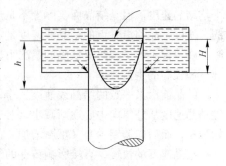

图 8-5　液穴形状示意图

液穴的深度可以用探棒（立式铸造常采用）和倾出法（横向铸造常采用）进行实测；也可以用在液穴中加入能改变铸锭组织的添加物（熔融铅）或加入放射性同位素指标剂（如 ^{45}Ca）的方法测定；用在铸锭内凝入热电偶来研究温度场的方法则可得到更为满意的结果。

铸锭液穴深度可按下式从理论上进行估算：

$$h = \left\{ \left[L + 1/2 c(t_1 - t_2) \right] / B\lambda(t_1 - t_2) \right\} x^2 U\gamma \qquad (8-1)$$

式中　h——液穴深度，m；

L——合金的熔化潜热，kJ/kg；

c——合金在温度区间的平均比热容，kJ/(kg·℃)；

t_1——合金液相线温度，℃；

t_2——铸锭表面温度，℃；

　　　　B——形状系数，扁铸锭为 2，圆铸锭为 4；

　　　　λ——铸锭的热导率，kJ/(m·h·℃)；

　　　　x——铸锭特征尺寸，扁铸锭为厚度的一半，圆铸锭为半径，m；

　　　　U——铸锭的铸造速度，m/h；

　　　　γ——铸锭的密度，kg/m³。

　　通常，空心铸锭的液穴底部都在壁厚中心与内表面之间，而且铸锭外径和内径之比越大，则液穴底就越靠近内表面。空心铸锭的液穴深度可通过联解两个经过内外表面导热结晶时的独立方程式求出。空心铸锭的液穴深度与合金物理性能、铸造速度、铸锭壁厚的关系和实心圆铸锭相同。

　　液穴深度取决于合金性质。合金导热性越好，热熔越小，密度越小，液相线温度越高，则液穴越浅。对同一合金，在其他条件相同时，液穴深度与下列因素有关：

　　（1）液穴深度与铸造速度成正比。

　　（2）液穴深度与铸锭厚度平方成正比。

　　（3）液穴深度随结晶器高度和锥度增加而加深。

　　（4）提高冷却强度及降低铸锭表面温度，液穴变浅。

　　（5）随着铸造温度的提高，则热熔增加，液穴变深。

　　（6）采用漏斗比不用漏斗供给金属时的液穴深度浅。改变供流方式可以改变液穴形状。

8.2.2.3　结晶速度

　　在结晶面上，任一点沿其法线方向的移动速度称为该点的结晶线速度。在半连续铸造条件下，结晶面的位置保持不变，而结晶速度与铸造速度有关。

　　在稳定的半连续铸造条件下，若把圆铸锭的结晶面看作是一个规则的倒圆锥体，把扁铸锭的结晶面看作是一个规则的倒四面锥体，这样各点上的结晶线速度相同，则此结晶线速度称为平均结晶速度。但是结晶面实际上不是规则的圆锥体或四面锥体，各点切线与轴线的夹角也不同，所以结晶前沿各点的结晶线速度是不相同的。

　　在铸锭不产生裂纹等缺陷的情况下，应尽量采用较高速度进行铸造，以便获得较高的结晶速度和较高的生产效率。

　　结晶前沿某一点的结晶线速度大小，也决定于该点切线与铸锭轴向夹角的大小。对于扁铸锭结晶速度从外缘向中心逐渐减小；对于圆铸锭则与此相反，结晶速度按最小值曲线变化，开始减小，而后向铸锭中心又重新增加。

　　结晶速度的快慢，直接影响铸锭的组织和铸锭的成型。结晶速度快，可获得细晶组织，但结晶速度过快，将导致温度梯度增大，热应力增大，从而使铸锭裂纹倾向性增加。

8.2.2.4　结晶前沿的过冷

　　在实际生产中，熔体冷却到它的平衡液相线温度（即理论结晶温度）并不能进行结晶，往往需要冷却到平衡液相线以下某一温度时方可结晶，这种现象称为过冷；平衡液相线温度与实际结晶温度之差，称为过冷度；过冷度在液穴中所占的宽度称为过冷带，如图 8-4b 所示的 DE 区间。

　　熔体的过冷又可分为温度过冷和浓度过冷两种。铸锭结晶时结晶前沿都存在着过冷，此时如不是由相应的温度下降（温度过冷），便是由浓度变动（浓度过冷）所引起的。当熔体温度降低到凝固点时，便开始形成晶核进行结晶。但结晶时，要释放出结晶潜热，使已形成的晶核温度升高又重新熔化，结晶无法进行。熔体继续冷却，当温度降低到凝固点以下时，结晶潜热再也不会使已形成的晶核重新熔化，结晶便会继续进行。这种温度必须低于凝固点温度才能结晶的现象称为温度过冷。熔体内部的温度过冷是晶核生成的先决条件，一旦晶核生成，就会产生浓度过冷，这时树枝状晶就开始生长或者在临近结晶前沿处自由地产生晶核。浓度过冷对晶核的生成和晶体长大的影响往往比温度过冷大。

开始结晶时，固相成分低，在结晶前沿附近形成成分含量较熔体成分高的熔体层。熔体的温度比浓度能更快地趋于均匀，所以熔体中浓度较低的熔体层的温度稍低于其凝固点温度，即产生了过冷。这种由结晶时浓度变化引起的过冷称浓度过冷。

在半连续铸造条件下，纯铝（99.99%）结晶前沿的过冷度大约为1℃，2A12合金结晶前沿过冷度为2~3℃。

结晶前沿过冷度越大，过冷带越宽，则形核越多，结晶所需时间就越短。结晶速度越快，则铸锭组织就越致密。提高冷却强度，降低结晶器高度，可使过冷度增大；提高合金浓度也可增加过冷度。

8.2.3　结晶过程

8.2.3.1　结晶原理

液态金属中，原子是无规则排列的，但会瞬时出现"近似规则排列"的原子集团。当熔体温度降低时，这些"近似规则排列"的原子集团随时间的增长将形成晶核。液体金属就会附着在晶核上长大，直至全部液体金属原子排列成为规则排列的固体，则结晶进行完了。这一种原子重新排列的过程称为结晶过程。

8.2.3.2　晶核分类

熔体中"近似规则排列"的原子集团，是晶核的前身。当这些原子集团具有足够大的尺寸时，才能形成晶核，这一足够大的尺寸，称为晶核的临界尺寸。

晶核根据来源不同分为自发晶核和非自发晶核。

自发晶核就是熔体自身在温度降低时，熔体中"近似规则排列"的原子集团，当其尺寸达到或超过临界尺寸时形成的。自发晶核必须在很大的过冷度下才能形成。非自发晶核是熔体中熔点较高的杂质质点，在结晶过程中起晶核作用。这类杂质质点又分为两类：

（1）活性质点。这类质点的晶体结构与金属晶体结构相似，可以直接作为晶核的基底起人工晶核的作用，这类质点包括熔点较高的该金属的氧化物。

（2）非活性质点。这类质点是难熔物质，它的结构与金属相差甚远，质点本身并不具备形核条件。但存在于难熔物质表面的微细凹孔和裂缝中的金属，其饱和蒸气压很小，因而在凹孔和裂缝中的金属熔化温度相对要高一些，在凹孔和裂缝中的金属仍然保持固态。在这种情况下，凹孔和裂缝内的残存固态金属，就能够促进形核。通常称这种杂质为非活化质点。

8.2.3.3　晶核的形成与长大

液态金属在结晶时，只有当那些"近似规则排列"的原子集团的尺寸大于临界尺寸时才能成为晶核。晶核的临界尺寸与过冷度有关，过冷度越大，稳定晶核的临界尺寸越小，则形核率越大。

晶核形成后，在熔体中继续长大，当临近的晶核长大到互相接触以后，便停止长大。晶核的长大速率随过冷度的增加而增加；杂质在金属结晶时，往往富集在晶核附近的熔体中，妨碍金属原子由液相转移到固相，因而降低晶核的成长速率。

晶粒是在晶核的基础上成长起来的。

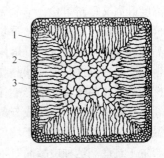

图 8-6　铸锭的典型组织
1—表面细等轴晶；2—柱状晶；
3—中心等轴晶

8.2.4　铸锭的典型组织

铸锭的典型组织如图 8-6 所示。

8.2.4.1　表面细等轴晶区

细等轴晶区是在结晶器壁的强烈冷却和液体金属的对流双重作用下产生的。当液体金属浇入低温的结晶器内时，与结晶器壁接触的液体受到强烈的冷却，并在结晶器壁附近的过冷液体中产生大量的晶核，为细等轴晶区的形成创造了热力学条件；同时由于浇注时，液流引起的动量对流及液体内外温差引起的温度起伏，使结晶器壁表面晶体脱落和重熔，增加了凝固区的晶核数目，因而形成了表面细等轴晶区。

细等轴晶区的宽窄与浇注温度、结晶器壁温度及导热能力、合金成分等因素有关。浇注温度高、结晶器壁导热能力弱时，细等轴晶区窄；适当地提高冷却强度可使细等轴晶区变宽，但冷却强度过大时，细等轴晶区减小，甚至完全消失。

8.2.4.2　柱状晶区

随着液体对流作用的减弱，结晶器壁与凝固层上晶体脱落减少，加上结晶潜热的析出使界面前沿液体温度升高，细等轴晶区不能扩展，这时结晶器壁与铸锭间形成气隙，降低了导热速度，使结晶前沿过冷度减小，结晶只能靠细等轴晶的长大来进行。此时那些一次晶生成的方向与凝固方向一致的晶体，由于具有最好的散热条件而优先长大，其析出的潜热又使其他枝晶前沿的温度升高，从而抑制其他晶体的长大，使自己向内延伸成柱状晶。

8.2.4.3　中心等轴晶区

中心等轴晶区的形成有三种形式。第一种是表面细等轴晶的游离，即凝固初期在结晶器壁附近形成的晶体，由于其密度与熔体密度的差异以及对流作用，浮游至中心成为等轴晶。第二种是枝晶的熔断和游离。柱状晶长大时，在枝晶末端形成溶质偏析层，抑制枝晶的生长，但此偏析层很薄，任何枝晶的长大都要穿过此层，因而形成缩颈。该缩颈在长大枝晶的结晶潜热作用下，或在液体对流作用下熔断，其碎块游离至铸锭中心，在温度低时可能形成等轴晶。第三种是液面的晶体组织。在浇注过程中，大量的晶体在对流作用下或发展成表面细等轴晶，或被卷至铸锭中部悬浮于液体中，随着温度下降，对流的减弱，沉积在铸锭下部的晶体越来越多，形成中心等轴晶区。

应该指出，在实际生产条件下，不一定三个晶区共存，可能只有一个或两个晶区。除上述三种晶粒组织外，还可能出现一些异常的晶粒，如粗大晶粒、羽毛晶粒等。

8.2.5　铸锭组织特征

在直接水冷半连续铸造条件下生产的铝合金铸锭，由于强烈的冷却作用引起的浓度过冷和温度过冷，使凝固后的铸态组织偏离平衡状态，这些组织主要有以下特点：

（1）晶界和枝晶界存在不平衡结晶。以含 4.2% Cu 的 Al-Cu 二元合金为例，参见图 8-7。在平衡结晶时，合金到 b 点完全凝固，在 $a \sim d$ 点的组织为均匀的 α 固溶体，温度降至 d 点以下时，α 固溶体分解，在 α 固溶体上析出 $CuAl_2$ 质点。若在非平衡条件下（图中虚线部分），晶体的实际成分也不能按平衡固相线变化，而是按非平衡固相线变化，含 4.2% Cu 的合金必须冷却到 c 点才能完全凝固。这时合金受溶质再分配的影响，在晶界和枝晶上有一定数量的不平衡共晶组织。冷却速度越大，不平衡结晶程度越严重，在晶界和枝晶界上这种不平衡结晶组织的数量越多。

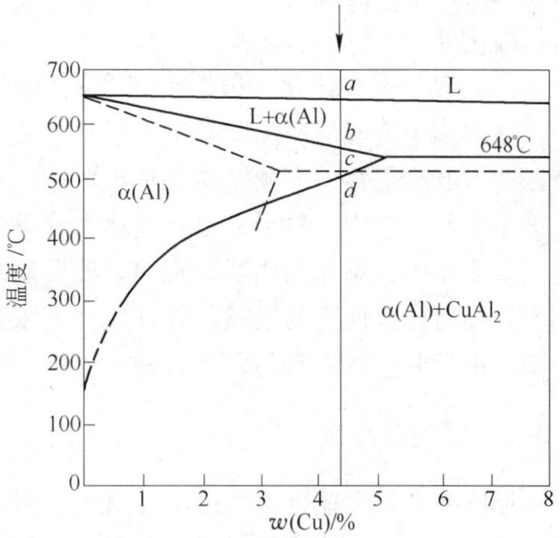

（2）存在着枝晶偏析。枝晶偏析的形成和不平衡共晶的形成相似。由于溶质元素来不及析

图 8-7 Al-Cu 二元共晶平衡与非平衡结晶示意图

出，在晶粒内部造成成分不均匀现象，即枝晶偏析。枝晶内合金元素偏析的方向与合金的平衡图类型有关。在共晶型的合金中，枝晶中心的元素含量低，从中心至边缘逐渐增多。

（3）枝晶内存在着过饱和的难溶元素。合金元素在铝中的溶解度随温度的升高而增加。在液态和固态条件下溶解度相差很大。在铸造过程中，当合金由液态向固态转变时，冷却速度很大，在熔体中处于溶解状态的难溶合金元素，如 Mn、Ti、Cr、Zr 等，由于来不及析出而形成该元素的过饱和固溶体。冷却速度越大，合金元素含量越高，固溶体过饱和程度越严重。

8.3 晶粒细化

研究和生产实践证明，铸锭组织对其半成品组织及性能有很大影响。理想的铸锭组织是铸锭整个截面上具有均匀、细小的等轴晶，它有如下优点：

（1）各向异性小。

（2）加工时变形均匀、性能优异、塑性好，利于铸造及随后的塑性加工。

（3）枝晶细，第二相分布均匀，有利于抑制铸造过程中生成成分偏析、羽毛状晶、浮游晶和粗大金属间化合物。

（4）提高抗裂纹的能力和韧性等。

要得到这种组织，通常需要对熔体进行细化处理。凡是能促进形核、抑制晶粒长大的处理，都能细化晶粒。工业生产中常用以下几种方法：

（1）控制凝固时的温度制度，增加冷却速度和降低铸造温度。增加冷却速度的作用是增大过冷度，提高形核率。但目前增加冷却速度只能靠提高锭模或结晶器的激冷能力，而模壁的激冷只作用于铸锭表面，对断面较大或导热性差的金属，反而会造成更大的温度梯度，得不到理想效果。降低铸造温度的作用，是使从模壁上游离的晶体减少重熔，增大有效的增殖作用。尽管现代铸造技术可以获得较大的冷却强度，但是随着铸锭尺寸及质量的不断增大，所能获得的形核率有限，这就使得人们去寻求借助外来添加剂来促使异质形核的方法细化铸锭组织。

（2）细化处理，即向熔体中添加少量的特殊物质促进熔体内部非均质形核以细化铸锭组织的工艺。这种特殊添加剂被称为晶粒细化剂。近 50 年来，在这方面开展了大量的研究工作。通过向熔体中添加细化剂造成熔体凝固时产生大的形核速率，使结晶组织细化已成为一种专门的技术获得了广泛应用。在生产中把这种方法称为铸锭晶粒细化处理（grain refting treatment），简称细化处理。

（3）动态晶粒细化。根据动态形核机理，对熔体在凝固过程中施以某种物理的振动和搅动，在熔体中造成局部温度起伏，给晶体的游离和增殖创造条件。造成物理振动的方法有：机械振动、电磁搅拌、声频振动及超声振动、气泡振动等。

在工业生产中，对于给定合金从大容量炉直接浇注成锭的时间很长。在上述获得细晶组织的三条途径中，添加细化剂和施加某种振动既简便又有效。因为控制冷却速度和浇注温度受到生产条件与合金性质的限制，其有效性有限且不易控制。铝工业生产中常用以下几种方法。

8.3.1　控制过冷度

形核率与长大速度都与过冷度有关，过冷度增加，形核率与长大速度都增加，但两者的增加速度不同，形核率的增长率大于长大速度的增长率，如图 8-8 所示。在一般金属结晶时的过冷范围内，过冷度越大，晶粒越细小。

铝铸锭生产中增加过冷度的方法主要有降低铸造速度、提高液态金属的冷却速度、降低铸造温度等。

8.3.2　动态晶粒细化

动态晶粒细化就是对凝固的金属进行振动和搅动，一方面依靠从外面输入能量促使晶核提前形

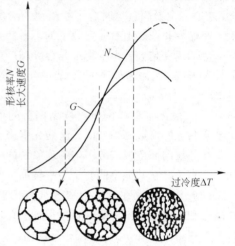

图 8-8　金属结晶时形核率、
长大速度与过冷度的关系

成；另一方面使成长中的枝晶破碎，增加晶核数目。目前已采取的方法有机械搅拌、电磁搅拌、声频振动及超声波振动等。利用机械或电磁感应法搅动液穴中熔体，增加了熔体与冷凝壳的热交换，液穴中熔体温度降低，过冷带增大，破碎了结晶前沿的骨架，出现大量可作为结晶核心的枝晶碎块，从而使晶粒细化。

8.3.3　变质处理

变质处理是在金属液中添加少量活性物质，促进液体金属内部形核或改变晶体成长过程的一种方法。生产中常用的变质剂有形核变质剂和吸附变质剂。

8.3.3.1　形核变质剂

形核变质剂的作用机理是在铝熔体中加入能够产生非自发晶核的物质，使其在凝固过程中通过异质形核而达到细化晶粒的目的。

　　A　对形核变质剂的要求

要求加入的变质剂或其与铝反应生成的化合物具有以下特点：晶格结构和晶格常数与被变质熔体相适应；稳定；熔点高；在铝熔体中分散度高，能均匀分布在熔体中；不污染铝合金熔体。

　　B　形核变质剂的种类

变形铝合金一般选含 Ti、Zr、B、C 等元素的化合物作为晶粒细化剂，其化合物特征见表 8-1。

表 8-1 变形铝合金使用的晶粒细化剂的物理特征

名　称	密度/g·cm^{-3}	熔点/℃
TiAl$_3$	3.11	1337
TiB$_2$	3.2	2920
TiC	3.4	3147

Al-Ti 是传统的晶粒细化剂，Ti 在 Al 中包晶反应生成 TiAl$_3$。TiAl$_3$ 与液态金属接触的 (001) 和 (011) 面是铝凝固时的有效形核基面，增加了形核率，从而使结晶组织细化。

Al-Ti-B 是目前国内公认的最有效的细化剂之一。Al-Ti-B 与 RE、Sr 等元素共同作用，其细化效果更佳。

在实际生产条件下，受各种因素影响，TiB$_2$ 质点易聚集成块，尤其在加入时由于熔体局部温度降低，导致加入点附近变得黏稠，流动性差，使 TiB$_2$ 质点更易聚集形成夹杂，影响净化、细化效果；TiB$_2$ 质点除本身易偏析聚集外，还易与氧化膜或熔体中存在的盐类结合造成夹杂；7×××系合金中的 Zr、Cr 元素还可以使 TiB$_2$ 失去细化作用，造成粗晶组织。

由于 Al-Ti-B 存在以上不足，于是人们寻求更为有效的变质剂。近年来，不少厂家正致力于 Al-Ti-C 变质剂的研究。

C　变质剂的加入方式

(1) 以化合物形式加入，如 K$_2$TiF$_6$、KBF$_4$、K$_2$ZrF$_6$、TiCl$_4$、BCl$_3$ 等。经过化学反应，被置换出来的 Ti、Zr、B 等，重新化合而形成非自发晶核。

这些方法虽然简单，但效果不理想。反应中生成的浮渣影响熔体质量，同时再次生成的 TiCl$_3$、KB$_2$、ZrAl$_3$ 等质点易聚集，影响细化效果。

(2) 以中间合金形式加入。目前工业用细化剂大多以中间合金形式加入，如 Al-Ti、Al-Ti-B、Al-Ti-C、Al-Ti-B-Sr、Al-Ti-B-RE 等。中间合金做成块状或线状。

D　影响细化效果的因素

(1) 细化剂的种类。细化剂不同，细化效果也不同。实践证明，Al-Ti-B 比 Al-Ti 更为有效。

(2) 细化剂的用量。一般来说，细化剂加入越多，细化效果越好。但细化剂加入过多易使熔体中金属间化合物增多并聚集，影响熔体质量。因此在满足晶粒度的前提下，杂质元素加入得越少越好。

从包晶反应的观点出发，为了细化晶粒，Ti 的添加量应大于 0.15%，但在实际变形铝合金中，其他组元（如 Fe）以及自然夹杂物（如 Al$_2$O$_3$）亦参与了形成晶核的作用，一般只加入 0.01%~0.06% 便足够了。

熔体中 B 含量与 Ti 含量有关。要求 B 与 Ti 形成 TiB$_2$ 后，熔体中有过剩 Ti 存在。B 含量与晶粒度关系见图 8-9。

在使用 Al-Ti-B 作为晶粒细化剂时，500 个 TiB$_2$ 粒子中有一个使 α-Al 成核，TiC 的形核率是 TiB$_2$ 的 100 倍，因此一般将加入 TiC 质点数量分数定为 TiB$_2$ 质点

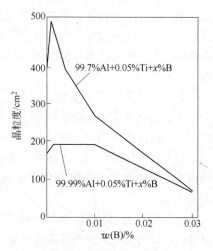

图 8-9　B 含量与晶粒度的关系

的50%以下，粒子越少，每个粒子的形核机会就越高，同时也防止粒子碰撞、聚集和沉淀。此外，TiC的粒子分散度比 TiB$_2$ 大得多，向熔体中加入 0.001% ~ 0.01% TiC（质量分数），晶粒细化就相当有效。

（3）细化剂质量。细化质点的尺寸、形状和分布是影响细化效果的重要因素。质点尺寸小，比表面积小（以点状、球状最佳），在熔体中弥散分布，则细化效果好。以 TiAl$_3$ 为例，块状 TiAl$_3$ 比针状 TiAl$_3$ 细化效果好，这是因为块状 TiAl$_3$ 有三个面面向熔体，形核率高。

（4）细化剂添加时机。TiAl$_3$ 质点在加入熔体中 10 min 时效果最好，40min 后细化效果减退。TiB$_2$ 质点的聚集倾向随时间的延长而加大。TiC 质点随时间延长易分解。因此，细化剂最好铸造前在线加入。

（5）细化剂加入时熔体温度。随着温度的提高，TiAl$_3$ 逐渐溶解，细化效果降低。

8.3.3.2　吸附变质剂

吸附变质剂的特点是熔点低，能显著降低合金的液相线温度，原子半径大，在合金中固溶量小，在晶体生长时富集在相界面上，阻碍晶体长大，又能形成较大的成分过冷，使晶体分枝形成细的缩颈而易于熔断，促进晶体的游离和晶核的增加。其缺点是由于存在于枝晶和晶界间，常引起热脆。吸附性变质剂常有以下几种。

A　含钠变质剂

钠是变质共晶硅最有效的变质剂，生产中可以钠盐或纯金属（但以纯金属形式加入时可能分布不均，生产中很少采用）形式加入。钠混合盐组成为 NaF、NaCl、Na$_3$AlF$_6$ 等，变质过程中只有 NaF 起作用，其反应如下：

$$6NaF + Al \longrightarrow Na_3AlF_6 + 3Na$$

加入混合盐的目的，一方面是降低混合物的熔点（Na 熔点为 992℃），提高变质速度和效果；另一方面对熔体中钠进行熔剂化保护，防止钠的烧损·熔体中钠质量分数一般控制在0.01% ~ 0.014%，考虑到实际生产条件下不是所有的 NaF 都参与反应，因此计算时钠的质量分数可适当提高，但一般不应超过 0.02%。

使用钠盐变质时，存在以下缺点：钠含量不易控制，量少易出现变质不足，量多可能出现过变质（恶化合金性能，夹渣倾向大，严重时恶化铸锭组织）；钠变质有效时间短，要加保护性措施（如合金化保护、熔剂保护等）；变质后炉内残余钠对随后生产合金的影响很大，造成熔体黏度大，增加合金的裂纹和拉裂倾向，尤其对高镁合金的钠脆影响更大；NaF 有毒，影响操作者健康。

B　含锶（Sr）变质剂

含锶变质剂有铝盐和中间合金两种。锶盐的变质效果受熔体温度和铸造时间影响大，应用很少。目前国内应用较多的是 Al-Sr 中间合金。与钠盐变质剂相比，锶变质剂无毒，具有长效性，它不仅细化初晶硅，还有细化共晶硅团的作用，对炉子污染小。但使用含锶变质剂时，锶烧损大，要加含锶盐类熔剂保护，同时合金加入锶后吸气倾向增加，易造成最终制品气孔缺陷。

锶的加入量受下面各因素影响很大：熔剂化保护程度好，锶烧损小，锶的加入量少；铸件规格小，锶的加入量少；铸造时间短，锶烧损小，加入量少；冷却速度大，锶的加入量少。生产中锶的加入量应由试验确定。

C 其他变质剂

钡对共晶硅具有良好的变质作用，且变质工艺简单、成本低，但对厚壁铸件变质效果不好。

锑对 Al-Si 合金也有较好的变质效果，但对缓冷的厚壁铸件变质效果不明显。此外，对部分变形铝合金而言，锑是有害杂质，须严加控制。

变形铝合金常用变质剂见表8-2。

表8-2 变形铝合金常用变质剂

金 属	变质剂一般用量/%	加入方式	效果	备 注
1×××系合金	0.001 ~ 0.005Ti	Al-Ti 合金	好	晶核 $TiAl_3$ 或 Ti 的偏析吸附细化晶粒
	0.001 ~ 0.003Ti + 0.003 ~ 0.001B	Al-Ti-B 合金或 K_2TiF_6 + KBF_4	好	晶核 $TiAl_3$ 或 TiB_2、$(Ti, Al)B_2$，$w(B) : w(Ti) = 1 : 2$
3×××系合金	0.45 ~ 0.6Fe	Al-Fe 合金	较好	晶核 $(FeMn)_4Al_6$
	0.01 ~ 0.05Ti	Al-Ti 合金	较好	晶核 $TiAl_3$
含 Fe、Ni、Cr 的 Al 合金	0.2 ~ 0.5Mg	纯镁		细化金属化合物初晶
	0.01 ~ 0.05Na 或 Li	Na 或 NaF、LiF		
5×××系合金	0.01 ~ 0.05Zr 或 Mn、Cr	Al-Zr 合金或锆盐、Al-Mn、Cr 合金	好	$ZrAl_3$，用于高镁合金
	0.1 ~ 0.2Ti + 0.02Be	Al-Ti-Be 合金	好	晶核 $TiAl_3$ 或 $TiAl_x$，用于高镁铝合金
	0.1 ~ 0.2Ti + 0.15C	Al-Ti 合金或碳粉	好	晶核 $TiAl_3$ 或 $TiAl_x$、TiC，用于各种 Al-Mg 系合金
需变质的 4×××系合金	0.005 ~ 0.01Na	纯钠或钠盐	好	主要是钠的偏析吸附细化共晶硅，并改变其形貌；常用 67% NaF + 33% NaCl 变质，时间少于 25min
	0.01 ~ 0.05P	磷粉或 P-Cu 合金	好	晶核 CuP，细化初晶硅
	0.1 ~ 0.5Sr 或 Te、Sb	锶盐或纯碲、锑	较好	Sr、Te、Sb 阻碍晶体长大
6×××系合金	0.15 ~ 0.2Ti	Al-Ti 合金	好	晶核 $TiAl_3$ 或 $TiAl_x$
	0.1 ~ 0.2Ti + 0.02B	Al-Ti 或 Al-B 合金或 Al-Ti-B 合金	好	晶核 $TiAl_3$ 或 TiB_2、$(Al, Ti)B_2$

最近的研究发现，不仅晶粒度影响铸锭的质量和力学性能，枝晶的细化程度及枝晶间的疏松、偏析、夹杂对铸锭质量也有很大影响。枝晶的细化程度主要取决于凝固前沿的过冷，这种过冷与铸造结晶速度有关，见图8-10。靠近结晶前沿区域的过冷度越大，结晶前沿越窄，晶粒内部结构就越小。在结晶速度相同的情况下，可用吸附型变质剂改变枝晶细化程度。形核变质剂对晶粒内部结构没有直接影响。

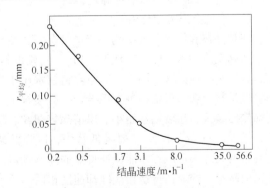

图 8-10 结晶速度对枝晶细化程度的影响

8.4　铸造工艺对铸锭质量的影响

半连续及连续铸造中，影响铸锭质量的主要因素有冷却速度、铸造速度、铸造温度、结晶器高度等。现将各参数的影响介绍如下。

8.4.1　冷却速度对铸锭质量的影响

（1）冷却速度对铸锭质量有以下影响：

1）对组织结构的影响。在直接水冷半连续铸造中，随着冷却强度的增加，铸锭结晶速度提高，熔体中溶质元素来不及扩散，过冷度增加，晶核增多，因而所得晶粒细小；同时过渡带尺寸缩小，铸锭致密度提高，减小了疏松倾向。此外提高冷却速度，还可细化一次晶化合物尺寸，减小区域偏析的程度。

2）对力学性能的影响。合金成分不同，冷却强度对铸锭力学性能的影响程度也不一样。对同一种合金来说，铸锭的力学性能随冷却强度的增大而提高。

3）对裂纹倾向的影响。随着冷却强度的提高，铸锭内外层温差大，铸锭中的热应力相应提高，使铸锭的裂纹倾向增大。此外，冷却的均匀程度对裂纹也有很大影响。水冷不均会造成铸锭各部分收缩不一致，冷却弱的部分将出现曲率半径很小的液穴区段，该区段局部温度高，最后收缩时受较大拉应力而出现裂纹。

4）对表面质量的影响。在普通模铸造条件下，随着冷却强度的提高，在铸造速度慢时会使冷隔的倾向变大，但会使偏析浮出物和拉裂的倾向降低。

（2）冷却水量的确定。连续铸造条件下，冷却水量可按下式估算：

$$W = \frac{c_1(t_3 - t_2) + L + c_2(t_2 - t_1)}{c(t_4 - t_5)} \tag{8-2}$$

式中　W——单位质量金属的耗水量，m^3；

　　　c_1——金属在 $t_3 \sim t_2$ 温度区间的平均比热容，$J/(kg \cdot ℃)$；

　　　c_2——金属在 $t_2 \sim t_1$ 温度区间的平均比热容，$J/(kg \cdot ℃)$；

　　　c——水的比热容，$J/(kg \cdot ℃)$；

　　　t_1——金属最终冷却温度，$℃$；

　　　t_2——金属熔点，$℃$；

　　　t_3——进入结晶器的液体金属温度，$℃$；

　　　t_4——结晶器进水温度，$℃$；

　　　t_5——二次冷却水最终温度，$℃$；

　　　L——金属的熔化潜热，J/kg。

在结晶器和供水系统结构一定的情况下，冷却水的流量和流速是通过改变冷却水压来实现的。在确定冷却水压时，应注意：1）扁铸锭的铸速高，单位时间内凝固的金属量大，故需冷却水多，水压应大些；圆铸锭和空心铸锭水压小些。2）铸锭规格相同时，冷却水压由大到小的顺序是软合金→锻铝→硬铝系合金→高镁合金→超硬铝合金。但硬铝扁铸锭小面水压大，以消除侧面裂纹；超硬铝水压小，以消除热裂纹。3）同一种合金，随着铸锭规格变大（圆铸锭直径增大，扁铸锭变厚），要降低水压，以降低裂纹倾向。但对软合金和裂纹倾向小的合金，随规格增大加大水压，才能保证良好的铸态性能。4）采用隔热膜、热顶和模向铸造时，其冷却速度基本与普通模铸造相应冷却速度相同。

（3）对冷却水的要求。半连续铸造时对冷却用水的要求见表8-3。此外，为保证冷却均匀，要确保水温基本不波动、冷却水尽可能均匀、冷却水流量稳定，以防结晶器二次水冷喷水孔堵塞。

表 8-3 半连续铸造用冷却水的要求

水温/℃		水压 /MPa	结垢物		pH	SO_4^{2-} 含量 /mg·L^{-1}	PO_4^{2-} 含量 /mg·L^{-1}	悬浮物		
出水孔	入水孔		含量 /%	硬度 /mg·L^{-1}				总量 /mg	单个大小 /mm^3	单个长度 /mm
<35	≤25	1.5 ~ 2.2	0.01	55	7 ~ 8	≪400	2 ~ 3	100	1.4	<3

8.4.2 铸造速度对铸锭质量的影响

铸造速度直接影响铸锭的结晶速度、液穴深度及过渡带的宽窄，是决定铸锭质量的重要参数。

（1）铸造速度对铸锭质量有以下影响：

1）对组织的影响。在一定范围内，随着铸造速度的提高，铸锭晶内结构细小。但过高的铸造速度会使液穴变深（$h_{液穴} = kv_{铸}$），过渡带尺寸变宽，结晶组织粗化，结晶时的补缩条件恶化，增大了中心疏松倾向，同时铸锭的区域偏析加剧，使合金的组织和成分不均匀性增加。

2）对力学性能的影响。随着铸造速度的提高，铸锭的平均力学性能如图 8-11 所示的曲线变化，且其沿铸锭截面分布的不均匀程度增大。

3）对裂纹倾向的影响。随着铸造速度的提高，铸锭形成冷裂纹的倾向降低，热裂纹倾向升高。这是因为提高铸造速度时，铸锭中已凝固部分温度升高，塑性好，因此冷裂倾向低。但铸锭过渡带尺寸变大，脆性区几何尺寸变大，因而热裂倾向升高。

4）对表面质量的影响。提高铸造速度，液穴深，结晶壁薄，铸锭产生金属瘤、漏铝和拉裂倾向变大；铸造速度过低易造成冷隔，严重的可能成为低塑性大规格铸锭冷裂纹的起因。

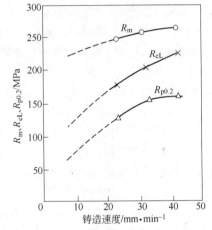

图 8-11 5A06 合金 $\phi405$mm 铸锭的
平均力学性能与铸造速度的关系

（2）铸造速度的选择。选择铸造速度的原则是在满足技术标准的前提下，尽可能提高铸造速度，以提高生产率。

1）扁铸锭铸造速度的选择以不形成裂纹为前提。对冷裂倾向大的合金，随铸锭宽厚比增大，应提高铸造速度；对冷裂倾向小的软合金，随铸锭宽厚比的增大适当降低铸造速度。在铸锭厚度和宽度比一定时，随合金热裂倾向的增加，铸造速度应适当降低。

2）实心圆铸锭铸造速度的选择一般遵循以下原则：对同种合金，随直径增大，铸造速度逐渐减小；对同规格不同合金，铸造速度应按照软合金→锻造铝合金→高镁合金→2A12 合金→超硬铝合金的顺序逐步递减。

3）空心铸锭铸造速度的选择。对同一种合金，外径或内径相同时，铸造速度随壁厚增加而降低。在其他条件相同时，软合金空心铸锭的铸造速度比同外径实心圆铸锭的约高 30%，比硬合金高 50% ~ 100%。

4）对同合金、同规格铸锭，采用隔热模、热顶、横向铸造时，其铸造速度一般比普通模高出 20% ~ 160%。

此外，铸造速度的选择还与合金的化学成分有关。对同一种合金，其他工艺参数不变时，调整化学成分，使合金塑性提高，铸造速度也可以相应提高。

8.4.3　铸造温度对铸锭质量的影响

（1）铸造温度对铸锭质量有以下影响：

1）对组织的影响。提高铸造温度，使铸锭晶粒粗化倾向增加。在一定范围内提高铸造温度，铸锭液穴变深，结晶前沿温度梯度变陡，结晶时冷却速度大，晶内结构细化，但同时形成柱状晶、羽毛晶组织的倾向增大。提高铸造温度还会使液穴中悬浮晶尺寸缩小，因而形成一次晶化合物倾向变低，排气补缩条件得到改善，致密度得到提高。降低铸造温度，熔体黏度增加，补缩条件变坏，疏松、氧化膜缺陷增多。

2）对力学性能的影响。在一定范围内提高铸造温度，硬合金铸锭的铸态力学性能可相应提高，但软合金铸锭的铸态力学性能受晶粒度的影响，有下降的趋势。无论硬合金还是软合金铸锭，其纵向和横向力学性能差别很大，降低铸造温度可能导致体积顺序结晶而降低力学性能。

3）对裂纹倾向的影响。其他条件不变时，提高铸造温度，液穴变深，柱状晶形成倾向增大，合金的热脆性增加，裂纹倾向变大。

4）对表面质量的影响。随着铸造温度的提高，铸锭的凝壳壁变薄，在熔体静压力作用下易形成拉痕、拉裂、偏析物浮出等缺陷，但形成冷隔倾向降低。

（2）铸造温度的选择。铸造温度应保证熔体在转注过程中有良好的流动性。铸造温度应根据转注距离、转注过程降温情况、合金、规格、流量等因素来确定。一般来说，铸造温度应比合金液相线温度高 50 ~ 110℃。

扁铸锭热裂倾向高，铸造温度相应低些，一般为 680 ~ 735℃。

圆铸锭的裂纹倾向低，为保证合金有良好的排气补缩能力，创造顺序结晶条件，提高致密度，一般铸造温度偏高。直径在 350mm 以上的铸锭铸造温度一般为 730 ~ 750℃；对形成金属化合物一次晶倾向大的合金可选择 740 ~ 755℃；对小直径铸锭，因其过渡带尺寸小，力学性能好，一般以满足流动性和不形成光亮晶为准，一般铸造温度为 715 ~ 740℃。

空心铸锭铸造温度可参照同合金相同外径实心圆铸锭下限选取。

隔热模热顶、横向铸造时，其铸造温度基本与普通模铸造温度相当。

8.4.4　结晶器高度对铸锭质量的影响

（1）结晶器高度对铸锭质量有以下影响：

1）对组织的影响。随着结晶器高度的降低，有效结晶区缩短，冷却速度加快，溶质元素来不及扩散，活性质点多，晶内结构细。上部熔体温度高，流动性好有利于气体和非金属夹杂物的上浮，疏松倾向小。

2）对力学性能的影响。随着有效结晶区的缩短，晶粒细小，有利于提高平均力学性能。

3）对裂纹倾向的影响。采用矮结晶器，对裂纹的影响与提高铸造速度对裂纹的影响相似。

4）对表面质量的影响。使用矮结晶器时，铸锭表面光滑，这是因为铸锭周边反偏析程度和深度小，凝壳无二次重熔现象，抑制了偏析瘤的生成。

（2）结晶器高度的选择。对软合金及塑性好的纵向压延扁铸锭、小规格圆铸锭和空心铸锭，因其裂纹倾向小，宜采用矮结晶器铸造，结晶器高度一般为 20 ~ 80mm；对塑性低的横向压延扁铸锭、大直径圆铸锭及空心铸锭采用高结晶器铸造，结晶器高度一般为 100~200mm。

8.5 铸造工艺流程与操作技术

先进的操作是采用倾翻式静置炉，通过液位传感器控制液流，采用挡板控制液体流向，结晶器与底座间隙小，无需塞底座，铸造过程采用计算机控制，一旦发生异常自动停止供流。但这种操作目前国内应用很少，本节介绍目前国内应用较多的连续及半连续铸造工艺流程及操作。

8.5.1 工艺流程

铝及铝合金半连续（连续）铸造工艺流程如图 8-12 所示。

8.5.2 操作技术

8.5.2.1 铸造前的准备

A 静置炉的准备

检查静置炉加热元件是否处于完好状态，导炉前保持炉内清洁。

B 熔体的准备

（1）导炉。将熔体从熔炼炉转入静置炉的过程称为导炉。导炉过程中应封闭各落差点，严禁翻滚造渣。

（2）测温。导炉前测熔炼炉内熔体温度，要求熔体既要有良好的流动性，又要避免熔体过热，一般出炉温度不低于铸造温度的上限，也不能高于熔炼温度的上限。对某些铸造温度上限达 750~760℃ 的合金，其出炉瞬间温度允许比铸造温度高 10~15℃。导炉过程中及导炉后仍要测温并调整静置炉内熔体温度在铸造温度范围内。测温前检查仪表、热电偶是否正常，测温时将热电偶插入熔体 1/2 深度处。

（3）熔体净化处理。熔体净化技术见第 6 章。

C 工具的准备

（1）转注及操作工具的准备。流管、流槽、流盘等使用前糊制、喷涂并干燥；渣刀、钎子等使用前干燥、预热。

（2）成型工具的准备。结晶器和芯子工作表面应光滑，没有划痕和凹坑，并进行润滑处理；冷却水应符合相关技术条件要求，定期清理过滤网。保证水路清洁无水垢，水冷系统连接严密不漏水。为保证水冷均匀，应做到出水孔角度符合要求并保持一致；给水前用压缩空气将水路系统中脏物吹净，保证水孔畅通，必要时定期将水冷系统拆开，彻底进行清理；出水孔无阻塞现象；扁铸锭结晶器外表面光滑平直，无卷边、刀痕、磕伤、变形、水垢、油污，防止水流分叉；扁铸锭结晶器与水冷系统间隙一致，保证二次水喷在结晶器下缘或稍低一点的水平线上。有挡水板时，使两侧挡水板角度一致，并保证流经挡水板的水喷在铸锭上；圆铸锭内外套严密配合，组合水孔不能有缝隙；空心铸锭结晶器与芯子的出水孔应保持在同一水平面上，芯子要对中。

D 检查设备

检查传动和制动装置，钢丝绳磨损情况，滑轮润滑情况，导向轮轴瓦间隙及润滑，水位报警装置，供水、排水装置，行程指示装置，盖板液压开闭装置，电气控制装置等。

E 确认铸造制度

根据所铸合金、规格，参照规程选用水冷系统、底座、芯子、结晶器及与之匹配的漏斗、

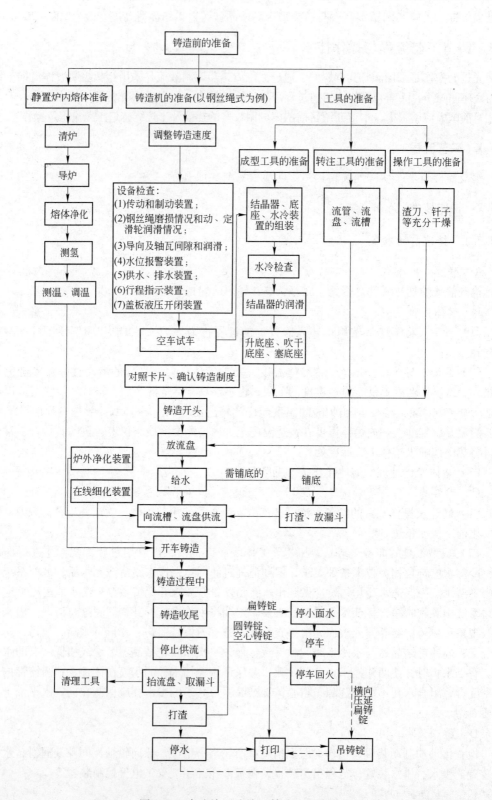

图 8-12　半连续（连续）铸造工艺流程

漏斗架等工具，确认工艺参数，如铸造温度、铸造速度、冷却水压、铺底、回火等。

8.5.2.2 铸造的开头

A 铺底

（1）铺底是在基体金属注入结晶器之前，在底座和结晶器内注入纯铝，在纯铝未完全凝固前浇入基体金属的操作。铺底的目的是为了防止底部裂纹，这是因为纯铝塑性好，线收缩系数大，能以有效变形来抵抗底部的拉应力。几乎所有的横向压延扁铸锭都需要铺底，直径 $\phi290mm$ 以上的硬合金和超硬合金圆铸锭也要求铺底。

铺底用的纯铝品位一般不低于99.5%，其中 $w(Fe) > w(Si)$，温度一般为 700 ~ 740℃，扁铸锭铺底厚度不小于30mm，圆铸锭不小于50mm。铺底铝浇入结晶器中并打出氧化夹渣，待铺底铝周边凝固20mm左右时浇入基体金属。

（2）对不需纯铝铺底而有一定裂纹倾向的合金可采用本合金做铺底材料，以增加铸锭抵抗底部拉应力的金属厚度，降低裂纹倾向，这种操作称铺假底，它一般适用于顺向压延铸锭及小规格圆铸锭。其操作是在放入基本金属后，迅速用预热好的渣刀将液态金属在底座上执平并打净氧化渣，待周边金属凝固 20 ~ 30mm 后放入漏斗，继续浇入基本金属。

B 放入基本金属

放入基本金属后，要及时封闭各落差点，并用适量的粉状熔剂覆盖在流槽、流盘的液面上。

在放入基本金属前，通常应开车少许，让结晶器内液面水平稍稍下降；当基本金属注入结晶器中，铺满底座或铺满铝底时应及时打渣，渣刀不要过于搅动金属，动作要轻而快。打渣时先打掉边部的硬壳，后打中心的渣子。

在铸造开头时，一般采用低水平、慢放流的操作法，其目的是降低底部裂纹的倾向性，防止底部漏铝、悬挂和抱芯子。但这种方法降温快，易造成底部夹渣，故操作过程中应及时打渣。

8.5.2.3 铸造过程

（1）流盘及结晶器内液面控制平稳。当结晶器中金属液面偏低时，应使液面缓慢升高；当液面偏高时，也应缓慢降下。铸造过程中液面控制不应过低，否则可能产生成层和漏铝现象；在使用普通模铸造时液面不要过高，否则二次加热现象严重，可导致表面裂纹。铸造过程中的液面水平应根据合金、规格、铸造方法及结晶器高度确定。

（2）在铸造过程中尽可能不要用渣刀搅动金属表面的氧化膜，但是当液面存在渣子或者渣子卷入基本金属时要及时打出。

（3）及时润滑。

（4）取最终成分分析试样。

（5）注意观察铸锭表面，发现异常及时采取措施。

（6）铸造过程中控制好铸造温度。

8.5.2.4 铸造的收尾

A 取漏斗

大直径实心圆铸锭待浇口部凝固至接近漏斗周边时取出漏斗。取漏斗时注意漏斗上的结渣不要掉入浇口部；对于扁铸锭和小直径圆铸锭，因其冷却强度大，收尾时应立即取出漏斗。

B　回火

（1）对需回火的铸锭，在铸锭未脱离结晶器下缘之前停车停水，将铸锭浇口部依靠液穴内液态金属的余热加热到350℃以上，这种操作称为自身回火。回火是为了提高浇口部的塑性，防止浇口部出现冷裂纹。

进行回火操作时，应注意以下问题：掌握好停水、停车时间。扁铸锭在停止供流后，当铸锭上表面下降到距小面下缘15～20mm左右时停小面水，距大面下缘尚有15～20mm左右时停车，当浇口部未凝固金属尚有铸锭厚度的二分之一至三分之一时停大面水，严禁过早回火。回火过早会恶化浇口性能；对直径在405mm以下圆铸锭，当浇口未凝固金属有铸锭直径的二分之一左右时停车停水；对直径在405mm以上圆铸锭，当浇口未凝固金属有铸锭直径的三分之一左右时停水停车。回火操作时，严禁水淌落到浇口部。

（2）对不需回火的铸锭，在浇口下降到快见水的情况下停车，待浇口完全凝固并冷却到室温时停水。严禁在未充分冷却之前下降铸锭让浇口部直接见水。

C　打印

铸造完毕后，在铸块上打上合金、炉号、熔次号、顺序号等，以示区别。

8.6　铝及铝合金扁铸锭铸造

8.6.1　纵向压延扁铸锭的铸造

8.6.1.1　铸造与操作

纵向压延扁铸锭一般裂纹倾向相对较小。纵向压延扁铸锭常见的铸造缺陷有成层、漏铝、拉裂、弯曲、裂纹等，因此在铸造时应注意以下操作。

A　铸造前的准备

（1）检查结晶器各部分尺寸是否符合要求，有无变形，工作表面是否光滑。

（2）保证水冷均匀，二次水冷位置合适。

（3）为防止弯曲，结晶器放正，必要时用水平尺校准。

B　操作过程

（1）开始时慢放流，使金属水平缓慢升起，有裂纹倾向的采用本合金铺假底，必要时以纯铝铺底。

（2）铸造开始打净底部渣，先打周边渣，后打中心渣。适当调整流盘高度，使液面高于漏斗口，金属不发生翻滚。液面水平控制在距结晶器上缘70～80mm。采用隔热模时液面可适当提高。

（3）铸造过程中控制流槽、流盘、结晶器液面，防止波动，无明显夹渣不要搅动金属，封闭落差点。

（4）收尾时及时抬走流盘，打出表面渣，铸锭下降到结晶器下缘时停车。4×××系、6×××系合金待浇口彻底冷却才能停水，其余合金待浇口金属完全凝固就可以停水。

8.6.1.2　软合金的铸造

1×××系合金、3×××系合金、5052、5082、5182、5A02、7A01、8011、8A06等合金铸造性能好，但其晶粒度和热裂倾向对温度较敏感，故铸造温度不宜过高，一般为690～730℃（转注温降大或有化合物倾向时，铸温为中上限），最好采用在线细化晶粒措施。由于铸造温度低，熔体黏度大，铸造时拉痕、拉裂倾向大，故铸造速度不高。同时由于合金低温塑性好，不需铺底、回火操作。软合金一般为箔材或薄板用料，对金属内部纯净度要求高，故需较高的在线净化处理措施。

8.6.1.3 4×××系合金的铸造工艺特点

（1）4×××系合金 Si 含量较高，这使得合金具有很好的流动性，所以在铸造过程中铸造温度应低些，一般为 670~710℃，以防止漏铝。

（2）当合金中 Si 含量大于 9% 时，合金的粗晶倾向严重，须进行变质处理。

（3）在铸造开头时可采用铺假底，保证不了质量时，可采用纯铝铺底。

（4）浇口不能回火，以防止浇口裂纹。

（5）铸造速度不宜过高，以防止大面裂纹。但铸造速度过低，侧面裂纹倾向严重，生产中速度一般控制在 40~60mm/min。

8.6.1.4 6×××系合金的铸造工艺特点

6×××系合金流动性较好，铸温一般控制在 700~730℃，开头一般铺假底，浇口不回火，铸造速度为 40~60mm/min。

8.6.1.5 铸造工艺参数

纵向压延扁铸锭的铸造工艺参数见表 8-4。

表 8-4 工业常用纵向压延扁铸锭的铸造工艺参数

合　金	规格/mm×mm 或 mm×mm×mm	铸造速度 /mm·min^{-1}	铸造温度 /℃	冷却水压 /MPa	铺　底	回　火
1A85~1A99	300×(1000~1240)	50~55	690~710	0.08~0.15	—	
	480×950×1350	50~55	705~715	0.08~0.15	—	
	480×950×1350	42~48	705~715	0.08~0.15	—	
纯铝、7A01	275×(1000~1240)	55~60	690~725	0.08~0.15		—
	300×(640~1290)	55~60	690~725	0.08~0.15		—
	340×(1260~1540)	55~60	700~725	0.08~0.15		—
	440×(980~1260)	55~60	700~725	0.08~0.15		—
	440×(1560~1700)	42~48	700~725	0.08~0.15		—
3×××系合金	275×(1040~1240)	50~55	710~720	0.08~0.15	—	—
	300×(640~1270)	50~55	710~720	0.08~0.15	—	—
	340×(1260~1540)	50~55	710~720	0.08~0.15	—	—
	400×(1120~1260)	45~55	710~720	0.08~0.15	—	—
	480×(980~1260)	50~55	710~720	0.08~0.15	—	—
	480×(1350~1380)	45~50	710~720	0.08~0.15	—	—
	480×(1560~1700)	40~45	710~720	0.08~0.15	—	—
5A02、5052、5082、5182	300×(1000~1300)	55~60	710~730	0.08~0.15	—	—
	400×(1120~1620)	45~55	710~730	0.08~0.15	—	—
	480×(980~1560)	40~50	710~730	0.08~0.15	—	—

合　金	规格/mm × mm 或 mm × mm × mm	铸造速度 /mm · min^{-1}	铸造温度 /℃	冷却水压 /MPa	铺底	回火
4 × × × 系合金	300 × (1000 ~ 1300)	50 ~ 60	670 ~ 710	0.08 ~ 0.15	–	–
	300 × (1300 ~ 1500)	50 ~ 55	670 ~ 710	0.08 ~ 0.15	–	–
6 × × × 系合金	300 × (740 ~ 1300)	50 ~ 55	700 ~ 730	0.08 ~ 0.15	–	–
	320 × (1200 ~ 1320)	40 ~ 45	700 ~ 730	0.08 ~ 0.15	–	–
8011、8A06	300 × (640 ~ 1290)	55 ~ 60	710 ~ 740	0.08 ~ 0.15	–	–
	480 × (950 ~ 1360)	48 ~ 55	710 ~ 740	0.08 ~ 0.15	–	–
	480 × 1560	42 ~ 48	710 ~ 740	0.08 ~ 0.15	–	–

注：1. 采用隔热膜或热顶铸造时，铸造速度可适当提高；

　　2. 铸造温度可根据转注过程中的温降自行调节。

　　3. – 为不铺底，不回火。

8.6.2　横向压延扁铸锭的铸造

横向压延扁铸锭以硬合金居多，目前有 2 × × × 系、3 × × × 系、5 × × × 系、6 × × × 系、7 × × × 系合金。横向压延扁铸锭铸造时的主要废品是裂纹，因此在铸造前的准备和铸造操作上侧重于防止裂纹的产生。

8.6.2.1　铸造操作

A　铸造前的准备

（1）水冷的均匀程度对裂纹影响很大，因此在铸造前要认真检查水冷系统，保证水冷均匀，并使两侧挡水板的角度一致，挡水板下缘与结晶器下缘在同一水平面或稍低一点的位置。

（2）结晶器工作表面光滑，铸造前用砂纸打磨并润滑。结晶器无变形、无砂眼等缺陷。结晶器锥度合适，对应角度一致。

（3）结晶器与水套间隙一致，结晶器放正。

（4）加强对静置炉内熔体覆盖。5 × × × 系、7 × × × 系合金用 2 号熔剂覆盖。

B　操作过程

铸造开始前先铺底（不需铺底的铺假底），之后立即用加热好的大渣刀将金属表面渣打净，然后开车下降少许。当靠近结晶器四周熔体凝固 20mm 左右时放入基本金属，并仔细打渣，打渣原则是先周边，后中心，由漏斗处向小面移动渣刀，不许逆流打渣。当熔体将铺底铝盖满后，开车下降，并落下流盘，铸造开头时为减少夹渣，铸造温度一般采用中上限。

铸造过程中保持流槽、流盘、结晶器内液面平稳，避免液流冲击形成夹杂物滚入，形成夹渣裂纹。要封闭各落差点，并及时润滑。液面无渣时，不得随意破坏氧化膜。

收尾时，在停止供流前用热渣刀将流盘内的渣打净。停止供流后流盘内的金属流净后立即抬起流盘取出漏斗，用热渣刀将漏斗附近的渣打净，防止浇口夹渣。对需回火处理的合金进行回火处理；不需回火的合金，要使浇口部凉透才能停水，在浇口部不见水的情况下停车越晚越好，待铸锭凉透后吊出。

8.6.2.2　2 × × × 系合金的铸造工艺特点

（1）2A12 合金中 Mg 含量高，疏松倾向大，液态氧化膜致密性差，增加了吸气性。

（2）2A12 合金结晶温度范围宽，低温塑性差，易产生由热裂纹导致的冷裂纹，故 2A12 合金结晶器小面缺口高，其目的是使小面优先见水，防止侧裂；2A12 合金低温塑性好，冷裂倾向小，热裂倾向大。

（3）为防止浇口裂纹，2A12 合金需进行回火处理，而 2A11 合金不能回火，回火可导致浇口裂纹，这是因为 2A11 合金易生成 Mg_2Si 相，当温度降至 400℃ 时，Mg_2Si 相析出并聚集于晶界，当 Si 含量达到一定数量时，Mg_2Si 在晶界上大量聚集而形成的相变应力易使浇口产生裂纹。

（4）2A12 合金铸造速度高，一般为 90 ~ 105mm/min，而 2A12 合金约为 60 ~ 70mm/min；2 × × × 合金在铸造时，液面距结晶器上缘不宜过小，一般为 60 ~ 80mm，以防止表面裂纹；为防止底部裂纹，2 × × × 系合金在铸造时必须使用纯铝铺底，并注意打渣等操作，防止因夹渣而产生裂纹。

8.6.2.3　5×××系合金的铸造工艺特点与操作

A　工艺特点

（1）有一定的热裂倾向。如合金中 Na 含量高，使其产生钠脆性。由于合金中 Mg 含量高，易使铸锭表面形成疏松的氧化膜（$V(MgO)/V(Mg) = 58\%$），表面上的显微裂纹是应力集中的场所，在冷却不均的情况下极易开裂。

（2）表面有一定的拉痕、拉裂倾向。5 × × × 系合金易氧化，表面氧化膜强度低，易拉裂。

（3）合金熔体黏度大，流动性差，存在形成冷隔倾向。

（4）低温塑性好。但由于 Mg 含量高，缺口敏感度高，有形成冷裂的倾向。

B　铸造与操作

（1）为防止表面裂纹，铸造速度通常控制在 50 ~ 75mm/min。

（2）铸造温度通常为 700 ~ 730℃。

（3）为防止底部裂纹，横向压延扁铸锭采用四面光滑的底座，铸造开头时铺底；纵向压延扁铸锭可铺假底。

（4）为防止侧面裂纹，采用小面带缺口的结晶器和大小面分开供水的水箱式盖板。

（5）浇口部可自身回火，也可不自身回火。目前 5 × × × 系合金除 5A12 外，其他合金一律不回火。

（6）严禁使用含 Na 熔剂覆盖和精炼，熔体中通常加 0.001% ~ 0.005% 的 Be。

（7）防止表面热裂和表面夹渣。

8.6.2.4　7×××系合金的铸造工艺特点

7 × × × 系合金结晶范围很宽，高、低温塑性都很差，冷裂、热裂倾向极大，还易产生表面疏松等缺陷。为抑制以上缺陷，除在成分上进行适当的调整外，在铸造时应注意严格操作。

（1）浇注速度不宜过高，防止液穴过深而产生大面裂纹，但也不能过低，以防止侧裂，一般浇注速度控制在 40 ~ 60mm/min 之间。

（2）有效结晶区高度不宜过高，防止铸锭被二次加热，遇二次水冷时形成表面裂纹，一般结晶器高为 200mm 时，液面距结晶器上缘高度为 60 ~ 70mm。

（3）为防止底部裂纹，铸造开头时必须铺底，并使用四面光滑的底座。

（4）为防止侧面裂纹，使用小面带缺口的结晶器。大小面分开供水，小面水压稍小些。

（5）水压不宜过高，一般为 0.03 ~ 0.10MPa。

（6）操作重点是防止夹渣、成层和表面热裂纹。

8.6.2.5　铸造工艺参数

工业上常用的横向压延扁铸锭铸造工艺参数见表8-5。

表8-5　工业常用横向压延扁铸锭的工艺参数

合　金	规格 /mm × mm	铸造速度 /mm · min^{-1}	铸造温度/℃	冷却水压/MPa	铺　底	回　火
2A02	200 × 1400	100 ~ 115	690 ~ 725	0.08 ~ 0.15	+	+
2A12	300 × 1500	95 ~ 100	700 ~ 725	0.12 ~ 0.20	+	+
2024	340 × 1540	80 ~ 85	690 ~ 725	0.15 ~ 0.25	+	+
2A11 2A16 2219 2017	200 × 1400	70 ~ 75	690 ~ 720	0.08 ~ 0.15	+	+
	255 × 1500	60 ~ 65	690 ~ 720	0.08 ~ 0.15	+	-
	340 × 1540	60 ~ 65	690 ~ 720	0.15 ~ 0.25	+	-
2A17、2A70 2A80、2014 2A14、2A50 2B50	200 × 1400	90 ~ 95	690 ~ 720	0.08 ~ 0.15	+	-
	255 × 1500	60 ~ 65	690 ~ 720	0.08 ~ 0.15	+	-
	300 × 1500	75 ~ 80	690 ~ 740	0.12 ~ 0.20	+	-
3 × × ×系	255 × 1500	55 ~ 60	710 ~ 730	0.08 ~ 0.15	-	-
5A03、5754	255 × 1500	60 ~ 65	695 ~ 730	0.08 ~ 0.15	+	-
5A05、5052	255 × 1500	55 ~ 60	700 ~ 730	0.08 ~ 0.15	-	-
	300 × 1800	50 ~ 55	700 ~ 730	0.08 ~ 0.15	-	-
5083、5A05 5A06、5B05 5B06、5456 5086、5056	255 × 1500	55 ~ 60	700 ~ 730	0.08 ~ 0.15	+	-
6061	255 × 1500	50 ~ 55	700 ~ 730	0.08 ~ 0.15	+	-
6082	255 × 1500	55 ~ 60	700 ~ 730	0.08 ~ 0.15	+	-
7A04 7A09 7A10 7075	300 × 1000	55 ~ 65	700 ~ 720	0.08 ~ 0.10	+	+
	300 × 1200	55 ~ 65	700 ~ 720	0.06 ~ 0.10	+	+
	340 × 1200	50 ~ 60	700 ~ 720	0.03 ~ 0.08	+	+

注：1. 采用隔热模或热顶铸造时，铸造速度可适当提高；
　　2. 铸造温度可根据转注过程中的温降自行调节；
　　3. +为铺底，回火；-为不铺底，不回火。

8.7　铝及铝合金圆铸锭铸造

8.7.1　圆铸锭铸造的基本操作

8.7.1.1　铸造前的准备

（1）结晶器工作表面光滑，用普通模铸造时内表面用砂纸打光。保证水冷均匀，当同时铸多根时，应使底座高度一致，结晶器和底座安放平稳、牢固。

（2）流槽、流盘充分干燥。

（3）漏斗是分配液流、减慢液流冲击的重要工具，铸造前根据铸锭规格选择合适的漏斗。漏斗过小会使液流供不到边部、而产生冷隔、成层等缺陷，严重时导致中心裂纹和侧面裂纹；漏斗过大会使漏斗底部温度低，从而产生光晶、金属间化合物缺陷。如果漏斗偏离中心，会因供流不均而造成偏心裂纹。

当使用不锈钢或铸铁漏斗时，外表面应打磨光滑，喷涂料前将其加热至150~200℃，喷涂后不能急冷急热。所有漏斗在使用前都需充分预热，使用漏斗架的应预先调整好漏斗架。

（4）调整熔体温度，将其控制在铸造温度的中上限。

8.7.1.2 铸造与操作

A 铸造开头

（1）一般圆铸锭的铸造，其开始的铸造温度以中上限为宜，大直径圆铸锭的铸造温度以其上限开头。

（2）对需铺底的合金规格应事先铺好纯铝底，铺底后立即用加热好的渣刀将表面渣打干净，周边凝固20mm后，放入基本金属。对直径为550mm以上铸锭应同时放入环形漏斗，使液面缓慢上升并彻底打渣。当液面上升到漏斗底部把漏斗抬起，打出底部渣，打渣时渣刀不能过分搅动金属。对直径为550mm以下铸锭，当液面升到锥度区开车，同时放入自动控制漏斗。不铺底的合金及规格，准备好后直接放入基本金属。

（3）开车后调整液面高度，漏斗放在液面中心，保证能均匀分配液流。

B 铸造过程

（1）铸造过程中控制好温度，一般在中限。

（2）封闭各落差点。

（3）控制好流槽、流盘、结晶器内液面水平，避免忽高忽低，尽量平稳。

（4）做好润滑工作。使用油类润滑时，润滑油应事先预热。

C 铸造的收尾

（1）铸造收尾前温度不要太低，否则易产生浇口夹渣。

（2）收尾前不得清理流槽、流盘的表面浮渣，以免浮渣落入铸锭。

（3）停止供流后及时抬走流盘，并小心取出自动控制漏斗；对使用手动控制漏斗或环形漏斗的，当液面脱离漏斗后即可取出漏斗。浇口不打渣。

（4）需要回火的合金，当液体面到达直径的1/2~1/3时，冷却水停止，并开快车下降；当铸锭脱离结晶器10~15mm时停车，待浇口完全凝固后即可吊出。不需回火的合金在浇口不见水的情况下停车越晚越好，待浇口部冷却至室温时停水。小直径铸锭距结晶器下缘10~15mm时停车，防止铸锭倒入井中。

8.7.2 小直径圆铸锭的铸造工艺特点

直径在270mm以下的小直径圆铸锭形成冷裂倾向小，同时由于冷却强度大，过渡带尺寸小，形成疏松倾向小，因此铸造速度可高些，温度不宜太高，保持在715~740℃即可。使用带燕尾槽的底座，不铺底。操作时防止浇口和底部夹渣。

8.7.3 大直径圆铸锭的铸造工艺特点

（1）为降低形成疏松倾向，减少冷隔，一般采用高温铸造。

（2）铸速偏低。

（3）软合金因没有冷裂倾向，故不需铺底回火；硬合金大直径铸锭均需铺底，对铸态低温塑性差的合金浇口部需回火。

（4）可不使用带燕尾槽的底座。

（5）操作时注意防止成层、裂纹、羽毛晶、疏松、光晶、化合物偏析等缺陷。

8.7.4　锻件用铸锭的铸造工艺特点

锻件用铸锭在铸造时主要是防止氧化膜，除上述要求外，在操作中还应注意以下几点：

（1）铸造温度比同合金、同规格的普通铸锭高些，有利于气体、夹杂物的分离。

（2）炉外在线净化系统温度应与铸造温度相适应。

（3）铸造过程中保证温度在中上限。

8.7.5　铸造工艺参数

工业上常用变形铝合金圆铸锭的铸造工艺参数见表8-6。

表8-6　工业常用变形铝合金圆铸锭的铸造工艺参数

合　金	圆铸锭直径 /mm	铸造速度 /mm·min^{-1}	铸造温度/℃	冷却水压/MPa	铺　底	回　火
1×××系	81 ~ 145	130 ~ 180	720 ~ 740	0.05 ~ 0.10	–	–
	280 ± 10	80 ~ 85	720 ~ 740	0.08 ~ 0.15	–	–
	360 ± 10	70 ~ 75	720 ~ 740	0.08 ~ 0.15	–	–
	775	25 ~ 30	725 ~ 745	0.04 ~ 0.08	–	–
3A21	81 ~ 145	110 ~ 130	720 ~ 740	0.05 ~ 0.10	–	–
	280 ± 10	70 ~ 75	720 ~ 740	0.08 ~ 0.15	–	–
	360 ± 10	55 ~ 60	720 ~ 740	0.08 ~ 0.15	–	–
	775	25 ~ 30	725 ~ 745	0.04 ~ 0.08	–	–
2A01、2A10	91 ~ 145	110 ~ 130	705 ~ 735	0.05 ~ 0.08	–	–
	215	75 ~ 80	705 ~ 735	0.05 ~ 0.08	–	–
	360	50 ~ 55	720 ~ 740	0.05 ~ 0.08	+	–
5A02、5A03	81 ~ 145	110 ~ 130	715 ~ 735	0.05 ~ 0.10	–	–
	280 ± 10	70 ~ 75	715 ~ 735	0.08 ~ 0.15	–	–
	360 ± 10	60 ~ 65	715 ~ 735	0.08 ~ 0.15	–	–
	775	20 ~ 25	725 ~ 745	0.04 ~ 0.08	+	–
2A11	91 ~ 145	110 ~ 140	715 ~ 735	0.05 ~ 0.10	–	–
	280 ± 10	60 ~ 65	715 ~ 735	0.08 ~ 0.12	+	–
	360 ± 10	50 ~ 55	720 ~ 740	0.08 ~ 0.12	+	–
	775	15 ~ 17	725 ~ 745	0.04 ~ 0.06	+	–
2A02、2A06、 2A12、2A16、 2A17	91 ~ 145	110 ~ 160	720 ~ 740	0.05 ~ 0.10	+	+
	280 ± 10	50 ~ 55	720 ~ 740	0.05 ~ 0.10	+	+
	360 ± 10	30 ~ 35	725 ~ 745	0.05 ~ 0.10	+	+
	775	14 ~ 16	730 ~ 750	0.04 ~ 0.06	+	+

合 金	圆铸锭直径 /mm	铸造速度 /mm·min⁻¹	铸造温度/℃	冷却水压/MPa	铺 底	回 火
2A50、2A14	91~143	110~130	715~730	0.05~0.10	-	-
	360	50~55	725~740	0.05~0.10	+	-
	775	15~20	740~750	0.04~0.06	+	-
2A70、2A80	91~143	100~120	725~745	0.05~0.10	-	-
	360	40~45	740~755	0.05~0.10	+	-
	775	15~20	740~755	0.04~0.06	+	-
7A04、7A09、7075	91~143	90~95	715~730	0.04~0.08	-	-
	360	25~30	740~750	0.04~0.08	+	-
	775	13~15	740~750	0.03~0.05	+	-

注：1. 采用隔热模或热顶铸造时，铸造速度可适当提高；

2. 铸造温度可根据转注过程中的温降自行调节；

3. + 为铺底，回火； - 为不铺底，不回火。

8.8 铝及铝合金空心圆铸锭铸造

8.8.1 工艺特点

空心圆铸锭与同外径的实心圆铸锭相比，有以下特点：

（1）在铸造工具上，多了一个内表面成型用的锥形芯子。芯子通过一个固定在结晶器上口圆槽处的芯子支架而安放在结晶器的中心部位，且芯子可以转动和上下移动。

（2）采用二点供流的弯月形漏斗或叉式漏斗，手动控制液面。

（3）产生成层、冷隔倾向大，故铸造速度较高。

（4）铸造温度较低，一般为 700~720℃。

（5）冷却水压较高，一般为 0.03~0.12MPa；芯子水压平均为 0.02~0.03MPa。

（6）操作重点是铸造开头和收尾时防止与芯子粘连。

此外，应尽量减少夹渣，防止液面波动。

8.8.2 铸造与操作工艺

8.8.2.1 铸造前的准备

（1）外圆水冷系统的检查与实心圆铸锭的相同。芯子安放在芯子支架上，平稳、不晃动、不偏心。

（2）根据合金、规格选择芯子锥度。保证芯子工作表面光滑，当使用普通模铸造时，芯子壁用砂纸打磨光滑，无划痕和凹坑等。

（3）芯子下缘与结晶器出水孔水平一致或稍高些，但要保证不上水。芯子出水孔过高，会使铸造开头顺利，但易出现环形裂纹或放射状裂纹；太低易抱芯子形成内壁拉裂，严重时使铸造无法进行。

（4）检查芯子接头处有无漏水，芯子出水孔有无堵塞，保证水冷均匀。连接芯子的胶管，不要拉得太紧，以利于开头、收尾时摇动芯子。

（5）芯子水压比外圆结晶器水压要小，能使芯子充满水即可。如芯子水压过大，会造成在铸造开头时抱芯子，而且易产生内壁裂纹。芯子水压过小，铸锭内壁冷却不好，容易粘芯子而产生拉裂，甚至烧坏芯子，同时也使内壁偏析浮出物增多。

8.8.2.2 铸造工艺特点

A 铸造的开头

（1）铸造开头时要慢慢放流，使液面均匀上升。

（2）液体金属铺满底座即可打渣，待液面上升至距结晶器上缘 20～30mm 后开车，同时要轻轻转动芯子，并润滑和打渣。这是因为开始时，底部收缩快，如液流上升太快易抱芯子，使铸造无法进行。

（3）一旦芯子被抱住，应立即降低芯子水压，减少铸锭内孔的收缩程度，从而使芯子与铸锭内壁凝固层间形成缝隙而脱离，但应注意防止烧坏芯子。

（4）对易出现底部裂纹的合金应先铺底。对大直径空心铸锭，开车可适当早些，更要注意水平的上升。

B 铸造过程

铸造过程中关键是控制好液面水平，不能忽高忽低，并做好润滑。

C 铸造收尾

铸造收尾前，严禁清理流槽、流盘和漏斗里的表面浮渣，以防渣子掉入浇口部。停止供流后立即取出漏斗，浇口部不许打渣（外部掉入者除外）。收尾时轻轻摇动芯子，不回火的合金在浇口部不见水的情况下，停车越晚越好。对于回火的合金应进行回火。

8.8.3 铸造工艺参数

工业上常用的空心圆铸锭铸造工艺参数见表 8-7。

表 8-7 工业上常用的空心圆铸锭的铸造工艺参数

合　金	规格（外径、内径）/mm	铸造速度/mm·min⁻¹	铸造温度/℃	冷却水压/MPa	铺底	回火
5A02 3A21	212/92	80～85	720～740	0.08～0.12	－	－
	405/155	70～75	720～740	0.06～0.10	－	－
	630/255	40～45	725～745	0.04～0.08	－	－
	775/520	40～45	730～750	0.04～0.08	－	－
2A02 2A12	212/92	100～105	710～730	0.08～0.12	－	－
	405/155	65～70	725～740	0.04～0.08	－	－
	630/255	30～35	730～750	0.03～0.06	－	－
	775/520	35～40	735～750	0.03～0.05	＋	＋
2A50 2A14	270/106	90～95	710～730	0.08～0.12	－	－
	480/210	60～65	710～730	0.08～0.12	＋	－
	775/520	35～40	725～740	0.04～0.08	＋	－
2A70 2A80	270/106	90～95	720～740	0.08～0.12	－	－
	270/130	90～95	720～740	0.08～0.12	－	－
	360/210	80～85	720～740	0.08～0.12	＋	－

合　　金	规格（外径、内径）/mm	铸造速度/mm·min⁻¹	铸造温度/℃	冷却水压/MPa	铺　底	回　火
	270/106	70～75	710～730	0.03～0.06	+	+
7075	360/210	60～65	710～730	0.03～0.06	+	+
	630/368	35～40	725～740	0.03～0.06	+	+

注：1. 采用隔热模或热顶铸造时，铸造速度可适当提高；

　　2. 铸造温度可根据转注过程中的温降自行调节；

　　3. +为铺底，回火；－为不铺底，不回火。

8.9　铸造技术的发展趋势

8.9.1　热顶铸造

在通常的浮标铸造中，必须使结晶器内的铝液控制在尽可能低的水平，才能获得良好、光滑的铸锭表面。但是控制铝液保持稳定的低水平是相当困难的；低水平铸造还容易产生冷隔等缺陷。结晶器高，又容易产生反偏析、铸锭表面偏析瘤和表面裂纹等缺陷。采用浮标铸造时，不能生产小直径的铸锭。在浮标铸造的基础上发展的热顶铸造，能克服上述缺陷和缺点，铸出优质表面的铸锭。

热顶铸造如图 8-13 所示。在结晶器上端置一无底耐火材料储液槽。绝热储槽的内径小于结晶器型腔的直径，其突出部至结晶器内壁的距离在 0～3.2mm 以内，形成一个保温帽，即所谓热顶。油沟通过沟口将润滑剂引至突出部下面的液体金属弯月面与结晶器内壁之间。冷却水从进水管进入结晶器，从喷水孔排出并喷射到铸锭的表面上。铝液经流槽流入储液槽和结晶器中。

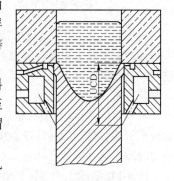

图 8-13　热顶铸造示意图

在热顶铸造过程中，将结晶器内的铝液面引至储液槽。铸锭直接喷水线至铸锭表面上凝固线间的距离，称为上流导热距离（UCD）或喷水直接冷却距离。与此方向相反，即单靠结晶器壁在铸锭表面上产生的向下冷却距离，称为铸模单独冷却距离（MAL）。已经发现，通过控制铸造速度，可以使结晶器的热导率由零变至最大，即当 UCD 延伸至绝热储液槽底时结晶器热导率为零，而当 UCD 距储液槽与结晶器的接触线大约为 12.7～25.4mm 时为最大，在这个范围内对铸锭质量无不良影响。

当 UCD 近似于结晶器高度加上结晶器底边至水湿线的距离时，可获得最佳值。可以通过测定结晶器壁温度来确定铸造速度或上流导热距离是否满足所要求的关系式。当结晶器材料为铝时，若保持结晶器壁温度比入口水温度高 38～114℃，一般可满足这一条件。调整铸造速度可使结晶器壁温度保持在此范围内，温度波动高于 114℃ 将有冷隔形成。用某些形式的直接水冷装置，改变水湿线的距离来调整上流导热距离，可使上述条件下的结晶器壁温度每周期波动保持在 1.12℃ 以上。上流导热始于铸锭表面直接水湿线。在低水流速下，会形成水流膜，妨碍水湿铸锭长度达到 25.4mm 以上（从喷水点向下）。因此，在足够的流量和速度下消除水流膜的形成，水流均匀，对于保持上流导热的凝固面恒定来说是重要的。图 8-14 表示在热顶铸造中铸造速度和上流导热距离对铸锭表面质量的影响。

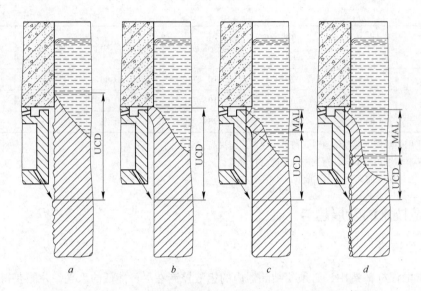

图 8-14　热顶铸造中铸造速度与上流导热距离对铸锭质量的影响

a—铸造速度过慢；b—铸造速度正常；c—铸造速度过快；d—铸造速度进一步提高

图 8-14a 表示铸造速度太慢，使 UCD 造成的凝固前沿进入到储液槽突出部以上，这种现象与铸造温度及水湿线位置也有关系。这种状况会在铸锭表面引起拉裂、波纹和冷隔等缺陷。这时结晶器壁温度与入口冷却水温度之差在 38℃ 以下。随着铸造速度的提高，凝固前沿逐渐向下流方向移动。

图 8-14b 表示生产良好铸锭表面的最大上流导热距离，此时凝固前沿正好终止于结晶器与储液槽的接合处。结晶器壁温度高于入口冷却水温度 38～57℃，满足了适宜条件。此时结晶器单独冷却距离（MAL）为零。

图 8-14c 表示生产良好铸锭表面的最小上流导热距离值。由于铸造速度提高，其凝固前沿向下移动，而 MAL 不超过 25.4mm。结晶器壁温度达到最高值，即比入口冷却水温度高将近 114℃。使 UCD 位于图 8-14b、c 位置之间的任意铸造速度均将生产出表面缺陷非常浅的铸锭。例如，在铸造铝时，表面缺陷深度最大为 3.2mm，典型的小于 1.6mm；而按以前普通工艺生产的铸锭，表面缺陷深度常常达 12.7mm 乃至更深。为了使冷隔深度不超过 1.6～3.2mm，还必须保持平衡结晶器壁温度波动在 14℃ 以内。

当铸造速度进一步提高时，凝固前沿趋近于水湿线（图 8-14d）。这时，由结晶器壁冷却收缩形成的很薄的初生外壳在到达凝固前沿以前将经过一段低冷却区。这时薄壳处于高于合金固相线温度之下而且是多孔性的，因而导致偏析浮出物的产生。薄壳还容易因润滑剂的蓄积而产生变形，机械地造成油隔或波纹。结晶器壁温度高于入口冷却水温度不超过 114℃，换句话说，当结晶器壁达到图 8-14c 所示的最大值之后，随着铸造速度的提高而趋于水平，不再继续提高。

热顶铸造时，结晶器的高度主要根据铸锭直径来选择。铸锭直径小，结晶器高度也应小；直径大，相应结晶器高度也应大，但高度最小不能小于 25mm，最大不应超过 50mm。一般铸锭直径在 120mm 以下，结晶器高度为 25～35mm；直径在 145mm 以上，结晶器高度选择 30～45mm 为宜。结晶器外套可用 2A50 锻铝，结晶器内衬可用紫铜制作。

铸造速度根据合金品种和铸锭直径的大小来确定。在合金和结晶器高度一定的情况下，铸锭直径越大,铸造速度应越小,但变化不应太大,如直径相差 20～30mm,铸造速度相差 5～10mm/min。

热顶铸造工艺已广泛应用于工业纯铝和结晶范围窄的软合金铸锭生产,但在铸造过程中容易产生拉裂缺陷。为了克服热顶铸造的不足,美国 Wagstaff 公司 1983 年初研究成功了气体润滑铸造工艺,1984 年应用于 2×××系和 7×××系变形铝合金生产。我国东北轻合金加工厂于 1991 年研制了铝合金油气润滑模热顶铸造的工艺装备,采用油气润滑模热顶铸造工艺的铸造速度高于普通立式连续铸造,而且铸锭表面光滑,塑性良好。

8.9.2 同水平多模铸造

同水平多模铸造是在热顶铸造的基础上发展起来的,是用一个统一的分流盘将多个热顶铸造的储液槽连接在一起,使储液槽内的铝液面都与分流盘中的铝液面处于同一水平高度,并受其控制。美国 Wagstaff 公司的 Maxi Cast 热顶铸造就是最先发展起来的同水平铸造技术。我国广东有色金属加工厂于 1983 年引进了一台这样的热顶铸造设备,1985 年底安装调试并投入使用。同水平铸造的最大特点就是金属液从炉口到流槽、分配盘直接流入单独的水冷结晶器,金属液在同一水平,一个大液面不存在任何落差,整个液面能形成一层稳定的氧化膜可起到保护作用,防止金属液再氧化,并减少吸气,不被二次污染。特别是下入式热顶铸造分流盘,采取下入式进流,克服了金属液紊流带来的种种不利,整体温度场较为均匀,无冲击。青铜峡铝厂将普通立式半连续铸造改造为同水平热顶铸造法生产 6063 合金圆铸锭,产品成品率由原来的70% 提高至 92%。

8.9.3 电磁结晶器铸造

电磁结晶器铸造也称为电磁场铸造,它是利用电磁力代替 DC 法的结晶器,支撑熔体使其成型,然后直接水冷形成铸锭,所以也称为无铸模铸造。此法是在熔体不与结晶器接触的情况下凝固,不存在凝固壳和气隙的影响,铸锭不产生偏析瘤和表面黏结等缺陷,不用车皮即可进行压力加工,硬合金扁铸锭的铣面量和热轧裂边量大为减少。电磁结晶器铸造结构及其工作原理如图 8-15 所示。

采用无铁芯感应炉熔化金属时,熔体金属上表面的中心部位与周围相比,高高隆起,尤其是在电流频率低、熔体电导率高和熔化量少的情况下,凸起更加严重,电磁铸造就是利用这种原理工作。如图 8-15 所示,它是用产生电磁场的感应器、磁屏及冷却水箱等组成结晶器。由左手定则可知,在感应器通以交流电时,其中金属液便会感生出二次电流,由于集肤效应,金属液柱外层的感生电流较大并产生一个压缩金属液柱使之避免流散的电磁推力 F,依靠此 F 维持并形成铸锭的外轮廓。因此,只要设计出不同形状和尺寸的感应器,便可铸出各种与感应器形状相对应的锭坯。要得到所需尺寸的铸锭,关键是要使金属液柱静压力和电磁推力相平衡。感应器产生的电磁推力为

$$F = KI^2 W^2 / h^2 \tag{8-3}$$

式中 I——电流;

W——感应线圈匝数;

h——感应器高度;

K——考虑到电磁装置结构及尺寸、电流频率及金属电导率等有关的系数。

由于电磁感应器内壁附近的电磁推力最大,且沿铸锭的高度方向不变,致使金属液隆起而

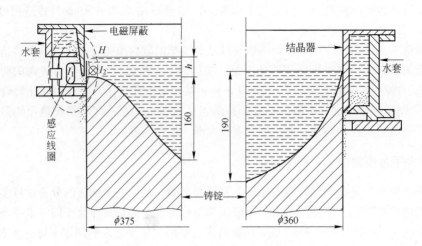

图 8-15　电磁结晶器铸造结构与 DC 铸造结晶器对比

形成液柱，但液柱静压力是随液柱高度而变化的。为使液柱保持垂直形态，必须使其静压力与电磁推力相适应，故在感应器上方加一电磁屏蔽使沿液柱高度 h_1 内各点的电磁推力等于各点液柱静压力，方可使液柱表面呈直立形状和保持固定的尺寸。可见，感应器的作用和结晶器类似，其形状和尺寸决定着铸锭的形状，但尺寸还与金属液柱静压力与电磁力的平衡情况有关。液柱静压力 p 为：

$$p = h_1\rho \tag{8-4}$$

$$h_1 = KI^2/(\rho g) \tag{8-5}$$

式中　h_1——金属液柱高度；

　　　ρ——金属液密度；

　　　g——重力加速度。

电磁结晶器装置的上部附加的电磁屏蔽用非磁性材料制成。电磁屏蔽是一个壁厚带有锥度的圆环，起抵消感应线圈磁场的作用，并且以其壁厚的变化由下至上增加抵消量，以保持铸锭上部的熔体柱为垂直状态。采用 1Cr18Ni9Ti 白钢磁屏蔽，选择一个合适锥角以满足铸锭铸造的要求。除此之外，电磁屏蔽还兼作冷却水的导向板。

冷却水套用非导电材料制成，其结构可根据铸造的需要制成不同喷水冷却形式。在铸造工具的准备过程中，要保证底座、感应线圈和电磁屏蔽三者各自水平并在同一垂直轴线上，否则会由于电磁推力沿高度和水平方向偏移使铸造过程产生熔体泄漏。在准备过程中要调整好铸造机，涂油是必要的，目的是防止铸造机在下降过程中水平摇晃。

当铸造工具准备完毕后，先将感应圈和电磁屏蔽（铸锭冷却水导向板）给水，然后给感应线圈送电，即可向结晶器内放入金属熔体，并放入浮漂漏斗，调整金属液面至正常的铸造水平后开车铸造。铸锭达到规定尺寸时，停止供给熔体并停车。待浇口部位熔体的周边凝固后即可停电，并按铸造要求停水。为了保证铸造顺利进行，漏斗的水平位置要恒定，并且要保证铸锭边部液体金属柱的适当高度。

确定铸造工艺参数时可考虑以下特点：铸造速度可适当提高，这是因为直接水冷铸锭使冷却强度增大；由于电磁的振动作用，晶粒细化，疏松缺陷几乎完全消除，金属的伸长率提高，裂纹倾向减小。据称铸造速度可提高 10% ~ 13%，电磁铸造的圆铸锭化学成分沿其直径分布均匀；冷却水用量可适当减少，这是因为液穴中熔体运动，铸锭表面与冷却水直接接触，当冷却水与铸锭轴线的夹角较小时，铸锭表面光滑使散射的水量减少，这些都会使铸造过程传热效率提高，据报道可节约用水量 25% ~ 50%；铸造温度可适当提高，这是因为液穴熔体的电磁搅拌作用会使液穴温度降低。例如，电磁铸造直径为 345mm 的铝铸锭，感应线圈通以 2500Hz 的高频电流，铸造速度为 120mm/min。

电磁铸造时，铸锭的尺寸精度与磁场的稳定性和磁场沿液态金属区周边分布的均匀性有关，同时还与液面控制精度有关。为了使磁场均匀和降低电磁铸造的工作电压，常采用单匝感应器。此时在感应器的电流导入处将产生磁场减弱的现象，从而可能使铸锭呈椭圆形。研究结果表明，若感应器内的间隙不大于 0.2 ~ 0.3mm，则磁场减弱不多，因而对铸锭尺寸的影响不大。圆铸锭的液面控制比扁铸锭难些，为了调整金属液面高度，常采用薄片式浮漂，它可保证其波动范围在 ±1mm 以内和铸锭厚度偏差减小到 5mm 以下。目前已采用自动化控制金属液水平。金属液水平控制装置由一台非接触金属液水平传感器和一个步进电动机驱动的流量控制元件所组成，可以保持金属液水平的控制误差在 1mm 以内。

在电磁铸造过程中，铸锭产生的区域偏析与铸造工艺参数有关。在电磁铸造条件下，较高的铸造速度下容易产生反偏析。电磁场的存在对液穴内熔体移动的流体动力学和偏析元素沿断面的分布状况均产生一定的影响。电磁搅拌能降低液穴深度，起到降低结晶器内熔体水平的相似作用。以电磁场作导热条件的铸造，实际上与金属水平接近于零的普通（滑动）结晶器浇注铸锭相似。电磁铸造的液穴浅，相对应的各点结晶线速度有所提高；而且过渡区窄，尤其是边部，所以铸锭结晶过程容易补缩，有利于排出气体，不易产生偏析。液穴在电磁搅拌作用下没有粗大晶区，结晶组织全为细的等轴晶，无需其他细化处理。

复习思考题

1. 基本概念：半连续铸造、连续铸造、液穴、过渡带、晶粒细化。
2. 简述各种铸造技术的技术特点。
3. 简述半连续铸造技术的原理和工艺控制。
4. 简述铸造工艺对铸锭质量的影响。
5. 简述铸造工艺流程与操作。

9　铝及铝合金铸锭均匀化与加工

9.1　铸锭均匀化退火

9.1.1　均匀化退火的目的

　　均匀化退火的目的是使铸锭中的不平衡共晶组织在基体中分布趋于均匀，过饱和固溶元素从固溶体中析出，以达到消除铸造应力，提高铸锭塑性，减小变形抗力，改善加工产品的组织和性能的目的。

　　均匀化退火对半成品的生产具有较大的意义，但它并不是一项必须进行的工序。因为均匀化退火后，将使制品的强度降低，因此对要求高强度的制品均热是不利的，另外，投资、耗电都大，而且还使铸锭表面质量变差。半成品是否需均热，必须根据工厂和用户的实际情况而定。

9.1.2　均匀化退火对铸锭组织与性能的影响

　　产生非平衡结晶组织的原因是结晶时扩散过程受阻，这种组织在热力学上是亚稳定的，若将铸锭加热到一定温度，提高铸锭内能，使金属原子的热运动增强，不平衡的亚稳定组织逐渐趋于稳定组织。均匀化退火过程，实际上就是相的溶解和原子的扩散过程。空位迁移是原子在金属和合金中的主要扩散方式。

　　均匀化退火时，原子的扩散主要是在晶内进行的，使晶内化学成分均匀。它只能消除晶内偏析，对区域偏析影响很小。由于均匀化退火是在不平衡固相线或共晶线以下温度中进行的，分布在铸锭各晶粒间的不溶物和非金属夹杂缺陷，不能通过溶解和扩散过程消除，所以均匀化退火不能使合金中基体晶粒的形状发生明显的改变。在铸锭均匀化退火过程中，除原子的扩散外，还伴随着组织的变化，即富集在晶粒和枝晶边界上可溶解的金属间化合物和强化相的溶解及扩散，以及过饱和固溶体的析出及扩散，从而使铸锭组织均匀，加工性能得到提高。

　　表 9-1 列出了不同均匀化制度对 5A06 合金组织和性能的影响。5A06 合金非平衡固相线温度约为 451℃，平衡固相线温度约为 540℃。

表 9-1　不同均匀化制度对 5A06 合金组织和性能的影响

名　称	均火温度/℃	保温时间/h	第二相体积分数/%	SR	力学性能		
					$R_{p0.2}$/MPa	R_m/MPa	A/%
铸　态			6.2	2.336	163	268	16.9
原工艺	460~475	24	2.5	1.049	165	276	13.4
试验工艺	485~500	9	2.1	1.040	23	291	13.6

　　注：SR 表示枝晶内元素偏析程度，SR 大，偏析程度大；SR = 1，表示没偏析。

9.1.3　均匀化退火温度及时间

9.1.3.1　温度

　　均匀化退火基于原子的扩散运动。根据扩散第一定律，单位时间通过单位面积的扩散物质

量 J 正比于垂直该截面 x 方向上该物质的浓度梯度，即：

$$J = -D \frac{\partial c}{\partial x} \tag{9-1}$$

扩散系数 D 与温度关系可用阿累尼乌斯方程表示：

$$D = D_0 \exp(-Q/RT) \tag{9-2}$$

此式表明，温度稍有升高将使扩散过程大大加速。因此，为了加速均匀化过程，应尽可能提高均匀化退火温度。通常采用的均匀化退火温度为 $0.9 \sim 0.95 T_m$，T_m 表示铸锭实际开始熔化的温度，它低于平衡相图上的固相线（图9-1）。

有时，在低于非平衡固相线温度进行均匀化退火难以达到组织均匀化的目的，即使能达到，也往往需要极长保温时间，因此，人们探讨了在非平衡固相线温度以上进行均匀化退化的可能性（图9-2）。这种在非平衡固相线温度以上，但在平衡固相线温度以下的退火工艺，称为高温均匀化退火。铝合金铸锭在高温均匀化退火时，非平衡共晶在开始阶段熔化，但保温相当长时间后，液相消失，熔质元素进入固溶体中，在原来生成液相的部位（晶间及枝晶网胞间）留下显微孔穴。若铸锭氢含量不超过一定值或不产生晶间氧化，则这些显微缺陷可以修复，不会影响制品质量。2A12 及 7A04 等合金在实验室条件下进行过高温均匀化试验，证明了此种工艺的可行性。

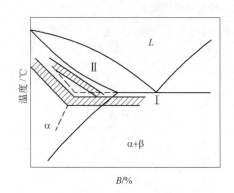

图9-1　均匀化退火温度范围
Ⅰ—普通均匀化；Ⅱ—高温均匀化

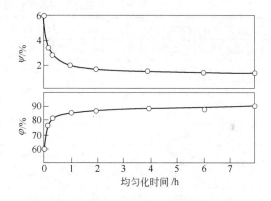

图9-2　ϕ150mm 2A12 铸锭在 500℃ 均匀化时，
溶解的过剩体积分数（φ）及 100℃时断面
收缩率（ψ）与均匀化时间的关系

9.1.3.2　保温时间

保温时间基本上取决于非平衡相溶解及晶内偏析消除所需的时间。由于这两个过程同时发生，故保温时间并非此两过程所需时间的代数和。实验证明，铝合金固溶体成分充分均匀化的时间仅稍长于非平衡相完全溶解的时间。多数情况下，均匀化完成时间可按非平衡相完全溶解的时间来估计。

非平衡相在固溶体中溶解的时间（t_s）与这些相的平均厚度（m）之间有以下经验关系：

$$t_s = am^b \tag{9-3}$$

式中，a 及 b 为系数，依据均匀化温度及合金成分而改变。对铝合金，指数 b 为 $1.5 \sim 2.5$。

随着均匀化过程的进行，晶内浓度梯度不断减小，扩散的物质量也会不断减少，从而使均匀化过程有自动减缓的倾向。图 9-2 的例子证明，2A12 铸锭均匀化退火时，前 30 min 非平衡相减少的总量比后 7h 的总和多得多。说明过分延长均匀化退火时间不但效果不大，反而会降低炉子的生产能力，增加热能消耗。

9.1.3.3　加热速度及冷却速度

加热速度的大小以铸锭不产生裂纹和不发生大的变形为原则。冷却速度需值得注意，例如，有些合金冷却太快会产生淬火效应；而过慢冷却又会析出较粗大第二相，使加工时易形成带状组织，固溶处理时难以完全溶解，因此减小了时效强化效应。对生产建筑型材用 6063 合金，最好进行快速冷却或甚至在水中冷却，这有利于在阳极氧化着色处理时获得均匀的色调。

9.1.4　常见均匀化制度

首先要阐明的是铸锭的组织均匀化，对于改善加工性能和制品性能是需要的，但也不是必须的。因为它是一项代价昂贵的热处理工序，所以是否需要均匀化退火，可从合金的塑性、设备能力、制品性能以及成本进行综合考虑来决定。镁合金一般可不必进行均匀化退火，对于有严重枝晶偏析的含铝、锌合金则需要均热处理。

表 9-2 和表 9-3 列出了工业生产中经常采用的铝合金扁铸锭及圆铸锭的均匀化退火制度。

表 9-2　工业上常用的铝合金扁铸锭均匀化退火制度

合金牌号	厚度/mm	制品种类	金属温度/℃	保温时间/h
2A11、2A12、2017、2024、2014、2A14	200~400	板材	485~495	15~25
2A06	200~400	板材	480~490	15~25
2219、2A16	200~400	板材	510~520	15~25
3003	200~400	板材	600~615	5~15
4004	200~400	板材	500~510	10~20
5A03、5754	200~400	板材	455~465	15~25
5A05、5083	200~400	板材	460~470	15~25
5A06	200~400	板材	470~480	36~40
7A04、7075、7A09	300~450	板材	450~460	35~50

表 9-3　工业上常用的铝合金圆铸锭均匀化退火制度

合金牌号	规格/mm	铸锭种类	制品名称	金属温度/℃	保温时间/h
2A02		空心、实心	管、棒	470~485	12
2A04、2A06		所有	所有	475~490	24
2A11、2A12、2A14		空心	管	480~495	12
2017、2024、2014		实心	锻件变断面	480~495	10
2A11、2A12、2017	φ142~290	实心		480~495	8
2024	<φ142	实心	要求均匀化	480~495	8
2A16、2219	所有	实心	型、棒、线、锻	515~530	24
2A10	所有	实心	线	500~515	20
3A21	所有		空心管、棒	600~620	4

合 金 牌 号	规格/mm	铸锭种类	制品名称	金属温度/℃	保温时间/h
4A11、4032、2A70、2A80、2A90、2218、2618	所有		棒、锻	485~500	16
2A50	所有	实心	棒、锻	515~530	12
5A02、5A03		实心	锻件	460~475	24
5A05、5A06、5B06、5083		空心、实心	所有	460~475	24
5A12、5A13		空心、实心	所有	445~460	24
6A02		空心、实心	锻件、商品棒	525~540	12
6A02、6063		空心、实心	管、棒、型	525~540	12
7A03	实心		线、锻	450~465	24
7A04			锻、变断面	450~465	24
7A04	实、空		管、型、棒	450~465	12
7A09、7075	所有		棒、锻、管	455~470	24
7A10	>φ400		棒、锻、管	455~470	24

均匀化退火的有关规定如下：

（1）温度准确，自动控制，各区加热要均匀，温度偏差不超过 ±5℃。如果是火焰炉最好控制中性；最好用电阻炉加热和强制热风循环。

（2）铸造应力大的合金铸锭采用先均热后锯切；残余应力小的和尺寸小的铸锭，则可先锯切后均热。

（3）定期测定炉膛各区的温差是否在允许的范围内。

（4）装炉时大规格的铸锭放在热端，小规格的铸锭放在冷端。

（5）每隔 30min 测量一次金属温度，当高、中、低温点都进入均热温度范围时，开始计算保温时间。

（6）要详细记录均热炉号、合金、规格、熔次、炉内放置位置以及金属温度。

（7）保温时间达到要求时即可出炉，炉料在空气中冷却。

（8）在均热炉三个测温点从铸锭上各取一个高倍试样，检查是否过烧，当合格时，方可投产。

9.1.5　均匀化退火炉

9.1.5.1　均匀化退火炉的用途

均匀化退火处理可消除铸锭内部组织偏析和铸造应力，细化晶粒，改善铸锭下一步压力加工状态和最终产品的性能。

9.1.5.2　均匀化退火炉类型

均匀化退火炉组由均匀化退火炉、冷却室组成；周期式炉组中还包括一台运输料车；连续式炉组则包括一套链式输送装置。

按加热能源不同，均匀化退火炉组可分为电阻式和火焰式。加热方式有两种，第一种是间接加热，火焰燃烧产物不直接加热铸锭，而是先加热辐射管等传热中介物，然后热量靠炉内循环气流传给铸锭；第二种是直接加热，电阻加热组件通电产生的热量和火焰燃烧产物产生的热量靠炉内循环气流传给铸锭。

按操作方式不同，均匀化退火炉组可分为周期式和连续式两类。

常用的是周期式炉组，铸锭由加料小车送入均匀化退火炉，完成升温保温工序后，整炉铸锭被运到冷却室内按照设定的速度冷却至室温，即完成了一个均匀化退火处理周期。国外周期式均匀化退火炉组最大吨位达 75t。

连续式炉组的工艺过程为铸锭被传送机构连续地送入均匀化退火炉，通过炉内不同区段完成升温、保温工序后，进入冷却室内，按照设定的速度冷却至室温，然后铸锭被传送机构连续地从冷却室运出。连续式炉组多用于生产产量较大和退火工艺稳定的中小直径圆棒。国外连续式均匀化退火炉组最大处理能力可达 20 万吨/年。

9.1.5.3　几种典型的均匀化退火炉组

（1）电阻加热周期式均匀化退火炉组，见图 9-3。

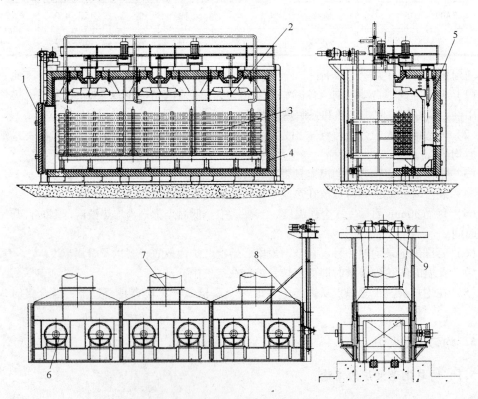

图 9-3　50t 电阻加热周期式均匀化退火炉组结构简图
1—炉体；2—炉门；3—循环风机；4—电阻加热器；5—炉料；6—冷却风机；
7—排风罩；8—进出料门；9—炉门提升机构

（2）火焰加热周期式均匀化退火炉组，见图 9-4。

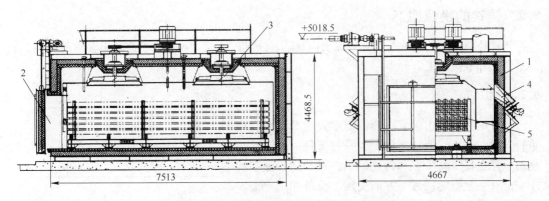

图 9-4　25t 火焰加热周期式均匀化退火炉组结构简图
1—炉体；2—炉门；3—循环风机；4—烧嘴；5—炉料

（3）火焰加热连续式均匀化退火炉组，见图 9-5。

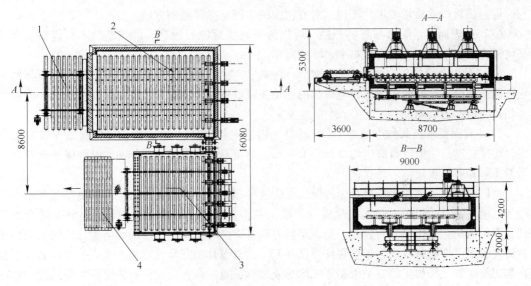

图 9-5　火焰加热连续式均匀化退火炉组
1—上料机构；2—步进式连续均热炉体；3—连续冷却室；4—出料机构

9.1.5.4　均匀化退火炉组的发展趋势

均匀化退火炉组采用批次式的处理方法。为了使铸锭升温曲线与设定工艺曲线一致（即铸锭升温曲线可调），除了自动调节加热器功率外，采用交流变频调速风机，自动调节风机速度进行热气体循环加热，达到整个加热室内均热温度差在 ±3℃ 以内，保证了均热铸锭的高质量。受能源价格波动影响，电阻加热式和燃油/气加热式均匀退火炉组都得到了发展，可以为用户提供最经济的选择方案。随着生产规模的扩大和采用高可靠、高精度自动控制技术，当生产产量较大和加热工艺稳定的中小直径圆棒铸锭时，连续式炉组比现在广泛采用的批次式炉组更合适。连续式炉组可以使每一根铸锭经过加热室、保温室、冷却室处理后，由传送链直接送至锯床锯切，除去了均热和锯切工序之间必须的中间堆放料场地，缩短了均热和锯切工序周期时间。

9.2　铸锭的机械加工

铸锭机械加工的目的是消除铸锭表面缺陷，使其成为符合尺寸和表面状态要求的铸坯，它包括锯切和表面加工。

9.2.1　锯切

通过熔铸生产出的方、圆铸锭多数情况不能直接进行轧制、挤压、锻造等加工，一方面是由于铸锭头尾组织存在很多硬质点和铸造缺陷，对产品质量和加工安全有一定影响；另一方面受加工设备和用户需求的制约，因此锯切是机械加工的首要环节。锯切工序有切头、切尾、切毛料、取试样等，如图9-6所示。

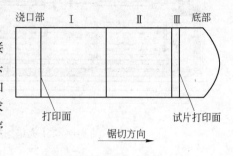

图9-6　方铸锭锯切示意图

9.2.1.1　方铸锭锯切

根据热轧产品质量要求的不同，对方铸锭的头尾有三种处理方法：

（1）对表面质量要求不高的产品，可保留铸锭头尾原始形状，即热轧前不对铸锭头尾作任何处理，最大限度地提高成材率，降低成本。

（2）对表面质量要求较高的产品如5052、2A12等普通制品以及横向轧制的坯料应将铸锭底部圆头部分或铺底纯铝切掉；浇口部的锯切长度根据合金特性和产品质量要求而异，但至少要切掉浇口部的收缩部分。

（3）表面要求极高的产品如PS板基料、铝箔毛料、3104制罐料、探伤制品等应加大切头、切尾长度，一般浇口部应切掉50～150mm，底部应切掉150～300mm，以确保最终产品的质量要求和卷材重量。

直接水冷的半连续铸造铝合金铸锭，在快速冷却的条件下铸锭中产生不平衡结晶和不均匀冷却，使铸锭显微组织中存在化学成分和组织偏析，产生应力分布不均匀，尤其是硬合金铸锭，直接锯切会破坏应力的静态平衡，锯切力和铸锭中应力产生了叠加。当叠加后的拉应力超过铸锭的强度极限时就产生锯切裂纹（图9-7），并有爆炸的危险，可能伤及人员或设备。因此在锯切前应确认待加工铸锭是否必须先均热或加热，通常高镁及硬合金铸锭需要先通过均热或加热处理后才能锯切加工。

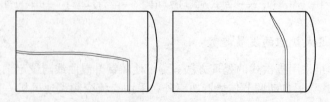

图9-7　铸锭应力造成锯切裂纹示意图

如今大型铝加工熔铸设备都朝着铸锭的宽度和长度进行发展，以最大限度的提高铸造生产效率和成品率，减少头、尾锯切损失，因此一根铸锭就有可能组合了两个及两个以上的毛料，在切去头、尾的同时还需要根据轧制设备的工作参数以及用户的需求，对毛料进行锯切。

毛料切取过程中应满足三个基本要素：

（1）切掉铸锭上不能修复的缺陷，如裂纹、拉裂、成层、夹杂、弯曲、偏析瘤等。

（2）按长度要求锯切，严格控制在公差范围内。

（3）切斜度符合要求。

表9-4列出了部分方铸锭锯切规定。

表9-4 部分铝合金方铸锭锯切尺寸要求

合 金	规格厚度 /mm	切头/mm	切尾/mm	长度公差 /mm	切斜度 /mm	内痕深度 /mm
2A12、7A04 等普通制品	400	≥120	≥180	±5	10	≤2
7A52、2D70、7B04 等探伤制品	400	≥200	≥300	±5	10	≤2
软合金（横压）	所有	≥80	≥150	±5	10	≤2

大多数铝合金方铸锭，在锯切加工中不需要切取试片进行分析，但随着高质量产品的需要，同时也为了在轧制前及时发现不合格铸锭，减少损失，越来越多的制品如3104制罐料、部分探伤制品都在锯切工序进行试片切取，根据不同要求进行低倍、显微疏松、高倍晶粒度、氧化膜等检查。试片的切取部位一般选择在铸锭的底部端，试片的切取厚度通常按照以下要求进行：

（1）低倍试片厚度为(25 ± 5)mm。

（2）氧化膜试片厚度为(55 ± 5)mm。

（3）显微疏松、高倍晶粒度、固态测氢试片厚度约15mm。

一根铸锭中同时有多个试验要求，如低倍、显微疏松、高倍晶粒度、固态测氢等检测，可在一块试片中取样，不用重复切取。

试片切取后应及时打上印记，印记的编号应与其相连的毛料一致，以便于区别，确保试验结果有效。如果试片检验不合格，可切除后切复查试片，复查试片只能在原处，即毛料的取样端切取锯切是机械加工的首要环节，在满足要求进行作业时，还应对毛料的表面质量进行观察、判断，通过如实记录，以便对可修复的表面缺陷进行刨边、铣面处理。表面缺陷包括皮下裂纹、拉裂、成层、夹杂、弯曲、偏析瘤等。

9.2.1.2 圆铸锭锯切

与方铸锭一样，圆铸锭头尾组织存在很多铸造缺陷，因此需要经过锯切将头尾切掉。与方铸锭加工有一定差别的是，一根圆铸锭一般需要加工为多个毛坯，并且在试片的切取方面有更多的要求。圆铸锭锯切一般从浇口部开始，顺序向底部进行，浇口部、底部的切除及试片切取量根据产品规格、制品用途以及用户要求而有所区别，锯切方法如图9-8所示。

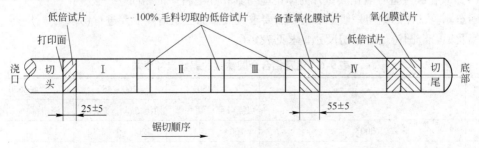

图9-8 圆铸锭锯切示意图

（图中Ⅰ、Ⅱ、Ⅲ、Ⅳ为毛料顺序号）

为了防止加工中发生铸锭裂纹或炸裂，部分合金和规格的铸锭必须先均热或加热（表9-5），消除内应力后才能锯切。

表9-5　需先均热或加热后才能锯切的部分合金和规格铸锭

合　　金	规格/mm
7×××系、LC88	所有空心铸锭
	≥φ260 实心铸锭
2A13、2A16、2B16、2A17、2A20	≥φ405 空、实心铸锭
2A02、2A06、2B06、2A70、2D70、2A80、2A90、2618、2618A、LF12、4A11、4032	≥φ482 空、实心铸锭
2A50、2B50、2A14、2014、2214、6070、6061、6A02、6B02	≥φ550 空、实心铸锭
2A11、2017、2A12、2024、2D12	≥φ405 空、实心铸锭
	所有空心铸锭

由于圆铸锭在铸造过程中液体流量小，铸造时间长，可能产生更多的冶金缺陷，因此对试片的切取有严格的要求，一般试片包括低倍试片、氧化膜试片、固态测氢试片等。

对低倍试片要求：

（1）所有不大于250mm的纯铝及部分6×××系小圆铸锭可按窝切取低倍试片。

（2）7A04、7A09、2A12、2A14大梁型材用锭，6A02、2A12、2A14空心大梁型材用锭，2A70、2A02、2A17、7A04、7A09、7075、7050合金直径不小于405mm的一类一级锻件用铸锭必须100%切取低倍试片。

（3）除此之外每根铸锭浇口部、底部切取低倍试片。

对氧化膜试片要求：

（1）用于锻件（特殊锻件除外）的所有合金锭，用于大梁型材的7A04、7A09、7075、2A12合金以及挤压棒材的2A02、2B50、2A70合金的每根铸锭都必须按圆铸锭锯切示意图的规定部位和顺序切取氧化膜及备查氧化膜试片。

（2）备查氧化膜试片在底部毛料的另一端切取，但对于长度小于300mm的毛料应在底部第二个毛料的另一端切取。

（3）氧化膜试片厚度为（55±5）mm。

（4）氧化膜及备查氧化膜试片的印记应与其相连毛料印记相同。

固态测氢试片的锯切一般是根据制品要求或液态测氢值对照需要进行切取。

铝及铝合金圆铸锭的锯切尺寸要求见表9-6。

表9-6　铝及铝合金圆铸锭的锯切尺寸要求

序号	合　金	≤φ250		φ260~482		≥φ550	
		切浇口部	切底部	切浇口部	切底部	切浇口部	切底部
1	1×××、3A21、3003	100	120	120	120	120	150
2	2A01、2A04、2A06、2A16、2B16、2A17及6×××系	100	120	120	120	120	150

序号	合　金	≤φ250		φ260~482		≥φ550	
		切浇口部	切底部	切浇口部	切底部	切浇口部	切底部
3	5A02、5052、5A03、5083、5086、5082、5A05、5056、5A06、LF11、5A12、2A12、2024、2A13、2A17、7A19、7A04、7A09、7075、7A10、7A12、7A15、7A52、7A31、7A33、7003、7005、7020、7022、7475、7039、LC88	100	120	120	120	150	150
4	2A14、2014、2A50、2B50、2A70、2A80、2A90、2618、2214、2A02 大梁，以及2A12、2024、6A02、7A04、7075、7050 要求一级疏松、一级氧化膜的锻件	250	250	200	250	170	250
5	探伤及型号工程制品	350	350	300	350	250	300

注：1. 表中的数值为最小锯切量；

　　2. 序号"4"中的锯切长度是指这些合金中有锻件要求的铸锭；

　　3. 其他一般制品（6A02、2A12、2D12及7A04、7B04除外）的锯切长度可比表中规定的长度少50mm。

圆铸锭通过低倍试验会检查出一些低倍组织缺陷，如夹杂、光晶、花边、疏松、气孔等，这些组织缺陷将直接影响产品性能，因此必须按规定切除一定长度后再取低倍复查试样，根据产品的不同要求分为废毛料切低倍复查和保毛料切低倍复查，最后确认产品合格或报废。

9.2.2　表面加工

铸锭经过锯切后需进行表面加工处理。表面加工方法主要有方铸锭的刨边、铣边、铣面；圆铸锭的车皮、镗孔等。

9.2.2.1　方铸锭表面加工

方铸锭表面加工分为对大面的铣面和对小面的刨边、铣边。

A　铣面

除对表面质量要求不高的普通用途的纯铝板材，其铸锭可用蚀洗代替铣面外，其他所有的铝及铝合金铸锭均需铣面。铸锭表面铣削量应根据合金特性、熔铸技术水平、产品用途等原则来确定，其中所采用的铸造技术是决定铣削量最主要的因素。铸锭表面铣削量的确定要同时兼顾生产效率和经济效益，一般来说，普通产品平面铣削厚度为每面6~15mm，3104 罐体料和1235 双零箔用锭的铣削量通常在 12~15mm。

铣面后坯料表面质量要求如下：

（1）铣刀痕控制。通过合理调整铣刀角度，使铣削后料坯表面的刀痕形状呈平滑过渡的波浪形，刀痕深度不大于0.15mm，避免出现锯齿形。

（2）铣面后的坯料表面不允许有明显深度和锯齿状铣刀痕及粘刀引起的表面损伤，否则需重新调整和更换刀体；坯料表面允许有断面形状呈圆滑状的刀痕，如刀痕呈陡峭状，则必须用刮刀修磨成圆滑状，并重新检查和调整刀的角度。

（3）铣过第一层的坯料上，若发现有长度超过100mm的纵向裂纹时应继续铣面。再检查，若仍有超过100mm长裂纹时，继续铣至条件成品厚度。

（4）铣面后的坯料，其横向厚度差不大于 2mm，纵向厚度差不大于 3mm。

（5）铣面后的坯料，应及时消除表面乳液、油污、残留金属屑。

（6）铣面后的坯料，其厚度应符合表 9-7 的规定。

表 9-7　铝及铝合金方铸锭铣面厚度尺寸要求

合　金	坯料厚度/mm	铣面后合格品厚度（不小于）/mm
所有合金	300	280
	340	320
	400	380
软合金	480	460
PS 板、阳极氧化板、制罐料等特殊用途坯料	480	445

B　刨边、铣边

镁含量大于 3% 的高镁合金铸锭、高锌合金方铸锭坯料，以及经顺压的 2×××系合金方铸锭坯料小面表层在铸造冷却时，富集了 Fe、Mg、Si 等合金元素，形成非常坚硬的质点以及氧化物、偏析物等，热轧时随铸锭的减薄或滚边而压入板坯边部，致使切边量加大，严重时极易破碎开裂，影响板材质量。因此，该类铸锭热轧前均需刨边或铣边。一般表层急冷区厚度约 5mm，所以刨边或铣边深度一般控制在 5 ~ 10mm 范围内。

刨边质量要求：

（1）刨、铣边深度，软合金为 3 ~ 5mm，硬合金和高镁合金为 5 ~ 10mm。

（2）刀痕深度，软合金不大于 1.5mm，硬合金及高镁合金不大于 2.0mm。

（3）加工后的边部应保持铸锭原始形状或热轧需要的形状。

（4）加工后铸锭表面应无明显毛刺，刀痕应均匀。

9.2.2.2　圆铸锭表面加工

圆铸锭表面加工分为车皮和镗孔。

A　车皮质量要求

车皮后的圆铸锭坯料表面应无气孔、缩孔、裂纹、成层、夹杂、腐蚀等缺陷及无锯屑、油污、灰尘等脏物，车皮的刀痕深度不大于 0.5mm。为消除车皮后的残留缺陷，圆铸锭坯料表面允许有均匀过渡的铲槽，其数量不多于 4 处，其深度对于直径小于或等于 405mm 的铸锭不大于 4mm，直径大于或等于 482mm 的铸锭不大于 5mm。若通过上述修伤处理仍不能消除缺陷时，允许再车皮按条件成品交货。

B　镗孔质量要求

所有空心铸锭都必须镗孔，当空心铸锭壁厚超差大于 10mm 时，外径小于或等于 310mm 的小空心铸锭壁厚超差大于 5mm 时，镗孔应注意操作，防止壁厚不均匀超标，同时修正铸造偏心缺陷。镗孔后的空心铸锭内孔应无裂纹、成层、拉裂、夹杂、氧化皮等缺陷，以及无铝屑、乳液、油污等脏物，镗孔刀痕深度不大于 0.5mm。镗孔至条件成品后，不能消除铸锭裂纹、成层、拉裂、夹杂、氧化皮等缺陷的，可以通过切掉缺陷方法处理。

铝及铝合金圆铸锭成品锭尺寸标准要求见表 9-8。

表 9-8 铝及铝合金圆铸锭成品锭尺寸标准要求

直径/mm	直径（外径）公差/mm	内径/mm	长度公差/mm	切斜度（不大于）/mm	壁厚不均度（不大于）/mm
φ775	+2 ~ -10		±8	10	
φ800（模压）	±5		±8	10	
φ630	+2 ~ -10		±8	10	
φ550	+2 ~ -8		±8	10	
φ482	+2 ~ -6		±6	8	
φ310 ~ 405	±2		±6	8	
φ262 ~ 290	±2		±5	6	
φ≤250	±2		±5	5	
775/520、775/440	+2 ~ -10	±2	±8	10	3.0
630/370、630/310、630/260	+2 ~ -10	±2	±8	10	3.0
482/310、482/260、482/215	+2 ~ -6	±1.5	±6	8	2.0
405/215、405/115	+2 ~ -6	±1.5	±6	8	2.0
360/170、360/138、310/138、310/106	+2 ~ -6	±1.5	±6	8	2.0
262/138、262/106	±2	±1	±5	6	2.0
222/106、222/85、192/85	±2	±1	±5	5	2.0

复习思考题

1. 基本概念：均匀化退火、锯切、铣面。
2. 简述铸锭均匀化退火的目的。
3. 简述铸锭均匀化退火制度的制定原则。
4. 简述铸锭机械加工的目的及加工质量控制。

10　铝合金铸锭的质量检验及缺陷分析

10.1　常规检查方法

10.1.1　圆铸锭的质量检查

圆铸锭的检查一般包括如下内容：

（1）化学成分。

（2）尺寸偏差，包括直径、长度、切斜度，空心铸锭还要检查内孔直径和壁厚是否均匀。

（3）表面质量，包括以下几项要求：1）不车皮铸锭表面应清洁，无裂纹、油污、灰尘、腐蚀、成层、缩孔、偏析瘤等缺陷不得超过有关标准的规定；2）车皮后的铸锭表面不得有气孔、缩孔、裂纹、成层、夹杂、腐蚀等缺陷，以及锯屑、油污、灰尘等脏物；3）车皮、镗孔后的铸锭表面刀痕深度要符合有关标准的规定；4）直接锻造用铸锭应无顶针孔。

（4）高倍检查。均匀化退火后的铸锭，应在其热端（高温端）切不少于两块高倍试样，检查是否过烧。

（5）低倍与断口组织缺陷（如裂纹、夹杂、气孔、白斑、疏松、羽毛状晶、化合物、大晶粒、光亮晶粒）不应超过有关标准的规定；氧化膜试样要经锻造后再进行检查，且应符合订货合同要求。低倍断口组织及氧化膜首次检查不合格时，可切取复查试片进行复查。低倍试片的切取方法如图 10-1 所示，氧化膜试样的切取方法如图 10-2 所示。

图 10-1　低倍试片的切取方法

1—切头；2，3—低倍试片；4—切尾

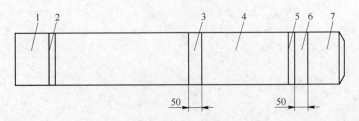

图 10-2　氧化膜试样的切取方法

1—切头；2，5—低倍试片；3—备查氧化膜试样；4—底部毛料；

6—氧化膜试样；7—切尾

（6）铸锭端面必须打上合金牌号、炉号、熔次号、根号、毛料号，验收后的铸锭必须打上检印。

10.1.2　扁铸锭的质量检查

扁铸锭的质量检查一般包括如下内容：

（1）化学成分。

（2）尺寸偏差，包括铸锭的厚度、宽度、长度，锯切铸锭还要检查锯口的切斜度。

（3）表面质量，包括以下几项要求：1）不铣面铸锭表面不得有夹杂、冷隔、拉裂，其他缺陷（如弯曲、裂纹、成层、偏析瘤等）不得超过有关标准的规定；2）铣面后的铸锭表面不允许有粘铝、起皮、气孔、夹杂、腐蚀、疏松、铝屑等，清除表面的油污及脏物，刀痕深度和机械碰伤要符合标准，铸锭两侧的毛刺必须刮净；3）锯切铸锭的锯齿痕深度应符合标准规定，无锯屑和毛刺；4）刨边后的铸锭无残留的偏析物。

（4）高倍检查。均匀化退火后的铸锭，应在其热端切取高倍试样，检查是否过烧。

（5）对于重要用途的铸锭，须切取试片进行低倍和断口检查。

（6）铸锭端面必须打上合金牌号、炉号、熔次号、根号、毛料号、验收后的铸锭必须打上检印。对于由于质量问题需改做他用的铸锭，还应做好相应的标志。

对于试制产品必须进行铸锭质量全面分析，包括组织、性能及定量金相检查等。

10.2　先进检测方法

超声波检验铸锭的原理就是声束在介质中传播，遇到声阻抗不同的介质时，便会有声能被介质反射或使透过的声能量减少，通过换能器的接收和转换，将检测的波形显示在超声波仪器的荧光屏上。

因此，可以根据波形特点、分布状况、传播时间、波高来对缺陷进行定性、定位和定量的分析，以此来评价铸锭的质量。

在铸锭的检测过程中，根据铸锭的形状和缺陷的分布及性质，检测的方法一般采用如下原则：方铸锭主要采用脉冲反射式纵波直接接触法和液浸法；圆铸锭主要采用脉冲反射式液浸法或穿透法，根据缺陷的分布和性质采取横波法或纵波法。为了不影响检测的效果，使声能有效传入，铸锭的表面应清洁，必要时进行加工。

由于铸锭的内部组织较粗大，所以检测时频率一般选择为 1.25～5.0MHz，可减少对声能的散射和衰减，有利于提高检测的灵敏度；换能器有效尺寸一般在 12～25mm 之间；耦合剂主要采用钙基润滑脂或水；对比试块的材料应与检测的铸锭材质相近或相同；扫查方向应有利于缺陷的检出，扫查速度控制在 254mm/s 以内，扫查方式以不漏检为主。检测的灵敏度以信噪比不低于 6dB 为佳。

检查结束，在排除一切外来因素后，如果在始波和底波之间有异常信号，便可确认为缺陷波。根据缺陷的波高、分布状况、特点、传播时间进行定量、定性和定位，根据规程或标准评判铸锭质量，并将结果填在质量记录表中，存档备案；同时在铸锭上做出标识，以便检查员验收，判定成品是否合格。

超声波探伤可以检测铸锭中的各种宏观缺陷，如夹杂、气孔、裂纹和组织粗大。夹杂和气孔分布没有规律，一般夹杂的波形较平缓，而且多点，不同方向检测的波形有差异；气孔反射明显，不同方向检测的波形基本相同。裂纹一般在铸锭中心或表面，波形反射明显，而且方向性强；组织粗大波形杂乱，一般为林状回波或草状回波。为了判断更加准确，有时应与低倍分析结合，以达到准确性。

10.3　铝合金铸锭内部缺陷分析

10.3.1　偏析与偏析瘤

铸锭中化学元素成分分布不均的现象称为偏析。在变形铝合金中，偏析主要有晶内偏析和反偏析。

10.3.1.1　晶内偏析

显微组织中同一个晶粒内化学成分不均的现象称为晶内偏析。

（1）晶内偏析的组织特征。晶内偏析只能从显微组织中看到，铸锭试样浸蚀后的特征是，晶内呈年轮状波纹（图10-3），如果用干涉显微镜观察，水波纹色彩更加清晰。合金成分含量由晶界或枝晶边界向晶粒中心下降，晶界或枝晶边界附近显微硬度比晶粒中心显微硬度高。水波纹的产生原因是，由于晶粒内不同部位合金元素含量不同，受浸蚀剂浸蚀程度的不同所致。

（2）晶内偏析形成机理。在连续或半连续铸造时，由于存在过冷，熔体进行不平衡结晶。当合金结晶范围较宽，溶质原子在熔体中的扩散速度小于晶体生长速度时，先结晶晶体（即一次晶轴）含高熔点的成分较多，后结晶晶体含低熔点的成分较多，结晶后

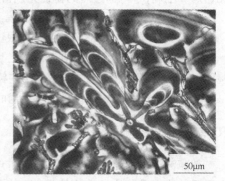

50μm

图10-3　晶内偏析显微组织

从晶粒或枝晶边缘到晶内化学成分不均匀。晶内偏析因合金而异，虽然不可避免但可以控制使偏析程度减轻。在变形铝合金中，3A21合金铸锭晶内偏析最严重。

（3）晶内偏析预防措施。晶内偏析预防措施如下：

1）细化晶粒。

2）提高结晶过程中溶质原子在熔体中的扩散速度。

3）降低和控制结晶速度。

（4）晶内偏析对性能的影响。晶内偏析使铸锭组织不均匀，不但对铸锭性能有不良影响，也增加了铸锭产生热裂纹的倾向，同时对后续热处理工艺和制品最终性能也有不同程度的影响。

例如3A21合金铸锭，如果不进行均匀化处理直接轧制成板材，则板材退火后晶粒大。原因是晶内有严重的锰偏析，导致再结晶温度提高与再结晶温度区间加宽，最终产生大晶粒。为了获得细晶粒，必须提高铁含量（大于0.4%）和加入少量钛，在600~620℃将铸锭均匀化，采用高温压延（480~520℃）和板材退火快速加热等措施。

10.3.1.2　反偏析

铸锭边部的溶质浓度高于铸锭中心溶质浓度的现象称反偏析。

（1）反偏析的组织特征。其组织特征不能用金相显微镜观察，只能用化学分析方法确定。

（2）反偏析形成机理。传统解释认为，随着熔体凝固的进行，残余液体中溶质富集，由于凝固壳的收缩或残余液体中析出的气体压力，使溶质富集相穿过形成凝壳的树枝晶的枝干和分支间隙，向铸锭表面移动，使铸锭边部溶质浓度高于铸锭中心。

除高铜铝合金外，高锌铝合金也有反偏析现象，偏析数值比高铜铝合金高得多，偏析值介于 0.07% ~ 0.837% 之间，平均锌浓度偏高 0.40%。

（3）反偏析防止措施。反偏析防止措施如下：

1）增大冷却强度，采用矮结晶器及适当的铸造速度。

2）适当提高铸造温度。

3）采用合适的铸造漏斗，均匀导流。

4）细化晶粒。

10.3.1.3　偏析瘤

半连续铸造过程中，在铸锭表面产生的瘤状偏析漂出物，称为偏析瘤。偏析瘤的宏观组织特征是在铸锭表面呈不均匀的凸起（图 10-4 和图 10-5），像大树干表面的凸起一样，只是比树皮上的凸起多，尺寸也小得多。对合金元素含量高的合金，特别是大截面的圆铸锭，例如 2A12 和 7A04 合金等，偏析瘤的尺寸较大，尺寸大约为 10mm，凸起高度在 5mm 以下，其他合金则尺寸小得多，分布也不如硬合金密集。

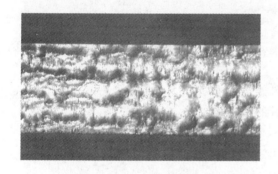

图 10-4　铸锭表面偏析浮出物

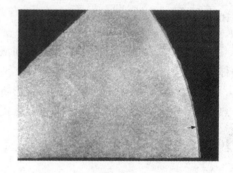

图 10-5　偏析浮出物低倍组织

偏析瘤显微组织特征是第二相尺寸比基体的大几倍，分布也致密，第二相体积分数比基体也大几倍。有时在偏析瘤处可发现一次晶，如羽毛状或块状的 Mg_2Si，或相中间有孔的 Al_6Mn 等（图 10-6）。

（1）偏析瘤形成机理。铸造开始时，熔体在结晶槽内急骤受冷凝固使体积收缩，在铸锭表面与结晶槽工作表面之间产生了间隙，使铸锭表面发生二次重热，这时在金属静压力和低熔点组成物受热重熔熔体所产生的附加应力联合作用下，含有大量低熔点共晶的熔体，沿着晶间及枝晶间的缝隙，冲破原结晶时形成的氧化膜挤入空隙，凝结成偏析瘤。表 10-1 为 2A12 合金铸锭偏析瘤成分。

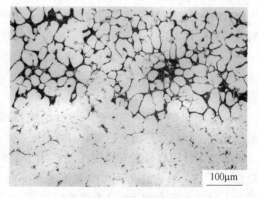

100μm

图 10-6　偏析浮出物显微组织

表 10-1　2A12 合金铸锭偏析瘤成分　　　　　　（%）

元　素	Cu	Mg	Mn	Fe	Si
基　体	4.37	1.33	0.52	0.25	0.24
偏析瘤	11.07	3.0	0.41	0.59	0.60

（2）偏析瘤的防止措施。偏析瘤的防止措施如下：

1）降低铸造温度和铸造速度。

2）结晶器和芯子锥度不能过大。

3）提高冷却强度或结晶器内局部不能缺水。

4）铸造漏斗要放正，保证液流分布均匀。

（3）偏析瘤对性能的影响。偏析瘤是不正常组织，在铸锭坯料加工变形前，必须将其去掉。

如果生产过程中没有或没全部把偏析瘤去掉，残余的偏析瘤则被带入变形制品的表面或内部，会对制品的性能带来严重的危害。

另外，若偏析瘤未被全部去掉，因其含有大量低熔点共晶，合金在热处理时很容易引起过烧和表面起泡，这对任何制品都是不允许的。

10.3.2　缩孔

液体金属凝固时，由于体积收缩而液体金属补缩不足时，凝固后铸锭尾部中心形成的空腔称为缩孔。

缩孔破坏了金属的连续性，严重影响工艺性能，在截取铸锭坯料时必须去掉。控制铸锭散热条件，降低缩孔的深度，从而可显著提高铸锭的成品率。

10.3.3　疏松与气孔

10.3.3.1　疏松

当熔体结晶时，由于基体树枝晶间液体金属补充不足或由于存在未排除的气体（主要为氢气），结晶后在枝晶内形成的微孔称疏松。由补缩不足形成的微孔称为收缩疏松；由气体形成的疏松称气体疏松。一般将铸锭宏观组织中的黑色针孔称为疏松。

（1）疏松的宏观组织特征。将铸锭试片车面或铣面，再经碱水溶液浸蚀后，用肉眼即可观察到试样表面上所存在的黑色针孔状疏松（图 10-7）。

疏松断口的宏观特征是，断口组织粗糙、不致密，疏松超过二级时，呈白色絮状断口。

生产中按四级标准对铸锭疏松定级，疏松级别愈高，疏松愈严重，黑色针孔不但数量多，尺寸也大，在低倍试片上尺寸在几十至几百微米之间。

（2）疏松的显微组织特征。在显微组织中，疏松呈有棱角的黑洞，疏松越严重，黑洞数量越多，尺寸也愈

图 10-7　疏松低倍组织

大（图 10-8）。铸锭变形后，有的变成裂纹，有的仍然保持原貌。不论试样浸蚀与否，疏松都能看见，不过浸蚀后容易观察。

（3）疏松的形成机理。一般将疏松分为收缩疏松和气体疏松两种。收缩疏松产生的机理是，金属铸造结晶时，从液态凝固成固态，体积收缩，在树枝晶枝杈间因液体金属补充不足而形成空腔，这种空腔即为收缩疏松。收缩疏松一般尺寸很小，从铸造技术上讲收缩疏松难以避免。

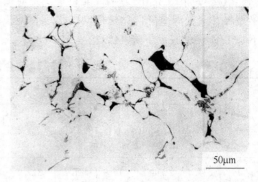

图 10-8 疏松显微组织

气体疏松产生的机理是，熔体中未除去的气体氢含量较高，气体被隐蔽在树枝晶枝杈间隙内，随着结晶的进行，树枝晶枝杈互相搭接形成骨架，枝杈间的气体和凝固时析出的气体无法逸出而集聚，结晶后这些气体占据的位置成为空腔，这个空腔就是由气体形成的气体疏松。

铸锭疏松的分布规律是，一般在圆铸锭中心和尾部较多，扁铸锭多分布在距宽面 0.5 ~ 30mm 的表皮层内。

（4）疏松的防止措施。疏松的防止措施如下：

1）缩小合金开始凝固温度与凝固终了温度差。

2）减少熔体、工具、熔剂、氯气或氮气水分含量，精炼除气要彻底。

3）熔体不能过热，停留时间不能过长，高镁合金要把表面覆盖好，防止熔体吸收大量气体。

4）提高铸造温度，降低铸造速度。

5）高温高湿季节，控制空气中湿度。

金属加工变形后，疏松有的能被焊合，有的不能被焊合，不能被焊合的疏松往往成为裂纹源。变形量较大时，几个邻近的疏松可能形成小裂纹，进而相连形成大裂纹，导致加工制品报废。如果疏松没形成大裂纹，也会不同程度降低制品的使用寿命。

疏松对铸锭性能有不良影响，疏松愈严重，影响愈大。例如对 7A04 合金圆铸锭，随着疏松级别加大，强度、伸长率和密度都下降（表 10-2）。4 级疏松铸锭比没有疏松铸锭的强度下降 25.7%，伸长率下降 55.4%，密度下降 2%，其中伸长率下降最大。

表 10-2 7A04 合金不同级别疏松铸锭的性能

疏松级别	密度/g·cm^{-3}	R_m/MPa	A/%
0	2.806	231.1	0.56
1	2.788	224.3	0.50
2	2.770	208.9	0.41
3	2.767	189.6	0.25
4	2.754	176.6	0.25

对 2A12 合金 ϕ405mm 圆铸锭，铸锭的强度和伸长率随疏松在铸锭中的体积分数增大而下降，疏松体积分数从 2.8% 增至 10.8%，强度下降 21%，伸长率下降 50%，显然疏松对铸锭塑性的影响更大。

疏松对加工制品的力学性能，特别是对横向性能有明显影响，例如对 2A12 合金飞机用大梁型材，疏松严重降低型材横向的强度和伸长率，4 级疏松型材的强度比没有疏松型材的强度下降12%，伸长率下降44.9%（表10-3）。

表 10-3　2A12 合金各级疏松大梁型材性能

疏松级别	纵　向			横　向				高　向			
	R_m/MPa	$R_{p0.2}$/MPa	A/%	R_m/MPa	$R_{p0.2}$/MPa	A/%	α_K/J·cm^{-2}	R_m/MPa	$R_{p0.2}$/MPa	A/%	α_K/J·cm^{-2}
0	537.1	354.2	16.9	481.2	317.2	16.7	1.23	421.4	245.2	6.3	0.79
1	546.3	364.3	14.6	480.3	327.5	15.7	1.14	444.2	348	8.8	0.72
2	544.6	347.3	16.1	466.5	316.9	12.6	0.98	428.0	299.1	7.0	0.69
3	545.2	361.2	16.3	460.1	320.2	10.2	1.10	404.2	300.5	5.8	0.79
4	542.0	347.2	15.5	423.5	308.6	9.2	1.16	414.2	29.5	6.8	0.68

10.3.3.2　气孔

当熔体中氢含量较大且除气不彻底时，氢气以泡状存在，并在金属凝固后被保留下来，在金属内形成空腔，该空腔称为气孔。

（1）气孔的组织特征。在铸锭试片上，气孔的宏观和微观特征都为圆孔状（图10-9 和图10-10），在变形制品的纵向上有的被拉长变形。圆孔内表面光滑明亮，光滑的原因是结晶凝固时气泡内的压力很大，明亮的原因是气泡封闭在金属内，气泡内壁没被氧化。与其他缺陷不同，铸锭或制品试片不浸蚀，气孔也清晰可见。

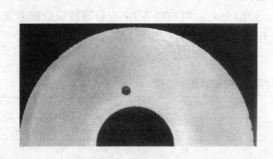

图 10-9　气孔低倍组织

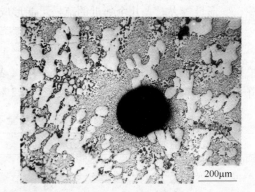

图 10-10　气孔显微组织

气孔尺寸一般都很大（约几毫米），个别合金尺寸则较小，在低倍试片检查时很难发现，只在断口检查时才能发现。例如用来做火车活塞用的 4A11 合金，由于熔体黏度过大，气体排出困难，在高温高湿的雨季，有时在打断口时可发现小而多的气泡，气泡个个呈半球形闪亮发光，尺寸约 1mm，分布比较均匀。

气孔在铸锭中分布没有规律，常常与疏松伴生。

（2）气孔形成机理及防止措施。气孔的形成机理同疏松一样，只是熔体中氢含量较大，其防止措施与疏松的防止措施相同。

10.3.4　夹杂与氧化膜

10.3.4.1　非金属夹杂

在宏观组织中，与基体界限不清的黑色凹坑称为非金属夹杂。

（1）非金属夹杂组织特征。宏观组织特征为没有固定形状、黑色凹坑、与基体没有清晰界限（图10-11）。非金属夹杂的特征，只有在铸锭低倍试片经碱水溶液浸蚀后，才能清晰显现。

断口组织特征为黑色条状、块状或片状，基体色彩反差很大，很容易辨认。

显微组织特征多为絮状的黑色紊乱组织，紊乱组织由黑色线条组成，与白色基体色差明显（图10-12）。

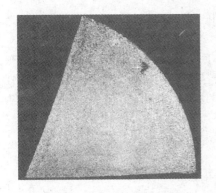

图10-11　非金属夹杂低倍组织

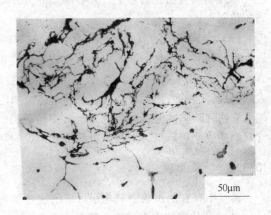

50μm

图10-12　非金属夹杂显微组织

（2）非金属夹杂形成机理。在熔炼和铸造过程中，如果将来自熔剂、炉渣、炉衬、油污、泥土和灰尘中的氧化物、氮化物、碳化物、硫化物带入熔体并除渣不彻底，铸造后在铸锭中则产生夹杂。

（3）非金属夹杂防止措施。非金属夹杂防止措施如下：

1）将原、辅材料中的油污、泥土、灰尘和水分等清除干净。

2）炉子、流槽、虹吸箱要处理干净。

3）精炼质量要好；精炼温度不能太低；防止渣子分离不好；炉渣要除净。

4）提高铸造温度，以增加金属流动性，使渣子上浮。

（4）非金属夹杂对金属性能的影响。非金属夹杂严重破坏了金属的连续性，对金属的性能特别是高向性能有严重影响；对薄壁零件更加有害，并破坏了零件的气密性。当夹杂存在于轧制板材中则形成分层。不管夹杂存在于何种制品中，都是裂纹源，都是绝对不允许的。

以5A03合金圆铸锭和3A21合金空心铸锭为例，将有夹杂和没夹杂铸锭的性能相比较见表10-4。在5A03合金拉伸试样断口上，夹杂面积占4.5%时，强度下降12.4%，伸长率下降50%。在3A21合金拉伸试样断口上，夹杂面积占1.5%时，强度下降7%，伸长率下降18%。

表 10-4　5A03 合金圆铸锭及 3A21 合金空心铸锭非金属夹杂对力学性能的影响

合　　金	拉伸试样断口情况	夹杂占断口面积/%	R_m/MPa	$R_{p0.2}$/MPa	A/%
5A03	无夹杂	0	205.0	115.8	8.8
	有夹杂	0.4	191.3	116.7	5.3
		4.5	179.5	116.7	4.3
3A21	无夹杂	0	131.3		28.7
	有夹杂	1.5	121.5		23.2

10.3.4.2　金属夹杂

在组织中存在的外来金属称为金属夹杂。

（1）金属夹杂的组织特征。金属夹杂的宏观和微观组织特征，都为有棱角的金属块，颜色与基体金属有明显的差别，并有清楚的分界线，多数为不规则的多边形界线，硬度与基体金属相差很大。

（2）金属夹杂的形成原因。由于铸造操作不当，或由于外来金属掉入液态金属中，铸造后外来的没有被熔化的金属块保留在铸锭中。

（3）金属夹杂对性能的影响。由于外来金属与基体有明显分界面，其塑性与基体又有很大的差别，铸锭变形时在金属夹杂与基体金属的界面上很容易产生裂纹，严重破坏了制品的性能。有这种缺陷的铸锭和铝材为绝对废品。虽然大生产中这种缺陷很少，但一旦有这种缺陷，常常会造成严重后果，例如可以将价值昂贵的轧辊损坏。

10.3.4.3　氧化膜

铸锭中存在的主要由氧化铝形成的非金属夹杂称为氧化膜。

（1）氧化膜的宏观组织特征。由于氧化膜很薄，与基体金属结合非常紧密，在未变形的铸锭宏观组织中不能被发现，只有按特制的方法，将铸锭变形并淬火后做断口检查时才能被发现。其特征为褐色、灰色或浅灰色的片状平台（图 10-13），断口两侧平台对称。各种颜色氧化膜平台光滑度不同，大倍数观察的褐色氧化膜有起层现象。

（2）氧化膜的显微组织特征。用显微镜观察，氧化膜特征为黑色线状包留物，黑色为氧化膜，白色为基体，包留物往往呈窝纹状。

图 10-13　氧化膜断口组织

（3）氧化膜的形成机理。氧化膜形成的机理主要有两个：一是在熔炼和铸造过程中，熔体表面始终与空气接触，不断进行高温氧化反应形成氧化膜并浮盖在熔体表面。当搅拌和熔铸操作不当时，浮在熔体表面的氧化膜被破碎并卷入熔体内，最后留在铸锭中。二是铝合金熔炼时，除了使用原铝锭、中间合金和纯铝作为炉料外，还加入一定数量的废料，包括工厂本身的几何废料、工艺废料、碎屑以及外厂的废料、碎屑。外厂废料成分复杂、尺寸小、质量差、存在着大量的氧化膜夹杂物，在复化和熔炼过程中由于除渣不净，氧化夹杂物进入熔体，成为氧化膜的另一主要来源。

根据氧化膜形成的时间和合金的不同，氧化膜具有不同的颜色。通常，在熔炼时形成的氧化膜具有亮灰色；镁含量高的合金，氧化膜多呈黑褐色。

氧化膜在熔体和铸锭中的分布极不均匀，几乎没有规律可循。通常，在静置炉中熔体的下层、铸锭的底部以及第一铸次的铸锭中氧化膜分布较多。模锻件和锻件中氧化膜的显现程度与单一方向变形程度的大小有关，单向变形程度愈大，氧化膜显现得愈明显。

（4）氧化膜的防止措施。氧化膜的防止措施如下：

1）将原辅材料的油污、腐蚀产物、灰尘、泥沙和水分等清除干净。

2）熔炼过程中尽量少反复补料和冲淡，搅拌方法要正确，防止表面氧化膜成为碎块掉入熔体内。

3）空气湿度不能过大。

4）熔体转注过程中，熔体要满管流动，落差点要封闭。

5）提高精炼温度，除渣除气时间不能太短，在静置炉中的静置时间要足够。

6）使用的各种工具要预热。

7）铸造温度不能偏低，要保证熔体的良好流动性。

（5）氧化膜对产品性能的影响。氧化膜破坏了金属的连续性，使产品的性能降低，特别是严重降低高向和横向性能，氧化膜愈严重，对性能的影响愈大。根据制品的用途，对所用铸锭和制品中的氧化膜要严格控制，特别是航空用的模锻件分别用低倍和探伤的相关检查标准进行控制。

10.3.5　白亮点

在断口上存在的反光能力很强的白点称白亮点。

（1）白亮点的宏观组织特征。在铸锭低倍试片上很难显现，而在低倍试片断口上很容易显现。白亮点在断口上的特征为白色亮点（图10-14），对光线没有选择性，用十倍放大镜观察，白亮点呈絮状。

（2）白亮点的显微组织特征。用普通光学显微镜观察为疏松，用扫描电镜观察为梯田花样。

图10-14　白亮点断口组织

（3）白亮点的形成机理。根据现代分析手段证实，白亮点并非氧化膜，它的产生原因与疏松相同，都是由于氢气含量过高造成的。

（4）白亮点的防止措施。白亮点的防止措施如下：

1）彻底精炼，充分干燥熔剂和使用工具。

2）电炉、静置炉彻底干燥烘烤。

3）熔体要覆盖好，停留时间不能过长。

4）结晶器不能过高，冷却水温也不能过高。

5）铸造速度不能太慢。

（5）白亮点对制品性能的影响。白亮点破坏了金属的连续性，对铸锭和加工制品的性能都有不良影响。根据对几种硬合金的研究，白亮点明显降低铸锭的强度、塑性和疲劳寿命。

10.3.6　白斑

在低倍试片上存在的白色块状物称白斑。

（1）白斑的组织特征。在宏观试片上为白色块状，与基体边界清晰，颜色发白，与灰色基体色差明显，这种组织特征在低倍试片浸蚀后很容易辨认（图 10-15）。

显微组织特征是纯铝组织，第二相非常稀少而不连续；第二相尺寸小，没有合金那种枝晶网络，与合金组织没有明显分界线，没有破坏组织的连续性（图 10-16），显微硬度很低。白斑出现在铸锭底部。

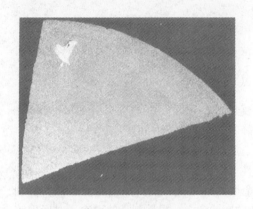 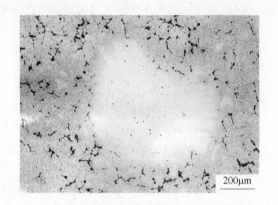

图 10-15　白斑低倍组织　　　　　　　　图 10-16　白斑显微组织

（2）白斑形成机理。铸造合金时，当熔体流入结晶器与底部接触时，冷却速度特别大，经常在铸锭底部形成裂纹，严重时可使整个铸锭开裂。为了防止铸锭产生裂纹，大生产铸造合金前在结晶器内，先用纯铝熔体铺底，将铸锭底部完全包住，然后再将合金熔体注入结晶器，从而有效防止铸锭产生裂纹。在这种操作过程中，如果操作不当，注入的合金熔体流速过快，将铺底铝溅起进入合金熔体中，结晶后在合金中便形成了白斑。

根据白斑产生的机理，白斑绝大多数出现在铸锭的底部。

（3）白斑的防止措施。白斑的防止措施如下：

1）铸造时正确操作，不能将铺底铝溅起。

2）提高漏斗温度。

3）适当提高铺底铝的温度。

（4）白斑对制品性能的影响。白斑虽然没有破坏金属的连续性，但它是一种冶金缺陷，如果将它遗留到制品中，对合金的性能有不利影响，不但使制品的强度大大降低，而且会因白斑附近软硬不均，产生应力集中，很容易引起裂纹，使制品的使用寿命明显缩短。

10.3.7　光亮晶粒

在宏观组织中存在的色泽明亮的树枝状组织称为光亮晶粒（图 10-17）。

（1）光亮晶粒的宏观组织特征。铸锭试片经碱水溶液浸蚀后，光亮晶粒色泽光亮，对光线无选择性，在任何方向观察色泽都无变化，仔细观察或用十倍放大镜观察，光亮晶粒呈树枝状。在断口上该组织呈亮色絮状物，絮状物的面积比疏松断口絮状物大。

（2）光亮晶粒的显微组织特征。与正常组织相比，枝晶网络大，如图 10-18 所示。图中网络大区域为光亮晶粒，网络小区域为正常组织。光亮晶粒的枝晶间距比基体间距大几倍，第二相体积分数小一倍以上（表 10-5）。第二相尺寸小，该组织发亮发白，是合金组元贫乏的固溶体，显微硬度低。

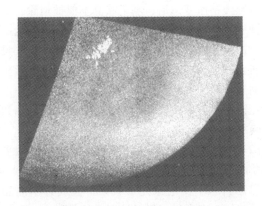

图 10-17 光亮晶粒低倍组织

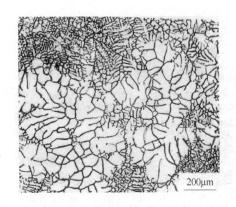

200μm

图 10-18 光亮晶粒显微组织

表 10-5 2A12 合金 ϕ360mm 铸锭光亮晶粒内尺寸

组织种类	枝晶间距/μm	第二相体积分数/%
基体	49.7	11.2
光亮晶粒	117.0	6.0

（3）光亮晶粒的形成机理。铸造时由于操作不当，有时在铸造漏斗底部生成合金元素低的树枝状晶体，这种树枝状晶体被新流入的熔体不断冲刷，液相成分在结晶过程中没有大变化，不断按先结晶的成分长大，成为合金元素贫乏的固溶体，其化学成分偏离合金成分较大。

随着铸造的进行，漏斗下方的结晶体长大成底结物。底结物由于质量不断增加，或因铸造机振动，使底结物落入液穴结晶前沿，与熔体一起凝固成铸锭，这种底结物就是光亮晶粒。

（4）光亮晶粒的防止措施。光亮晶粒的防止措施如下：

1）铸造漏斗要充分预热，漏斗表面要光滑，漏斗孔距底部不能过高。

2）漏斗沉入液穴不能过深，防止铸锭液体部分的过冷带扩展到液穴的整个体积，造成体积顺序结晶。

3）提高铸造温度和铸造速度，防止漏斗底产生底结物。

4）防止结晶器内金属水平波动，确保液流供应均匀。

（5）光亮晶粒对制品性能的影响。光亮晶粒虽然没有破坏金属的连续性，但它的化学成分低于合金的成分，硬度低，塑性高，使合金组织不均匀。如果将光亮晶粒遗传到加工制品中，对软合金的性能影响较小，对硬合金可使强度明显下降。例如 2A12 合金，光亮晶粒使强度下降 19.6 ~ 49.1MPa。

10.3.8 羽毛状晶

在铸锭宏观组织中存在的类似羽毛状的金属组织称为羽毛状晶。

（1）羽毛状晶组织特征。在铸锭试片上多呈扇形分布的羽毛状（图 10-19），又像美丽的大花瓣，又称花边组织。与正常晶粒相比，晶粒非常大，是正常晶粒的几十倍，非常容易辨认。

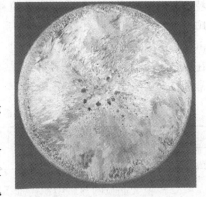

图 10-19 羽毛状晶低倍组织

图 10-20　羽毛状晶显微组织

铸锭经挤压变形后，羽毛状晶不能被消除，多数呈开放式菊花状。棒材经二次挤压后，羽毛状晶仍不能被消除，只是变成类似木纹状的碎块，其尺寸仍然比正常组织大得多。在锻件上因其变形特点，羽毛状晶的形状变化不大。

在铸锭断口上，羽毛状晶呈木片状，组织不如氧化膜平台平滑。

（2）羽毛状晶显微组织特征。树枝晶晶轴平直，枝晶近似平行（图 10-20），一边为直线，另一边多为锯齿状。在偏振光下观察，直线为孪晶晶轴。铸锭加工变形后，仍保持羽毛状晶形态，只是由亚晶粒组成。

（3）羽毛状晶形成机理及防止措施。当向结晶面附近导入高温熔体时，在半连续铸造时会生成孪晶，孪晶为片状的双晶，是柱状晶的变种，孪晶即为羽毛状晶。

羽毛状晶防止措施如下：

1）降低熔炼温度，缩短熔炼时间，防止熔体在炉内停留时间过长，引起非自发晶核减少。

2）铸造温度不能过高。

3）增加变质剂加入量。

（4）羽毛状晶对制品性能的影响。羽毛状晶具有粗大平直的晶轴，力学性能有很强的各向异性，铸锭在轧制和锻造时，常常沿双晶面产生裂纹，不但严重损害工艺性能，也极大地降低了力学性能。即使没有产生裂纹的制品，在阳极氧化后，常常在羽毛状晶和正常晶粒的边界上、在羽毛状晶自身的双晶界上呈现条状花纹，使制品表面质量受到损害。

羽毛状晶虽然没有破坏金属的连续性，因其对性能有较大影响，生产中必须严加控制。

10.3.9　粗大晶粒

在宏观组织中出现的均匀或不均匀的大晶粒称粗大晶粒。

（1）粗大晶粒的宏观组织特征。粗大晶粒在铸锭试片浸蚀后很容易发现，为了保证产品质量，对均匀大晶粒按五级标准进行控制，每级晶粒相应的线性尺寸见表 10-6，正常情况下铸锭的晶粒都在等于或小于二级以下。由于铸造工艺不当，偶尔出现超过二级的等轴晶粒，或在细小的等轴晶粒中出现局部大晶粒，大晶粒尺寸比正常晶粒大几倍或十几倍（图 10-21）。

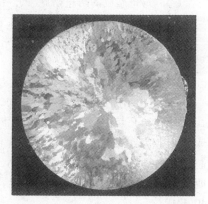

图 10-21　粗大晶粒组织特征

表 10-6　铸锭晶粒级别相应的线性尺寸

晶粒级别	1	2	3	4	5
晶粒线性尺寸/μm	117	1590	2160	2780	3760

（2）粗大晶粒的显微组织特征。在偏振光下，晶粒仍然像宏观看到的一样，晶粒粗大，只是晶粒位向差更加明显，晶粒的色泽更加美丽。大晶粒断口组织比小晶粒断口粗糙、不致密。

（3）粗大晶粒的形成机理。铸锭的晶粒尺寸受熔体中结晶核心数量或铸造工艺的影响，当结晶核心少、铸造冷却速度慢、过冷度小、成核数量少、晶粒长大速度快，则产生均匀大晶粒。当熔体过热或铸锭规格大也会产生大晶粒。当导入熔体方式不当或导入过热熔体时，由于液穴内温度不均匀，在温度高的地方晶粒长大得快，在铸锭中出现局部大晶粒或大晶区。

当细化晶粒的化学元素低时能产生均匀大晶粒，也能产生局部大晶粒。局部大晶粒在铸锭中有时不能显现，而在加工制品的热处理后才显现。

（4）粗大晶粒的防止措施。粗大晶粒的防止措施如下：

1）合金熔体全部或局部不能过热，防止非自发晶核熔解，防止结晶核心减少。

2）降低铸造温度。

3）增加冷却强度，提高结晶速度。

4）合金成分与杂质含量配置适当，增加晶粒细化剂含量。

（5）粗大晶粒对性能的影响。当组织中晶粒大小不同时，其在空间的晶界面大小也不同。因为晶界面上杂质较多，原子排列又不规则，在外力作用下单位体积内大晶界面和小晶界面，其承受外力的能力必然不同，最终导致性能的差异。晶粒大小对性能的影响，因合金的不同而不同。

对软合金，例如 5A03 合金，铸锭晶粒尺寸大，略使强度下降，伸长率显著提高（表 10-7）。将具有不同晶粒的铸锭加工成棒材，棒材退火后晶粒比铸锭显著变小，铸锭晶粒愈大，棒材晶粒变小愈甚，棒材比铸锭晶粒等级相应变小 0.5~2 级。总之，铸锭的晶粒尺寸对变形制品的晶粒尺寸有重要影响，铸锭的晶粒大，其变形制品的晶粒也大，但晶粒等级相应下降。

表 10-7　5A03 合金 ϕ270mm 圆铸锭性能

晶粒级别	$R_{p0.2}$/MPa	R_m/MPa	A/%	晶粒级别	$R_{p0.2}$/MPa	R_m/MPa	A/%
1	111.7	178.4	7.3	3	108.8	174.4	8.8
2	115.6	181.3	8.3	4	103.9	166.6	8.9

10.3.10　晶层分裂

在铸锭边部断口上沿柱状晶轴产生的层状开裂称晶层分裂。

（1）晶层分裂的宏观组织特征。晶层分裂只在铸锭试片打断口时发生，位置在断口边部，即铸锭边部（图 10-22）。晶层分裂的裂纹统一方向与铸锭纵向呈 45°角，裂纹较长，一般为 10~20mm，裂纹较多并彼此平行。

图 10-22　晶层分裂断口组织

铸锭试片在打断口前，沿纵向剖开并用碱水溶液浸蚀，在边部可清楚看见粗大的柱状晶，柱状晶晶轴的方向与铸锭纵向呈 45°角，柱状晶的深度与断口上裂纹的长度相近。

（2）晶层分裂的显微组织特征。晶层分裂的裂纹沿着由第二相组成的枝晶发展，裂纹边部有大量第二相。

（3）晶层分裂形成机理及防止措施。铸造时如果熔体过热或促进形核的活性杂质太少，在特定的结晶条件下，细晶区的晶体以枝晶单向成长，其成长方向与导热方向一致，距离冷却表面愈远，向宽度方向成长程度愈大。在柱状晶区的结晶前沿，残余熔体由于浓度过冷，温度梯度下降，形成大量新的晶体，新晶体的生长阻碍了柱状晶的继续生长，在柱状晶区前面形成了等轴晶区，这样结晶后在铸锭的边部形成了狭长的沿热流方向成长的柱状晶区。打断口时可发现晶层分裂。

防止措施如下：

1）严格防止熔体过热或局部过热，以免减少非自发晶核。

2）合金成分与杂质含量调整适当。

3）金属在炉内停留时间不能过长。

4）集中供流或供流要均匀。

（4）晶层分裂对性能的影响。晶层分裂的本质是柱状晶区，因柱状晶是单向细长的晶粒，方向性很强，柱状晶区内的由第二组成的枝晶也有方向性，这种有方向且晶内结构不均匀的组织，严重降低铸锭的加工性能和力学性能，见表 10-8。

表 10-8　铸锭晶层分裂区与等轴晶区的性能

合　金	取样部位	R_m/MPa	$R_{p0.2}$/MPa	A/%
2A70	晶层分裂区	320.8	264.9	8.0
	等轴晶区	342.4	281.5	9.6
6A02	晶层分裂区	204.0	158.9	8.4
	等轴晶区	234.5	197.2	10.0
2A10	晶层分裂区	154.0	123.6	12.0
	等轴晶区	163.8	129.5	18.0

10.3.11　粗大金属化合物

在低倍试片上呈针状、块状的凸起物称粗大金属化合物。

（1）粗大金属化合物的宏观组织特征。在铸锭低倍试片上为分散或聚集的针状或块状凸起，边界清晰，有金属光泽，对光有选择性。凸起的原因是化合物较基体抗碱溶液浸蚀，基体被浸蚀快，化合物被浸蚀慢，最后化合物在试片上比基体高而凸起（图 10-23）。

断口组织特征为针状或块状晶体，有闪亮的金属光泽。

（2）粗大金属化合物的显微组织特征。尺寸粗大有棱角，形貌有相应每种化合物的特定形状和颜色，尺寸比二次晶大几倍以上（图 10-24）。比如 $MnAl_6$ 的二次晶尺寸约 10pm，而一次晶的粗大化合物尺寸在 50～100pm 之间。粗大化合物又硬又脆，对化学试剂有特有的着色反应。铸锭加工变形后，粗大化合物多被破碎成小块，但小块尺寸仍比二次晶大得多。

（3）粗大金属化合物形成机理。其形成机理如下：

1）在 2×××、3×××、5×××、6××× 和 7××× 系合金中，为抑制再结晶和使晶粒细化、提高金属强度和防止应力腐蚀裂纹等目的，添加了铁、锰、铬和锆等元素，如果成分选择不当或铸造工艺不当，添加元素达到生成初晶化合物的成分范围，铸锭的凝固温度处于化合物的生成范围，并有充足的生长时间，都为形成粗大金属化合物提供了生成条件。

2）在凝固过程中，由于熔质再分配使局部元素富集等导致熔体成分不均，也给形成初晶

图 10-23 粗大金属化合物低倍组织

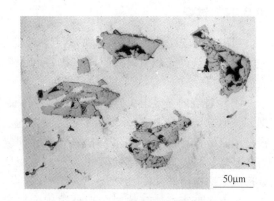

图 10-24 粗大金属化合物显微组织

化合物创造了条件。

3）由于铁、锰等第三元素的加入，操作不当时在铸造漏斗的底部容易形成化合物晶核并长大，在漏斗底部悬挂着较大的初晶化合物。

4）使用的中间合金中的粗大化合物初晶，在熔炼时没有熔化或没有全部熔化，铸造后也被保留了下来。例如 4A11 合金是高硅合金，硅含量高达 11% ~13%，当中间合金中的初晶硅，在熔炼时没有充分熔化时，往往将粗大的初晶硅保留在铸锭中。

通常，3A21 合金当锰含量为 1.6%，铁含量为 0.6% 时，则出现 $Al_6(MnFe)$ 一次晶；2A70 合金当铁含量为 1.6%，镍含量为 1.5% 时，则出现条形的 Al_9FeNi 一次晶；7A04 合金当锰铁及 3 倍铬含量的总和大于 1.2% 时，则形成带圆孔的 Al_7Cr 一次晶；5A06 合金当铁含量大于 0.15% 时，则形成长针状的 Al_3Ti 一次晶。

根据生成条件，粗大金属化合物的分布大多位于铸锭中心。

（4）粗大金属化合物防止措施。粗大金属化合物的防止措施如下。

1）生成初晶化合物的元素含量，不能超过生成初晶的界限。

2）中间合金中的粗大化合物在熔炼时要充分熔解。

3）提高铸造温度和铸造速度，适当延长熔炼时间。

4）漏斗表面光滑并导热好；漏斗要充分预热，并且不能沉入太深。

（5）粗大金属化合物对制品性能的影响。粗大金属化合物又硬又脆，虽然没有破坏金属的连续性，但严重破坏了组织的均匀性。因其多数是难溶相，铸锭均火后尺寸仍然很大。虽然加工变形后多数被破碎，但仍然尺寸较大，变形过程中在粗大化合物与基体的界面产生很大的应力集中，制品受力时很容易产生裂纹，严重降低了制品性能。当制品表面有粗大金属化合物时，使制品腐蚀寿命大大降低。

根据对 3A21、2A70 和 7A04 合金有无粗大化合物铸锭性能测量（表 10-9），粗大化合物使铸锭力学性能下降，其中使塑性下降最多，特别是 3A21 合金下降得更严重。

表 10-9 有无粗大化合物铸锭的性能比较

合 金	化合物正常			化合物粗大		
	R_m/MPa	$R_{p0.2}$/MPa	A/%	R_m/MPa	$R_{p0.2}$/MPa	A/%
3A21	127.4	91.1		143.1	113.7	5.4
2A70	269.5	213.6	4.0	229.3	203.8	2.2
7A04	243.0		1.2	245.9		0.3

10.3.12　过烧

当加热温度高于低熔点共晶的熔点，使低熔点共晶和晶界复熔的现象称为过烧。

（1）过烧的宏观组织特征。过烧严重时铸锭和加工制品表面色泽变暗、变黑，有时产生表面起泡。

（2）过烧的显微组织典型特征。检查铸锭及加工制品是否过烧，只以显微组织特征为依据，其他方法只能作为旁证。对变形铝合金，根据国家标准，过烧的判定特征有 3 个，即复熔共晶球、晶界局部复熔加宽和 3 个晶粒交叉处形成复熔三角形（图 10-25）。

用电子显微镜对复熔三角形处组织的研究发现，与复熔产物接触的基体有梯田花样。梯田花样是枝晶露头的结晶台阶，与疏松内至表面上的枝晶露头一样，表明该处的组织已发生过复熔。

一般将过烧程度分为轻微过烧、过烧和严重过烧。轻微过烧指过烧特征轻微；过烧指过烧特征明显；严重过烧指过烧特征多，晶界严重复熔粗化和平直，低熔点共晶大量熔化和聚集。轻微过烧判断较难，要判断准确必须有丰富的经验。

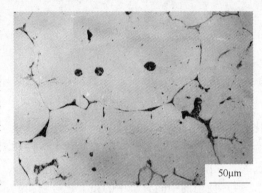

50μm

图 10-25　过烧显微组织

（3）过烧形成机理。变形铝合金中，除 $\alpha(Al)$ 基体外一般都有几种共晶，根据合金的不同，含有共晶的种类和数量也不同。如果在一种合金里有几种共晶，每种共晶的熔化温度不同，当把合金从低温升到高温时，熔点最低的共晶首先熔化，这个共晶熔化时温度称为过烧温度，而这种共晶被称为低熔点共晶，即熔点最低的共晶。

例如 2A12 合金主要有两种共晶：

$\alpha(Al) + CuAl_2(\theta\ 相)$　　　　　　　　熔点 548℃

$\alpha(Al) + CuAl_2 + Al_2CuMg(S\ 相)$　　　熔点 507℃

三元共晶的熔点比二元共晶低得多，当合金在较高温度热处理时，三元共晶首先熔，其熔化温度（507℃）即为 2A12 合金的过烧温度。

对铸锭的热差分析得出主要变形铝合金的过烧温度见表 10-10。

表 10-10　主要变形铝合金的过烧温度

合　金	过烧温度/℃	合　金	过烧温度/℃
2A12	507	2A06	510
2A11	522	2A16	548
6A02	555	2011	552
2A50	548	6063	591
2A14	518	4A11	540
2A70	548	7A04	489

（4）过烧的防止措施。过烧的防止措施如下：

1）严格控制热处理的温度和保温时间。

2）高温仪表定期检定，不允许使用检定不合格或超期仪表。

3）热处理炉内温度要均匀，炉料不能有油污，摆放要合理。

4）操作时要检查合金和卡片。

（5）过烧对性能的影响。合金过烧后，低熔点共晶在晶界上和基体内复熔后又凝固，改变了过烧前该处组织紧密相联的状态，对合金的连续性造成了普遍损害，对合金的力学性能、疲劳和腐蚀性能等都产生严重影响。因为合金过烧不能用热处理或加工变形消除，任何铸锭和制品发生过烧都为绝对废品，特别是用于航天工业的合金，更不能允许。

需要指出的是，当合金轻微过烧时，由于第二相固溶更加充分，过烧复熔产物很小，晶界没有遭到普遍损坏，有些合金例如 2A12 合金，其力学性能不但没有降低反而升高，但应力腐蚀和疲劳性能明显下降。当过烧严重时，各项性能都明显下降。

以 7A04 合金和 6063 合金铸锭为例，随着均火温度的升高，铸锭的强度和塑性都逐渐升高，当铸锭过烧后（7A04 合金 489℃，6063 合金 591℃），性能开始下降，其中塑性下降最严重，见表 10-11 和表 10-12。

表 10-11 7A04 合金不同均火温度铸锭的力学性能（保温 24h）

铸锭规格	性能	均火温度/℃							
		400	420	440	460	470	475	480	500
$\phi172$	$R_{p0.2}$/MPa	308.7	316.5	352.8	355.7	348.9	359.7	354.8	342.0
	R_m/MPa	315.6	335.2	388.1	425.3	427.3	426.3	415.5	295.0
	A/%	4.1	4.7	4.8	9.2	9.3	9.5	10.0	7.3
$\phi200$	$R_{p0.2}$/MPa	304.8	322.4	341.0	352.8	356.7	357.7	357.7	352.3
	R_m/MPa	304.4	323.4	342.0	372.4	378.3	375.3	373.4	364.6
	A/%	0.7	0.8	1.3	2.0	2.5	3.3	3.5	3.3
$\phi300$	$R_{p0.2}$/MPa	308.7	307.7	340.1	351.8	356.3	355.7	365.5	344.9
	R_m/MPa	307.7	308.7	345.7	353.7	363.7	373.4	370.4	346.9
	A/%	1.3	1.2	1.5	2.7	3.5	3.5	4.0	2.7
$\phi420$	$R_{p0.2}$/MPa	225.4	266.9	294.9	294.8	340.9	343.0	338.9	320.5
	R_m/MPa	225.9	267.6	296.0	303.8	342.9	343.0	340.2	323.5
	A/%	2.3	2.2	2.7	2.7	3.7	3.8	4.0	3.3

表 10-12 6063 合金不同均火温度铸锭的力学性能（保温 12h）

均火温度/℃	R_m/MPa	$R_{p0.2}$/MPa	A/%	均火温度/℃	R_m/MPa	$R_{p0.2}$/MPa	A/%
510	147.0	105.8	27.3	570	166.6	124.5	33.2
530	156.8	98.0	31.3	580	164.6	117.6	34.3
540	152.9	100.9	32.1	590	167.6	119.6	34.2
550	152.9	100.9	32.4	600	157.8	112.7	29.3
560	163.7	104.9	33.7	620	129.4	90.0	22.9

10.3.13 枞树组织

在铸锭纵向剖面上，经阳极氧化后出现的花纹状组织称枞树组织。

这种缺陷只产生在 Al-Fe-Si 系和 Al-Mg-Fe-Si 系合金中。

（1）枞树组织的宏观组织特征。板材和挤压制品经阳极氧化后，在制品表面上呈条痕花样。

（2）枞树组织的显微组织特征。对 Al-Fe-Si 系合金，铸锭边部外层为 $FeAl_3$ 相，相邻内层为 Al_6Fe 相。混合酸浸蚀后 $FeAl_3$ 相为细条状或草叶状，色泽发黑；$FeAl_6$ 相较粗大，呈灰色，不易受浸蚀。

对 Al-Mg-Fe-Si 系合金，外部是 Al_mFe 相，而内部是 $Al_6Fe + Al_3Fe$ 相，两层组织相形状和尺寸有差别。

（3）枞树组织的形成机理。Al-Fe 化合物的形成受冷却速度影响很大，冷却速度不同，形成的相也不同。从铸锭表面向铸锭中心冷却速度递降，在铸锭边部冷却速度变化最大，相应在边部形成的相组成也不同。因为铝铁化合物的电化学性质不同，所以在阳极氧化时各相的电化学反应也不同，其色调也不同，最后在两层组织处形成枞树花样。

（4）枞树组织的防止措施。枞树组织的防止措施如下：

1）控制铸造速度。

2）适当调节化学成分。

10.4　铝合金表面及外形缺陷分析

10.4.1　裂纹

铸锭裂纹分冷裂纹和热裂纹两种。铸锭冷凝后产生的裂纹称为冷裂纹；铸锭冷凝时产生的裂纹称为热裂纹。

10.4.1.1　冷裂纹

（1）冷裂纹的宏观组织特征。在铸锭低试片上呈平直的裂线，形成穿晶裂纹，其断口比较整齐，颜色新鲜呈亮灰色或浅灰色（图 10-26），断口没有氧化。

（2）冷裂纹的显微组织特征。裂纹不沿枝晶发展，横穿基体和枝晶网络，裂纹平直清晰（图 10-27）。

（3）冷裂纹形成机理及防止措施。铸造时凝固冷却过程中，铸锭内部由于冷却不均，产生极大不平衡应力。不平衡应力集中到铸锭的薄弱处产生应力集中，当应力超过金属的强度或塑性极限时，在薄弱处产生裂纹。

冷裂纹多发生在高成分的大尺寸扁锭中，产生底裂、顶裂和侧裂，有时也发生在大直径圆

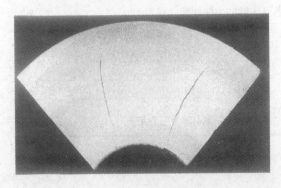

图 10-26　冷裂纹低倍组织

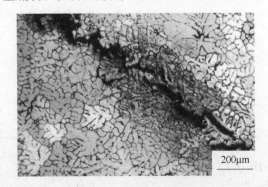

图 10-27　冷裂纹显微组织

锭中，开裂时常伴有巨大的响声，有时造成危险事故。当铸锭均匀化退火后，由于内部的应力已经消除，不会再产生裂纹。

由于热裂纹对冷裂纹有很大影响，生产中有时发现由热裂纹引起冷裂的情况，因此两种裂纹产生的原因常常难以分辨，其中易引起裂纹产生的敏感合金元素及杂质的控制范围见表10-13。

表 10-13　易引起铸锭裂纹的敏感合金元素及杂质控制范围

合金牌号	合金元素及杂质控制范围（质量分数）/%	细化剂添加量（质量分数）/%
1070A、1060、1050A	Fe > Si，Si < 0.3，Fe > 0.3 + (0.2 ~ 0.5)	0.01 ~ 0.02Ti
3A21	Fe > Si，Si = 0.2 ~ 0.3，Fe + Mn ≤ 1.8，Fe = 0.3 ~ 0.4	0.03 ~ 0.06Ti
5A02、5A05、5A06	Fe > Si，Na < 0.001	
2A11	Si > 0.6，Cu > 4.5，Zn < 0.2	0.01 ~ 0.04Ti
2A12	Fe > Si，Si < 0.35，Fe > 0.35 + (0.03 ~ 0.05)，Zn < 0.2	0.01 ~ 0.04Ti
2A50、2B50、2A70、2A80、2A90	Fe = Ni，取成分下限，2A70、2A80 的 Mn < 0.15	0.02 ~ 0.1Ti
7A04	Fe > Si，Si < 0.25，Fe = 0.3 ~ 0.45，扁锭：Mg = 2.6 ~ 2.75，Cu、Mg 取下限	

10.4.1.2　热裂纹

（1）热裂纹的宏观组织特征。在铸锭低倍试片上裂纹曲折而不平直，有时裂纹有分叉（图10-28和图10-29）。断口处裂纹呈黄褐色和氧化色，颜色没有冷裂纹断口新鲜，一般在铸锭中心区出现。

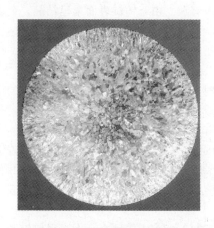

图 10-28　热裂纹低倍组织

5mm

图 10-29　热裂纹处低倍组织的局部放大图

（2）热裂纹的显微组织特征（图10-30）。沿枝晶开裂并沿晶发展，在裂纹处经常有低熔点共晶填充物。热裂纹比冷裂纹细，没有冷裂纹易观察，特别是裂纹处有低熔点共晶填充物时，更要与正常低熔点共晶仔细区分，一般前者比后者尺寸小而且分布致密。

（3）热裂纹形成机理及防止措施。热裂纹是一种普通又很难完全消除的铸造缺陷，除 Al-Si 合金外，几乎在所有的工业变形铝合金中都能出现。因为在固-液区内的金属塑性低，熔体结晶时体积收缩产生拉应力，当拉应力超过当时金属的强度，或收缩率大于伸长率时则产生裂纹。当固液状态下，其伸长率低于 0.3% 时产生热裂纹。热裂纹种类主要有表面裂纹、中心裂纹、放射状裂纹和浇口裂纹等。

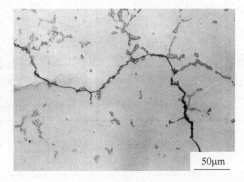

图 10-30　热裂纹显微组织

防止措施：因热裂纹与冷裂纹产生的原因和机理常常难以分清，因此，其防止措施只能根据具体情况来分析。

10.4.1.3　其他裂纹

（1）中心裂纹。中心裂纹可能是热裂纹，也可能是冷裂纹。它的产生原因是在铸锭凝固过程中，由于中心熔体结晶收缩受到外层完全凝固金属的阻碍，在铸锭中心产生抗应力，当抗应力超过当时金属的允许形变值时，便产生中心裂纹。在高成分合金铸锭中，这种裂纹大多数是一种混合型裂纹。

（2）环状裂纹。环状裂纹是热裂纹，其特征为圆环状。在结晶过程中，当已形成铸锭外壳层硬壳，而中间层的冷却速度又很快时，在过渡带转折处收缩应力很大，收缩受到已凝固硬壳的阻碍，则在液穴结晶面的转折处形成裂纹。如果铸锭表面冷却比较均匀，可能形成环状裂纹；如果铸锭表面冷却不均，则形成半环状裂纹。

（3）放射状裂纹。裂纹由铸锭中心向外散射，像太阳光向外散射一样，散射裂纹线相距较远，由铸锭中心附近向外散射彼此相距愈来愈远。

放射状裂纹形成机理是由于中心结晶产生收缩拉应力，拉应力受外层阻碍，当拉应力很大时使已结晶的金属呈放射状开裂，使过大的拉应力得以释放。由于铸锭表面早已结晶，金属的强度超过应力数值，铸锭表面很难裂开。在形成放射状裂纹时，中心熔体还没有结晶，熔体立即将形成的裂纹间隙填充，在间隙处快冷结晶形成细小的枝晶。一般放射状裂纹不明显，往往不会破坏金属的连续性。

放射状裂纹多发生在空心铸锭中，在圆铸锭中也时有发生。空心铸锭产生该种裂纹的原因是由于铸锭内表面急剧冷却，芯子妨碍铸锭热收缩造成的。

放射状裂纹为热裂纹。

（4）表面裂纹。裂纹产生在铸锭表面，表面裂纹通常是热裂纹。当液穴底部高于铸锭直接水冷带时形成，其原因是铸造速度过小和结晶器过高所致。当铸锭从结晶器拉出来的瞬间，铸锭外层急剧冷却，收缩受到已经凝固的铸锭中心层阻碍，使外层产生拉应力而开裂。表面裂纹特征是裂纹沿铸锭表面纵向发展。

（5）横向裂纹。横向裂纹属于冷裂纹，多发生在 2A12、7A04 等硬合金大直径铸锭中。产生原因是铸锭直径大，铸造速度过小，轴向温度梯度大，使铸锭的横截面开裂。

（6）底部裂纹。裂纹位于铸锭底部，产生原因是与底部接触的铸锭下部冷却速度很快，而上层冷却速度较慢，使下层受拉应力作用。如果铸锭两端发生翘曲，由热应力引起的铸锭变形大于铸锭所能承受的形变时，将在铸锭的底部引起裂纹。大生产中底部裂纹多因底部铺底铝处理不当引起的。底部裂纹多发生在扁锭中。

（7）浇口裂纹。裂纹位于铸锭浇口中心，沿铸锭纵向向下延伸。产生原因是在铸造末期，铸锭顶部金属凝固收缩时，在顶部产生拉应力，将刚结晶塑性很低的中心组织拉裂而产生裂纹。如果浇口区的金属在较高的温度已经形成了细小的热裂纹，在铸锭继续冷却过程中，应力以很大的冲击力使铸锭开裂。这种裂纹开裂有很大的危险性，不但容易使铸造工具破坏，还可能产生人身安全事故。大生产中，浇口有夹渣、掉入底结物、水冷不均和回火处理不当等原因，都可能产生浇口裂纹。浇口裂纹多发生在扁锭中。

（8）晶间裂纹。在铸造塑性高的软合金时，如果化学成分和熔铸工艺控制不当，熔体结晶时产生粗大等轴晶、柱状晶或羽毛状晶，由于收缩应力使塑性差的晶界裂开而产生晶间裂纹，这种裂纹的特征是沿晶界开裂。

（9）侧面裂纹。裂纹产生在扁铸锭的侧面。产生原因是铸锭侧面冷却速度过大，外表层急剧收缩，已凝固的内层对收缩有阻碍，产生很大拉应力使侧面金属产生裂纹。

为防止产生侧面裂纹，应适当提高铸造速度、提高小面水压、采用液面自动控制漏斗、严防产生冷隔、保证液流分布均匀、保证结晶器工作面光洁。

10.4.2　冷隔

铸锭外表皮上存在的较有规律的金属重叠或靠近表皮内部形成的隔层称冷隔。

（1）冷隔的宏观组织特征。在铸锭表皮上呈近似圆形、半圆形或圆弧形分层，分层处金属呈沟状凹陷。在低倍试片上组织有明显分层，分层处凹陷形成沿铸锭外表面的圆弧状黑色裂纹（图10-31）。

（2）冷隔的显微组织特征。冷隔处为黑色裂纹，裂纹处有非金属夹杂，裂纹组织两边相近。

（3）冷隔的形成机理。由于铸造工艺不当，在熔体与结晶器接触的弯月面上，由于液穴内的金属不能均匀到达铸锭边部，在金属流量小的地方，熔体不能充分补充，该处的熔体温度很快下降结晶成硬壳，硬壳与结晶器间产生空隙。当结晶器中金属液面提高到足以克服表面张力并冲破表面氧化膜时，熔体流向已产生的空隙中，后来的熔体结晶后与先结晶的已形成表面氧化膜的硬壳不能焊合。

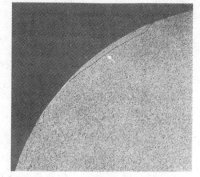

图10-31　冷隔（或成层）低倍组织

扁铸锭因窄而冷却强度大，距离供应点远，冷隔首先在窄面形成。

（4）冷隔的防止措施。冷隔的防止措施如下：

1）提高铸造速度，增加熔体供流量。

2）提高铸造温度，增加熔体的流动性。

3）合理安放漏斗，防止液流不均。

4）防止漏斗堵塞。

5）采用液面自动控制装置，防止金属水平波动。

（5）冷隔对性能的影响。因为冷隔使铸锭形成隔层，破坏了金属的连续性，当该处应力很大时，常常引起扁铸锭形成侧面裂纹，引起圆铸锭形成横向裂纹。如果冷隔没有导致铸锭产生裂纹，因其破坏了金属的连续性，加工铸锭时也导致裂纹产生。为了保证加工质量和制品质量，生产中必须将冷隔全部去掉，冷隔愈深铸锭的铣面量和车皮量愈大，使铸锭的成品率下降。

10.4.3　拉裂和拉痕

在铸锭表面纵向存在的条痕称拉痕（图 10-32）。在铸锭表面横向存在的小裂口称拉裂（图 10-33 和图10-34）。

（1）拉痕、拉裂的组织特征。拉痕的组织特征为沿铸锭表面纵向分布的条痕，条痕凹下，深度很浅。显微组织与正常组织没有差别。

拉裂的组织特征为沿铸锭表面横向分布的小裂口，裂口断续，深度较拉痕深但有底，小裂口边界不整齐。

（2）拉痕、拉裂的形成机理。拉痕与拉裂形成的机理相同，差别只是二者的程度不同。当熔体结晶后将铸

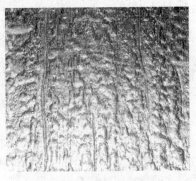

图 10-32　铸锭拉痕

锭从结晶器向铸造井下拉时，由于在结晶器内熔体刚结晶形成的金属凝壳强度较低，不足以抵抗铸锭和结晶器工作面之间的摩擦力，铸锭表面则被拉出条痕，严重时将铸锭表面横向拉出裂口，再严重时可能将局部硬壳拉破，在裂口处产生流挂。

图 10-33　圆铸锭拉裂

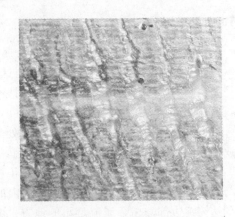

图 10-34　扁铸锭拉裂

（3）拉痕、拉裂的防止措施。拉痕、拉裂的防止措施如下：

1）保证结晶器光滑和进行润滑，不允许有毛刺、水垢和划痕。

2）结晶器要放正，防止铸锭下降时一边产生很大的摩擦力。

3）适当降低铸造速度和铸造温度。

4）均匀冷却，适当提高水压。

（4）拉痕、拉裂对性能的影响。拉痕和拉裂破坏了铸锭表层组织的连续性，当深度不超过铸锭表面加工余量时，用铣面或车面的办法将其去掉；当深度很深时，将铸锭报废。

10.4.4　弯曲

铸锭纵向轴线不成一条直线的现象称弯曲。

（1）弯曲的形成机理及防止措施。

1）结晶器安装不正或固定不牢，铸造时错动。

2）铸造机导轨不正或固定不牢，铸造时底座移动，盖板不平使结晶器歪斜。

3）结晶器变形，锥度不合适或光洁程度差。

4）开始铸造时，由于底部跑溜子，使底部局部悬挂。

（2）弯曲对性能的影响。弯曲主要是对工艺性能有不良影响，解决办法是：

1）当弯曲不大时，可用车皮、铣面或矫直办法消除。

2）当弯曲过大时，因无法进行加工变形，铸锭报废。

10.4.5 偏心

空心铸锭内外不同心的现象称偏心。

（1）偏心的形成机理及防止措施如下：

1）芯子安装不正，铸造机下降时不平稳。

2）铸造工具不符合要求。

（2）偏心对性能的影响：偏心使空心铸锭壁厚不均，对工艺性能有严重影响，如果偏心不大可用锤孔来校正，如果偏心过大，铸锭只能报废。

10.4.6 尺寸不符

铸锭的实际尺寸不满足所要求的尺寸称尺寸不符。

尺寸不符的形成机理及防止措施如下：

（1）铸造时流口堵尺不当。

（2）结晶器设计不符合要求，或结晶器变形及长期使用磨损过大。

（3）铸造行程指示器不准、损坏或失灵，不能正确指示铸造长度。

（4）对各种流盘、流槽容量和各种规格铸锭的流量控制不当。

（5）电器、机械设备发生故障，无法继续铸造。

（6）铸造温度太低，铸造中喇叭嘴、流眼凝死，不能继续铸造。

（7）铸空心锭时芯子偏斜或结晶器固定不牢，造成偏心。

10.4.7 周期性波纹

铸锭横向表面存在的有规律的条带纹称周期性波纹。

周期性波纹多产生在纯铝或3A21软合金铸锭表面。

形成机理及防止措施如下：

（1）铸造温度低，金属水平波动。

（2）铸造速度慢，表面张力阻碍了熔体流动。

（3）铸造速度过快或结晶器内金属液面过高时，铸锭呈周期性摆动，使铸锭大面产生周期渗出物。

（4）将铸锭车皮或铣面。

10.4.8 表面气泡

铸锭均匀化热处理后，有时在表面形成的鼓包称表面气泡。

（1）表面气泡的宏观组织特征。在铸锭表面为分散的鼓包，鼓包内为空腔，放大倍数观察，空腔内壁有闪亮的金属光泽。

（2）表面气泡的显微组织特征。气泡空腔附近有疏松和均火后残存的枝晶组织，气泡内壁对应位置的枝晶组织有对应性。用电子显微镜观察，气泡内壁有梯田花样，表明气泡以疏松为核心形成的。

（3）表面气泡的形成机理。铸锭表面气泡不是铸造后就存在，而是铸锭均匀化退火后才出现，似乎不属于冶金缺陷，其实正是由于铸锭中氢含量过高所致。

当熔炼过程中，由于除气不彻底，将熔体中残存的过多气体，主要是氢气保留在铸锭内。氢含量过高时在铸锭内形成气泡，氢含量较高时形成疏松。

铸锭的表面气泡除与铸锭内的氢含量有关外，还与铸造时的冷却速度和均匀化温度有关。根据对 Al-Mg-Si 合金的研究，当铸锭中氢含量相同时，铸造冷却速度愈快，均火温度愈高，在铸锭表面愈容易生成气泡。铸锭中氢含量愈高，不论铸造冷却速度如何，生成表面气泡的均火温度愈低（表 10-14）。

表 10-14　铸锭氢含量、冷却速度、均火温度与表面气泡的关系

均火温度/℃	铸锭冷却速度	表　面　气　泡			
		100g Al 氢含量 0.142mL	100g Al 氢含量 0.174mL	100g Al 氢含量 0.192mL	100g Al 氢含量 0.280mL
530	慢冷				
	快冷				
540	慢冷				气泡
	快冷				气泡
550	慢冷				气泡
	快冷			气泡	气泡
560	慢冷			气泡	气泡
	快冷		气泡	气泡	气泡
570	慢冷		气泡	气泡	气泡
	快冷	气泡	气泡	气泡	气泡
580	慢冷	气泡	气泡	气泡	气泡
	快冷	气泡	气泡	气泡	气泡

除铸锭外，加工制品如板材和挤压制品等，在热处理时也能在其表面上生成气泡。其原因除铸锭生成气泡的原因外，还与热处理炉内湿度过大有关。因为水蒸气与铝表面反应生成原子氢，氢原子半径很小，沿着晶界和晶格间隙扩散进入金属表层内。当炉内温度降低时，由于炉内氢浓度很低，氢又从固溶体内析出，压力达到几个大气压，将表面金属鼓起形成气泡。这种气泡是由环境氢引起的，气泡尺寸较铸锭内部氢引起的气泡尺寸小，一般为 0.1 ~ 1mm，气泡大小均匀。

（4）表面气泡防止措施。表面气泡的防止措施如下：

1）加强除气精炼，尽量降低铸锭的氢含量。

2）热处理时温度不能太高，时间也不能过长。

3）热处理炉内湿度不能过高。

4）铸造、制品和器具等需干燥。

（5）表面气泡对性能的影响。表面气泡破坏了表皮组织的连续性。铸锭需车皮和铣面，板材和锻件不应超过公差余量之半。

10.5　检测技术的发展

铝熔体和铸锭内部纯净度的检测有测氢和夹杂物两种，前者的种类很多，目前世界上使用

的测氢技术有 20 多种，如减压凝固法、热真空抽提法、载气熔融法等，但应用最广泛的是以 Telegas 和 ASCAN 为代表的闭路循环法，该法数据可靠，是目前唯一适合铸造车间使用的检测方法。国内西南铝业集团公司在 Telegas 和 Telegas II 的基础上开发的便携式测氢仪，经过了多次改进，仪器用测氢探头实现了国产化，不但价格远远低于进口产品，而且寿命比进口产品长得多，这种测氢仪操作简便、维护容易、价格便宜，而且质量轻，携带方便，国内许多厂家都使用这种测氢仪。

　　在我国，对铝合金夹杂物检测的研究较少，使用的方法仅限于铸锭的低倍和氧化膜检查两种，对铝熔体的非金属夹杂物检测几乎是空白，而国外对铝熔体的夹杂物检测研究很多，比较成熟的方法有 POPFA、LAIS 和 LiMCA，其中前两种都是以过滤定量金属后，过滤片上的夹杂物面积除以过滤的金属量作为指标，不能连续测量；LiMCA 是一种定量测量方法，其第二代产品 LiMCA II 可同时测量过滤前后的夹杂物含量，过滤前使用硅酸铝取样头，过滤后使用带伸长管的硼硅玻璃取样头，伸长管可减少除气装置产生的悬浮气泡对测量结果的影响。LiMCA 可连续检测熔体中 $20\sim300\mu m$ 的夹杂物，是目前最先进、测量速度最快、测量结果最直观的夹杂物检测仪，但价格昂贵。氢含量和夹杂物含量检测可有效监控铝熔体净化处理的效果，为提高和改进工艺措施提供依据，对提高铝材质量意义重大。

复习思考题

1. 基本概念：偏析、缩孔、疏松、熔剂夹渣、裂纹、冷隔。
2. 简述铸锭质量检查的内容。
3. 简述偏析的种类及产生原因。
4. 简述热裂纹及冷裂纹的区别及防止措施。
5. 简述气孔与疏松的区别及防止措施。

11　铝合金连续铸轧技术

11.1　双辊连续铸轧法的特点和分类

11.1.1　双辊连续铸轧法的特点

连续铸轧技术是将液态金属直接生产冷轧薄板坯的捷径，把铸造和热轧开坯等多道工序合并在连续铸轧一道工序完成，使铝板、带、箔生产工艺大大简化，生产周期缩短。同时，还由于双辊连续铸轧具有灵活、投资少、占地面积小、建设速度快、生产成本低等许多优点，因此，它应用于工业生产以来，得到了广泛推广，并在不断改进和完善。目前，铸轧技术已朝轧制速度更高、铸轧带坯厚度更薄的方向发展。为了降低成本，提高效率，近年来新建的一些综合性大型企业，实施电厂，铝冶炼、加工"一条龙"建设，采用电解铝液直接生产铸轧卷，使生产成本更加降低。连续铸轧的主要优缺点归纳如下。

11.1.1.1　连续铸轧的优点

其主要优点是：

（1）设备简单、集中，缩短了铝水→铸块→热轧板带的时间，节省了铸锭、锯切、铣面、加热、开坯、热轧等多道工序，简化了生产工艺，缩短了生产周期，提高了劳动生产率，自动化程度高。

（2）节能降耗。连续铸轧工艺的生产线配置合理，结构紧凑，方便操作，降低了热轧所需的一系列工序的能耗。

（3）切头、切尾等几何废料少，成品率高，生产成本低。

（4）由于连续铸轧带坯厚度较薄，冷却后可直接冷轧，节省了大功率的热轧机和铸锭加热所消耗的电能和热能。

（5）设备投资少，见效快，投资回收期短，占地面积小，建设速度快，适合于中小型铝板带材企业的建设。

（6）连续铸轧坯料可完全替代热轧坯料用于铝及铝合金板、带、箔材的生产。

（7）可以用部分回收废料做原料，生产成本低廉，在价格上颇具竞争力。

11.1.1.2　连续铸轧的缺点

其主要缺点是：

（1）能够生产的合金品种比热轧少，特别是结晶温度范围大的合金较难生产，只限于纯铝及软合金的生产，应用范围没有连铸连轧和热轧的范围广。

（2）铸轧速度低，单台设备产量较低。

（3）产品品种、规格不能频繁改变。

（4）由于不能对铸锭表面进行铣面、修整，对某些化学处理及表面质量要求高的产品会产生不利影响。

（5）生产某些特殊制品，如深冲的制品，需要有特殊的生产工艺。

11.1.2 双辊连续铸轧法的分类

（1）按板坯厚度分类，可分为以下两类：

1）常规铸轧，板坯厚度6~10mm，铸轧速度一般小于1.5m/min。

2）薄板快速铸轧，板坯厚度1~3mm，铸轧速度一般为5~12m/min，最大可达30m/min以上。

（2）按辊径大小分类，可分为以下两类：

1）标准型。常用铸轧辊的辊径有φ650mm、φ680mm。

2）超型。常用铸轧辊的辊径有φ960mm、φ980mm、φ1000mm、φ1050mm、φ1200mm。

（3）按铸轧辊驱动方式分类，可分为以下两类：

1）联合驱动。用一台电动机驱动两个铸轧辊，上、下辊的辊径差要求小于1mm，两辊线速度有差异，结晶凝固前沿中心线不对称。

2）单独驱动。上、下轧辊分别由两台电动机驱动，能较好地保证设定的结晶速度和表面质量。

（4）按轧辊辊缝控制系统分类，可分为以下两类：

1）预应力式。上、下轧辊轴承箱间放置垫块，预设辊缝，压上缸给定一个压力，使轴承箱与垫块完全压靠，该力大于最大轧制力，机座处于预应力状态。需在线调整辊缝时，要使系统瞬时降压，调整垫块。

2）非预应力式。在有载或无载的情况下，电动增压器控制压下缸的压下位置，压力大小由轧制力建立，每侧可单独控制。

（5）按轧辊和金属的流向分类，可分为以下三类：

1）双辊水平下注式。两辊中心连线与地面平行，或金属浇注流向与地面垂直，简称垂直式铸轧机，其生产方式示意图见图11-1a。

2）双辊倾斜侧注式。金属浇注流向与地面水平线呈一定角度，一般为15°角；或两辊中心连线与地面垂直线呈一定角度，简称倾斜式铸轧机，其生产方式示意图见图11-1b。

3）双辊垂直平注式。两辊中心连线与地面垂直，或金属浇注流向与地面水平线平行，简称水平式铸轧机，其生产方式示意图见图11-1c。

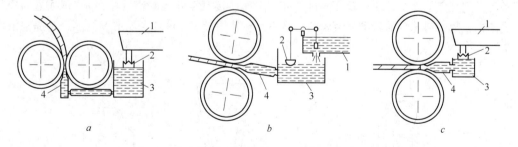

图11-1 连续铸轧生产方式示意图

a—垂直式；b—倾斜式；c—水平式

1—流槽；2—浮标；3—前箱；4—供料嘴

三种形式铸轧机的特点比较见表11-1。

表 11-1　三种形式铸轧机的特点比较

项　目	垂直式 （双辊水平下注式）	倾斜式 （双辊倾斜侧注式）	水平式 （双辊垂直平注式）
供流装置	结构较为复杂	结构较简单	结构简单
轧　辊	两辊中心连线与地面平行	两辊中心连线与竖直方向呈 15°角	两辊中心连线与地面垂直
出板方向	与地面垂直，需弯 90°引出	与地面呈 15°角	与地面平行
立板操作	比较复杂	比较方便	方便
铸轧区高度/mm	30～35	标准型：40～55 超型：55～65	标准型：55～65 超型：65～85
平均加工率/%	15	30	30～40
铸轧速度/mm·min⁻¹	700～900	900～1100	1000～1300
生产率/t·(h·m)⁻¹	0.93	标准型：1.2 超型：1.5	标准型：1.4 超型：1.7
代表机型	1956 年美国亨特式	1961 年美国亨特式	1960 年法国 3C 式

11.2　连续铸轧的工作原理及主要工艺参数优化

11.2.1　连续铸轧的工作原理

图 11-2 为连续铸轧的基本原理图。以双辊垂直式连续铸轧法为例，铸轧法是根据流体静力学中的巴斯加原理，利用 U 形连通管建立起来的。液体金属的输送方式可以看做是液体在 U 形管内两端液柱相平衡状态下进行的，前箱铝液面的高度决定了铸轧嘴中液穴的高度。这个平衡为动态平衡。图 11-2b 为金属凝固示意图，在双辊式连续铸轧过程中，静置炉内铝熔体按照铸轧要求控制其温度，经过精炼处理后铝熔体通过前箱进入浇道系统，铝熔体靠前箱中铝液面高度所产生的静压力，通过供料嘴被注入两个转动方向相反的铸轧辊辊缝内（即铸轧区），由于铸轧辊内通入循环冷却水，辊套温度一般低于 80℃。铝熔体从供料嘴顶端溢出，与铸轧辊接触后受到剧烈的冷却，获得较大的过冷度，因而使接触铸轧辊的铝熔体在 a—a′处立即冷却形成薄壳，随着铸轧辊的转动，金属的热量不断被轧辊导出，液体金属继续结晶，结晶前沿温

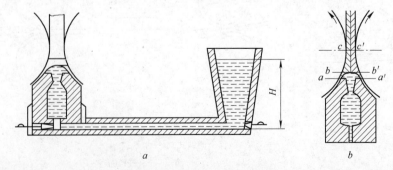

图 11-2　连续铸轧的基本原理图

a—前箱液面高度示意图；b—金属凝固示意图

度持续下降，结晶界面不断向铝熔体内部推进。当上、下两个结晶层增厚，并在 b—b' 截面铝熔体完全凝固，即完成了铸造过程而进入轧制区。在 b—b' 截面凝固的金属，经过轧制变形后到轧辊中心 c—c' 处，形成铸轧带坯。

11.2.1.1   生产工艺流程

铝带坯连续铸轧工艺的主要流程是：合金的配制、熔炼、扒渣、搅拌、成分分析、保温、浇注、铸轧、引带、卷取等。

A   合金的配制及熔炼

首先根据合金成分进行配、备料，在熔炼炉中将备好的铝锭、中间合金或金属添加剂熔化后，铝熔体通过扒渣、搅拌，分析成分合格后，将温度控制在 735~755℃ 导入静置炉，液体在静置炉中进行静置、精炼后，控制静置炉熔体温度为 730~745℃。

B   浇注及铸轧

精炼后的铝熔体温度控制在 730~745℃，从流口进入流槽，在流槽中加入 Al-Ti-B 丝晶粒细化剂，再进入净化处理装置。铝熔体从净化处理装置流出后，进入可以控制液面高度的前箱内。通过前箱底侧的横浇道流入由保温材料制成的供料嘴中，液体金属靠静压力由供料嘴直接进入一对相反方向旋转的铸轧辊中间。与两辊表面接触的铝熔体，其热量通过辊套传送给辊内冷却水导出。这时，铸轧辊使液体金属快速结晶。随着铸轧辊的转动，铝熔体的热量不断通过凝固壳被铸轧辊带走，结晶前沿温度持续下降。结晶面不断向熔体内部推进，当上、下两个结晶层增厚并相遇时，即完成铸造过程而进入轧制区，经轧制变形成为铸轧带坯。

C   铸轧带坯引出及卷取

铸轧带坯离开轧辊，经牵引机送进机列，切掉头部，至卷取机卷成所需直径的大卷。当板带坯达到给定尺寸时，切断卸卷，再重新开始下一个卷。

由此可见，从铸轧辊的一侧不断供应液体金属，从铸轧辊的另一侧不断铸轧出板带坯，使进、出铸轧区的金属量始终保持平衡，这样就达到了连续铸轧的稳定过程。

双辊水平式铸轧机工艺流程示意图见图 11-3。

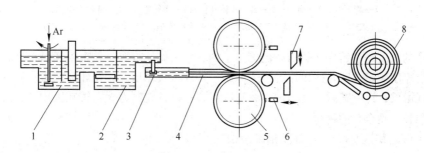

图 11-3   双辊水平式铸轧机工艺流程示意图
1—除气系统；2—过滤系统；3—液面控制；4—铸嘴；5—铸轧机；
6—喷涂系统；7—剪切机；8—卷取机

双辊倾斜式板带铸轧机组示意图见图 11-4，双辊水平式板带铸轧机组示意图见图 11-5。

11.2.1.2   铸轧区的建立

铸轧区是指两辊中心连线（又称轧辊中心线）到铸嘴前沿之间的区域。

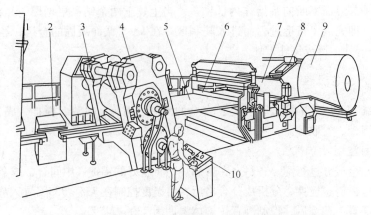

图 11-4　美国 Hunter 公司双辊倾斜式板带铸轧机组示意图

1—静置炉；2—前箱；3—流槽；4—倾斜式铸轧机；5，9—铸轧带坯；6—两辊牵引机；
7—剪切机；8—卷取机；10—操作台

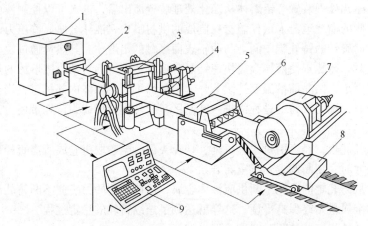

图 11-5　阿苏鲁斯 I 型双辊水平式板带铸轧机组示意图

1—静置炉；2—前箱；3—水平式铸轧机；4—铸轧带坯；5—两辊牵引机；
6—剪切机；7—卷取机；8—运卷小车；9—操作台

铸轧区的长度是在铸轧开始前就已确定了的，它由铸轧板厚、轧辊辊径、合金、设备能力及铸嘴前沿厚度确定。铸轧区设定的一般原则：铸轧板板厚增厚，铸轧区减短；铸轧辊辊径增大，铸轧区增长；铸嘴嘴唇厚度增加，铸轧区增长；设备轧制力大，铸轧区增长；纯铝、软合金铸轧区稍长，硬合金的稍短。

铸轧区由固相区、固液区和液相区组成，见图 11-6。

由图 11-6 可知：

$$L = L_1 + L_2 + L_3 \qquad (11\text{-}1)$$

A　固相区

固相区又称变形区或热加工区，此区域的金属已完全凝固，可近似表示为：

$$L_1 = \sqrt{R(h - h_0)} \qquad (11\text{-}2)$$

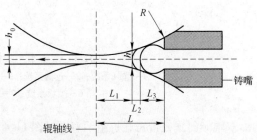

图 11-6　铸轧过程区域图

h_0—板带厚度；h—金属凝固厚度；L—铸轧区；
L_1—固相区；L_2—固液区；L_3—液相区

固相区的热加工率表示为：

$$\varepsilon = \frac{h - h_0}{h} \tag{11-3}$$

固相区的特点：

（1）固相区随着铸轧速度的增加而减小，随铸轧区的增加而相应增加。

（2）在铸轧区和铸轧速度相同的条件下，板厚减薄，固相区增加。

（3）在此区域，轧辊对金属不断地进行冷却，轧制也同时进行，铸轧板出辊时的温度比固相线温度低得多。在相同的板厚条件下，铸轧区愈大，铸轧速度愈慢，辊套厚度愈薄。其铸轧板出辊温度愈低，热加工率也愈高。

B 固液区

固液区又称糊状区或铸造区，在此区域的金属正处在凝固之中，其长短与合金的结晶区间有关。结晶区间大的合金，此区域稍长，纯铝的较短。

C 液相区

液相区又称液穴区，该区域的金属全是液态。在相同工艺条件下，液穴的深度随下列参数变化：

（1）铸轧速度提高，液穴加深。

（2）铸轧区增大，液穴加深。

（3）板厚增加，液穴加深。

11.2.2 连续铸轧主要工艺参数优化

11.2.2.1 铸轧速度

铸轧速度是指铸轧板的出板速度。铸轧速度与铸轧辊线速度相比有一定的前滑量，辊径不同，前滑量不同，前滑量一般为6%～10%左右。

铸轧速度是由液穴确定的，当铸轧速度增加到某一临界值时，结晶前沿朝着铸轧辊出口平面移动，由于冷却不及时，液穴加深，以致金属来不及凝固，液态金属从辊缝流出，影响正常轧制。因此铸轧速度存在一个极限速度，即在临界液穴稳定轧制的最大速度。

在铸轧过程中，要保持连续铸轧的稳定性，主要是调整铸轧速度，使铸轧速度与液体金属在铸轧区内的凝固速度成一比例，铸轧速度过大，熔融金属冷却不足，呈液态被轧辊带出；铸轧速度过小，液态金属在铸轧区内停留时间过长，过度冷却，会造成液态金属凝固于铸嘴内，破坏铸轧过程。

11.2.2.2 铸轧区

铸轧区是连续铸轧的关键参数，影响其的因素很多，如辊径、板厚、合金、铸嘴嘴唇厚度等，其变化范围可达50mm左右，但在相同工艺装备条件下，其变化范围较小。在相同铸轧条件下，铸轧区增加，凝固区也增加，可提高铸轧速度。但当铸轧区超过一定值时，铸轧速度变化不大。每一种合金规格，都有其获得最大速度的铸轧区。

铸轧速度相同时，铸轧区增加，其加工率、轧制力和轧制力矩增大。

相同铸轧速度条件下，铸轧区增加，传热能力增加，铸轧板出辊温度降低。

铸轧辊辊径增大，铸轧区可以相应增加。

11.2.2.3　冷却强度

铸轧板的凝固与冷却都是由辊套的蓄热量来保证的，当辊套与金属接触时，辊套很快变热，接触后热量扩散，辊套整个温度升高；最后经循环水将辊套冷却，热量由循环水吸收而排出，其排出的热量多，则表示冷却强度大。

在铸轧过程中，冷却强度增大，有利于凝固结晶和铸轧速度提高。

在相同的铸轧速度条件下，冷却强度的增加，热加工率、轧制力和轧制力矩增大。

影响冷却强度的因素很多，如轧辊的材质、辊套壁厚、辊芯结构、冷却水水温和流量等。

11.2.2.4　前箱液面高度

在铸轧过程中要维持铸轧的连续性，除液穴深度外，前箱液面高度是一个极重要的参数。正常铸轧时，金属液穴在铸嘴前沿与轧辊的间隙处存在一弯曲面，其表面膜的表面张力产生的附加压力 p_1 为：

$$p_1 = \frac{2\sigma}{d} \tag{11-4}$$

式中　σ——表面膜张力系数；

d——嘴辊间隙。

在前箱液面高度下，熔体对铸嘴间隙作用的静压力 p_2 为：

$$p_2 = 2\rho g h \tag{11-5}$$

式中　ρ——金属液体密度；

g——重力加速度；

h——液面高度。

正常铸轧时，静压力和表面张力产生的附加压力处于平衡状态，即：

$$p_1 = p_2 \tag{11-6}$$

由式(11-4)～式(11-6)得出：

$$h = \frac{2\sigma}{\rho g h} \tag{11-7}$$

式中，静压头的高度，即前箱液面高度与嘴辊间隙有关，嘴辊间隙增大，液面高度降低，故在铸轧生产中组装铸嘴时，要充分考虑嘴辊间隙，以保证液态金属不从嘴辊间隙渗漏，应 $p_1 > p_2$。

前箱液面高度的调整，主要是调整前箱静压力和液膜表面张力的关系，在维持 $p_1 = p_2$ 平衡条件下，前箱液面越高，越有利于金属液体的供给，从而保证金属结晶的连续性，使铸轧板获得较为致密的组织。前箱液面过低，静压力小，会造成金属供流不足或金属液体在铸轧区域局部过冷凝固，影响铸轧板质量，甚至造成铸轧中断。

在相同铸轧条件下，铸轧区增大，嘴辊间隙增大，前箱液面高度的调节范围减小。

11.2.2.5　浇注温度

浇注温度一般指前箱的液体金属温度。

金属凝固至轧出板，释放的热量与液态金属接触时的平均温度有关，浇注温度降低，其凝固释放的热量减少。浇注温度低，传热能力提高，有利于提高铸轧速度。

在铸轧生产中，浇注温度一般控制在 680~700℃，尽量把温度控制在下限。

浇注温度的控制是通过静置炉的温控实现的，其定温要充分考虑流槽的长度及温降。保证前箱液体金属温度的稳定，就是确保铸轧区内液穴的稳定，从而达到稳定铸轧。

11.2.2.6 合金成分

合金元素和杂质，对连续铸轧机的运转有重要的影响，连续铸轧机广泛应用于生产 1×××、8×××、3×××系合金。随着铁、硅、锰、锌等合金元素的增加，在其他铸轧条件相同的情况下，铸轧速度相应降低，轧制力、轧制力矩相应增加。

11.3 连续铸轧主要工艺设备

连续铸轧的主要工艺设备有液面控制系统、铸轧辊、铸轧供料嘴、冷却水系统、辊面润滑装置等。

11.3.1 液面控制系统

液面控制系统的作用是保证前箱中的铝液有一相对稳定的高度，即控制由供料嘴流入铸轧辊的铝液有相对恒定的静压力，保证铸轧过程中，铝液供给充足、平稳、连续。目前，生产中使用的液面控制系统主要有三种结构：杠杆式、浮标式、非接触式液位控制器。

11.3.1.1 杠杆式控流器

杠杆式控流器（图11-7），是利用杠杆的工作原理制作的。杠杆5的一侧是浮标4，由铝液的浮力托着浮标可以上下移动；另一侧是用石墨或轻质耐火材料制作的塞头3，塞头端部为圆锥形，正好对着套管管口，当铝液面下降时，浮标下降，通过杠杆塞头上升或前后移动，更多的铝液从管口流入前箱；当前箱的液面上升时，托起浮标，使塞头逐渐下降，流经管口的金属流量逐渐减少，促使前箱的高度恢复正常。

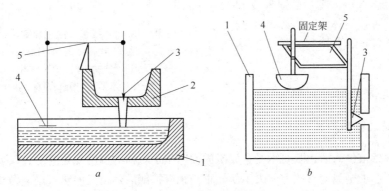

图 11-7 杠杆式控流器示意图
1—前箱；2—供流流槽；3—塞头；4—浮标；5—杠杆

图11-7a 为流槽与前箱不在同一水平面上的前箱液面控制方式，适用于供流流槽和前箱流槽有落差的供流方式。图11-7b 为流槽和前箱在同一水平面上的前箱液面控制方式。其原理都是通过前箱流槽液面的升降带动浮标的升降，再通过杠杆作用于钎塞实现铝液的平稳供应。

11.3.1.2　浮标式控流器

　　浮标式控流器如图 11-8 所示。根据液态浮力的原理，当前箱流槽内铝液面过高时，浮标 3 上升，使流管和浮标之间的间隙减小，由流槽进入前箱的铝液减少，这时前箱内铝液液面高度就会下降，浮标式控流器始终处于动平衡过程中。制作浮标的材料最好采用密度较低的耐火材料，以提高其灵敏度。

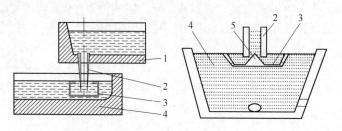

图 11-8　浮标式控流器示意图
1—流槽；2—流管；3—浮标；4—前箱；5—堵头

11.3.1.3　非接触式液位控制器

　　非接触式液位控制器如图 11-9 所示，在前箱流槽的熔体上方安装一非接触式的电容熔体水平测量传感器，传感器探头不与铝液接触，参照系是铝熔体的上表面。当其通过传感器时发出与熔体水平成比例的电信号，信号传到控制计算机后，与设定值进行比较，一旦出现偏差，就通过挂靠机构使塞棒上下移动，控制熔体水平，使其迅速恢复到设定值。该控制器可使熔体水平控制精度约小于 0.5mm，这是当前该类控制装置中能达到的最高精度。

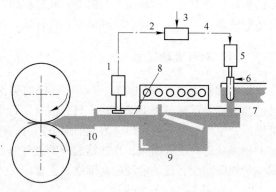

图 11-9　非接触式液位控制器示意图
1—电容非接触式传感器；2—测量值输入；3—计算机；
4—信号输出；5—执行机构；6—塞棒；7—下注口；
8—熔体水平；9—过滤系统；10—铸嘴

11.3.2　铸轧辊

11.3.2.1　铸轧辊的构造

　　铸轧辊在铝液浇入后，既要承受金属凝固而产生于辊面的温度变化应力，又要承受对凝固坯热加工所引起的金属变形抗力。为了使轧辊与铝液接触后热交换的热量迅速散去，辊内需要通冷却水，因而铸轧辊由辊套、冷却水通道、辊芯组成，见图 11-10。在设计和装配铸轧辊时，辊套和辊芯应配合良好，无论纵向还是圆周方向都不能活动。

　　（1）辊套。辊套处于外层，和液体金属接触，由于受反复的冷热交变作用，最终会导致表面热疲劳裂纹等缺陷。辊套使用一段时间后需重新车磨，属于易损件。

　　（2）辊芯。辊芯为铸轧辊的核心部件，通过其支撑辊套和实现循环水冷却。

　　（3）冷却水通道，又称冷却水沟槽，它是辊芯经机械加工形成的循环水回路。由于长期通过冷却水，易结垢、锈蚀或破损，一般在更换辊套时需重新补焊、车磨。

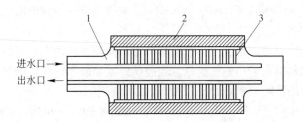

图 11-10 铸轧辊组成示意图
1—辊芯；2—辊套；3—冷却水通道

11.3.2.2 冷却水进出水孔的布流形式

常用的冷却水进出水孔的布流形式有一进二出式、一进三出式，如图 11-11 所示。

（1）一进二出式，即冷却水通过一个进水孔进入辊芯进行循环后再经两个回水孔排出。

（2）一进三出式，即冷却水通过一个进水孔进入辊芯进行循环，然后经三个回水孔排出。

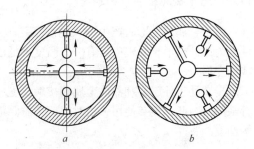

图 11-11 铸轧辊冷却水方式示意图
a——进二出式；b——进三出式

11.3.2.3 冷却水槽的槽形

铸轧辊辊芯外表面冷却水槽的形式，直接影响铸轧辊冷却强度和冷却均匀度。

冷却水槽的槽形有矩形沟槽、圆弧形沟槽、波浪形沟槽。图 11-12a 所示为矩形沟槽，由于加工方便，应用较广泛，但尖角易造成应力集中，同时对于不洁净的冷却水易堵塞；图 11-12b 所示为圆弧形沟槽，图 11-12c 所示为波浪形沟槽，这两种沟槽形式的水流速加快，导热性能提高。冷却水沟槽由于长期通过冷却水，易结垢、锈蚀或破损，一般在更换辊套时需重新补焊、车磨。

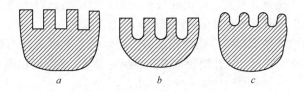

图 11-12 铸轧辊表面冷却水槽的槽形
a—矩形沟槽；b—圆弧形沟槽；c—波浪形沟槽

11.3.2.4 铸轧辊的材质选择

A 铸轧辊辊芯的材质选择

辊芯为铸轧辊的核心部分，通过其支撑辊套和实现循环水冷却。

铸轧辊辊芯也是承受铸轧力的主要部件，辊芯中的冷却水孔和辊芯表面的循环强制冷却水槽的存在，削弱了辊芯抵抗各种应力的能力。所以，辊芯的材质、热处理、循环强制冷却水的供水方式就显得特别重要。

国内外常用辊芯材料为 35CD4、34CrMo4、SCM432、23CD4、23CrMo、SCM440 钢等，广

泛应用的有 23CrMo、35CrMo、42CrMo、50CrMo4。硬度为 280~400HB。

　　B　辊套的材质选择

　　辊套由于受到弯曲应力、扭应力、表面摩擦力及周期性热冲击力等的影响，要求具有良好的导热性，较小的线膨胀系数和弹性模量，较高的强度和硬度，较好的耐高温、抗热疲劳和抗热变形性能等。除上述性能要求外，还要考虑其综合成本。

　　国外常采用20Cr3MoWV、35CrMnMo 等材料，硬度为 380~420HB，室温抗拉强度为：950~1400MPa，600℃抗拉强度为：550~750MPa。实际生产证明，这种材料每生产 400~500h，辊面就产生严重裂纹，需要进行辊面重车修整。每次车削量约为 3~4mm。

11.3.2.5　铸轧辊凸度的确定

　　由于金属热变形时产生强大的变形抗力，使轧辊产生挠曲，因此改变了辊缝的形状和尺寸。为保证板形，轧辊应具有一定凸度来抵消轧制过程中因轧辊弯曲、压扁、热膨胀等因素造成的变形。

　　辊套处于外层，和液体金属相接触，受反复的冷热交变作用，最终会导致表面热疲劳裂纹等缺陷。因此，辊套使用一段时间后，需要重新车磨，根据铸轧辊的辊径不同，应改变其相应的凸度。

11.3.2.6　铸轧辊的使用

　　(1) 新辊或磨削的铸轧辊开始使用时，在去掉保护纸后，应用棉纱蘸汽油或四氯化碳等溶剂擦去表面的油脂。

　　(2) 铸轧辊使用前，应转动轧辊，用喷枪均匀加热轧辊辊面2~4h，消除车磨应力，减轻急冷急热对辊套的冲击，同时可以减轻立板时粘辊。

　　(3) 温辊立板是指辊面温度在 50~60℃ 的情况下立板，主要是为了减少急冷急热对辊套的冲击，延长辊套寿命，避免辊套爆裂。

　　(4) 出板达辊面一周长后缓慢供给冷却水。

　　(5) 在铸轧停止或重新立板前，要认真检查辊面，把粘辊异物清理干净，辊面粘辊较严重的地方，用刮刀小心清理，必要时用细砂纸周向打磨。

　　(6) 采用石墨喷涂或是烟炭喷涂润滑辊面时，在原铸轧宽度之外的辊面会有较厚的石墨层或焦炭，若铸轧卷要变宽时，其轧辊变宽部位要彻底清除，清除时用刷子清除，必要时用砂纸打磨。

　　(7) 为提高工作效率，避免不必要的辊面清理，生产安排上应遵循先宽料后窄料的原则。

　　(8) 短期停机，因换规格、合金等需停机重新立板时，停机前关闭冷却水。

　　(9) 长期停机，因停机时间较长需重新立板时，需用火焰烘烤辊面 1~2h 后立板。

　　(10) 轧辊搬运过程中要小心轻放，避免撞伤或划伤辊面。

　　(11) 应该掌握铸轧辊的磨辊时间、重磨量和重磨后的表面粗糙度。

11.3.2.7　铸轧辊的磨损

　　A　热龟裂

　　铸轧过程中，铸轧辊套受铝液短暂的热冲击和温度循环变化产生的热应力，铝液的腐蚀及传递扭矩、弯曲、循环载荷的联合作用，使辊套表面出现裂纹并扩展成网状。热龟裂主要表现为有规则的网状细裂纹，沿轧辊圆周方向扩大，若经仔细抛光和进行一定的热处理，可以减轻。

B 长裂纹

长裂纹表现为无方向性,一般向圆周方向倾斜,有时是分区成组出现。长裂纹主要是由于轧辊在搬运、生产过程中不小心被划伤所引起的,在各种应力的作用下,该裂纹扩展较快。

C 断裂

由于辊套在加工、热处理过程中产生的应力未消除、辊套与辊芯配合的过盈量偏大、辊套内部有缺陷、立板时辊面温度过低等,造成铸轧辊在使用过程中辊套沿纵向或呈一定角度出现破裂。

11.3.2.8 轧辊的其他缺陷

A 辊身端部漏水

辊身端部漏水在铸轧生产中易造成熔体与水接触产生爆炸,主要原因是端部的 O 形圈损坏。

B 板厚不均

轴承箱垫片尺寸不符、轧辊塑性变形、辊芯水槽局部堵塞、辊套磨削偏心、系统压力不稳等原因,都会在生产中造成板厚不均。

11.3.2.9 辊套的车磨

铸轧辊套车磨的目的是把辊套上已经存在的裂纹彻底去掉,若没彻底去掉,其残存裂纹会扩展得更快,从而影响辊套的使用寿命。因此检查裂纹是否全部车磨干净是关键。首先以辊身中心为基点,以 100mm 为间隔,分别从 0°、90°方向检测轧辊凸度曲线是否符合要求,保证同轴度小于 0.02mm;圆柱度小于 0.03mm;两辊直径差小于 0.8mm;表面粗糙度小于 0.8μm。

11.3.3 铸轧供料嘴

铸轧供料嘴的作用是将铝熔体送入铸轧辊辊缝之间,因此,供料嘴是连续铸轧过程中直接分布和输送铝熔体到辊缝的关键部件,也是浇注系统的咽喉,它的结构合理与否直接影响到产品质量和产量。供料嘴由嘴唇、垫片、边部耳子组成。

对供料嘴装置的要求有:

(1) 结构应牢固可靠,能保证连续性生产。

(2) 结构应简单,便于操作与更换。

(3) 供料嘴的耐热性能要好,并有良好的保温性。

11.3.3.1 铸轧供料嘴的材质选择

铸轧供料嘴材料为硅酸铝毡和氮化硼压制而成。它具有保温性能好、抗高温性能好、线膨胀系数小、不与液体金属发生化学反应、不产生气泡和氧化渣等特点,经过加热焙烧处理,内衬具有良好的保温性,有足够的强度和刚度,便于机械加工;化学稳定性好,不污染金属;抗温变性能好,不因温度急剧变化而破裂;线膨胀系数小,不会引起变形和开裂。

常用的供料嘴材料有美国生产的 MARINITE(马尔耐特)、法国生产的 STYRITE(斯德瑞特)以及国内仿制的中耐 1 号、中耐 2 号等。

现在使用一种新型的 STYRITE 及与其性能相近的材料,它是一种用陶瓷纤维、硅酸铝纤维通过真空压制的耐火板,是一种轻质的耐火产品,这种材料具有耐高温、耐腐蚀、不易断裂、易加工、吸潮性小、寿命长、使用前不需要预热等特点。

11.3.3.2　铸轧供料嘴的结构

对铸轧供料嘴结构的要求是：铝液通过供料嘴时流线要合理无死角、铝液应均匀分布于辊缝，保证供料嘴出口沿横截面温度均匀一致，保证供料嘴出口处金属的流速一致。

供料嘴由上、下两块嘴片组合而成，嘴片间设有一定形状的分流块，以保证由入口处进入的铝熔体能均匀分布到整个供料嘴内腔。供料嘴内熔体的流动一般受分流块的相对位置、结构尺寸、分流块数目及大小的影响，可结合各自的工艺装备状况进行选择。分流块的形状、尺寸可随板宽的变化而变化，在供料嘴上组装分流片时，以保证流道通畅、温度均布为原则。组装时，可用大头针把分流块固定在嘴唇上。

供料嘴的结构按照铝熔体的分配级别可分为一级分配、二级分配、三级分配，如图 11-13 所示。

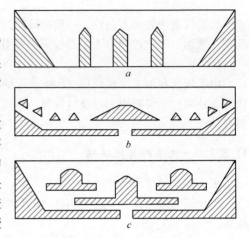

图 11-13　三种分配供料嘴示意图
a——一级分配供料嘴；b—二级分配供料嘴；
c—三级分配供料嘴

11.3.3.3　嘴唇

A　嘴唇的形状

常用的嘴唇形状有两种，如图 11-14 所示。

B　嘴唇尺寸的确定

供料嘴的嘴唇不能太厚，太厚易摩擦辊面，擦伤辊面和板面；供料嘴的嘴唇也不能太薄，太薄易损坏；要考虑其与流道的关系，保证金属流道足够宽，以确保液流的通畅。确定供料嘴的嘴唇尺寸要与铸轧区、合金、板厚、流道尺寸有机结合，如图 11-15 所示。

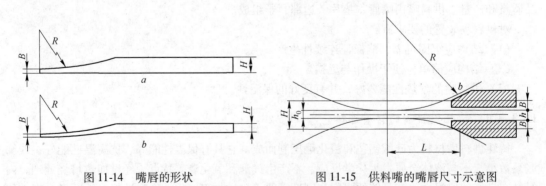

图 11-14　嘴唇的形状　　　　　　　图 11-15　供料嘴的嘴唇尺寸示意图

11.3.3.4　耳子

边部耳子是嘴子的边部工件，其作用是挡住熔融金属不从两侧流出。每副嘴子需要两个边部耳子。常用的耳子有两种，图 11-16 所示为边部耳子及其组装图。图 11-16a 所示的边部耳子由硅酸铝纤维薄板和黏结剂经黏合压制而成，常用于倾斜式铸轧机，使用前耳尖部位用石墨水溶液浸泡 3～5min 后进行烘干。图 11-16b 所示的边部耳子由三部分组成，即铝板、绝热板和石

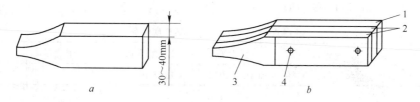

图 11-16　边部耳子及其组装图

1—铝板；2—耐火绝热板；3—耳尖；4—螺丝

墨耳尖组成，常用于水平式铸轧机。

　　铝板是边部耳子的加强板，加工制作时要考虑铸轧辊的弧度和铸轧带坯的厚度。它不能用非铝合金材料制作，因为若耳子被从辊缝带出时，用铝合金材料不会损坏辊面，而非铝金属会使辊面损坏，图 11-17 所示为 $\phi 960mm \times 1550mm$ 水平铸轧机铝板尺寸图。耐火绝热板的制作与铝板形状一样，该板是用硬质耐火材料制作，具有一定的弹性，亦可用硅酸铝纤维薄板经加工压制而成。

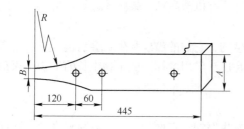

板厚/mm		10	8	6
尺寸 /mm	A	50	48	46
	B	8	6	4

图 11-17　$\phi 960mm \times 1550mm$ 水平铸轧机铝板尺寸图

　　耳尖由 $1 \sim 3mm$ 厚的韧性石墨板加工而成，要求耳子的圆弧光滑整齐，最好使用模板制作。耳尖在组装好后应与轧辊紧密配合，可根据板厚、辊径的不同进行相应的制作。图 11-18 所示为 $\phi 960mm \times 1550mm$ 铸轧机在不同的板厚、不同的辊径下的耳尖制作。

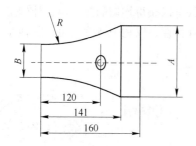

板厚/mm	6	8	10
A/mm	50	48	46
B/mm	9.5	7.5	5.5
辊径/mm	$460 \sim 480$	$445 \sim 460$	$235 \sim 445$
R/mm	480	460	445

图 11-18　耳尖的制作

11.3.4　冷却水系统

11.3.4.1　循环冷却水的质量要求

　　在铸轧生产中循环水最好能用软化水，但由于其成本较高，一般都是采用自然水，使用自然水时，必须严格控制其性能，如表 11-2 所示。铸轧机轧辊冷却循环系统（自循环水）中需添加水质稳定剂、阻垢剂、除垢剂、杀菌剂。

表 11-2　铸轧辊冷却水水质指标

项目	水的硬度	铁含量	镁含量	氯化物含量	硫酸盐含量	清澈度
指标	<5mg/L	$<0.15 \times 10^{-4}\%$	$<0.15 \times 10^{-4}\%$	$<150 \times 10^{-4}\%$	$<150 \times 10^{-4}\%$	$<3 \times 10^{-4}\%$

11.3.4.2　循环冷却水的水质处理

循环系统中有两台泵，一台加药泵用于定期向循环水中加入不同的药剂，进行除菌、除藻、除锈、防腐的处理。一台加水泵用于向水箱内补充净水。水泵的操作可进行两地操作。生产中，要在循环水系统泵站内巡视检查水位及泵体运行情况。每周应检查循环水的水质，并按规定加入药剂。循环水的检测可用仪器检测电导率及酸值，以达到水质的要求。

A　水垢的处理

自然水中含有钙、镁盐，它们除影响水的硬度外，碳酸钙和碳酸氢钙还会形成水垢。水垢是不良的导热体，同时水垢沉积会堵塞管道，降低热交换率和热交换量。水垢的控制方法是向循环水中投入阻垢剂，如木质素、聚磷酸钙、有机磷酸钙、聚丙烯酸等。

B　微生物的处理

自然水中含有大量的藻类和细菌等微生物，它们的出现和生长会引起管路的堵塞或材料的腐蚀。可用生物杀灭剂消灭微生物，盐酸是广泛应用的控制微生物生长的生物杀灭剂，也可采用 GSP-111 杀菌灭藻剂。

C　腐蚀的处理

金属表面的气孔、疏松、裂纹等均可发生腐蚀；在两种不同金属材料之间、不同结晶组织之间及金属与其氧化物之间也会发生腐蚀。当冷却水通过已腐蚀的管路时，水中便带有了腐蚀的产物。腐蚀的存在影响轧辊材质的均匀性。延缓腐蚀一般是采用添加缓蚀剂，常用缓蚀剂有亚硝酸盐、硼酸盐、磷酸盐及有机锌盐等。

D　预防处理

在铸轧生产中，要保证水质完全符合指标要求是很困难的，轧辊在使用一段时间后难免会有结垢和其他沉积物，同时要保持冷却沟槽的良好状态以获得均匀的热交换，轧辊必须定期进行清洗。所使用的清洗剂要具有润湿、扩散、净化等特性，以利于清除水垢或其他难溶的有机化合物沉积。

11.3.5　辊面润滑装置

常用的辊面润滑装置有三种，即毛毡清辊器、水基润滑喷涂系统和烟炭喷涂装置。

11.3.5.1　毛毡清辊器

辊面防粘是旧铸轧机常用的一种方式，如图 11-19 所示。它置于铸轧机的入口侧，清洁辊面由毛毡实现。毛毡清辊器虽能起防止粘辊的作用，但更换次数频繁；噪声大；毛毡长期拍打辊面，加速辊面裂纹、微裂纹的扩展，影响轧辊的寿命；毛毡在转动、擦拭过程中，其所掉下的毛纤维会随轧辊的转动聚集于嘴辊间隙处，在高温下烧结，一方面可能被铸轧带坯带出，在铸轧带

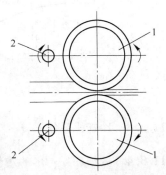

图 11-19　毛毡清辊器示意图
1—轧辊；2—毛毡清辊器

坯面形成黑色的非金属压入物；另一方面挂在铸嘴前沿，会形成铸轧的通条、纵向条纹及造成铸轧带坯表面偏析。

11.3.5.2　水基润滑喷涂系统

水基润滑喷涂系统安装在轧辊的出口侧，见图11-20。由电动机驱动喷枪在轧辊轴向移动，将按一定比例混合的水基石墨均匀喷涂在轧辊表面，利用辊面的余热使水分挥发，其喷涂的石墨把铝板与辊面隔离，起润滑、防止粘辊的作用。水基润滑剂喷涂法易于调节喷涂浓度和喷涂量，更适合于较高铸轧速度条件下使用。因此水基润滑剂喷涂方式依然是超型铸轧机防止铝板坯与轧辊黏结的较佳选择。

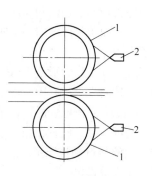

图 11-20　水基润滑喷涂系统示意图
1—轧辊；2—喷枪

11.3.5.3　烟炭喷涂装置

烟炭喷涂装置置于轧辊的出口侧。由电动机驱动喷枪在轧辊轴向做往返移动，喷枪火焰的大小可通过调整燃烧介质，如石油液化气或乙炔等与空气的比例进行控制。火焰喷涂在辊面上，使辊面更易形成 Fe_2O_3 膜和均匀的炭层，起润滑和防粘作用。烟炭喷涂装置的特点是设备简单，成本低，喷涂量易于控制，操作简便，辊面易于清理，延长轧辊的使用寿命，润滑、防粘效果好。但烟炭喷涂也存在一些缺点，如喷涂量、燃烧比不易控制等；喷涂产生的石墨对铝液有污染作用，使铝带坯的力学性能变坏；石墨润滑使系统的导热热阻增大，铝液的凝固速度降低，从而使铸轧速度降低。在铸轧速度达到 1.3m/min 以上时，其防止粘辊的能力尚有待于进一步提高，尤其在薄规格带材高速度铸轧时难以满足提高生产率的需要，因此火焰热喷涂适合于在较低铸轧速度条件下使用。

11.4　铸轧生产准备与操作技术

铝锭经熔化、合金化和精炼后才能进入铸轧机进行铸轧。连续铸轧生产的一般过程为：备料→熔炼炉准备→熔体准备→铸轧生产准备→铸轧生产→铸轧停机等。由于备料至熔体准备阶段在熔炼与铸造章节已经详细介绍了，本章从铸轧生产准备开始介绍。

11.4.1　铸轧生产准备

11.4.1.1　浇注系统的组装

将预先加工好的嘴唇、垫片等从保温炉内取出，迅速检查、修正好。将嘴子放在进嘴装置上推入，并调整好嘴辊间隙和耳辊间隙，调整好铸轧区长度，保证轧辊出口侧嘴子端部与轧辊中心线距离一致。

从加热炉内取出浇注系统，架接好流槽并清理干净，堵严衔接处，准备好陶瓷过滤板及所用的铝钛硼丝。

11.4.1.2　铸轧机的准备

（1）检查设备状态。在铸轧生产前必须检查轧机电气系统、轧机液压系统、循环冷却系统、润滑系统、防粘系统是否处于正常状态。

（2）铸轧辊的处理。新辊及重磨后辊面，用棉纱蘸汽油、四氯化碳等除油产品揩擦辊面，以除去辊面防护油和磨削油。

辊面预处理的主要目的是为了预防立板时发生粘辊。方法一是在立板前给辊面均匀涂上一层石墨层；二是转动轧辊，以热喷涂方式对辊面进行烘烤 2 ~ 4h，这样既可以消除车磨应力，又在辊面上均匀形成 Fe_2O_3 和炭层，以减轻粘辊。

铸轧生产过程中，若是正常停车，除去停车后附在辊面上的铝屑即可；但对于非正常停车，如突然停电、漏铝、粘辊、嘴子或耳子被轧出等，其可能黏附、接触辊面的东西较多，必须全部清除，同时在操作过程中避免划伤辊面。

（3）开动液压系统。用塞尺调整轧辊两侧辊缝尺寸，辊缝的预设尺寸可参考合金、板宽、轧制力等设定。

（4）准备工具。清理并架接好前箱、流槽，并进行预热。放好接料箱，准备好浮标、小铲、撬杠、接料扳手等工具，所用工具必须进行预热。

11.4.2　铸轧生产操作技术

11.4.2.1　铸轧立板阶段

立板是板带连续铸轧工艺的前提，是十分关键的操作技术。立板是指从静置炉放流开始至铸轧出板的过程。立板阶段是连续铸轧生产的最关键时刻。铸轧带坯的质量及生产效率均与立板阶段有关。立板开始阶段，在保证熔体具有一定流动性所需要的温度情况下，应尽量减小温度波动。常用的立板方式有两种：一种是用于倾斜式轧机的立板操作；另一种是用于水平铸轧机的立板操作。

A　倾斜式轧机的立板

（1）控制熔体温度。应控制好静置炉内的熔体温度，根据不同的合金一般稳定在 730 ~ 750℃ 时，方可打开流口，放出熔体。

（2）烫前箱。在没有净化装置时，用熔体热量预热流槽和前箱，并开始烫前箱。废熔体从前箱的流口流出后放入铝槽内，使流槽及前箱的熔体温度升到比正常铸轧温度高 20 ~ 30℃。

如有净化装置时，可将流入净化装置内的熔体加热到 700 ~ 720℃ 后再放入前箱，最后直接流入供料嘴内。

（3）启动铸轧机。堵住前箱的排铝口，在熔体充满前箱后，打开通过横浇道的钎子，使前箱内熔体在静压力作用下流入分配器和供料嘴，并迅速从供料嘴涌出。操作人员要启动铸轧机，使辊面线速度达到 2000 ~ 3000mm/min 时才可以开始放流，进行跑渣。

（4）跑渣。跑渣时前箱内熔体在静压力作用下流入分配器和供料嘴，并迅速从供料嘴涌出，此时形成半凝固状的碎铝块随着铸轧辊的旋转带出。用渣铲将冷却成半凝固状态的铝屑随轧辊的转动送入渣坑里。跑渣时应及时将前箱液面高度调到正常值，不宜过高，以防漏铝水。

跑渣时间为几分钟。跑渣的目的是用熔体的热量预热分配器及供料嘴，使熔体温度均匀稳定。此时需注意前箱中熔体温度有无下降趋势，可用烧嘴加热流槽中的熔体来控制。

跑渣时观察铸轧辊带出的半凝固状态铝带表面是否有异常现象，若表面有白条，说明该处铸嘴口有夹杂物堵塞，可用热锯条疏通；若有硬块，说明供料嘴内腔熔体温度不均匀，需延长跑渣时间。同时还要控制好前箱熔体的液面水平。

（5）立板。当贴附下辊的跑渣铝片均匀、嘴腔无堵塞现象时，开始降低铸轧速度，并随时调整前箱液面高度，此时前箱熔体温度应控制在正常工艺的上限或稍高些。出板一般是从两侧或中央，轧出的板逐渐加宽。如果轧出的板加宽速度太快，可稍提高铸轧速度，不要让熔体凝固太快以免与供料嘴连接，带出嘴子。同时，要观察固态板边缘是否有锯齿形，如果有这种现象，说明有气体，这时不要急于降速，要适当升速，以让板面表面热带，保持一段时间，使气体从热带处逸出。待无气体后，再降速。如果在未形成固体板部分的热带处凝固状态很薄时，说明熔体供应不足，要适当提高前箱液面高度。

在铸轧开始，由于供料嘴内熔体温度尚未完全达到平衡，在沿整个液穴长度方向上的熔体温度也不均匀。在温度合适的地方，能正常出板；在温度偏低的地方，有可能凝固时与供料嘴上部边部连接，把嘴子带出；在温度偏高的地方，有可能出现热带。立板开始阶段，要及时注意以上现象。

在整个立板过程中，应随时检查电压表、电流表、温度表等有无异常现象。

B　水平式铸轧机的立板

水平式铸轧机在开始铸轧时用导引板将凝固铸轧板引出，无跑渣过程。放流前，轧机出口侧放上引出板，在两耳尖前端放一小块纤维毡密封好，并准备好 3~5 块干燥的纤维毡，以在立板过程中出现轻微漏铝时作堵塞用。打开流眼，入口侧注意流管、浮标的液流控制，并检测前箱流槽的熔体温度；当温度达到要求时，开始向前箱供流。当铝水漫过前箱出口上沿开始进入嘴腔时，启动轧机，使轧辊以低速转动，并注意主机电流的变化；此时入口侧人员要控制好前箱的液面高度。从轧机启动到铸轧见板约 30~40s；由于铸轧板将引出板顶出，出口侧人员要及时拿走引出板。主机缓慢提速，当铸轧出板达 1m 以上时，进行喷涂，出板一周后开始缓慢通入冷却水。调整板厚，剪切板头，将板引向卷取机进行卷取。

11.4.2.2　稳定工艺阶段

在降速出板后，要随时调整前箱液面高度，出板后给铸轧辊通入冷却水，并进行喷涂。在铸轧带坯出来后，应检查板形、板厚，并调整铸轧速度和卷取张力，直至正常。稳定一段时间，铸轧出合格的带坯后，将合格的带坯送入卷取机卷取，调整合适的张力，卷取速度应与铸轧速度同步。

11.4.2.3　正常出板阶段

在铸轧正常出板阶段，操作手检查设备运转情况及铸轧过程各工艺参数的变化，并检查铸轧带坯表面质量，有必要时要在线测量同板差。当个别工艺参数发生小的变化时，应相应地调整其他工艺参数，以保证铸轧的正常进行。立板正常后，由线材给料机向熔体中加入 Al-Ti-B 丝。确保前箱液面高度及温度的稳定，前箱温度控制在工艺规程要求的范围内；观察主机电流、电压、水温、水压、铸轧速度等参数的变化，维持各主要参数的稳定。

整个铸轧过程的温度调节见图 11-21，铸轧速度的调节见图 11-22。

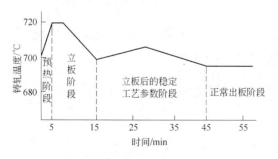

图 11-21　铸轧温度调节曲线

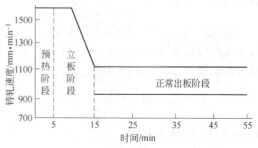

图 11-22　铸轧速度调节曲线

11.4.3 铸轧停机

铸轧停机分为正常停机和非正常停机。正常停机为铸轧带材的卷径达到相关技术标准的要求；非正常停机是因为出现异常情况，如铸轧过程中由于铸轧带材的缺陷超过标准要求、漏铝、嘴腔堵塞、跳闸、设备出现问题、铝液供应不上或停电等导致的意外停机。

11.4.3.1 正常停机

正常停机操作如下：

封闭流眼，停止供流；卷取小车提升压辊顶住铸轧带材；轧机降速；流槽铝水将干时，停止喷涂，放干流槽，清理前箱、流槽、竖管，拿走浮标，放铝水时，停止铸轧；稍提升上辊，让卷取张力将板带走；同时后退支撑小车，拆卸供料嘴；停止卷取，关闭冷却水；切取板尾，卷取板带；清理辊面，喷涂系统等。

11.4.3.2 意外事故停机

意外事故停机操作如下：

停止铸轧，关闭循环水，停止喷涂，抬起上辊；封闭流眼，及时放干和清理流槽、前箱残铝，拿走浮标；后退支撑小车，拆卸供料嘴；卷取机小车压辊顶住铸轧带材，剪切板带；清理辊面及其他设备。

11.4.4 铸轧板的冶金组织

11.4.4.1 晶粒

铸轧板纵向截面是纤维状晶粒组织，这些纤维组织在铸轧区大、铸轧速度低时，相对于铸轧方向会发生更大的倾斜。铸轧板的晶粒组织取决于铸轧条件，如铸轧速度、铸轧区、板厚等，但影响最大的是合金成分和晶粒细化剂，采用细化剂可获得更细的晶粒。

11.4.4.2 再结晶

无论铸轧条件和合金成分如何，铸轧板的晶粒组织不变，不会发生再结晶。

11.4.4.3 各向异性

铸轧板的结晶具有方向性，性能具有各向异性，45°的深冲制耳率为3%～4%；铸轧条件对各向异性影响较小。

11.4.4.4 偏析

铸轧过程中，由于凝固速度很快，加之较大的热加工，金属间、枝晶间化合物非常细小，几乎是均匀分布的，但在铸轧板中心均存在程度不同的宏观偏析，在中心处，这些偏析由或多或少的金属间化合物堆积而成，当合金元素和杂质较多时更明显。

11.4.5 铸轧板质量的控制

11.4.5.1 化学成分

化学成分应符合国家标准或有关技术标准。成分要均匀，化学成分分析试样要具有代表性，每熔次应从流槽或成品中进行取样分析。

11.4.5.2 外观质量

（1）铸轧板表面应平整、洁净、板型良好，不允许有裂纹、热带、夹渣、气道、孔洞及影响使用的表面偏析、条纹等缺陷。

（2）铸轧板端面应平整、洁净，不允许有裂纹、毛刺和其他影响使用的边部缺陷。

11.4.5.3 低倍组织

（1）铸轧板组织应细小、致密、均匀，符合有关技术标准，每卷应切取低倍检验试样。

（2）铸轧板组织不能有夹渣、孔洞、分层、粗大晶粒等缺陷。

11.4.5.4 尺寸公差

（1）铸轧板的板差、凸度要求控制在板厚的 $0 \sim 1\%$ ，一周厚度板差要求小于 3% 。

（2）铸轧板宽度偏差应符合标准要求。

（3）每卷应进行板差、凸度、宽度等形状尺寸的检测；更换轧辊、合金、规格时应进行一周板型的检测。

11.5 铸轧板缺陷

11.5.1 铸轧板内部缺陷

11.5.1.1 夹杂

铸轧带内含有炉渣、熔剂、各种耐火材料碎块、金属氧化物及其他杂物，统称夹杂。夹杂形貌多种多样，多呈黑色或耐火材料的颜色，形状不规则。

（1）产生原因如下：

1）原料造成。原材料中的铝锭、中间合金、废料等含有油污、水分等杂质易形成氧化物及难熔物等夹杂；添加剂中的覆盖剂、打渣剂、精炼剂、细化剂等，易形成钾、钠、氯、Al_3Ti、TIB_2 等夹杂；石墨转子、石墨乳及热喷涂使用的燃烧介质、精炼气体、熔炼及流槽加热用的燃烧介质，如重油、液化气等，易形成碳、氮化铝、氯、硫等夹杂。

2）炉子、供流系统、工具等不洁净，铸嘴细屑、铸嘴掉皮、挂渣等，易形成钙、硅、氧化铝等夹杂。

3）工艺及操作不当造成。如熔体扒渣不净、搅拌不当、熔炼温度过高、熔炼温度过长等易形成氧化夹杂。

4）脱气、过滤效果不好。

（2）消除方法：

1）确保原辅材料的洁净，所用的铝锭、中间合金、废料等无油污、水分；选用优质的添加剂、石墨乳液及燃烧介质等。

2）炉子要定期清炉，确保炉子、供流系统、工具等干燥洁净。

3）采用热喷涂、石墨喷涂时，要调整好配比及喷涂量，确保喷涂均匀。

4）加强精炼脱气及熔体的过滤净化，提高过滤精度。

5）尽量缩短熔炼时间，适当降低熔体温度，在生产操作时避免氧化皮混入熔体。

6）立板前要把嘴腔和辊面铝屑吹扫干净，尽量减少挂渣；若铸嘴损坏时要及时停机更换。

11.5.1.2　热带

在铸轧时液态金属因未完成结晶，呈熔融状态被轧辊带出来的板面缺陷称为热带（图11-23）。因未受轧制作用，其外形是较为粗糙的铸态组织，沿板面纵向延长，多出现于板面中部，有时在边部出现，习惯上称边部热带或凝边。

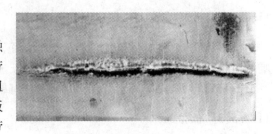

图 11-23　热带（表面）（×1）

（1）产生原因：

1）前箱温度偏高。在铸轧区内由于温度分布不均，温度偏高时，易导致局部液穴变深，熔融金属来不及凝固即被轧辊带出，形成热带。

2）前箱液穴偏低。温度偏低时，由于静压力不足和金属流动性差，使局部金属供流不足，或提前凝固堵塞，板面出现金属缺省。

3）铸轧速度过快。由于结晶前沿宽度方向上的温度分布不均匀，液穴深度不一致，当铸轧速度超过极限速度时，液穴较深部分来不及结晶即被轧辊带出。

4）供料嘴嘴腔内部堵塞、铸嘴挂渣、掉嘴皮、边部耳子损坏等，会引起轧制条件的改变而形成热带。

（2）消除方法：

1）合理安排铸嘴垫片，尽量使金属液流通畅和温度均匀。

2）适当调整工艺参数，当出现热带时，首先检查工艺参数是否合适；前箱温度偏高时要采取降温措施，偏低时要加热升温；液面低时要适当提高液面，同时适当降低铸轧速度。

3）若是嘴腔堵塞、挂渣等，可采用断板措施，断板时及时清理堵塞金属或挂渣，否则应停机重新立板。

4）若是铸嘴及边部耳子破损，则应停机重新立板。

11.5.1.3　气道

铸轧板在凝固时析出的氢气在轧辊的压力下挤向液穴，聚集在铸嘴前沿，经较长时间后，气体逐渐聚积，形成气泡，在铸轧过程中，拉长的气泡沿板坯纵向延伸，在板面上呈现连续不断的白道，称为气道。习惯上将低倍试片肉眼可见的孔洞称为气道。借助放大镜才能发现的称为微孔。气道附近晶位发生歪扭时，表面多显现白道，严重时可延续至带全长，常伴有通条裂纹和麦穗晶带。

气道分横向位置固定和游动性气道（位置不固定）。铸轧时，相距较近的两游动性气道会相互"吸引"，逐渐靠近至汇合，在汇合处形成气三角（图11-24）。

该缺陷一般出现在板坯上半部，较严重时，由于气泡阻碍液态金属的流动，影响液体供流，在板面会出现孔洞；对于轻微的气道，肉眼不易看出，但在后工序加工时会表现出来。气道的存在，会导致后工序加工时断带和产品出现

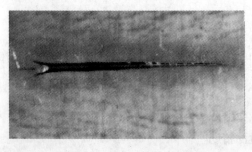

图 11-24　气道（表面）（×1）

针孔、孔洞等缺陷。

（1）产生原因：

1）熔体质量的影响。熔体夹杂较多时，易导致供料嘴挂渣或堵塞，阻碍液体金属供给，在两侧液流交汇处气体易聚集形成气泡，熔体氢含量愈高，聚积愈容易。

2）工艺参数的影响。熔体温度偏高、熔化时间过长，熔体氢含量增多；铸轧速度偏快，熔体中的氢来不及析出等均可形成气道。

3）辊套裂纹的影响。铸轧过程为冷热交变过程，若辊套存在较深的裂纹，其在热交换时储存的水和气体在铸轧过程中溢出进入熔体形成微小气泡。

4）防粘系统的影响。若采用毛毡清辊器防粘时，毛毡拍打辊面时掉在辊面上的羊毛随轧辊转动会堆积在铸嘴前沿，在高温烧结时产生气体，会进入熔体中形成气泡；采用石墨喷涂，石墨水溶液喷涂在辊面上，若没有完全挥发，会在铸轧区内析出气体形成气泡。

5）供流系统的影响。流槽、供料嘴干燥不好或吸潮大，在生产中会析出气体，增加氢含量而形成气泡。

（2）消除方法：

1）加强精炼除气，提高过滤精度，确保熔体的洁净。

2）尽量缩短熔化时间，避免熔体过热。

3）改进轧辊防粘系统，如采用热喷涂，减少气体的来源。

4）及时更换轧辊。轧辊出现裂纹时，要及时更换车磨。

5）确保供流系统，如流槽、供流嘴等干燥，加强预热和保温措施。

6）断板，一方面可以去掉聚积气泡的气体，另一方面可以清除挂渣，保证嘴腔内熔体的通畅。

11.5.1.4　偏析

偏析是铸轧板常见的缺陷，主要有中心线偏析、表面偏析和分散型偏析等。偏析的存在会降低铝箔的强度、伸长率及表面质量，严重的偏析在冷轧机加工时会出现裂纹。

A　中心线偏析

中心线偏析是指在铸轧板中心面或附近，沿铸轧方向延伸，粗大共晶组织和粗大的金属化合物、杂质元素等形成的偏析（图 11-25）。中心线偏析量随合金元素含量的增加或铸轧速度的提高而增加。

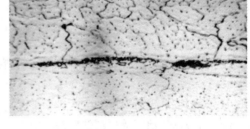

图 11-25　中心线偏析（×200）

（1）产生原因：

1）铸轧速度偏高和熔体过热，液穴深度加深，中心线偏析增加。

2）冷却强度低，板坯与辊面热交换率低，导致凝固时间长，中心线偏析增加。

3）合金结晶范围宽，板厚增加，中心线偏析增加。

4）嘴腔前沿开口偏小，易产生中心线偏析。

（2）防止方法：

1）防止熔体过热，适当降低铸轧速度。

2）提高冷却强度，增加水量和水压，定期清理辊芯，确保水道通畅。

3）选择合适的嘴腔前沿开口，根据板厚选择工艺条件。每一铸轧板厚度都存在一个不产生偏析的极限速度，不出现偏析的板厚随铸轧速度的提高而减薄。

4）加入晶粒细化剂，改善化学成分的均匀性，避免中心线偏析产生。

B 表面偏析

铸轧带表面点状缺陷集聚成带状，纵贯铸轧带全长。未经混合酸浸蚀时缺陷不易发现，缺陷部位反光性稍差，较暗；经高浓度混合酸或碱浸蚀后发黑。显微组织为两相共晶组织，缺陷部位化合物比正常部位明显增多，其中 Si、Fe、Cu 等与铝形成共晶转变的元素含量升高，而与铝形成包晶转变的 Ti 含量明显降低。具有上述特征的缺陷称偏析条纹（图 11-26）。表面偏析条纹是反偏析。从外观看，有点状偏析和条状偏析。

图 11-26 偏析条纹（×1）

（1）产生原因：

1）铸轧速度过高，熔体过热，导致铸轧区内液穴加深，凝壳变薄，易发生重熔析出，形成表面偏析。

2）铸轧供料嘴在安装时，嘴辊间隙过小或对中不好，造成嘴辊摩擦，嘴唇前厚度发生变化，影响传热的均匀性，板面易形成点状偏析。若供料嘴使用过程中，局部损坏，嘴腔局部堵塞，铸轧条件遭破坏，则易形成带状偏析。

3）供料嘴唇前沿开口过大，易出现表面偏析。

4）轧辊材质不均或辊芯局部堵塞，必然使局部发生较薄凝壳，液穴区拉长，易出现重熔，共晶熔体从板中心部位向表面枝晶间渗透，形成表面偏析。

5）对于结晶区间较大的合金，其表面偏析较重。

（2）消除方法：

1）避免熔体过热，适当降低铸轧速度。

2）适当调整铸轧区及板厚，使变形区增大，板辊接触更紧密，以减少重熔析出。

3）安装供料嘴时，要保证嘴辊间隙。

4）铸嘴磨削后要保证辊面的清洁和嘴腔的通畅，合理的嘴腔厚度和垫片分布，确保结晶前沿的温度均布。

5）及时清洗轧辊沟槽，保持冷却水的通畅和足够的冷却强度。

C 分散型偏析

分散型偏析是表面偏析和中心线偏析之间的一个过渡形式的偏析，是由于板带中心带的树枝状晶间的液体移动所致，其偏析条与中心线成一定角度向中心线周围地区分散排列。随着铸轧速度的提高，铸轧板会出现从粗大中心线偏析到分散型偏析和表面偏析的变化。

11.5.1.5 粗大晶粒

铸轧板的晶粒度是衡量铸轧板质量的重要指标。晶粒度越细越好，在后工序加工时可获得良好的性能和表面质量。铸轧带晶粒大小超过相应标准的要求，称为粗大晶粒。粗大晶粒组织具有很强的各向异性；冷轧后表面出现白条缺陷；再结晶退火后晶粒易长大。五级大晶粒的铸轧带混合酸浸蚀后，表面呈现粗大的纵向带状花纹（图 11-27），横截面表层为排列紧密的片状胞晶（图 11-28），表层内为羽毛状晶。

（1）产生原因：

1）熔体温度过高，或熔体局部过热。

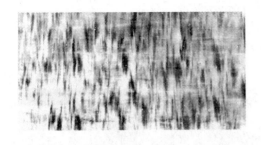

图 11-27 五级大晶粒（表面）（×1）

图 11-28 片状胞晶组织（横截面）（×200）

2）熔体在炉内静置时间过长。

3）冷却强度低，如冷却水温度偏高和流量偏低。

4）局部铸轧条件发生变化，造成铸轧板局部晶粒大。

（2）消除方法：

1）采用晶粒细化剂。

2）避免熔体过热，尽量缩短熔化和静置时间。

3）提高冷却强度。

4）对于因铸嘴局部破损、堵塞等铸轧条件变化引起的局部晶粒粗大，要根据现场情况进行调整。

11.5.1.6 晶粒不均

同一铸轧带不同区域晶粒度相差 2 级以上称为晶粒不均（图 11-29）。晶粒不均有两种形式：一种为同一表面不同区域晶粒大小不同；另一种为上下表面晶粒大小不同。

产生原因：晶粒不均是由于在铸嘴出口处结晶条件差异所致。

11.5.1.7 重熔斑纹

图 11-29 晶粒不均（混合酸洗后表面）（×1）

铸轧时，铸造区铝凝壳发生重熔，在铸轧带表面形成皱纹或斑纹，称为重熔斑纹。

这种缺陷多以周期性横向皱纹形式出现，严重时可见成层，甚至出现类似偏析浮出物的斑点。重熔斑纹实际上是一种反偏析。偏析区内组织粗大，中间化合物大且集中，破坏了铸轧带表面组织的均匀性。

产生原因如下：

（1）熔体温度过高。

（2）铸轧速度快。

（3）凝壳薄。

（4）轧辊局部导热性能差，供料嘴组装不合适，熔体温度不均，轧机振动等。

11.5.2 铸轧板表面及外形缺陷

11.5.2.1 分层裂纹

铸轧带表层下出现由低熔点相和 Fe、Si 等杂质隔开的分层。有时分层延伸到表面，形成马蹄形裂口（图 11-30）。延伸或未延伸到表面的这种缺陷称为分层裂纹。

分层裂纹一般是各个分离且成群出现（图 11-31）。裂纹两侧组织差异较大，表面低熔点相和杂质相较少，晶粒较粗大，内部低熔点相和杂质相较多，晶粒细小。

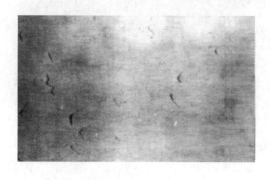

图 11-30　分层裂纹（表面）（×1）

图 11-31　分层裂纹（侧向截面）（×1.5）

（1）产生原因如下：

1）结晶过程的影响。在铸轧区液态金属与辊套进行热交换，沿辊套周向发生凝固，由于凝固壳较薄，一方面凝壳在结晶潜热的作用下发生重熔，形成结晶裂纹；另一方面在凝固收缩过程中产生应力裂纹，若裂纹得不到补缩和焊合，则在铸轧板表面表现出来。产生裂纹的倾向与合金的收缩系数及结晶区间有关。收缩系数越大，结晶区间越宽，裂纹倾向越大。

2）轧制变形和剪切应力的作用。在铸轧区结晶前沿，由于嘴腔垫片分布、辊面状况等，其温度是不均匀的，有些地方可能出现较深的液穴。在铸轧过程中，一方面受轧制力作用发生变形，另一方面由于轧辊向前转动，内层液态金属相对于表面凝壳有较大的后滑运动，产生剪切作用，两者作用会使晶界撕裂，形成裂纹。

3）由于铸轧辊辊面粗糙，摩擦系数很大，轧前熔体温度很高，而辊面温度低，与辊面接触时，熔体便附着在辊面结晶，形成很大的黏着区。黏着区随辊面一起运动，不产生相对滑动，因而黏着区内不发生变形、减薄，中心部分的金属要向前后流动，在铸轧条件下，前端是刚端，金属向前流动受阻；后端是液穴，金属向后流动阻力很小，这样在黏着区与中心层之间就会发生相对的剪切运动，产生一个附加剪切应力。这个力超过固液界面的强度时，就可能发生裂纹（马蹄形裂纹），参见图 11-32。液穴越深，后端两相区所受轧制变形越大，内层与表层间剪切力矩也就越大，越易发生较大的相对剪切运动，形成分层，分层露出表面便成为马蹄形裂纹。凡是

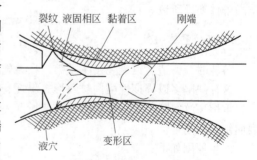

图 11-32　铸轧过程产生裂纹示意图

增大液穴深度的因素，例如增大铸轧区，提高铸轧温度，加快铸轧速度，都容易使之产生裂纹。

（2）消除方法如下：

1）合理布置供料嘴垫片，保持良好的辊面状态，使结晶前沿的温度分布均匀。

2）适当减小铸轧区，降低铸轧速度和铸轧温度，使铸轧区内凝固壳增厚，在轧制变形时不易撕裂。

3）尽量缩短熔炼时间，避免熔体过热；采用细化剂，增加形核能力，细化晶粒，提高塑性，减小裂纹倾向。

4）加强精炼除气，提高过滤精度，减少夹渣，防止局部出现应力集中。

11.5.2.2 通条裂纹

铸轧带表面出现弧形、V形或无固定横向裂纹或裂口，沿着轧制方向形成或排列成裂纹带称为通条裂纹。

产生原因如下：通条裂纹一般是由于供料嘴局部堵塞，嘴唇局部破损或结渣造成。它往往与气道、表面偏析带、粗晶带等缺陷伴生。

11.5.2.3 表面纵向条纹

铸轧带表面沿轧制方向出现的有一定色差但没有深度的条纹，称为表面纵向条纹。一般贯穿整个纵向板面。

（1）产生原因如下：

1）表面条纹出现的主要原因是嘴辊间隙小，铸嘴前沿摩擦辊面。

2）铸嘴局部破损，铸轧时结晶条件遭破坏形成纵向条纹。

3）铸嘴前沿挂渣或嘴腔局部堵塞，铸轧条件改变形成纵向条纹。

4）铸嘴接缝间隙过大，易在接缝处出现纵向条纹。

5）轧辊辊面磨削质量不好，轧辊辊面或牵引辊辊面有划痕。

6）轧辊辊面、牵引辊辊面有划痕，会出现表面条纹。

（2）防止方法如下：

1）要保证良好的嘴辊间隙，尽量避免嘴辊接触产生摩擦，生产时若出现条纹，可后退铸嘴予以解决。

2）要确保辊面处于良好状态。

3）铸嘴局部损坏时，要停机重新立板。

4）对于铸嘴前沿挂渣，嘴腔局部堵塞可采用"断板"措施清除挂渣和堵塞物，最好是在嘴唇使用前，在嘴唇前沿涂刷一层氮化硼涂料，减少挂渣。

11.5.2.4 横向波纹

铸轧时，嘴辊间隙处包覆铝液和氧化膜周期振荡并发生破裂，使带坯表面产生凝固速度周期变化和枝晶间距周期变化，从而使表面显现横向波纹，经过高浓度混合酸或碱浸蚀后出现较粗大的树枝晶组织或较粗大的化合物颗粒与正常晶粒组织间隔的现象（图11-33）。

（1）产生原因如下：

1）铸轧速度过大。

2）供料嘴与轧辊间隙较大。

3）冷却强度过大。

4）前箱液面高度过高或不稳定。

5）机架、供料系统振动等使铸嘴前沿弯液面在辊面和铝凝固壳之间波动，形成横向波纹。

6）如果弯液面与凝固区发生局部作用，会产生

图11-33 横向波纹（酸侵蚀后）（×1）

虎皮纹。

（2）防止方法如下：

1）适当降低铸轧速度。

2）保持前箱液面高度的稳定。

3）适当减小嘴辊间隙。

11.5.2.5　粘辊

铸轧时，铸轧带局部或整个带宽度上在离开轧辊中心连线后不能与轧辊分离，而由卷取张力强行分离，使带坯出现表面粗糙、翘曲不平或横纹等缺陷的现象称为粘辊。

（1）产生原因如下：

1）对于新磨削的轧辊，辊面为新生面，当轧入液态金属时，轧辊新生面与其紧密接触，此时热传递系数最大，液态金属与辊面的黏结力最强，易出现粘辊。

2）在正常生产时，若熔体过热，铸轧速度过快，液穴加深，黏着区弧长加长，铝与辊面的摩擦系数增大，易出现粘辊。若辊芯局部堵塞，辊面温度升高，使局部铸轧条件遭破坏，粘辊倾向增大。

3）防粘系统，如石墨喷涂等涂层不当，影响热交换及铝与轧辊之间的摩擦系数，易使铸轧板粘辊。

（2）防止方法如下：

1）避免熔体过热，适当降低铸轧速度。

2）提高冷却强度，确保冷却水的畅通。

3）对新磨削的轧辊，使用前进行烘烤，使辊面形成氧化保护膜和炭层，改善热交换条件和减小铝与轧辊的摩擦系数。

4）生产中出现粘辊时，要及时调整防粘系统，确保热交换与摩擦润滑的平衡。

5）增加卷取机的张力，有利于减轻粘辊。

11.5.2.6　层间粘伤

铸轧带卷取时层与层之间发生的局部粘连的现象称为层间粘伤。层间粘伤强行展开后，粘连区呈现片状、条状或点状伤痕。发生粘连的两接触表面对应点上的伤痕相互吻合。

产生原因如下：

（1）铸轧速度太快。

（2）板温过高。

（3）卷取张力过大以及卸料小车顶力过大。

11.5.2.7　辊印

由辊面刻印在铸轧带表面而周期性出现的凸起或凹下称为辊印。

产生原因：铸轧辊、牵引辊或导向辊辊面机械损伤、粘铝或铸轧辊龟裂❶（图11-34）。

图 11-34　龟裂纹（×1）

---

❶　铸轧辊龟裂是由于轧辊使用时间长，承受交变热应力、机械应力以及辊面与高温熔体发生一系列物理化学作用引起的。

11.5.2.8 非金属压入

压入铸轧带表面的非金属夹杂物称为非金属压入。非金属压入物呈点状、长条状或不规则形状,颜色随压入物不同而不同。

产生原因如下:

(1) 供料嘴唇掉渣或局部脱落,清辊器毛毡脱落,喷涂介质在辊面堆积引起非金属压入。

(2) 环境中的粉尘,热状态的铸轧带粘上各种脏物,经各输送辊道和卷取时,脏物压入表面也会形成非金属压入。

11.5.2.9 金属压入

压入产品表面的金属碎片或碎屑称为金属压入。铸轧带的金属压入多为金属粘在铸轧辊表面上而被压入带坯表面。

产生原因如下:

(1) 铸轧辊粘铝或热状态铸轧带坯粘上外来金属屑未及时清除。

(2) 铸轧带在线铣边时铝屑未吸取干净,被压入表面。

11.5.2.10 机械损伤

产品表面出现的划伤、擦伤、碰伤和压伤通称为机械损伤。

划伤:断续或连续的单条沟线状缺陷。一般是由尖锐物与产品接触并相对移动所致。

擦伤:成束或成片细小的划伤。一般是物体的棱与面或面与面接触后发生相对移动或错动所致。

碰伤和压伤:产品与其他物体互相碰撞或挤压形成的一个或多个伤痕。

产生原因如下:

(1) 设备和工具有突出尖锐角或粘铝。

(2) 移动不同步以及搬运不慎易造成机械损伤。

11.5.2.11 腐蚀

产品表面与外界介质发生化学反应或电化学反应,导致表面破损,称为腐蚀。被腐蚀表面失去金属光泽,严重时产生灰色粉末。

产生原因如下:

(1) 产品在潮湿气氛中吸附水分或与其他化学物质接触易发生腐蚀。

(2) 产品存放保管不当,由于气候潮湿或雨水浸入而引起腐蚀;运输过程中地面积水溅到铝卷断面或侧面引起化学反应形成腐蚀。

11.5.2.12 凸度超标

带坯横截面凸度超过有关标准规定,有可能产生过度凸板和凹板。

凸度值等于横截面中心处厚度与边部代表点(图 11-35)处厚度之差,它表示为:

$$c_h = h_c - h_e$$

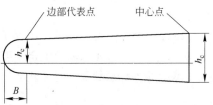

图 11-35 变形示意图

h_e—较薄边部代表点处的厚度;h_c—中心点厚度;B—边部减薄区

有时采用比例凸度，其值为：

$$c_p = \frac{h_c - h_e}{\bar{h}}$$

式中　h_c——中心点厚度；

　　　　h_e——较薄边部代表点处厚度；

　　　　$\bar{h}$——两边部代表平均厚度。

实际生产中，一般采用 c_h，除非特别注明比例凸度时才采用 c_p。

铸轧辊型不合适，凸度太小或太大；辊芯冷却水通道局部堵塞；工艺参数（铸轧区长度、冷却水压、牵引张力）不合适等都会产生凸板或凹板。

（1）凹板的产生原因及措施。

1）凹板的产生原因。辊型磨削凸度过大；冷却强度不够，铸轧过程中，由于温度的分布从边部向中间递增，轧辊辊套膨胀变形，也由边部向中部逐渐增大，由于膨胀变形的影响，造成铸轧板中间凹陷；铸轧区过小，轧制力和热加工变形小，铸轧板对轧辊的反作用力小，造成铸轧板凸度起不来而形成凹板。铸轧速度过高，铸轧区液穴拉长，轧制力和热加工变形小，造成凹板。

2）凹板的预防措施。减少轧辊磨削凸度，必要时可使磨削凸度为负值；增加冷却水的流量和压力；加大铸轧区；降低铸轧速度和前箱温度。

（2）凸板产生的原因及措施。

1）凸板的产生原因。随着合金元素铁、硅、锰等的增加，铸轧板的凸度有所增大；随着铸轧板宽度的增大，铸轧板凸度增大；轧辊磨削凸度过小，易造成铸轧板凸度过大；铸轧区增大，铸轧力和热加工变形增大，铸轧板凸度变大；轧制速度小和前箱温度低，铸轧区液穴变浅，轧制力和热加工率增大，铸轧板凸度增大；铸轧辊使用一段时间后，硬度变低引起凸度增大。

2）凸板的预防措施。增大轧辊的磨削凸度；合理安排生产作业；缩短铸轧区，适当提高铸轧速度和前箱温度。

11.5.2.13　横向厚度差超标

在带材垂直于轧制方向的横截面上，除边部减薄区后的两端，厚度之差超过有关标准规定，称为横向厚度差超标，简称横向超差。

（1）产生原因。辊缝没调好（两边辊缝值相对较大），轧辊磨削圆锥度过大；冷却水进出口温差太大，液压系统不稳或有泄漏；两端铸轧区大小不一致（可根据板卷的错层状况进行判断分析）；主液压缸泄漏；轧辊轴承间隙不均、轴承损坏、轧机刚性太差；铸轧机超负荷运行等。

（2）预防措施。生产前要调整好原始辊缝；轧辊磨削圆锥度、同轴度要符合要求；减少轧辊轴承间隙；冷却水水温要恒定，可增大冷却水量和水压；检查液压系统是否泄漏，确保其稳定；观察板卷错层状况，对铸轧区进行调整。

11.5.2.14　纵向厚度差超标

带材沿纵向任 1m 或一个轧辊周长，或整个卷长度任意两点间厚度差值超过有关标准的相应规定，称为纵向厚度差超标，简称纵向超差。

产生原因：铸轧机性能差，刚度不够，铸轧辊安装精度低；主机液压缸泄漏；轧辊轴承损坏，轧辊轴颈以及辊身偏心等。

11.5.2.15 板型不良

铸轧板横截面除边部减薄区外，中间部分也明显不具备二次曲线的特征，习惯称为板型不良。其典型截面如图 11-36～图 11-39 所示。

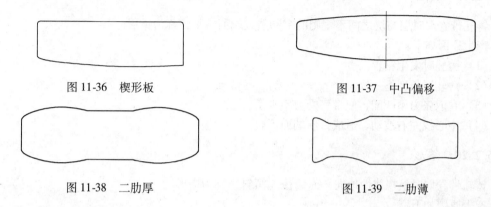

图 11-36　楔形板　　　　　　　　　　　图 11-37　中凸偏移

图 11-38　二肋厚　　　　　　　　　　　图 11-39　二肋薄

产生原因如下：

（1）铸轧辊型不适。

（2）辊芯冷却水通道局部堵塞，辊缝未调整好。

（3）辊套过薄局部变形不均，轧制载荷太大；工艺参数不匹配等。

11.5.2.16 裂边

铸轧带边部破裂称为裂边。具体可分为工艺裂边和边部缺损（缺肉）。

产生原因如下：

（1）耳部挂渣，耳子倒角不合适。

（2）铸轧区大，变形量大。

（3）铸轧速度快。

（4）液穴深，熔体温度不均及熔体流动性差等。

11.5.2.17 飞边

铸轧带边缘宽出一条形状不规则的金属翘片称为飞边。

产生原因如下：

（1）铸轧速度过快。

（2）前箱温度太高。

（3）耳子损坏、脱落。

（4）耳子倒角不合适。

（5）耳辊间隙过大等。

11.5.2.18 缩边

铸轧带一侧或两侧边部收缩，带坯变窄，称为缩边。

产生原因如下：

（1）前箱温度低。

（2）液面熔体温度低。

（3）液流分配不合理。

（4）耳部结渣。

11.5.2.19　错层

铸轧带卷取时层与层之间不规则的窜动造成端面不平整称为错层。

产生原因如下：

（1）铸轧时发生粘辊。

（2）铸轧区长度不一致。

（3）卷取张力不匹配，使带坯受力不平衡。

（4）中心线左右波动，造成带卷端面不整。

11.5.2.20　塔形

铸轧带卷取时呈规律性地向一面偏移（倾斜）称为塔形。

产生原因如下：

（1）卷取机咬入带头的位置偏移；供料嘴中心线与生产中心线偏移。

（2）铸轧带两边压下量太大以及卷取轴中心线与轧辊水平线不平行等。

11.5.2.21　松层

由于缠卷不紧或出现相对滑动，铝卷层与层之间留有或产生较大缝隙。

产生原因如下：

（1）卷取张力突然减小或停止。

（2）捆卷钢带由于外力断带或未捆带就吊运铝卷。

11.5.2.22　端面碰伤

铝卷与铝卷或铝卷与其他物体相撞后，在铝卷端面产生的伤痕。其特征为铝卷端面有部分凹陷，严重时，铝卷不易或无法打开。

产生原因如下：

（1）各生产工序吊运或存放不当。

（2）运输过程中发生碰撞。

复习思考题

1. 基本概念：连续铸轧、连铸连轧、铸轧区、前箱、铸嘴、立板、铸轧缺陷。
2. 简述连续铸轧与连铸连轧的区别。
3. 简述连续铸轧的工作原理及设备组成。
4. 简述连续铸轧的立板操作过程。
5. 简述铸轧板的常见缺陷及防止措施。

12 铝合金连铸连轧技术

12.1 概述

12.1.1 连铸连轧生产方法简介

连铸连轧即通过连续铸造机将铝熔体铸造成具有一定厚度（一般约 20mm 厚）或一定截面面积（一般约 2000mm² ）的锭坯，再进入后续的单机架或多机架热（温）板带轧机或线材孔型轧机，从而直接轧制成供冷轧用的板带坯或供拉伸用的线坯及其他成品。虽然铸造与轧制是两个独立的工序，但由于其集中在同一条生产线上连续进行，因此连铸连轧是一个连续的生产过程。

12.1.2 连铸连轧工艺特点

12.1.2.1 板带坯连铸连轧的主要优点

（1）由于连铸连轧板带坯厚度较薄，且可直接带余热轧制，节省了大功率的热轧机和铸锭加热装备、铣面装备。

（2）生产线简单、集中，从熔炼到轧制出板带，产品可在一条生产线上连续进行，简化了铸锭锯切、铣面、加热、热轧、运输等许多中间工序，简化了生产工艺流程，缩短了生产周期。

（3）几何废料少，成品率高。

（4）机械化、自动化程度高。

（5）设备投资少、生产成本低。

12.1.2.2 线坯连铸连轧的主要优点

（1）省去了铸锭、修锭及锭的运输，省去了加热工序及加热设备。

（2）机械化、自动化程度提高，大大改善了劳动条件。

（3）轧件直线通过机列，温降少，减少了轧件扭转与设备发生粘、刮、碰等现象，表面质量高。

（4）成卷线坯质量轻重不受限制，线坯卷重可达 1t 以上，大大减少了焊头次数，提高了生产效率。

（5）设备小、质量轻、占地少，维修方便。

12.1.2.3 连铸连轧的局限性

（1）可生产的合金少，特别是不能生产结晶温度范围大的合金。

（2）产品品种、规格不易经常改变。

（3）由于不能对铸锭表面进行铣面、修整，对某些需化学处理及高表面要求的产品会产生不利的影响。

（4）由于性能限制，不能生产某些特殊制品，如易拉罐料等。

（5）产量受到限制，如要扩大生产规模，只能增加生产线的数量。

12.1.3　连铸连轧生产方法分类

连铸连轧按坯料的用途可分为两类：一类是板带坯连铸连轧；另一类是线坯连铸连轧。

12.1.3.1　板带坯连铸连轧分类

A　双带式连铸连轧生产板带

金属液通过两条平行的无端钢带间组成连续的结晶腔而凝固成坯的装置称为双带式连铸机。带坯离开铸造机后，通过夹送（牵引）辊送入单机架温轧机或多机架连轧机列。夹送辊不对带坯施加轧制力，但有一定量的牵引力。双带式铸造法熔体的冷却速度可高达 50~70℃/s，比半连续铸造法（DC）的冷却速度（1~5℃/s）高得多，因而带坯的晶体组织致密细小、枝晶间距小、合金元素固溶度大，使产品性能得到一定程度的提高。转换合金时如果铸嘴的使用期限尚未到期，可不必更换，继续使用，但会产生一定量的废料。双带式连铸机又分两类：

（1）双钢带式，即两条钢带构成的连铸机，典型代表是哈兹莱特法（Hazelett）及凯撒微型（Kaiser）法。

（2）双履带式，即冷却块连接而成类似坦克履带构成的连铸机，其典型代表为双履带式劳纳法 Caster II 连铸机、瑞士的阿卢苏斯 II 型（Alusuisse）和美国的亨特道格拉斯（Hunter Douglas）连铸机。

B　轮带式连铸连轧生产板带

由铸轮凹槽和旋转外包的钢带形成移动式的铸模，把液态金属注入铸轮凹槽和旋转的钢带之间，通过在铸轮内通冷却水带走热量，铸成薄的板带坯，继而进一步轧制可获得较好的带材。轮带式主要有：美国的波特菲尔德-库尔法（Porterfield Coors）、意大利的利加蒙泰法（Rigamonti）、美国的 RSC 法、英国的曼式法（Mann）等。

12.1.3.2　线坯连铸连轧分类

线坯连铸连轧主要有以下几种方式：普罗佩兹法（Properzi）、塞西姆法（Secim）、南方线材公司法（SCR）、斯皮特姆法（Spidem）等，均是轮带式连铸机。

12.2　板带连铸连轧生产方法

12.2.1　哈兹莱特双钢带连铸连轧法

12.2.1.1　概述

哈兹莱特连铸连轧机是美国哈兹莱特带坯铸造公司（Hazelett Strip-Casting Corporation）第一代掌门人克拉伦斯 . W. 哈兹莱特（Clarence. W. Hazelett）发明的，现在的老板为第三代 R. 威廉·哈兹莱特（R. William Hazellett）。1947 年开始研究开发双带式铸造机，1963 年第一台 660mm 铸造机在加拿大铝业公司（Alcan）的加拿大安大略省托威市（Tower）阿尔古兹公司（Algoods Inc.）投产。哈兹莱特连续铸造是在两条可移动的钢带之间进行连续铸造的方法，热轧机与之同步再进行连续热轧，最后卷取成卷。

哈兹莱特连铸连轧机生产铝带坯的生产线由熔炼静置炉组、在线铝熔体净化处理装置、晶粒细化剂进给装置、哈兹莱特双带式连续铸造机、夹送（牵引）辊、单机架或多机架热（温）连轧机列、切边机、剪床、卷取机组成。可生产的带坯宽度为 300~2300mm，据称正在设计可生产带坯宽度达 2500mm 的铸造机。这种生产线可生产的铝和铝合金牌号及用途见表 12-1。哈兹莱特连铸连轧生产线示意图如图 12-1 所示。

表 12-1　连铸连轧合金牌号及用途

合　金	最　终　用　途
1050	空调翅片、冲制件、炊具
1100	铭牌、厚箔、冰箱铰链、热交换器、PS 板基、筹码、电脑壳
1200	电容器、炊具、食品及药物包装
1350	导电行业
3003	建筑行业、炊具、厚箔
3004	家具、光亮板、菱形板、轻型夹具
3104	电缆软管
3105	雨槽、窗框、软管、铭牌、屋顶、光亮板、菱形板、瓶盖
3204	灌溉用管
5052	多用板材、卡车围板、上车架、焊接箱体、公路标牌、电扇叶片、控制面板
5754	多种汽车部件
6061	多种深冲用料
6063	多种深冲用料
7072	翅片料
8011	建筑用板、炊具及餐具、厚箔盘、家用箔、翅片料、瓶盖

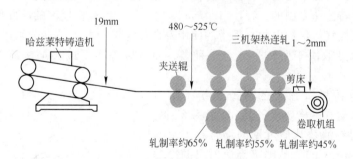

图 12-1　哈兹莱特连铸连轧生产线示意图

12.2.1.2　连铸机的构成

哈兹莱特连铸机的构成如图 12-2 所示，其主要部件为供流系统（熔体槽与密闭熔体供流器）、同步运行的两条无端钢带（上带与下带）、传动系统（张力辊与挡辊、直接传动结构）、水冷与传热系统（喷水嘴、水槽与散热片等）、框架等。铸造是在同步运行的两条钢带之间进行的。钢带套在上、下两框架上，每个框架有 2~4 个导轮支撑钢带。框架间的距离可调整，从而得到不同厚度的铸坯。下框架带有不锈钢窄带连接起来的金属挡块，钢带与边部

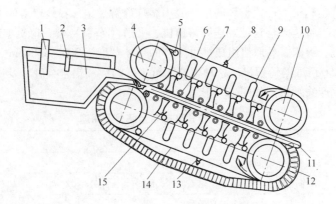

图 12-2　哈兹莱特连铸机结构示意图

1—浸入式水口；2—中间包；3—金属熔体；4—压辊；5—高速冷却水喷嘴；6—上钢带；
7—支撑辊；8—双层喷嘴；9—集水器；10—张紧辊；11—带坯；12—挡块；
13—涂层喷嘴；14—下钢带；15—回水挡板

挡块构成带坯铸模（结晶器）。它靠钢带的摩擦力与运动的钢带同步移动。调整挡块的距离可得到不同宽度的铸坯；框架内有诸多磁性支撑辊，从钢带内侧对应地对其顶紧，张紧度可以调控，以保证钢带保持所要求的平直度偏差。哈兹莱特连铸机型号和铸坯宽度如表 12-2 所示。

表 12-2　哈兹莱特连铸机型号和铸坯宽度

型　号	14 型和 15 型	21 型	23 型	24 型
铸轧宽度/mm	1600	280	915～1972	1254～2540

哈兹莱特连铸机的主要消耗材料与备件为钢带、MatrixTM 喷涂粉、StreamTM 陶瓷铸嘴。钢带是由哈兹莱特公司专制的，1.1～1.4mm 厚，专门为连铸机生产的冷轧低碳特种合金钢带。采用钨极惰性气体保护电焊，钢带的使用寿命约为 8～14d。铸造前须用 Al_2O_3 微粒对钢带打毛，打毛深度取决于所铸带坯合金种类，而后以等离子或火焰法喷涂一层 MatrixTM 涂层。

哈兹莱特连铸机有强大的水冷系统，如图 12-3 所示。对水质有严格要求，其 pH 值为 6～8，水应洁净，不得有油及其他可见的浮悬物，水的消耗量约 15t/(m·min)。从喷嘴高速射出的冷却水沿弧形挡块切向喷射到钢带上，均匀而快速地冷却钢带，使铝熔体高速（50～70℃/s）冷却。冷却水经过钢带支撑辊上的环形槽沿弧形挡块流入集水器，通过排水管返回冷却水槽，如此循环冷却。

在铸造过程中，钢带不对凝固着的带坯施加压力，铸造前需将钢带预热到 130℃ 左右，铸造时向钢带与熔体之间吹送保护气体氩，它具有很高的热导率。

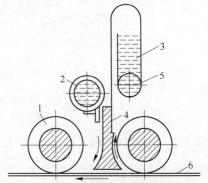

图 12-3　哈兹莱特连铸机冷却
系统结构示意图

1—钢带支撑辊；2—进水管；3—集水器；
4—弧形挡块；5—出水管；6—钢带

12.2.1.3　哈兹莱特连铸机的工作原理

哈兹莱特铸造机的工作原理示意图见图 12-4，铸机采用完全运动的铸模，用一副完全紧张的低碳特种合金钢带作为上、下表面。两条矩形金属块链随着钢带的运动，根据需铸造宽度相隔，以构成模腔的边壁。钢带采用一种特殊的高效快速水膜进行冷却，这是哈兹莱特的特有技术。

铸造的横截面是矩形的，目前典型的铸造宽度为 1930mm。根据最终产品的需要，带坯的厚度范围为 14～25mm，铸铝坯典型厚度为 18～19mm。

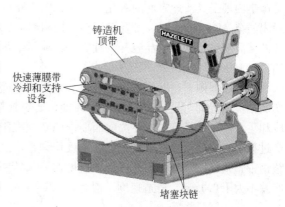

图 12-4　哈兹莱特铸造机的工作原理示意图

前箱被准确地安放在铸模的进口外，铝液通过前箱进入铸造机。在钢带的铸造表面敷有不同涂层以获取铸模特定的界面特性。设定特定铸模时，所取的铸模长度取决于所铸合金及生产速度。带坯铸模的标准长度（铸坯宽度）为 1900mm，近来，高速坯铸模的长度为 2300mm。

12.2.1.4　哈兹莱特连铸连轧机组

铝板坯出铸机之后，板坯的温度仍在 450℃ 以上，符合铝合金的热轧温度范围，即在出坯温度条件下对铸坯进行在线热轧。铸坯将以近 10m/min 的速度进入轧机，道次压下量为 60% 或以上，可获得优异的热轧组织结构。哈兹莱特连铸连轧机组作业流水线如图 12-5 所示。

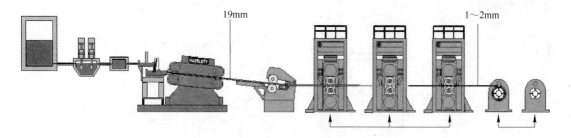

图 12-5　哈兹莱特连铸连轧机组作业流水线

12.2.1.5　生产过程

熔体通过流槽进入前箱，再通过供料嘴进入铸造腔与上、下钢带接触，钢带通过冷却系统高速喷水冷却带走铝熔体热量，从而凝固成铸坯。在出口端，钢带与铸坯分离，并在空气中自然冷却。钢带重新转动到入口端进行铸造，循环往复，从而实现连续铸造。带坯离开铸造机后，通过牵引机进入单机架或多机架热轧机，轧制成冷轧带坯，完成连铸连轧过程。为保证铸造过程中钢带不形成热水气层而影响传热效率，应保证冷却水流量及流速。

开始铸造前，根据生产要求调整厚度及宽度，带坯厚度调整可以通过控制连铸机上、下框架的距离，宽度调整通过控制两侧边部侧挡块的距离来实现，钢带表面必须保证清洁，必要时可用钢刷等工具清理表面的氧化皮、疤、瘤等异物，然后把引锭头推进钢带与边部侧挡块形成封闭的结晶腔。开头时，应及时调整、控制钢带的移动速度，使之与熔体流量达到平衡，使熔体液面高度正好处于结晶腔开口处。供料嘴与钢带间隙约 0.25mm，引锭头与嘴子前沿距离大约 70～150mm。

生产过程中，宽度调整较为简单，只需按前面要求改变侧挡块位置即可；厚度调整比较烦琐，要更换侧挡块、冷却集水器、嘴子等，还要按前面要求调整框架距离。生产过程中，应保证带坯表面平整、厚度均匀，可以通过调整钢带张紧程度，从而保证钢带平直度偏差来控制，一般厚差不大于 0.1mm，铸造速度一般为 3～8m/min。

12.2.1.6 带坯质量

哈兹莱特法由于连铸机铸造时冷却速度比直接水冷半连续铸造（DC 法）大得多，因而连铸带坯结晶组织细小，合金元素固溶程度较高，提高了产品性能。不同合金带坯枝晶间距与其厚度的关系如图 12-6 所示。

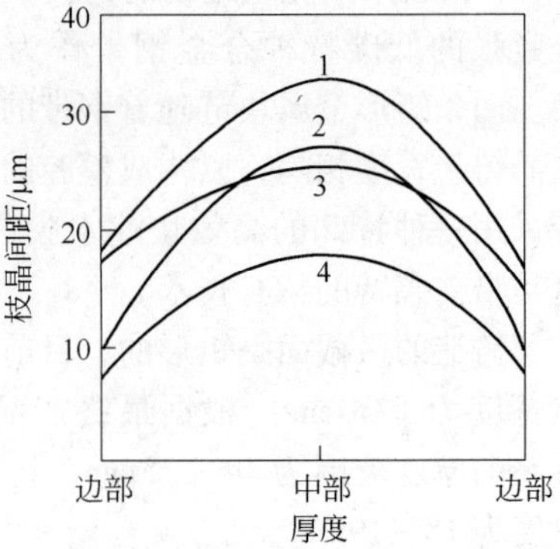

图 12-6　不同合金连铸带坯枝晶
间距与其厚度的关系
1—1100 合金；2—5082 合金；
3—3105 合金；4—5182 合金

12.2.2 双履带式劳纳法

以劳纳法（Caster Ⅱ）为例，其生产线示意图如图 12-7 所示。它是将熔体注入两条可动的水冷式履带之间凝固成型的方法。可铸出厚度为 25.4mm 左右的薄板坯，然后再直接进行连续热轧。据介绍，该方法适用于铸造品种少、批量大的板坯和可以循环作业的单一合金饮料罐材用的板坯。采用劳纳法时，为保证罐用板材的性能，可通过选择激冷板块，将冷却速度控制为与 DC 法相同。

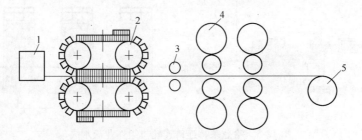

图 12-7　劳纳法（Caster Ⅱ）连铸连轧生产线示意图
1—供流系统；2—连铸机；3—牵引机；4—热轧机；5—卷取机

该连铸机的工作原理与哈兹莱特法基本相同，主要的区别在于构成结晶腔的上、下两个面不是薄钢带，而是两组同一方向运动的激冷块，如图 12-8 所示。

激冷块安装于传动链上，在传动链与激冷块之间有隔热垫，以保证其受热后不产生较大的膨胀变形。由于激冷块在工作过程中不承受机械应力，不存在较大的变形，可以采用铸铁、钢、铜等材料制作。

当铝熔体通过供料嘴进入结晶腔入口时，与上、下激冷块接触，热量被激冷块吸收而使铝熔体凝固，并随着安装于传动链上的激冷块一起向出口移动，在达到出口并完全凝固后，激冷块与带坯分离。铸坯通过牵引辊进入热轧机（单机架、多机架）轧制、加工成板带坯。激冷块则随着传动链传动返回，返回过程中，激冷块受到冷却系统的冷却，温度降低，达到重新组成结晶腔的需要，从而使连铸过程持续进行。

劳纳法 Caster Ⅱ 连铸机可生产 1××× 系、3××× 系、5××× 系合金，铸造速度决定于合金成分、带坯厚度及连铸机长度，一般为 2~5m/min，生产效率为 8~20kg/h，可铸带坯厚度一般为 15~40mm，宽度一般为 600~1700mm。

该铸造法主要用于一般铝箔带坯。在铸造易拉罐带坯上，由于质量及综合效益等因素，无法同热轧开坯生产方式竞争。全球仅有三四条生产线，主要生产线如表 12-3 所示。

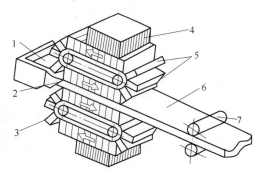

图 12-8　劳纳法（Caster Ⅱ）连铸机示意图
1—前箱；2—供料嘴；3—铸造模腔；4—冷却器；
5—激冷块；6—带坯；7—夹送辊

表 12-3　劳纳法（CasterⅡ）连铸连轧主要生产线状况

拥有企业	生产线数量	生产配置	产品宽度/mm
美国戈登铝业公司	1	CasterⅡ连铸机 +2 机架热轧	813
	1	CasterⅡ连铸机 +2 机架热轧	1750
德国埃森铝厂	1	CasterⅡ连铸机 +2 机架热轧	1750

12.2.3　凯撒微型双钢带连铸连轧方法

该方法由凯撒铝及化学公司开发，最初拟采用此工艺专门轧制易拉罐料，装备简单，生产规模较小（3.5 万吨/年），以低的投资来降低制罐成本。

其生产线由熔炼静置炉、供流系统、连铸机、牵引机、双机架热轧机、热处理炉、冷却系统、冷轧机、卷取机组成，生产线示意图如图 12-9 所示，连铸机结构示意图如图 12-10 所示。

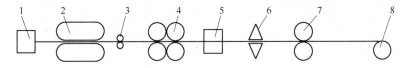

图 12-9　凯撒微型连铸连轧生产线示意图
1—供流系统；2—连铸机；3—牵引辊；4—热轧机；5—热处理装置；
6—冷却装置；7—冷轧机；8—卷取机

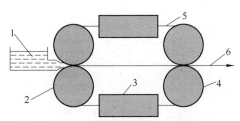

图 12-10　凯撒微型连铸机结构示意图
1—供流装置；2—水冷却辊；3—快冷装置；
4—牵引（支撑辊）；5—带坯；6—钢带

该连铸机同样有两条无端钢带，钢带厚度 3~6mm，结晶腔入口两个辊内部通水冷却，此外，上、下钢带还配置有快冷装置，出口辊起牵引及支撑作用。

当熔体通过时，立即凝固成薄坯，厚度一般较小，约 3.5mm，这与哈兹莱特法不同，后者由于较厚（20mm 以上），铝熔体刚接触钢带时，仅上、下表面形成一层凝固壳，液穴较深，大部分在钢带之间凝固，如图 12-11 所示。因此，采用凯撒微型法连铸坯料比其他方法的带坯质量好。

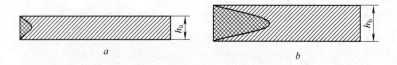

图 12-11　不同方法连铸铸坯结晶液穴示意图

a—凯撒微型双钢带连铸，h_a 一般为 3.5mm；

b—哈兹莱特双钢带连铸，h_b 一般不小于 20mm

凯撒微型连铸连轧产品宽度为 270～400mm，虽然具有产品冶金质量高、投资少、生产能力适宜、成本较低、生产周期短等优点，但因罐料质量的稳定性、均匀性等不能与现代化的热轧开坯法竞争，其应用也受到了限制。同热轧开坯法相比，连铸连轧方法生产易拉罐料的相关指标如表 12-4 所示。

表 12-4　不同生产方法生产易拉罐料的相关指标比较

项　目	热轧开坯法	哈兹莱特法	凯撒微型法
建厂投资/百万美元	300～1000	180	30
产量/kt·a^{-1}	136～454	90	35
产量成本/美元·t^{-1}	2200	2000	860
制造成本（平均成本为 1）	0.67～1.25	0.67～0.83	0.45～0.5
生产周期/d	55	37	17

12.2.4　轮带式带坯连铸连轧法

轮带式连铸机主要是由一旋转的铸轮和与该铸轮相互包络的钢带组成。由于钢带与铸轮的包络方式不同，组成了种类众多的连铸机。它们往往与连轧机或其他形式轧机组成连铸连轧机列，实现液态金属一次加工成材的工艺过程。轮带式连铸连轧生产线主要由供流系统、连铸机、牵引机、剪切机、一台或多台轧机、卷取机等组成。以英国曼式连铸机为例，其生产线配置示意图如图 12-12 所示。

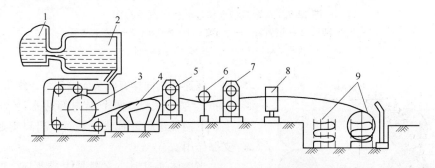

图 12-12　英国曼式连铸连轧生产线配置示意图

1—熔炼炉；2—静置炉；3—连铸机；4，6—同步装置；5—粗轧机；
7—精轧机；8—液压剪；9—卷取装置

其工作原理是，铝熔体通过中间包进入供料嘴，再进入由钢带及装配于结晶轮上的结晶槽环构成的结晶腔，通过钢带及结晶槽环把热量带走，从而凝固，并随着结晶轮的旋转，从出口导出，进入粗轧机或精轧机，实现连铸连轧过程，也可直接铸造薄带坯（0.5mm）而不经轧制。

由于工艺及装备条件的限制，轮带式带坯连铸机一般用于生产宽度不大于500mm的带坯，厚度为20mm左右。经过热（温）连轧机组，可轧制生产厚度为2.5mm左右的冷轧卷坯。

12.3 线坯连铸连轧方法

线坯连铸连轧机组由连续式铸造机铸出梯形截面线材坯料，通过不同形式的多机架热连轧机轧出 $\phi 8 \sim 12mm$ 线材。典型结构形式有塞西姆法、SCR法、意大利普罗佩斯公司的普罗佩斯法和美国南方线材公司生产的轮带式铸造机。意大利普罗佩斯公司连铸连轧机组的连铸机及机组示意图见图12-13和图12-14，美国南方线材公司连铸连轧机组的连铸机及机组示意图见图12-15和图12-16。

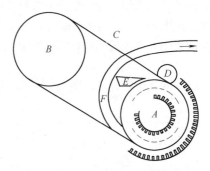

图 12-13 意大利普罗佩斯公司的连铸机

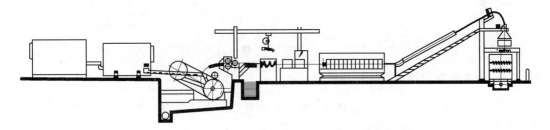

图 12-14 意大利普罗佩斯公司生产的连铸连轧机组

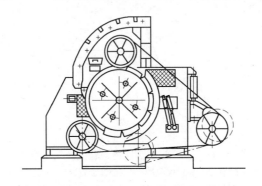

图 12-15 美国南方线材公司的连铸机

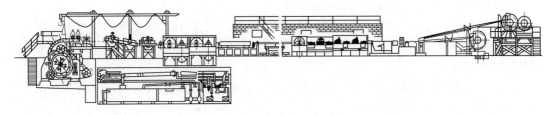

图 12-16 美国南方线材公司生产的连铸连轧机组

12.3.1　普罗佩斯法连铸连轧机

普罗佩斯法连铸连轧机最初是由意大利的 S. P. A. Continuns 公司设计和制造的，以 I. Properzi 命名的连铸机配以连轧机组成。帕氏最初提出用于生产铅线，后来用在轧机的型辊上制造弹丸。1949 年普罗佩斯连续铸棒法在工业生产中正式投产，很快发展到铝线的生产。目前国内外广泛采用该方法生产铝线材，特别是电气用铝盘卷毛料的生产。用普罗佩斯法连铸连轧生产输电线材时，与 DC 铸造法的线锭相比，普罗佩斯法可使溶质元素大量固溶，能够抑制溶质的析出，再经过热轧，析出物就可呈现细小弥散分布状态，因此可获得耐热性能优良的线材。

这种线坯生产方法同横列活套式生产方法相比，有较明显的优势，如表 12-5 所示。

表 12-5　不同线坯生产方法的比较

项　目	连铸连轧	横列活套式生产工艺	项　目	连铸连轧	横列活套式生产工艺
生产能力/t·h⁻¹	3.2	3.0	生产能力/t·h⁻¹	250	940
占地面积/m²	810	2262	占地面积/m²	1000	33
定员/人·班⁻¹	11	59	定员/人·班⁻¹	99	80
轧机质量/t	35	150	轧机质量/t		

12.3.2　普罗佩斯法连铸连轧机组成

普罗佩斯连铸连轧机列主要包括连铸机、串联轧机和卷取设备，此外还有轧机润滑系统、电控系统、冷却系统和液压剪等附加设备，如图 12-17 所示。

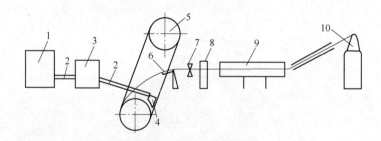

图 12-17　普罗佩斯法连铸连轧生产线示意图

1—熔化炉；2—流槽；3—静置保温炉；4—浇注装置；5—连铸机；6—传输装置；
7—剪切机；8—修整装置；9—连轧机组；10—绕线机

普罗佩斯法连铸连轧代表性的生产过程如下：

（1）熔化炉。通常采用竖式炉，带有连续加料机构，完成铝的熔化。燃料为燃油或燃气。

（2）静置保温炉。熔化后的铝液转入静置炉，采用电阻带或硅碳棒加热、保温，进一步调整铝熔液温度。

（3）净化及供流系统。完成铝熔体净化（除气、过滤）及输送，控制铝液流量及分布。

（4）连铸机。实现连续铸坯。

（5）液压剪切机。剪去铸坯冷头，以便顺利喂入连轧机或用于其他情况下的快速切断。

（6）连轧机。一般为 8~17 机架，二辊悬臂式孔型轧机或三辊 Y 形轧机。

（7）飞剪。用于切断线坯，控制卷重。

（8）绕线机。将连轧机轧出的线坯绕成卷。

影响连铸连轧工艺过程及产品质量的主要铸造工艺参数为铸造速度、浇注温度、冷却强度等，它们互相制约，相互影响。从工艺角度讲，低温、快速、强冷既对铸坯质量有益，可得到较细小、均匀的组织，枝晶间距小、致密，又可提高生产效率。但为了保证合适的进轧温度及与连轧机轧制速度相匹配，实现稳定的连铸连轧过程，必须选择适宜的工艺参数。如果铸造速度太大，若冷却强度不够，会使进轧温度太高，轧制过程容易出现脆裂、粘铝等，同时也会导致较高的轧制速度、较大的热效应，影响生产过程的稳定性；如果铸造速度太小，则需要的冷却强度较小，既影响铸坯组织与性能和生产效率，也会对钢带、结晶轮使用寿命等产生不利影响。实际生产过程中，典型的工艺控制范围如下：

出炉温度　　　700~730℃
浇注温度　　　690~720℃
冷却强度　　　水压 0.35~0.5Pa，水量 80~100t/h
冷却水温　　　低于 35℃
铸造速度　　　6~15m/min
出坯温度　　　470~540℃
进轧温度　　　450~520℃

12.3.3 普罗佩斯连铸机

同轮带式带坯连铸机一样，线坯连铸机主要也是由旋转的结晶轮、包络钢带、张紧轮、冷却系统、压紧轮等构成，并且同样由于钢带与结晶轮不同的包络方式，形成了各种形式。

典型连铸机如图 12-18 所示。它由一根钢带和两个大直径转轮组成，上轮为导轮，下轮为铸造用轮，铸造轮与钢带包络部分组成结晶腔。金属液进入结晶腔内，随轮和钢带同步运行，在钢带和铸轮分离处，金属凝结成坯并以与铸轮周边相同的线速度铸坯。上方的导轮，起导向和张紧作用，调整上轮可得到所需要的钢带张紧力。铸机后配连轧机组，可使面积较大的铸坯不经再次加热直接轧制成直径为 8~12mm 的线坯。

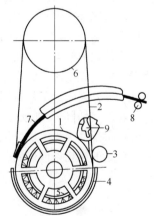

图 12-18　普罗佩斯法连铸机示意图
1—结晶环；2—钢带；3—压紧轮；
4—外冷却；5—内冷却；6—张紧轮；
7—锭坯；8—牵引机；9—浇注装置

其结晶槽环形状不同，典型结晶轮为紫铜环。铜环的外端做成 U 形槽，环状钢带盖紧在槽口（图 12-19），组成线坯铸模。

12.3.4 连轧机

与普罗佩斯法相配的连轧机有三辊和二辊两种形式。

12.3.4.1 三辊连轧机

三辊连轧机根据产品规格和设备产能大小而串联 7、9、11、13、15 或 17 个机座。每个机座上有三个轧辊，互呈 120°，形状似 Y 形，所以又称为 Y 形三辊轧机。辊轴安装在滚柱轴承

上。每个机座有一个工作辊是垂直的，而其他
两个工作辊可以在彼此垂直方向上调整。从第
一辊到最后一个机座的辊速是渐次增加的，这
种增加与杆材的有效面积压缩率成比例。第 1
机座的压缩率约为 12%，第 2 机座的压缩率
约为 20% ~27%，第 11 机座中心的精确压缩
率取决于杆材的几何形状，而不能成比例增
加。孔型设计一般采用三角形-圆形孔型系统，
其主要特点是：轧件在孔型中的宽展余量较
小；道次延伸较小；轧制时的稳定性好；可以
从中间奇数机座取得产品。三辊连轧机的最大
优点是结构紧凑，设备占地面积小。

12.3.4.2　二辊连轧机

　　二辊悬臂无扭曲连轧机，每一个机座有两
个轧辊。轧辊布置有平立布置和 45°交叉布置
两种。某厂设备如下：轧辊为平立交错布置，

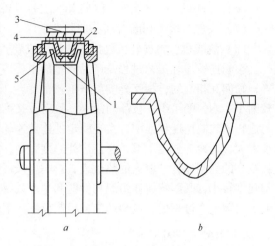

图 12-19　线坯结晶轮及结晶槽环断面示意图
a—结晶轮；*b*—结晶槽环
1—内冷却；2—结晶槽环；3—外冷却；
4—钢带；5—线坯

八个机座的连轧机，上传动轴传动单号水平辊机座，下传动轴传动双号立式辊机座。孔型设计
采用箱形和椭圆-假圆系统。椭圆-假圆系统的特点是：椭圆轧件进入假圆孔型轧制时，其宽展
较椭圆轧件进入方孔或圆孔型轧制时都小，在假圆孔型的刻槽椭圆孔型中轧制，与方轧件进入
椭圆孔型轧制的宽展基本相同，这是因为方形轧件的绝对压下量大于假圆的绝对压下量而轧件
总宽不变；椭圆-假圆系统都以长轴互相平等轧制，重心低，咬入非常稳定；假圆孔型的刻槽
深度比按对角线计算刻槽深度的方孔型浅 5%；椭圆-假圆孔型系统中，金属虽只受两个方向的
压缩，但变形均匀，特别是假圆轧件头部非常平直，对自动进入下一道轧制有利。二辊连轧机
由于其道次伸长率较大，因而机座数量较少。目前国内二辊连轧机多为八个机座。

　　线坯连铸连轧技术广泛应用于电工用铝杆的生产，极大地提高了生产效率和质量。与带坯
连铸连轧一样，其生产工艺及配置的关键在于难以保证稳定的连轧条件，因为在实际生产过程
中，由于轧件（铸坯）、成分、尺寸、温度、组织、孔型配合与磨损等因素的变化或者波动，
理论上的稳定条件很难实现，但随着连铸连轧技术的不断发展、完善，自动化控制与检测水平
的提高，稳定的连轧条件得到了较充分的保证。

复习思考题

1. 基本概念：连铸连轧、哈兹莱特（Hazelett）双钢带式连铸连轧法。
2. 简述连铸连轧的特点及设备组成。
3. 简述哈兹莱特（Hazelett）双钢带式连铸连轧法工作原理及设备组成。

下篇

镁及镁合金熔炼与铸造

13 镁及镁合金

13.1 概述

镁属轻金属元素，其密度只有 $1.74 \times 10^3 \, \mathrm{kg/m^3}$，仅为铁的 1/5，铝的 2/3，与塑料相近。镁的储藏量极为丰富，占地壳含量的 2.8%，海水含量的 0.13%，在工程金属中仅次于铝、铁而居第三位。镁合金是在纯镁中加入铝、锌、锰和稀土等元素形成的，具有许多优良性能，在交通、计算机、通信、消费类电子、国防军工等诸多领域具有极为广泛的应用前景。由于受技术和价格等因素的限制，长期以来镁合金只少量应用于航空、航天等军事工业。20 世纪 70、80 年代以后，随着全球节能和环保法规的日趋严格，对汽车减重节能降耗的要求不断提高，轻量化已成为汽车选材的主要发展方向。镁合金作为工业应用最轻的金属工程材料，具备阻尼减震等优良性能，成为汽车轻量化的首选材料。此外，镁合金由于具有比强度高，导热导电性、电磁屏蔽性以及环境相容性好等优良性能，可代替塑料壳体满足 3C（计算机、通信、消费类电子）产品轻、薄、小型化、高集成化以及严格的环保要求，在信息产业中得到了广泛的应用。但镁及镁合金作为一种轻金属材料，其应用潜力尚未充分挖掘出来，生产加工及应用技术还远不如钢铁、铜、铝等金属材料成熟。因此，在许多传统金属矿产资源趋于枯竭、环境污染日益严重的今天，加速镁及其合金的应用开发和产业化，已成为当今世界各国和地区所普遍关注的战略问题。基于上述原因，20 世纪 90 年代以来，全球掀起了镁合金开发应用热潮，世界各工业发达国家从战略角度纷纷制订大型研究计划，推动镁合金在交通、计算机、通信、消费类电子、国防军工等诸多领域的应用。随着技术和价格两大瓶颈的突破，全球镁合金用量急剧增长，应用范围不断扩大，正在成为继钢铁、铝之后的第三大金属工程材料，被誉为"21 世纪绿色工程材料"。

13.1.1 纯镁

工业纯镁的晶粒粗大，塑性和力学性能较差，变形伸长率只能达到 10% 左右，因此不能单独作结构材料使用。在工业上，工业纯镁除了少数部分用于化学工业、仪表制造及军事工业外，主要用于制造镁合金及生产含镁铝合金。工业应用的镁系材料多是以镁作为金属基体添加某些合金元素，如铝、锌、锰、锆等形成镁合金。

室温下纯镁的密度为 $1.738 \times 10^3 \, \mathrm{kg/m^3}$，在接近熔点（650℃）时，固态镁的密度约为

$1.65 \times 10^3 \mathrm{kg/m^3}$，液态镁的密度约为 $1.58 \times 10^3 \mathrm{kg/m^3}$。凝固结晶时，纯镁体积收缩率为 4.2%。固态镁从 650℃降至 20℃时体积收缩率为 5% 左右。镁在铸造和凝固冷却时收缩量大，导致铸件容易形成微孔，使铸件具有低韧性和高缺口敏感性。

13.1.1.1　纯镁的力学性能

室温下纯镁的拉伸和压缩性能如表 13-1 所示。室温下纯镁的纯度为 99.98% 时，动态弹性模量为 44GPa，静态弹性模量为 40GPa；纯度为 99.8% 时，动态弹性模量为 45GP，静态弹性模量为 43GPa。随着温度的增加，纯镁的弹性模量下降。

表 13-1　室温下纯镁的典型力学性能

试样规格	R_m/MPa	$R_{p0.2}/\mathrm{MPa}$	$R_{p-0.2}$（压缩）/MPa	$A/\%$	硬　度	
					HRE	HB
砂型铸件	90	21	21	2~6	16	30
挤压件	165~205	69~105	34~55	5~8	26	35
冷轧薄板	180~220	115~140	105~115	2~10	48~54	45~47
退火薄板	160~195	90~105	69~83	3~15	37~39	40~41

13.1.1.2　纯镁的工艺性能

镁为密排六方晶格，室温变形时只有单一的滑移系 $\{0001\}\langle 1120\rangle$，因此镁的塑性比铝低，各向异性也比铝显著。随着温度的升高，镁的滑移系增多，在 225℃ 以上发生 (1011) 面上 [1120] 方向滑移，从而塑性显著提高，因此镁合金可以在 300~600℃ 温度范围内通过挤压、轧制和锻造成型。此外，镁合金还可通过铸造成型，且镁合金的压铸工艺性能比大多数铝合金好。

镁容易被空气氧化生成热脆性较大的氧化膜，该氧化膜在焊接时极易形成夹杂，严重阻碍焊缝的成型，因此镁合金的焊接工艺比铝合金复杂。

13.1.2　镁合金的分类及牌号

13.1.2.1　镁合金的分类

一般镁合金依据合金的化学成分、成型工艺和是否含锆分类。

（1）按合金成分分类。镁合金可分含铝镁合金和不含铝镁合金。因多数不含铝镁合金都添加锆以细化晶粒组织（Mg-Mn 合金除外），因此工业镁合金系列又可分为含锆镁合金和不含锆镁合金两大类。以五个主要合金元素 Mn、Al、Zn、Zr 和稀土为基础，组成基本镁合金系：Mg-Mn、Mg-Al-Mn、Mg-Al-Zn-Mn、Mg-Zr、Mg-Zn-Zr、Mg-RE-Zr、Mg-Al、Mg-Ag-RE-Zr、Mg-Y-RE-Zr。Th 也是镁合金中的一种主要合金元素，亦可组成镁合金系：Mg-Th-Zr、Mg-Th-Zn-Zr、Mg-Ag-Th-RE-Zr，但因 Th 具有放射性，除个别情况外，已很少使用。

（2）根据加工工艺或产品形式分类。工业镁合金可分为铸造镁合金和变形镁合金，两者在成分、组织性能上存在很大差异。铸造镁合金主要用于汽车零件、机件壳罩和电气构件等。铸造镁合金多用压铸工艺生产，合金元素铝可使镁合金强化，并具有优异的铸造性能。为了易于压铸，镁合金中的铝含量需要大于 3%。稀土元素能够改善镁合金的铸造性能。

由于密排六方的镁变形能力有限，易开裂，因此早期的变形镁合金要求其具有良好的塑性变形能力和尽可能的强度，对其组织的设计，大多要求不含金属间化合物，其强度的提高主要依赖合金元素对镁合金的固溶强化和塑性变形引起的加工硬化。目前，变形镁合金中主要含有Al、Mn、RE、Y、Zr和Zn等合金元素，这些元素一方面能提高镁合金的强度，另一方面能提高热变形，以利于锻造和挤压成型。变形镁合金主要用于薄板、挤压件和锻件等。与铸造镁合金相比，变形镁合金的组织更细、成分更均匀、内部组织更致密，因此变形镁合金比铸造镁合金具有高强度和高伸长率等优点。因此从第一次世界大战以来，变形镁合金的板材、挤压材以及锻件等塑性加工产品在军用飞机、航空航天、赛车等领域得到了大量的应用。与此同时，变形镁合金也得到了较系统地研究与发展，并形成系列的变形镁合金系。

为了使镁合金能够大量用作结构材料，开展变形镁合金的研制非常必要。本书主要介绍变形镁合金。

13.1.2.2　镁合金的牌号

镁合金包括铸造镁合金和变形镁合金。铸造镁合金适合于铸造工艺，用于生产各种铸件，如砂型铸件、金属型铸件、蜡模铸件、压铸件等。变形镁合金适合于各种变形加工工艺，用于生产各种加工材，如板、棒、线、型、管等。由于镁合金类型及用途不同，其牌号也不同。

镁合金牌号的标示方法有多种，国际上目前尚没有统一的规定，但倾向于采用美国材料试验学会使用的系统，即美国ASTM标准。按ASTM标准的标记规则，镁合金名称由字母-数字-字母三部分组成，第一部分由两个代表主要合金元素的字母组成，字母的顺序按在实际合金中含量的多少排列，含量高的化学元素在前，如果两种元素的含量相同，则按英文字母的先后顺序排列。第二部分由代表两种主要合金元素在合金含量的数字组成，表示该元素在合金中的名义成分，用质量分数表示，四舍五入到最接近的整数。第三部分由指定的字母如A、B、C、D等组成，表示合金发展的不同阶段，大多数情况下，该字母表征合金的纯度，区分具有相同名称、不同化学组成的合金。例如，AZ91D表示合金Mg-9Al-1Zn，但该合金的实际化学成分中含铝8.3%~9.7%、含锌0.40%~1.0%。该合金中，A代表铝，Z代表锌，铝和锌的含量经四舍五入后分别是9%和1%，D表示是第四种登记的具有这种标准组成的镁合金。ASTM标准中镁合金牌号中的字母所代表的合金元素见表13-2。

GB/T 5153—2003镁合金牌号命名法示例一：

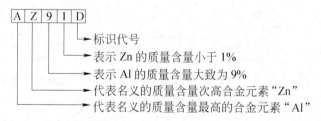

GB/T 5153—2003镁合金牌号命名法示例二：

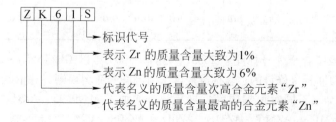

表 13-2　ASTM 标准中镁合金牌号中的字母所代表的合金元素

英文字母	元素符号	中文名字	英文字母	元素符号	中文名称
A	Al	铝	M	Mn	锰
B	Bi	铋	N	Ni	镍
C	Cu	铜	P	Pb	铅
D	Cd	镉	Q	Ag	银
E	RE	混合稀土	R	Cr	铬
F	Fe	铁	S	Si	硅
G	Mg	镁	T	Sn	锡
H	Th	钍	W	Y	钇
K	Zr	锆	Y	Sb	锑
L	Li	锂	Z	Zn	锌

　　我国的镁合金牌号由两个汉语拼音和阿拉伯数字组成，不同的汉语拼音字母将镁合金分为4类，即变形镁合金 MB、铸造镁合金 ZM、压铸镁合金 YM 和航空镁合金。用于航空的铸造镁合金与其他铸造镁合金在牌号上略有区别，即 ZM 两个汉语拼音字母与代号的连接加一个横杠。例如 ZM1、ZM2 分别表示 1 号、2 号铸造镁合金，YM5 表示 5 号压铸镁合金，ZM5 表示 5号航空铸造镁合金。MB1、MB2 分别表示 1 号、2 号变形镁合金。我国变形镁合金的牌号和主要成分见表 13-3。

表 13-3　中国变形镁合金的牌号和主要成分

牌　号	主要成分(质量分数)/%					杂质(质量分数,不高于)/%				
	Al	Mn	Zn	Ce	Zr	Cu	Ni	Si	Be	Fe
M2M(MB1)	—	1.3 ~ 2.5	—	—	—	0.05	0.01	0.15	0.02	0.05
AZ40M(MB2)	3.0 ~ 4.0	0.15 ~ 0.5	0.2 ~ 0.8	—	—	0.05	0.005	0.15	0.02	0.05
AZ41M(MB3)	3.5 ~ 4.5	0.3 ~ 0.6	0.8 ~ 1.4	—	—	0.05	0.005	0.15	0.02	0.05
AZ61M(MB5)	5.5 ~ 7.0	0.15 ~ 0.5	0.5 ~ 1.5	—	—	0.05	0.005	0.15	0.02	0.05
AZ62M(MB6)	5.0 ~ 7.0	0.2 ~ 0.5	2.0 ~ 3.0	—	—	0.05	0.005	0.15	0.02	0.05
AZ80M(MB7)	7.8 ~ 9.2	0.15 ~ 0.5	0.2 ~ 0.8	—	—	0.05	0.005	0.15	0.02	0.05
ME20M (MB8)	—	1.5 ~ 2.5	—	0.15 ~ 0.35	—	0.05	0.01	0.15	0.02	0.05
ZK61M (MB15)	—	—	5.0 ~ 6.0	—	0.3 ~ 0.9	0.05	0.005	0.05	0.02	0.05

　　我国变形镁及镁合金牌号标注于 2003 年修订，2003 年以 GB/T5153—2003 发布，当时主要是参照美国 ASTM 标准修订的。新标准规定了新的牌号命名规则，并依此规则，对原标准的牌号进行了重新命名，同时根据国际发展趋势，增加了 Mg99.95、AZ31B、AZ61A、AZ63B、AZ80A、AZ91D、M1C、AZ31T、AZ31S、AZ61S、AZ80S、M2S、ZK61S 等牌号。中国镁合金

新、旧牌号对照见表13-4。

表 13-4　中国镁合金新、旧牌号对照

新牌号 GB/T 5153—2003	M2M	AZ40M	AZ41M	AZ61M	AZ62M	AZ82M	ME20M	ZK61M	Mg99.5	Mg99.00
旧牌号 GB/T 5153—1985	MB1	MB2	MB3	MB4	MB5	MB6	MB8	MB15	Mg1	Mg2

根据 GB/T 5153—2003，变形镁及镁合金牌号的命名规则如下：

（1）纯镁牌号以 Mg 加数字的形式表示，Mg 后面的数字表示镁的质量分数。

（2）镁合金的牌号以英文字母加数字加英文字母的形式表示，前面的英文字母是其最主要的合金组成元素代号（元素代号应符合标准规定），其后的数字表示其最主要的合金组成元素的大致含量，最后面的英文字母为标识代号，用以标识各具体不同组成元素或元素含量有微小差别的不同合金。

13.1.3　变形镁合金的性能及特点

目前，在工业中采用的变形镁合金可分成两大类，即以 Mg-Mn 系为基的合金和以 Mg-Al 系为基的合金。

13.1.3.1　变形镁合金的性能

变形镁合金经过挤压、轧制和锻造等工艺后，比相同成分的铸造镁合金具有更高的力学性能，见图 13-1。变形镁合金制品有轧制薄板、挤压件（如棒、型材和管材）和锻件等，这些产品具有更低成本，更高强度和延展性以及多样化的力学性能等优点，其工作温度不超过150℃。

常用变形镁合金有 AZ31B、AZ81A、AZ80A 等。

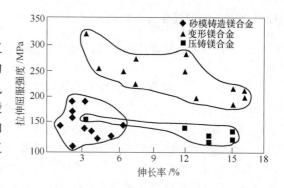

图 13-1　铸造镁合金和变形镁合金的性能比较

变形材料主要在300～500℃温度范围内通过挤压、轧制和压力锻造等方法进行生产。

变形镁合金的力学性能与加工工艺、热处理状态等有很大关系，尤其是加工温度不同，材料的力学性能可能会在很宽的范围内变化。在 400℃ 以下挤压，挤压合金已发生再结晶。在 300℃进行冷挤压，材料内部保留了许多冷加工的显微组织特征，如高密度位错或孪生组织。在再结晶温度以下挤压可使挤压制品获得更好的力学性能。

生产变形镁合金产品需注意的是：变形时镁的弹性模量择优取向不敏感，因此在不同的变形方向上，弹性模量的变化不明显；变形镁合金产品压缩屈服强度低于其拉伸屈服强度，因此在涉及如弯曲等不均匀塑性变形时需特别注意。

（1）薄板和厚板合金的性能。早期的薄板合金是 AZ31（Mg-3Al-1Zn-0.3Mn），这种合金现在仍广泛地用在室温和稍高的温度。AZ31 是通过应变硬化来强化的，这种合金可焊，但焊接件需要消除应力以降低应力腐蚀开裂的敏感性。AZ 系列合金随铝含量提高，轧制开裂倾向增大，因此 AZ61 合金很少以板材形式出售。英国合金 ZK31（Mg-3Zn-0.77Zr）有较高的室温性能，但焊接性能有限。

　　在镁中加锂元素能获得超轻变形 Mg-Li 合金，它是迄今为止最轻的金属结构材料，具有极优的变形性能和较好的超塑性能，已应用在航天和航空器上。Mg-Li 系合金可作为薄板和厚板合金的基础。锂的相对密度是 0.53，是所有金属中最轻的。从 Mg-Li 相图可看出，锂在镁中有很大的固溶度。另外只有约 11% 的锂就可以形成新的 β 相，这种 β 相具有体心立方（bcc）结构，从而提供了冷成型的基础。从 α + β/β 相界的斜率表明有些成分是可能时效强化的。

　　薄板合金只可以进行有限的冷成型，退火材料典型的最小弯曲半径在 $5 \sim 10T$ 之间（其中 T 是薄板厚度），冷轧状态的是 $10 \sim 20T$。因此即使只进行简单的工作，在 $230 \sim 350$℃之间进行热成型性能也比较好。在这样的条件下，薄板可以用较低功率的机械，通过压制、深拉、旋压和其他方法来成型。

　　（2）挤压合金。大量使用的挤压合金是铝含量在 1% ~ 8% 之间的 Mg-Al-Zn 合金。合金 AZ80（Mg-8Al-1Z-0.7Mn）在加工后进行热处理有一定的时效强化。合金 ZK61（Mg-6Zn-0.7Zr）通常在挤压后进行时效，它的室温强度是常用的变形合金中最高的，它还具有拉伸和压缩屈服强度非常接近的优点。成分为 Mg-6Zn-1.2Mn 的 ZM6 热处理挤压棒是强度较高的变形镁合金，它的时效强化效应高，性能可与一些最强的变形铝合金相比。

　　（3）锻造合金。变形镁合金产品中锻件比例占小部分，一般用于那些要求质量轻，但强度比铸件高的复杂形状的部件。室温使用的锻件倾向于用强度较高的 AZ80 或 ZK60 合金来制造，高温使用的用 HK31 或 HM21 来制造。

13.1.3.2　变形镁合金的特点

　　（1）由于六方镁晶体各位向的弹性模量变化不大，所以择优取向对变形产品的模量影响较小。

　　（2）在比较低的温度进行挤压会使基面以及 {1010} 位向近似地平行于挤压方向；轧制会使基面平行于薄板表面，且使 {1010} 沿轧制方向。

　　（3）由于孪晶在压应力平行基面时迅速发生，变形镁合金的纵向屈服应力压缩时比拉伸时低，两者的比值在 0.5 ~ 0.7 之间。由于轻结构的设计涉及屈曲性能，而屈曲性能又主要依赖于压缩强度，因此这个比值是变形镁合金的重要特征。不同合金的比值不一样，晶粒尺寸小时这个比值会增加，这是因为晶界对整体强度的作用相应地增大。

　　（4）交替拉压的冷卷使变形产品强化，在压缩过程中产生大量孪晶，产品抗拉强度明显下降。

13.2　主要变形镁合金的特性及合金元素在镁合金中的作用

13.2.1　镁-锰系镁合金

　　属于此系的合金有 M2M 和 ME20M，其化学成分见表 13-3，它主要用于加工成板材、棒材和锻件。该系合金虽然强度低，但有良好的抗蚀性及焊接性，可用来制作承载负荷不大的，但要求耐蚀性强的零件。该系合金目前仍然得到较多的应用。

　　镁-锰系合金主要含 1.3% ~ 2.5% 的锰，在 ME20M 合金中还加入少量的铈（0.15% ~ 0.35%）。

　　如图 13-2 所示，Mg-Mn 系二元状态在 653℃进行包晶转变。在包晶转变温度时，Mn 在 α(Mg) 固溶体中的溶解度最大，达到 3.4%，可是在温度 450℃时，Mn 的溶解度只有 0.75%，在 200℃时几乎等于零。由于镁和锰不能生成化合物，而是以 β(Mn) 相析出，实质上它是纯锰，它的强化作用很小，因此，此系合金无明显的热处理效果。

Mg-Mn系合金结晶时可转变为单相的α固溶体，然后随温度的降低，发生固溶体分解，析出β(Mn)相。固溶体的分解程度及析出物的形状和大小取决于冷却速度，合金冷却得越快，因溶体分解得越不完全，析出的β相质点尺寸越小，分散度越高。但是在连续铸造的条件下，由于冷却速度很快，L + β(Mn)的包晶转变过程不能进行到底，会在液穴中产生β(Mn)相的聚集物，称为锰偏析。锰偏析对合金的抗拉强度、屈服强度影响不大，但使合金伸长率降低，并使其在海水中或中性盐溶液中的抗蚀性变差，因此在生产中要对锰偏析予以控制。

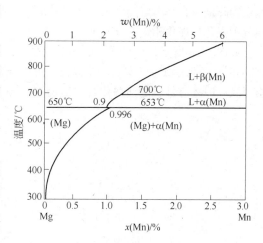

图 13-2　Mg-Mn 二元相图

在镁-锰合金中加入0.15% ~ 0.35% Ce(如 ME20M)能进一步细化晶粒，提高合金的强度和塑性。

铈在镁中能生成 Mg_9Ce 金属间化合物，但在 ME20M 中含量极少，不易形成 Mg_9Ce，故 M2M 和 ME20M 合金的显微组织相同，都是由 α 固溶体和颗粒状 β(Mn)相组成的。

Mg-Mn 合金系的结晶温度间隔较小，只有4℃（即650 ~ 646℃），为防止在液穴中出现浮晶而产生 β(Mn)一次晶的聚集，可以采取提高铸造温度的办法加以控制。

锰是镁-锰系合金中的主要合金元素，大多数镁合金都加入少量的锰。锰的主要作用是提高合金的抗蚀性能。此外，在熔炼过程中，锰能与铁生成 $FeMnAl_6$ 化合物，消除了铁的有害影响。

13.2.2　镁-铝-锌系镁合金

属于 Mg-Al-Zn 系合金的有 AZ40M、AZ41M、AZ61M、AZ62M、AZ80M，它们的化学成分见表13-3。该系合金是发展最早、应用较广的合金，它的主要特点是强度高，能够进行热处理强化，并且有良好的铸造性能，但抗蚀性较差，屈服强度和耐热性也不高。

如图 13-3 所示，Mg-Al 二元相在 437℃ 发生共晶转变，铝在镁中的最大溶解度为 12.1%，

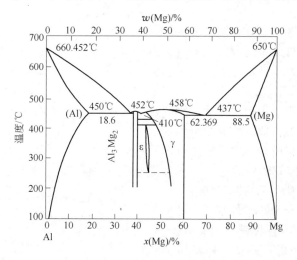

图 13-3　Mg-Al 二元相图

当温度降低时，其溶解度大大下降，至 100℃ 时仅为 2.0%。因此含量足够高的镁-铝合金可以热处理强化，强化相为 γ(Mg$_4$Al$_3$ 或 Mg$_{17}$Al$_{12}$)。

如图 13-4 所示，锌在镁中的溶解度很大，在共晶温度 344℃ 时的最大溶解度为 8.4%，在 150℃ 时还能溶解 1.7% 左右，所以当合金中锌含量不高时，不会形成单独的镁锌化合物，当锌含量较高时才有针状的镁锌化合物出现。

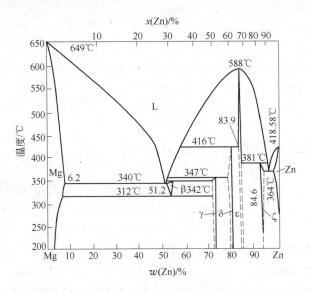

图 13-4　Mg-Zn 二元系相图

Mg-Al-Zn 三元系相图的镁部分如图 13-5 所示，图中标示出了该系主要合金的位置。在平衡状态下，当合金中的锌含量低于 1.5% ~ 2.0%（除 AZ62M 以外的该系其他合金）时，合金的显微组织为 α 固溶体晶粒和分布在晶界和枝晶间的 γ 相(Mg$_{17}$Al$_{12}$)组成，因此，随锌含量的增加，γ 相的数量也增加。

在实际生产的条件下，由于合金中含有少量的锰，其金相组织中也会出现点状的 β(Mn) 相，对于含锰稍高的 AZ41M，则会出现 β（MnAl）相，即在镁锭的低倍试片上也会呈现点状偏析聚集物。

当合金中锌含量超过 2.0% 时（如 AZ62M 合金），在金相组织中除 α 固溶体和 γ 相外，还会出现二元化合物 T[Mg$_{32}$(AlZn)$_{49}$]，该相在热处理时有一定的强化作用。

该系合金的热处理效果取决于铝、锌的含量，因 AZ40M、AZ41M、AZ61M 的合金元素含量较低，强化相的数量较少，故不能进行热处理强化，而 AZ62M 和 AZ80M 的合金元素含量较高，强化相较多，因此可以热处理强化。

AZ40M、AZ41M 合金热塑性很高，可加工成板材、棒材、锻件等各种镁材，而 AZ62M、AZ80M 合金热塑性较低，主要用作挤压件和锻件。

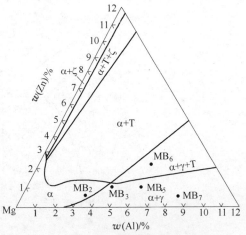

图 13-5　Mg-Al-Zn 三元系相图的镁部分

在 Mg-Al-Zn 合金中，铝是主要的合金元素，其主要作用是能提高合金的室温性能和热处理效果。但是当其含量超过 9% 时，将使合金的塑性明显降低，同时会产生应力腐蚀裂纹。

锌也是合金的主要元素，它能提高合金的强度和热处理强化效果。当锌含量适当时，尚能改善合金的塑性，对提高抗蚀性有益。但当锌含量多时，对铸造性能产生不利的影响，因为它能增加合金疏松和热裂纹的倾向，所以除 AZ62M 外，此系其他合金锭锌含量一般在 1% 左右。

锰的作用是提高合金的抗蚀性，又能消除铁的有害影响。

13.2.3　镁-锌-锆系镁合金

在变形镁合金中，Mg-Zn-Zr 系合金具有最高的强度，良好的塑性及抗蚀性。因此，该系合金是目前应用最多最广的合金，如 ZK61M，其化学成分见表 13-3。

锌是该系合金的主要元素。由于锌和镁同属六方晶格，所以锌在镁中的溶解度很大，最高达 8.4%，如图 13-4 所示。

在 344℃ 发生共晶转变：

$$L = \alpha + MgZn$$

当温度降至 325℃ 时，又发生共析转变：

$$Mg_7Zn_3 = \alpha + MgZn$$

因此，镁-锌合金在常温下的组织是以镁为基的 α 固溶体和 MgZn 化合物所组成。在镁-锌合金中加入锆后，因锆在镁中的溶解度很小，又不能形成化合物，则以 α-Zr 状态存在。在 ZK61M 合金铸造状态的金相组织中，锆和锌的分布很不均匀。锌富集在晶粒边界，锆富集在晶粒中心，这就是锆偏析，但锆偏析可以通过高温均匀化退火来消除。

显然，Mg-Zn-Zr 系合金由于锌在镁中的溶解度随温度的变化较大，因而可以进行热处理强化，起作用的强化相是 MgZn。

锌作为 Mn-Zn-Zr 系合金的主要元素，其作用是提高合金的力学性能。当含 5% ～6% Zn 时，强度达到最大值。如果继续增加锌含量，其强度和伸长率反而下降，同时，又能引起显微疏松和热裂纹。如果进一步提高锌含量，对合金的铸造性能和压力加工性能都是不利的，因此，ZK61M 合金的锌含量控制在 5% ～6% 为宜。

锆在该合金中的作用是细化晶粒和提高强度。镁-锌二元合金的晶粒是很粗的，易产生热裂纹，而且较脆，但是加入少量锆以后，情况就大不相同了。这是因为锆在镁中的溶解度很小，在结晶时，锆首先以 α-Zr 质点析出，加之锆与镁均为六方晶格，晶格常数接近，所以 α-Zr 质点作为非自发晶核能促使晶粒细化，晶粒细化后，合金的强度也会随之提高。当锆含量达 0.6% ～0.8% 时，细化晶粒和力学性能提高的作用效果最大，锆对改善合金的抗蚀性和耐热性也有一定的作用，所以是一种有益的元素。

ZK61M 合金的熔炼工艺比较复杂，因为锆在合金的溶解度很小，熔点高（1860℃），密度大（$6.5 \times 10^3 kg/m^3$），易出现成分偏析。另外，锆的化学性质活泼，极易与合金中的硅、铝、锰形成金属间化合物，造成大量耗损，使锆含量达不到成分要求，降低了锆的作用。因此，在生产中加锆多是以镁-锆中间合金或以锆氟酸钾（K_2ZrF_6）形式加入。

ZK61M 合金主要用来生产棒材、型材以及锻件和模锻件。合金的制品可制作要求承受高载荷和高屈服强度的零件，其最高工作温度不能超过 150℃。

13.2.4　镁-稀土系及镁-钍系镁合金

镁-锰系，镁-铝-锌系及镁-锌-锆系合金虽然具有很多优点，但它们共同的缺点是高温性能差，随温度升高强度降低很快，工作温度一般不能超过150℃。随着现代航空技术的发展，要求镁合金具有能在200~300℃或更高的温度下工作的性能，因此国内外都大力开展了新型耐热镁合金的研究工作。镁-稀土系和镁-钍系合金是较为成熟并已投入使用的耐热镁合金。前者可以在150~250℃下较长期工作或在250~300℃下短期工作，后者可作为在300~400℃高温下工作的结构材料。

13.2.4.1　镁-稀土系合金

稀土元素一般指元素周期表中原子序数为57~71的镧系元素。目前ⅢB族中的钇（第39号元素）和钪（第21号元素）也被认为是稀土元素。稀土元素常以RE表示。

试验证明，稀土元素在镁合金中能提高合金的高温性能，同时能精炼合金，增加液体金属的流动性，改善铸造组织，减小产生显微疏松和热裂纹的倾向，并且能改善合金的焊接性能，使焊缝有较高的强度。而镁-稀土系合金的耐蚀性并不低于其他镁合金，一般无应力腐蚀倾向。

现在已开始应用的镁-稀土合金有：Mg-Mn-Ce系、Mg-Mn-Nd系和Mg-Zn-Zr-Nd系，它们的牌号及化学成分如表13-5所示。近年来研究结果表明，Mg-Zn-Zr-Nd-Y系合金是一种很有希望和前途的耐热镁合金。

表 13-5　Mg-RE 系合金的牌号及化学成分

合金系	合金牌号	主要化学成分（质量分数）/%							
		Mn	Nd	Zn	Zr	Ce	Y	Ni	Mg
Mg-Mn-RE	MB12	1.5~2.5	2.5~4.0						余量
	MB14	1.4~2.5				2.5~3.5	1.0~2.0	0.1~0.25	余量
	122	1.5~2.2	2.5~3.5						余量
	Nd3Y1.5	2.2	3.5						余量
Mg-Zn-Zr-RE	124		2.5~3.5	5~6	0.4~0.9		1.0~2.0		余量
	MgZn5Zr-Nd2Y1.5		1.5~2.5	5~6	0.4~0.9				余量

由于稀土元素的化学性能相近，各个稀土元素与镁的状态图也很相近，其共同的特点是，稀土元素很少降低镁的熔点。在与镁形成的共晶型状态图中，稀土元素均与镁形成几种金属间化合物，其中典型的相是 Mg_9RE。稀土元素在固态镁中均有一定的溶解度，溶解度随稀土元素原子序数的增加而增加，如铈的极限溶解度为0.72%，钕为3.6%。因此，含有高原子序数的稀土元素的镁合金可进行热处理强化。

铈在 Mg-Mn-Ce 系合金中的作用是细化晶粒，提高合金的强度及耐热性。因为铈在镁中的溶解度不大，大部分与镁生成 Mg_9Ce 化合物，Mg_9Ce 具有很高的热稳定性，因而提高了合金的耐热性。

钕的主要作用是提高合金的室温和高温强度。因为钕在镁中的溶解度比铈大，且随温度的变化而变化，所以热处理效果显著，而且在镁中的扩散速度比一般常用的合金元素（铝、锰、锆、铈等）小，钕与镁生成 Mg_9Nd 化合物，具有更高的热稳定性，故含钕的镁合金比含铈的镁合金耐热强度高，室温下强度也高。

在 Mg-Mn-Nd 系或 Mg-Zn-Zr-Nd 系合金中加入少量的钇（1%~2%），可进一步提高合金的强度和耐热性，能与镁形成复杂的多元化合物。

镁-稀土系合金在高温下有较好的塑性，可以进行挤压、锻造及模锻件等压力加工。MB14

合金主要用于生产棒材、锻件和模锻件等200℃以下使用的零件。其他镁-锰-稀土系合金主要用于生产各种规格的板材，代替 ME20M 合金作飞机蒙皮和壁板及其他在200℃以下工作的零件或250℃以下短期使用的结构件；镁-锌-锆-稀土系合金主要用于生产棒材、型材及各种锻件，可代替 ZK61M 合金用于200℃以下承受较大载荷的零件。

13.2.4.2 镁-钍系合金

在镁中加入钍元素，能共同形成高熔点的金属间化合物 Mg_9Th，它是镁合金中高温软化程度最小的金属间化合物强化相之一。钍在镁中的极限溶解度为4.5%，随温度下降，溶解度降低，所以，该系合金可进行热处理强化。

在镁-钍系中分别加入锰和锆，可使合金进一步强化。在镁-钍-锆系合金的基础上，加入锌元素能改善合金的室温性能，并能提高其高温性能，但钍和锌的比值（Th/Zn）对合金的高温性能影响很大，当 $w(Th)/w(Zn) \geqslant 1.4$ 时，合金的高温稳定性最好。

镁-钍系合金被认为是当前耐热性最好的镁合金，它有较佳的工艺性能，可用于铸件生产，也可以变形加工，同时耐蚀性能和焊接性能也较好，是航空工业中较好的一种轻合金耐热结构材料。但是钍是放射性元素，在熔铸、焊接、机加工、抛光等生产过程中能产生气体或粉尘，危害人体健康，因此必须采取有效措施，方能保证安全生产。

复习思考题

1. 基本概念：纯镁、镁合金、变形镁合金、铸造镁合金。
2. 简述镁的主要特性。
3. 简述杂质元素对镁及镁合金性能的影响。

14　变形镁合金熔炼设备及安全技术与操作

14.1　变形镁合金的熔炼设备

根据镁合金熔炼的特点以及对熔体质量的要求，熔炼炉应尽量满足如下基本要求：

(1) 熔化速度快。

(2) 熔池的表面积与熔池深度之比尽可能小。

(3) 熔池内加热的金属温度均匀。

(4) 工艺操作方便。

(5) 熔池砌体具有足够的化学稳定性等。

各工厂选择熔炼炉的原则，一般是根据当地燃料的资源情况、工厂生产规模的大小以及对产品质量的要求程度来选择。熔炼镁合金主要以火焰反射炉为主，其次也可使用各种加热形式的坩埚炉。

14.1.1　火焰反射炉

火焰反射炉是利用燃烧火焰和燃烧时所产生的高温气流的热，直接从炉顶反射到熔池的炉料上，从而对炉料产生加热作用。火焰反射炉不仅是熔炼镁合金普遍使用的设备，也被熔炼铝合金广泛采用。

火焰反射炉可以采用煤气、天然气、重油、煤或焦炭等作为燃料，其熔池多呈长方形，炉顶多为弧形顶。熔炼镁合金火焰反射炉的燃料，以重油、煤气、天然气为主。燃烧喷嘴有的使火焰直接沿炉料表面经过，到另一端被吸入烟道；有的是烧嘴和烟道在同一侧，火焰直喷弧形炉顶，经反射后形成的高温气流与金属表面接触，最后缓缓地流向烟道。这样的结构，有利于使燃烧生成热在炉内停留的时间较长，能形成充分对流作用，所以热效率较高。为了进一步提高热效率，加快熔化速度，近年来，采用圆形炉。圆形炉的火焰呈一定角度沿节圆切线方向从几个喷嘴射入炉内，形成旋转，而且火焰又向下以一定的角度射向炉料，使熔化效率更进一步得到提高。

由于火焰反射炉直接用气体、液体或固体燃料进行熔炼，因此它的最大优点是生产成本低，同时它是依靠火焰和高温气流的强烈辐射及热对流作用来加热熔化炉料，其加热强度比较大。炉子的熔池面积越大，产量越高，容量小的为 1~3t，大的可达百吨以上，只要严格遵守工艺操作技术规程，就可以获得满意的熔体质量。火焰反射炉的缺点是金属在熔炼过程中氧化烧损大，吸气量多，热效率低，一般只有 20%~30%。此外，在采用气体或液体作燃料时，燃烧装置会产生很大的噪声，燃烧时产生大量废气，若不能有效地排出车间，会污染空气，恶化作业环境。

为了进一步利用燃烧热加速熔化，近年来又出现吹氧熔炼和火焰直接加热炉料的熔炼方法，可使熔炼速度提高 50%~100% 以上。用这种方法熔炼镁合金是否适用还有待于进一步研究。

由于镁合金极易氧化燃烧，以及密度小等特点，决定了熔炼镁合金的炉子有以下特点：熔池要用镁砖或铸铁砖砌筑，内层用镁砂；熔池深度比铝合金略深，敞露液面与深度比要小；炉子要设两个流口，高的是铸造流口，低的是放渣流口，这是因为镁合金精炼后，熔渣和非金属夹杂物以及金属间化合物多沉积在炉底，为了清除它们，需从放渣流口放出。此外，要在炉子边设置事故电炉，以备跑流子时将镁熔体急速放入事故炉内。

14.1.2 坩埚炉

在镁合金的熔炼中，也广泛使用坩埚炉，较为先进的国家已完全用坩埚炉取代了反射炉。坩埚炉的加热方式有电能、煤气、天然气、重油等。出炉和铸造采用离心泵倾翻式或其他方式进行。坩埚炉熔炼镁合金有如下优点：坩埚材质可用铁板焊接，金属烧损少，约1%～2%；熔剂用量少，金属纯净度高，铸锭质量高。

电阻坩埚炉的构造如图14-1所示。把电阻材料装在坩埚四周的炉壁上，电阻材料为丝状或带状。

14.1.3 感应炉

熔炼镁合金的感应炉不适合采用熔沟式，因为密度大的熔剂和熔渣都沉积在炉底，易将

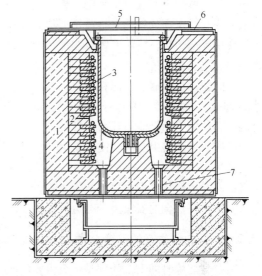

图 14-1　电阻坩埚炉的结构示意图
1—保温砖；2—耐火异型砖；3—电阻丝；4—铁质坩埚；5—炉盖；6—炉壳；7—电源接线端

熔沟堵塞，而且熔沟受炉体冲刷，将炉底烧穿而发生"漏底"的时候，很容易出现爆炸事故。无铁芯感应电炉熔炼镁合金已被应用，其炉体是用 10～25mm 厚的钢板焊成的坩埚，在它的外面围绕若干个冷管式线圈作为一次感应线圈。当工频电流通过感应线圈时，产生交变磁场，磁力线穿过坩埚中的金属炉料时，产生涡流使炉料加热熔化。但是感应加热主要发生在炉料的表面层，金属内部的加热是在电动力的作用下，产生强烈的涡流搅拌作用，通过热量传递，致使金属被加热和熔化。

无铁芯工频感应炉由炉体、炉架、密封炉盖、紧固装置及倾炉机构组成。若由多台这种感应炉组成坩埚群，不仅生产能力高，而且由于熔化时炉料不与火焰接触，也可减少熔剂用量，改善作业环境，提高金属质量。

电源的频率对无铁芯感应炉熔炼有重要的影响。随着频率增大，电流渗透深度减小，集肤效应更明显，搅拌作用减弱。同时，由于磁力线变化频率提高，金属的涡流电势增加，加热炉料的热能也增加，因而炉子的电效率提高，熔化速度也提高。一般来说，对于小容量的炉子，多采用高频；对于大容量的炉子，可采用工频。两者相比，工频的优点是不需要变频装置，设备投资费用省，在使用和维护方面也比较简单，可以发展大容量的炉子。其缺点是传递功率困难，熔炼速度不如高频的快，冷却后起熔慢，所以炉料要装的紧密，还要留 1/4～1/3 的金属熔体作为起熔液体。

14.2 变形镁合金的安全生产技术与操作

14.2.1 镁合金发生燃烧和爆炸的化学反应机理

镁是元素周期表第三周期 ⅡA 族元素，电子排列 $1s^2 2s^2 2p^6 3s^2$，故镁容易失去外层的 2 个电

子，显示出镁的化学性质非常活泼，特别是它具有极强的还原性质，能与水、空气、氧化物中的氧发生放热反应并产生燃烧和爆炸。由于镁与水中的氧发生作用，产生氢气释放和发生放热反应。热量的积聚和释放出来的易燃氢气可以引起燃烧和爆炸。此外，镁块具有热容量大、热量散失快、燃点高的特性。将镁块加热到850℃高温，镁就会燃烧。温度达到650℃（熔点），固体镁块就会熔化，将液态镁继续加热到1100℃（沸点），就会有镁蒸气逸出。气体的镁具有极强的燃烧和爆炸危险性。

镁的粉尘、碎屑、轻薄料存在很高的燃烧、爆炸危险性。一般认为，当空气中镁粉尘浓度达到20mg/L时就能引起爆炸；当获得4.08J的能量或者直接将镁粉尘加热到450~563℃，也可能引起镁粉尘的燃烧。镁合金生产在压铸行业中发生的燃烧、爆炸事故也往往都是镁的粉尘、碎屑、轻薄料引起的。镁的粉尘、碎屑、轻薄料由于导热性好、热积聚快，彼此间又不能充分散热，以及它们的表面积大，与氧接触充分（有利于镁与氧发生反应），特别是在潮湿的空气中镁粉能够与水发生反应产生氢气，一旦遇上火星、火花、火焰，也会导致迅猛的燃烧和爆炸，因此镁合金的安全生产与否，取决于对镁的粉尘、碎屑、轻薄料的有效管理和控制。

14.2.2　镁合金生产的安全技术

镁合金熔炼时的安全问题是一个重要问题，这是由于镁极易氧化，当反应激烈时有燃烧和爆炸的危险。

14.2.2.1　装料

镁合金熔炼时，最好采用机械化装料，凡是装炉的炉料，必须经过充分预热干燥后方可装入，否则当炉内残存镁合金熔体时，会引起爆炸。装料时要选用碎料铺底，大块料不要直接碰撞炉底，以延长炉子寿命。

加入的元素或中间合金，所含水分必须符合规定。例如，$MnCl_2$ 加入前，必须经过烘烤（脱去结晶水）；又如含氯盐的渣质 Mg-Zr 中间合金，极易吸水，加入前需充分预热干燥。对一些合金元素如铈和镉，则不必预热，因铈预热将增大烧损，而镉预热将散发出有毒的镉蒸气。

14.2.2.2　坩埚

为了防止坩埚烧穿，镁合金熔体漏入炉膛而发生爆炸事故，坩埚在每次使用前应进行严格的检查，特别是新坩埚更应注意检查。熔炉底部应备有坩埚渗漏时的应急安全装置，以便坩埚烧穿时熔体能顺利地从炉膛内排出而不致燃烧坩埚。装料不得超过其容量的90%，以免操作时溢出。

在熔镁的整个过程中，操作者应密切注意熔炼进行的情况。如果发现坩埚中熔体表面在逐渐下降，并从坩埚法兰边与炉膛的间隙中冒出熔剂气化时产生的黄色烟雾和白色烟雾，随后又冒出火苗，这表明坩埚已漏。此时应首先关上电源开关或停止送风及停供燃料。如果坩埚漏得不严重，应立即将坩埚吊出，放入盛有干燥MgO粉的容器内，或迅速将熔体浇入预热的锭模；如果坩埚漏得严重，则不能提出坩埚，因空气进入炉膛将使熔体燃烧得更剧烈，此时应在坩埚中撒入大量干燥熔剂，让其也漏入炉膛中覆盖于燃烧的熔体表面。

操作过程所使用的工具，在使用前也要预热干燥。用铁管焊成的工具耙，不允许有烧穿的地方，否则管子里灌进金属就会造成烧伤事故。

14.2.2.3　防水

在浇注过程中严防熔体与水接触。如果冷却水落入结晶器内或熔体渗漏出来与水相遇，将有爆炸危险。

熔炼工作场地应保持干燥、整洁、通风良好、道路畅通。地面用铸铁板铺成，不准使用混凝土地面，因若镁合金熔体落到混凝土地面上，与混凝土内所含水分相互作用而可能引起爆炸。在镁的熔炼及浇注场所应严格注意防水，安放熔炉的地坑内应保证干燥无水，熔炉附近的天窗结构应能防止雨水飘入；不准水管和蒸汽管道在其附近通过；熔炼及浇注合金熔体处的厂房应采用防火墙并与车间其他部分隔开。镁合金生产厂房中一般均应禁止烟火。

熔炼镁合金所用熔剂都是吸水性的，所以熔炼工具大都黏附有上次操作时残留的潮湿熔剂，因此，工具、热电偶等在浸入合金熔体进行操作之前，必须预热干燥并在熔剂洗涤坩埚中洗涤干净，加热至亮红色。炉料、光谱试样模、断口模及锭模等在使用前也必须预热，保证干燥作业。

如果通过使用潮湿工具将水分带入熔融金属中，或合金熔体浇入未预热烘干的锭模中，将会引起严重的爆炸，这主要是由于镁的密度小，因而较其他熔融金属更易外溅；熔融的镁与水反应产生氢，氢又重新和空气中的氧化合，增加了爆炸的猛烈程度；爆炸飞溅成小滴的镁液能着火、燃烧并放出高的热量。

14.2.2.4　防燃

在任何情况下严禁用水灭火。一般的泡沫、干粉或二氧化碳等灭火剂也扑不灭镁的燃烧，使用这些灭火剂只能加速镁的燃烧并引起爆炸，因此，只能使用表 14-1 所列的专用灭火剂灭火。小火源可用干砂、干燥石墨粉、干菱苦土、粉状 MgO 或铸镁用含防护剂的型砂来扑灭；但当火源大时，用上述物质不能扑灭火灾，砂子中的 SiO_2 甚至会与燃烧着的镁发生放热反应，反而促使镁的燃烧，此时就只能用干燥熔剂来灭火。因熔剂吸湿性很强，故用于灭火的备用干燥剂应装在密封的筒或箱子内，存放于工作地点。筒盖通常应用蜡封严，熔剂灭火筒应每三个月检查一次。在熔镁工段防火熔剂储备总量应不少于熔炼炉容积的 10%，每一个熔炉通常都应备有 1~2 筒干熔剂。另外，也可采用我国研制的 7150 泡沫灭火剂。

表 14-1　熔炼工作场地常用的灭火剂

灭火剂分类	名　称	用　途
通用灭火器	熔炼镁合金的熔剂：粉状光卤石、RJ-1、RJ-2、RJ-3、JDMF 等	用于一切火源
局部有效灭火器	干砂、干燥的石墨粉、干菱苦土、粉状氧化镁、镁合金铸造用砂	用于局部小火源，但不能用于坩埚灭火

必须注意燃烧着的镁能使二氧化硫分解，使二氧化碳还原而继续燃烧并放出大量热。严禁用砂子来扑灭镁液和熔化坩埚中燃烧的镁。同样，禁止用砂子扑灭坩埚烧穿时流入炉膛内的镁的燃烧。因为火源相当大时，二氧化碳会与燃烧的镁反应，放出大量的热并促使镁燃烧加剧。

由于镁粉尘易自燃和爆炸，因此在切割浇冒口及铸件打磨处应加强通风，以消除空气中的镁粉尘。打磨处还应单独隔开，防止该处有火花产生。镁粉和锯屑应定期清理，并及时妥善处理。切屑的存放处应注意干燥和良好的通风。

在浇注过程中，用 SO_2 气体进行保护时，要严防液态的 SO_2 落到金属液面上。

镁合金熔炼炉和静置炉的各个流口，要严加看管，不允许跑漏金属，为确保安全，可适当增加冷却装置。由于镁的熔炼浇注场所会产生有毒气体，例如 HF、HCl、SO_2、NH_3、NH_4Cl 烟雾等，均有害人体健康，车间内要有良好的通风设备。

14.2.3　镁合金生产的安全操作条例

（1）熔炼镁合金时应遵循的安全条例。

1）在熔体的表面必须覆盖有熔剂或充以合适的气体，以防止氧化。

2）熔炼炉应定期做系统检查，定期清除剥落的炉衬，测量炉壁厚度。炉壁如有缺陷则应予以修复；炉壁过薄应更换。炉内衬的清理应在热态下进行。熔渣至少要每班清除一次。

3）一旦出现故障，如可能，应在关闭热源后，将镁合金熔体倒出。如不能倾倒，则应在熔体表面覆盖有合适熔剂的条件下放出熔体，并用洁净的、经过烘干的容器盛放。

4）在向熔炼炉加料时，只能使用经烘干的金属和熔剂。镁锭和镁屑在入炉熔化前，应预热干燥。

5）应定期排除炉底及表面剥落的铁屑，以避免在熔炼炉出现故障时发生放热反应。

6）必须准备有手动工具。手动工具在进入熔体前，必须经过干燥和加热。

（2）操作人员的安全须知。

1）要遵守一般的安全规程，要完善管理。

2）穿着的衣服不要有折褶，不要有开口的口袋，或其他会储存镁粉的地方。工作服要易于脱下。

3）穿着的衣服最好在二氯化硫中浸润处理过，使之能阻燃防火。

（3）火势的控制和扑灭。

1）镁的起燃，是由于粗心大意，不注意安全，管理混乱，不正确的操作，或是其他材料燃烧引起的，只要处理得当，很容易控制。

2）镁燃烧时，发出耀眼的白光，这对于不熟悉镁的人员是明显的警示。实际上，镁屑或粗糙的干燥镁颗粒的燃烧是缓慢而均匀的，所以是易于控制和扑灭的。要避免恐慌和过度的反应，要保持镇静，遵守安全规则。首先撤走燃烧的材料，并用合适的粉末灭火剂覆盖它（也可用干燥的铸铁屑）。通常可以用铁铲把燃烧的物料铲到一块钢板上，以限制其燃烧的范围。

3）最重要的是，绝对不要用水，或普通的液态或泡沫灭火剂灭火。

复习思考题

---

1. 基本概念：反射炉、坩埚炉、感应炉。
2. 简述熔炼炉的基本要求。
3. 简述镁合金三种熔炼炉的优缺点。
4. 简述镁合金发生燃烧与爆炸的化学反应机理。
5. 简述镁合金熔炼的安全措施。

15　变形镁合金的熔炼

15.1　概述

镁合金的熔点不高，热容量较小，在空气中加热时，氧化快，在过热时易燃烧；在熔融状态下无熔剂保护时，可剧烈地燃烧。因此，镁合金在熔铸过程中必须始终在熔剂或保护性气氛下进行。熔铸质量的好坏，在很大程度上取决于熔剂的质量和熔体保护的好坏。镁氧化时释放出大量的热，镁的比热容和导热性较低，MgO疏松多孔，无保护作用，因而氧化处附近的熔体易局部过热，且会促进镁的氧化燃烧。

镁合金除强烈氧化外，遇水则会急剧地分解而引起爆炸，还能与氮形成氮化镁夹杂。氢能大量地溶于镁中，在熔炼温度不超过900℃时，吸氢能力增加不大，铸锭凝固时氢会大量析出，使铸锭产生气孔并促进疏松生成。多数合金元素的熔点和密度均比镁高，易于产生密度偏析，故一次熔炼难以得到成分均匀的镁合金锭，有时采用预制镁合金，再重熔的办法制取镁合金锭。为防止污染合金，熔炼镁合金时不宜用一般硅砖作炉衬。由于镁合金对杂质也很敏感，如镍、铍含量分别超过0.03%及0.01%时，铸锭便易热裂，并降低其耐蚀性。熔炼镁合金对熔剂要求很严格，要求熔剂有较大的密度和适当的黏度，能很好地润湿炉衬。在熔炼过程中熔剂会不断地下沉，因而要陆续地添加新熔剂，覆盖整个熔池且不冒火燃烧。在个别地方出现氧化燃烧时，应及时撒上熔剂将其扑灭。用Ar、Cl_2、CCl_4去气精炼时，吹气时间不宜过长，否则会粗化晶粒。用N_2气吹炼时可能形成氮化镁，因而温度不宜过高。镁合金的流动性较小，应稍提高浇注温度，但浇注温度过高会使形成缩松的倾向增大。铸锭时要注意熔体保护和漏镁放炮。浇注温度和浇注速度过高，易产生漏镁和中心热裂；但浇注温度、浇注速度过低，则易形成冷隔、气孔和粗大金属间化合物等。此外，由于镁合金密度小，黏度大，一些溶解度小而密度较大的合金元素不易溶解完全，常随熔剂沉于炉底，或随熔剂悬浮于熔体中成为夹杂。因此，镁合金中常出现金属夹杂、熔剂夹渣及氧化夹渣。

15.2　镁合金的熔炼工艺特点

由于镁合金所具有的特点，决定了镁合金的熔炼工艺比铝合金复杂得多。如果掌握了它的特点，就能做到安全生产，并生产出合格的铸锭。现将镁合金的主要特点归纳如下：

（1）镁的化学活性很强烈，在熔态下，极易和氧、氮及水气发生化学作用。若在熔体表面不严加保护，接近800℃时就很快氧化燃烧。为减少烧损、生产安全以及保证金属质量，在整个熔铸过程中，熔体始终需用熔剂加以保护，以避免与炉气和空气中的氧、氮及水气接触。因此，给工艺带来了许多问题，如大量熔盐给产品质量、人身健康和安全生产带来不少麻烦。

（2）除少数组元（元素）如Cd、Zn、Al、Ag、Li等外，其他组元在镁中的溶解度都非常小；此外，在难熔组元间又易形成高熔点化合物而沉析，因此在工艺上加入很困难。由于铁难溶于镁中，故在镁合金的熔铸过程中，可使用不加任何涂层的铁制工具。

（3）在有些镁合金铸锭中，易于发生局部晶粒大小悬殊现象。同时晶粒尺寸较大，晶粒形状易于出现柱状晶和扇形晶，严重影响压力加工性能和制品的力学性能。因此，对不同合金要采取相应的变质处理方法来细化晶粒，并适当改变晶粒形状。近年来，采用电磁搅动液穴中熔体的方法，对晶粒细化有良好的效果。永磁搅拌法也开始被应用。由于镁合金晶粒粗化倾向较大，对镁合金铸锭晶粒的尺寸大小和形状原则上不作严格要求。

（4）镁合金的氧化夹杂、熔剂夹渣和气体溶解度远比铝合金多，因此，需要进行净化处理。

目前，在我国多采用熔剂精炼法，有些国家也采用气体精炼法，并研发了一些新的净化技术。

镁合金的净化剂都是沉降型的，这点不同于铝合金和其他有色金属，这就给工艺和制品质量带来许多麻烦。因此，在净化后需要有充分的静置时间。在炉底还需另设排渣口，扒底渣的工序亦不容忽视。

在整个熔铸过程中，需要使用大量的熔剂，同时外加大量的化工材料（加入组元和变质处理用），它们的质量好坏，直接影响合金质量，为此，对熔剂和熔盐应有严格要求。

（5）氢含量对镁合金也有一定影响。除了能影响含锆-镁合金中锆的溶解度外，当氢含量超过某一限额时（100g 镁 16cm^3），将在铸锭上出现不同程度的显微气孔。因此，对氢含量也不应忽视。

（6）由于镁合金热含量较低，当加入高熔点组元或批量较大的化工材料时，将使熔体温度降低较大。所以，镁合金的熔炼温度应比铝合金高。

熔体过热会使晶粒粗化，而且氧化、氮化及热裂纹倾向性等，都随着过热温度的提高趋于严重。因此，在工艺中应尽力避免熔体过热。

在镁-铝系合金中有金属过热细化晶粒的效应。但用这种方法细化晶粒将引起其他缺陷，效果不好。同时细化效应时间也是短暂的，熔体停留时间稍长则晶粒又复粗化。

（7）镁合金远比铝合金熔炼工艺复杂，但在对其研究方面却比对铝合金的研究差。因此，许多机理问题还有待确证，如熔盐性质、净化机理、变质处理等重要工艺，在机理方面许多还只是假说，有些尚未经确证。

（8）镁合金的安全技术问题是很重要的。大多数熔盐都有潮解性，大多数化工材料都有结晶水，在工艺过程中，液态金属直接见水就产生飞溅性爆炸，务必严加注意。此外，有害气体和粉尘，都应妥善处理。

（9）金属组元、金属镁以及加入的大多数化工材料，多数都是昂贵稀缺的原材料。在工艺过程中烧损较大，实收率较低，严重影响制品的经济效果。

影响实收率的因素很多，如加入方法、操作方法、批量、熔体温度以及加入混合盐的数量和质量等。最近引进的一些新熔剂，可减少锆和铈的烧损，如用 2 号熔剂，ME20M 合金中铈的损失为 16.3%，而用 5 号熔剂时，其烧损只有 1.2%；又如 ZK61M 合金，用 2 号熔剂时锆的损失为 16.3%，而用新的 5 号熔剂时，就几乎没有损失。同时新熔剂还基本消除了 ME20M 合金产生熔剂夹渣废品。

（10）为了保证镁合金制品有高而均匀的性能，对铸锭的致密度和成分区域偏析也应重视。

（11）镁合金的热裂纹倾向较大，因此铸造时的结晶速度不宜过大，但结晶速度较小时，又将促进金属中间化合物的形成和发展。可见，热裂纹和金属中间化合物，二者在工艺上有矛盾，这也是工艺复杂和困难的原因所在。必须全面考虑，适当选择。

但由于镁合金的弹性模量比铝合金小得多（镁的 $E = 45000\mathrm{MPa}$，铝的 $E = 72000\mathrm{MPa}$），因此，镁合金铸锭的内应力远小于铝合金，其冷裂纹倾向性要比铝合金小得多。

15.3 镁合金的熔炼方法

镁合金的熔炼方法依据变形镁合金的上述特点，其熔炼工艺装备大体分两大类：火焰反射炉和坩埚炉。坩埚炉有电坩埚炉和燃料坩埚炉两种。电坩埚炉又分工频坩埚炉和电阻坩埚炉。

国外基本是使用 5～12t 火焰炉，或用坩埚炉熔制变形镁合金。国内既有使用大型火焰反射炉，也有采用工频坩埚炉。坩埚炉更有利于提高金属质量和改善生产条件。

15.4 镁合金的物理化学特性

镁是极活泼的金属元素，除惰性气体外，几乎所有气体都可能与镁发生反应生成化合物。在大气下熔炼镁合金，随温度的升高，金属表面与炉气或大气接触，会发生一系列的物理化学作用。根据温度、炉气和金属性质的不同，金属表面可能产生气体吸附和溶解，或产生氧化物、氢化物、氮化物和碳化物等。

根据所用的熔炼炉型及结构，以及所用的燃料或发热方式，炉内往往含有各种不同的气体，火焰炉的废气，除氧和氧化碳外，大量的是水蒸气，其来源，一种是燃料的吸附水，另一种是燃料生成物以及碳氢化合物燃烧后包含着的大量水蒸气。生产实践表明，熔炼镁合金燃料燃烧后都会引入大量的水蒸气，即使采用电阻炉，如果在比较潮湿的环境或是潮湿的季节里，炉内仍会有大量的水蒸气。

15.4.1 镁与氧的作用

镁是活性金属，在固态时就可以氧化。在大气压下熔炼时，熔体与空气中的氧直接接触，必然产生强烈的氧化作用，生成氧化镁，其反应式为：

$$2Mg + O_2 \Longrightarrow 2MgO \tag{15-1}$$

镁一经氧化，就变成氧化膜，造成不可挽回的损失，通常称氧化烧损。金属的氧化烧损大小，取决于氧化膜的性质，即金属的氧化物是否有保护作用。

根据皮林和彼得渥斯指出的，氧化膜是否有保护作用由 α 值所决定。镁、锂、钾、钠等金属，α 值均小于 1，它们的氧化膜不能起保护作用，镁合金在熔炼时因氧化镁呈疏松多孔状态，镁不断地被氧化。又由于镁和氧化镁的导热性较差，氧化生成热不易传出，以致造成熔体局部过热燃烧，若在镁合金熔炼时加入适当铍，可改善氧化膜的性质，降低镁的氧化烧损。

镁的氧化烧损也与炉内的气氛性质有关。镁与氧的结合力比与碳、氢和氮的大，则含 CO_2、CO、H_2O 的炉气会使镁氧化。为此在大气压下熔炼镁合金时，一种方法是调节煤气、燃油与空气的比例，使炉内含有过剩的碳氢化合物，这时炉气变成还原性。另一种办法让镁合金在熔剂的保护下进行熔炼，防止或减少氧化烧损。

炉料的表面状态、操作方法、熔池表面积大小都是影响氧化的因素，所以降低氧化烧损的主要措施，应从熔炼工艺着手。如尽量选用熔池表面积小的炉子、合理的加料顺序、快速装料、高温快速熔化、缩短熔炼时间、在覆盖剂下熔炼、加入 0.005%～0.02% 的铍等都是减少氧化烧损的有效措施。

15.4.2 镁与氢的作用

凡是与金属有一定结合力的气体，都能不同程度地溶解于金属中。镁与氢的作用分为三个过程。

（1）吸附过程。首先氢分子在金属表面聚集，气态分子以极小的力完成其物理吸附，而化学吸附是在更高的温度下进行的。

（2）扩散过程。扩散是气体原子进入金属内部的一个基本过程。吸附是扩散的前提，向金属内部扩散的气体，只有那些具有化学吸附能力的气体，才能溶解于金属中。氢在金属中的扩散速度，比其他气体快得多。因为氢是以原子和离子形式进行扩散的，它的原子半径小于金属的结晶晶格常数，随温度的升高，更能加速氢的扩散过程。氢在镁合金熔体中的扩散速度与温度、压力、熔体表面状态等有关。

（3）溶解。氢是简单的双原子气体，原子半径很小，故易溶于金属中。在镁合金中溶解也是依据吸附→扩散→溶解，即 $H_2 \rightarrow 2H \rightarrow 2[H]$ 这样一个过程。

氢与镁不发生化学反应，而是以离子状态存在于晶体点阵的间隙内，形成间隙式固溶体。但它与镁合金中某些活性强的元素，则能形成化合物，如 BeH_2、TiH_2、CaH_2、ZrH_2 等。

在大气压下氢在固态镁合金中有较大的溶解度。不像铝由固态转变为液态时氢的溶解度出现突变现象，镁由固态到液态氢的溶解度变化不大。在凝固时，如果不是因液体状态下含有过量的氢，镁是不易产生气孔的。

15.4.3　镁与氮的作用

氮能与镁发生反应生成氮化镁：

$$3Mg + N_2 \longrightarrow Mg_3N_2 \tag{15-2}$$

氮又能与镁合金中的元素反应，生成氮化物，形成非金属夹渣，影响金属的纯度。由于氮化物不稳定，它们见水后，氮化镁开始分解，直接影响合金的抗腐蚀性和组织的稳定性，其化学反应式为：

$$Mg_3N_2 + 6H_2O \longrightarrow 3Mg(OH)_2 + 2NH_3 \uparrow \tag{15-3}$$

15.4.4　镁与硫及 SO_2 的作用

镁合金在煤气反射炉熔化时，熔融的镁与 SO_2 发生作用，生成 MgS，其反应式为：

$$3Mg + SO_2 \longrightarrow 2MgO + MgS \tag{15-4}$$

MgS 能在熔体的表面形成一层致密的薄膜，它能保护熔融的镁不再继续氧化，因此 SO_2 是变形镁合金生产中常用的保护气体。而硫的沸点为 444.6℃，与熔体镁相遇可直接生成 MgS 致密薄膜，覆盖在熔体镁表面起保护作用。所以在无液态的 SO_2 作保护性气体的条件下，采用硫磺粉撒在熔体镁表面，也能起保护作用。

15.4.5　氯气与镁及其合金组元的作用

镁及其合金采用氯气精炼时，氯气和镁反应很激烈，生成 $MgCl_2$。由于铈比镁有更大的氯化倾向性，因此对含铈的镁合金不应采用氯气或含 $MgCl_2$ 的熔剂进行精炼，否则铈的耗损太大。其反应为：

$$2Ce + 3MgCl_2 \longrightarrow 2CeCl_3 + 3Mg \tag{15-5}$$

$$2Ce + 3Cl_2 \longrightarrow 2CeCl_3 \tag{15-6}$$

许多文献指出，采用氯气精炼，对镁合金有明显的除气和净化效果，但因金属组元的损失，以及形成大量的 $MgCl_2$ 易造成熔剂腐蚀，同时又使晶粒粗化，故不如采用惰性气体精炼方法更为稳妥。

15.4.6 镁与碳氢化合物的作用

任何形式的碳氢化合物（C_mH_n）在较高的温度下都会分解为碳和氢，其中氢溶解于镁熔体中，而碳则以元素形式或以碳化物进入液态金属中，并以非金属夹杂物形式存在。

例如，天然气炉熔炼镁合金时，由于 CH_4 燃烧，在熔炼温度下则发生下列反应：

$$CH_4 + 2O_2 \longrightarrow CO_2 \uparrow + 2H_2O \tag{15-7}$$

$$H_2O + Mg \longrightarrow MgO + H_2 \uparrow \tag{15-8}$$

$$CO_2 + Mg \longrightarrow CO \uparrow + MgO \tag{15-9}$$

$$CO + 3Mg \longrightarrow MgO + Mg_2C \tag{15-10}$$

15.4.7 镁与水的作用

熔炉炉气中的水蒸气，是以分子状态 H_2O 存在的，它们不易被金属吸收，因为 H_2O 对一般金属的溶解度是不大的，但是在金属熔融状态的高温下，H_2O 会与活性的镁发生作用，形成氧化镁，同时分解出原子状态 [H]。

$$H_2O + Mg \longrightarrow MgO + 2[H] \tag{15-11}$$

分解出的 [H] 溶解在金属熔体内，因此水蒸气的存在，相当于增加了炉气中的氧含量。水蒸气较多时，熔体的含气量也随之增加。

水的来源有：

（1）空气中有大量的水蒸气，尤其在潮湿季节，空气中水蒸气含量更大。
（2）镁合金的原材料，其表面吸附水；熔剂和化工材料吸潮。
（3）燃料中的水分以及燃烧时生成的水蒸气。
（4）耐火材料的表面吸附水；砌砖时的泥浆水。

15.5 镁合金熔铸用主要工艺辅料和熔剂的选择

15.5.1 主要工艺辅料的种类、成分和技术要求

由于镁及镁合金在熔炼过程中容易氧化，并烧损严重，需要大量的覆盖剂来保护熔体。同时，镁合金熔体中的氧化夹杂、熔剂夹渣和气体溶解度比铝合金的高，因此需要进行净化处理。此外，在转移镁合金熔体及浇注成型过程中，各种工具也需要进行洗涤和防护。因此，需要大量的工艺辅助材料，其主要成分和技术要求见表 15-1。

表 15-1　熔铸镁合金用工艺辅助材料的主要成分及其要求

名　称	技术要求（质量分数）	用　途
轻质碳酸钠	$CaCO_3 + MgCO_3 \geqslant 95\%$	变质剂
	水分 $\leqslant 2\%$	
菱镁矿	$Mg \geqslant 45\%$	变质剂
	$SiO_2 \leqslant 1.5\%$	

名　称	技术要求（质量分数）	用　途
六氯乙烷	Fe≤0.06%	精炼剂
	灰分≤0.04%	
	H_2O≤0.05%	
	醇中不溶物≤1.5%	
氯化镁		配置熔剂及洗涤剂
氯化钾		配置熔剂及洗涤剂
氯化钠	优级	配置熔剂
氯化钡		配置熔剂
氯化钙	无水一级	配置熔剂
氟化钙		配置熔剂
光卤石		配置熔剂
钡熔剂（RJ-1）		配置熔剂及洗涤剂
硫磺粉	S≥99%，过 0.147mm（100 目）筛	配置熔剂
硼　酸	二级	配置熔剂

镁合金盐类熔剂的组成和性能：

（1）氯化镁：它是镁合金许多熔剂的主要成分，极易吸水潮解。它能除掉合金中的非金属夹杂物，把悬浮在熔体中的氧化镁质点润湿和溶解，形成化合物沉降到炉底，其反应式：

$$MgCl_2 + 5MgO \longrightarrow MgCl_2 \cdot 5MgO \tag{15-12}$$

显而易见，它具有和 MgO 起水泥式的固化作用。

（2）氯化钠：具有吸湿性，但比 $MgCl_2$ 小，常和氯化镁配合使用，能降低熔点（含 43% NaCl，其晶体的熔点为 450℃）。但由于氯化钠对氯化镁的润湿性不好，一般多用氯化钾来代替它制作熔剂。

（3）氯化钾：具有吸湿性，与 $MgCl_2$ 配合能降低熔点（含 38.5% KCl，共晶体的熔点为 480℃）。

（4）氯化钡：具有吸湿性，能增加熔剂的密度，有利造渣沉降。

（5）氯化钙：吸湿性强，也能增加熔剂的密度。

（6）氟化钙：是浓稠剂，同氯化镁发生复分解而生成氟化镁，增加了熔剂的精炼能力，其反应式为：

$$MgCl_2 + CaF_2 \longrightarrow MgF_2 + CaCl_2 \tag{15-13}$$

15.5.2　变形镁合金熔炼使用的主要熔剂

熔剂的基本作用是在熔体表面造成化学抑制层或绝缘层来防止熔体氧化，并去除熔体中的固态和气态的非金属夹杂物。

要选择比镁的氧化亲和性更强的物质来做镁合金的熔剂，最好是用碱金属或碱土金属的氯化盐和氟化盐，其中也包括氧化镁和某些惰性氧化物。所用的熔剂可分为两个类型：流性的和黏稠的，即覆盖用的（保护）熔剂和精炼用的熔剂。

15.5.2.1　对变形镁合金熔剂的要求

（1）精炼剂应当有可靠的净化能力，以消除熔体中的非金属夹杂物。

（2）熔剂的熔点应在 680～700℃范围内，以适合镁合金的熔铸工艺要求。

（3）熔剂应与熔体金属间有较大的密度差，以便易于从熔体中排除。

（4）不同用途的熔剂应具有不同的表面张力。起保护作用的覆盖剂，其表面张力应较小，以增大对熔体表面的润湿性，确保覆盖效果，并能很好地润湿炉墙和坩埚墙。精炼用的熔剂，应具有适当大小的表面张力，能使熔剂与熔体很好分离，并且能从熔体中吸附和溶解大量的非金属夹杂物，以达到净化的目的。

（5）覆盖用的熔剂，应具有较小的黏度，能及时将破裂的覆盖层迅速闭合。而精炼用的熔剂应具有适当的黏度，以增大将非金属夹杂物过渡到熔剂中去的能力，并易于和熔体分离。

（6）在熔铸温度下，熔剂应具有热稳定性和化学稳定性，如不挥发、不分解、不与合金中任何组元或炉衬发生化学反应。

（7）熔剂粉尘和蒸发气体应对人体无害。

（8）吸湿性和潮解性应尽可能小，这对金属质量和安全有利，同时易于保管。

15.5.2.2　镁合金熔剂的化学成分

近来用于镁合金的熔剂种类很多，其化学成分见表15-2。

表 15-2　镁合金熔剂的化学成分

熔剂牌号	化学成分/%								
	$MgCl_2$	KCl	$BaCl_2$	AlF_3	MgF_2	MnF_2	CaF_2	$TiCl_2$、$TiCl_3$	BaO_2
二号熔剂	38～46	32～40	5～8				3～5		
三号熔剂	33～40	25～35					15～20		
四号熔剂	25～42	20～36	4～8	3～14	3～11	1～8	5～10		
五号熔剂	20～35	16～29	8～12		14～23		14～23		0.5～8.0
六号熔剂	24～33	24～33	2～7		6～14		6～14	16～23	0.2～1.0

注：1. 五号熔剂允许将氯化盐总和降低到 20%；
　　2. 六号熔剂主要用于含锂的镁合金。

上述熔剂应用最广的是二号熔剂，它同时能用于覆盖和精炼，但用二号熔剂精炼镁合金不彻底，铸锭中出现较多的非金属夹杂物和熔剂腐蚀废品。

二、三、四号熔剂有共同的缺点，就是在熔化过程中与镁合金中的其他组元起反应生成氯化物，造成钙、镧、铈、锆等元素大量损失。

除上述缺点外，二、三号熔剂很容易潮解，黏度和密度小，难于从熔体金属中分离。四号熔剂的缺点如下：

（1）熔剂中含有 AlF_3 和 MnF_2，这些材料稀缺、昂贵，不适于制造熔剂，同时熔剂中的铝、锰与稀土金属发生反应，而且还减小锆在镁中的溶解度。

（2）熔剂中的氟化物含量高达 65%～80%，最易造成熔剂腐蚀。

五号熔剂是近年来才研制和应用的，也是双重作用的熔剂，其优点是：

（1）提高经过处理金属的抗蚀性。

（2）用它精炼镁合金时，能减少锆和稀土元素的损失。

（3）五号熔剂与二、四号相比，净化效果好，原因是氟化盐的黏稠作用提高了熔剂的熔点和密度及覆盖能力。用五号熔剂精炼时，五号熔剂在液态金属表面不碎裂，和二号熔剂一样保持一层致密层。精炼后，从金属表面扒掉渣子，重新撒上一层新熔剂。熔体由熔炼炉倒到静置炉后，静置时间应不少于 60min。在静置时间内熔剂微粒夹杂着非金属夹杂物沉降到炉底。五号熔剂在熔体表面形成的膜，在倒炉过程中不破碎，对熔体有很好的保护作用。

（4）使用五号熔剂倒炉后，清炉及扒炉底渣时不需要再添加黏稠剂，即可易于从炉中扒出。

（5）在铸造过程中，用五号熔剂作覆盖剂，在静置炉中保持 6 ~ 8h，熔剂膜不破裂，在此时间内仍有充分的保护作用。

15.5.2.3　熔剂净化效果的比较

各种熔剂对不同合金的净化效果比较，详见表 15-3。不同熔剂对 ME20M 和 ZK61M 合金氯离子和抗蚀性的影响见表 15-4。

表 15-3　熔剂对镁合金的净化效果

合金牌号	熔炼炉中所用熔剂			静置炉中所用熔剂	检查的试片数/片	废品量			
	熔炼	精炼	覆盖			熔剂腐蚀		氧化夹杂	
						试片数/片	比例/%	试片数/片	比例/%
ME20M	二号	二号	二号	二号	2040	180	9.5	40	2.7
	二号	四号	四号	四号	3180	40	1.16	20	0.97
	二号	五号	五号	五号	2900	20	0.7	2	0.07
ZK61M	二号	二号	二号	二号	1560	60	3.35	70	4.7
	二号	五号	五号	五号	1710	12	0.9	30	2.2
AZ41M	二号	二号	二号	二号	3560	35	1.0	20	0.55
	二号	四号	四号	四号	3400	17	0.5	12	0.35
	二号	五号	五号	五号	3200	6	0.2	6	0.2

表 15-4　不同熔剂对 ME20M 和 ZK61M 合金氯离子和抗蚀性的影响

合　金	使用的熔剂	抗蚀性（在0.5% NaCl 水溶液中保持24h 的析氢量）/$cm^3 \cdot cm^{-2}$	Cl^- 平均含量/%
ME20M	四号	1.55	0.0018
	二号	1.25	0.0018
	五号	0.41	未发现
ZK61M	二号	1.28	0.0020
	五号	1.09	未发现

由以上两表可见，五号熔剂比其他熔剂净化效果显著提高。

（1）对含锆镁合金中锆的实收率影响。根据实验结果，熔剂对含锆镁合金中锆的实收率有明显的影响。如用二号熔剂处理 ZK61M 合金，锆的实收率为 79.5%，而用五号熔剂时为88.8%，实收率提高将近 10%。

利用二号和五号熔剂处理 ME20M 合金时，使用五号熔剂，铈的损失只有 1.2%，而用二号熔剂铈损失可达 8% ~12% 。如用五号代替二、三、四号熔剂，镁合金的熔炼工艺过程完全不变，但可提高金属质量和合金组元的实收率。

（2）熔剂的除气效果。镁合金的除气方法有两种：加入惰性气体氩气（Ar）；采用熔剂处理。实践证明，对某些合金这两种方法同时使用效果更好。在镁合金中，ME20M 合金的氢含量最高，对它最有效的除气方法是采用六号熔剂。

对 AZ41M 合金可用五号熔剂处理，并通氩气 10min，其除气效果最好。

对除气而言，六号熔剂最好，五号熔剂加氩气次之，二号熔剂最差。

15.5.3 变形镁合金熔体的净化处理

镁及镁合金在熔炼过程中容易受到周围环境介质的影响，进而影响合金熔体质量，导致铸件中出现气孔、夹杂、夹渣和缩孔等缺陷，因此，需要对镁合金熔体进行净化处理。通常可以从正确使用熔剂、加强熔体液面的保护和对熔体进行充分的净化处理等三个方面来进行控制。

15.5.3.1 除气

溶入镁熔液中的气体主要是氢气。镁合金中的氢主要来源于熔剂中的水分、金属表面吸附的潮气以及金属腐蚀带入的水分。氢在镁熔液中的溶解度比在铝熔液中大 2 个数量级，凝固时的析出倾向也不如铝那么严重（镁熔液中氢的溶解度为固态的 1.5 倍），用快冷的方法可以使氢过饱和固溶于镁中，因而除气问题往往不被重视。但镁合金中的含气量与铸件中的缩松程度密切相关。这是由于镁合金结晶间隔大，尤其在不平衡状态下，结晶间隔更大，因此在凝固过程中如果没有建立顺序凝固的温度梯度，熔液几乎同时凝固，形成分散细小的孔洞，不易得到外部金属的补充，使局部产生真空，在真空的抽吸作用下，气体很容易在该处析出，而析出的气体又进一步阻碍熔液对孔洞的补缩，最终缩松更加严重。试验表明，在生产条件下，当 100g镁氢含量超过 14.5cm³ 时，镁合金中就会出现缩松。

传统除气工艺方法类似于铝熔炼所采用的通氯气方法。氯经石墨管引入镁熔液中，处理温度为 725 ~750℃，时间 5 ~15min。温度高于 750℃生成液态的 $MgCl_2$ 有利于氯化物及其他悬浮夹杂的清除。如温度过高，形成的 $MgCl_2$ 过多，则产生熔剂夹杂的可能性增加。氯气除气会消除镁铝合金加碳的变质效果，因此用氯气除气应安排在碳变质工艺之前进行。生产中常用 C_2Cl_6 和六氯代苯等有机氯化物对镁熔液进行除气，这些氯化物以片状压入熔液中，与氯气除气相比具有使用方便，不需专用通气装置等优点，但 C_2Cl_6 的除气效果不如氯气好。

现在生产中多采用边加精炼剂边通入氮气或氩气的方法精炼，既可以有效地去除熔液中的非金属夹杂物，同时又可以除气，不但精炼效果好，而且可以缩短作业时间。

工业中常用的除气方法有以下几种：

（1）通入惰性气体（如 Ar、Ne）法。一般在 750 ~760℃ 以下向熔体中通入占熔体质量 0.5% 的 Ar，可以将熔体中的氢含量由 150 ~190cm³/kg 降至 100cm³/kg。通气速度应适当，以避免熔体飞溅，通气时间为 30min，通气时间过长将导致晶粒粗化。

（2）通入活性气体（Cl_2）法。一般在 740 ~760℃ 以下向熔体中通入 Cl_2。熔体温度低于 740℃时，反应生成的 $MgCl_2$ 将悬浮在合金液面，使表面无法生成致密的覆盖层，不能阻止镁的燃烧。熔体温度高于 760℃时，熔体与氯气的反应加剧，生成大量的 $MgCl_2$，形成夹杂。氯气通入量应合适，一般控制在使熔体的氯含量低于 3%（体积分数），以 2.5% ~3%（体积分数）为佳。含碳的物质如 CCl_4、C_2Cl_6 和 SiC 等对 Mg-Al 系合金有明显的晶粒细化作用。如果采用占熔体质量 1% ~1.5% Cl_2 +0.25% CCl_4 的混合气体在 690 ~710℃ 以下除气，则可以达到除气和细化的双重效果，而且除气效果更佳，但是容易造成污染。

（3）通入 C_2Cl_6 法。一般在 750℃ 左右向镁合金熔体中 C_2Cl_6，通入量不超过熔体质量的 0.1%。C_2Cl_6 是镁合金熔炼中应用最普遍的有机氯化物，它可以同时达到除气和晶粒细化的双重效果。C_2Cl_6 的晶粒细化效果优于 $MgCO_2$，但除气效果不如 Cl_2。

（4）联合除气法。先向镁合金熔体中通入 CO_2，再用 He 吹送 $TiCl_4$ 可使熔体中的气体含量降到 $60 \sim 80cm^3/kg$（普通情况下为 $130 \sim 160cm^3/kg$）。其除气效果与处理温度、静置时间有关，750℃ 以下除气效果不及 670℃ 的除气效果。

15.5.3.2　除渣（杂）

镁合金中主要的夹杂物是 MgO，同时还有 MgF_2、$MgCl_2$ 等，MgO 及 MgF_2 的熔点分别为 2642℃、1263℃，均高于镁合金的熔炼温度，在镁合金液中以固态形式出现；MgO 的密度为 $3.58103kg/m^3$，高于镁的密度，因此 MgO 会沉于合金液底部作为氧化渣排出。由于镁易氧化，高温下产生大量的 MgO，不可能被全部排出，所以在镁合金中会残存一部分 MgO 夹渣。$MgCl_2$ 的熔点为 718℃，在镁合金的熔炼温度范围内，$MgCl_2$ 在镁合金液中以液态形式出现。此外，$MgCl_2$ 在液态时的密度与镁的密度接近，因此 $MgCl_2$ 残留在镁合金液中的概率较大。另外，$MgCl_2$ 还具有很强的吸湿性，会加速镁合金的腐蚀。这些问题的存在使镁合金在熔炼时必须要进行精炼处理。镁合金的精炼处理一般采用加入 C_2Cl_6、$MgCO_3$ 和 $CaCO_3$ 等精炼剂，这主要由于 $MgCO_3$ 和 $CaCO_3$ 容易分解产生大量的 CO_2 气体，从而起到除气和排渣的作用。

熔剂精炼处理是利用熔剂洗涤镁熔体，利用熔剂与镁熔体的充分接触来润湿夹杂物，并将其聚合于熔剂中，随同熔剂与镁熔体沉积于坩埚底部。这种精炼方法实现的基础是熔剂必须要具有良好的润湿、吸附夹杂的能力。生产中采用 C_2Cl_6 等作为精炼剂进行精炼，具有变质和精炼的双重作用。这种方法在无熔剂精炼时，优势尤为突出。此方法的机理是 C_2Cl_6 在镁熔体中迅速分解出氯、碳等元素，由于氯与镁能反应生成 $MgCl_2$，可以起到精炼作用，而碳则可以起到细化晶粒的作用。此外，C_2Cl_6 分解所产生的气体还兼有除氢的作用。

由于在精炼过程中，不断有熔剂撒到金属表面，熔剂熔化后进入金属。精炼结束后，为防止表面金属氧化燃烧，要向金属表面撒覆盖剂。覆盖剂是 20% 的硫粉和 80% 的精炼剂的混合物。表面精炼剂熔化后，逐渐向金属中渗透，即使在浇注过程中，倾斜抬包中的金属表面保护膜破裂后，要向正待浇注的金属表面撒覆盖剂。这些精炼后的工作，无疑给金属增加了外来杂质。有的制造厂采用氩气保护方法，防止气体杂质的进入，但要在较密闭的氩气环境中进行精炼和浇注才有效，在敞开容器表面喷氩气阻止表面燃烧效果不大。在精炼及浇注温度不太高的情况下，采用喷硫粉的方法制止熔体金属的表面氧化和燃烧效果较好。将出口管朝向熔融金属的装有硫粉的盒中通入一定的风量，喷出的硫粉冲向金属表面燃烧，减轻了金属的表面氧化，防止了外来精炼剂的进入。

镁合金所采用的变质剂，易与其他高熔点杂质形成高熔点金属中间化合物而沉降于炉底。这些难熔杂质和变质剂在镁合金中的溶解度小，熔点高，且密度比镁大。当它们相互作用时，可将合金中的可熔杂质去掉，这对镁合金是有利的，但降低了变质剂的效果，甚至使其失效。

镁合金中常见的几种相互排除的组元（实际上为互为沉降剂）如表 15-5 所示。

表 15-5　镁合金中几种相互排除的组元

沉降剂	Mn	Zr	Be	Ti	Co
去掉的元素	Fe	Fe、Al、Si、P、Be、Mn、Ni（去掉量小）	Fe、Zr	Fe、Si	Ni

减少镁合金中铁、镍、硅杂质的含量可提高其抗蚀性。由于钛在 800 ~ 850℃时，在镁中的溶解度较大，当低于 700℃时溶解度急剧降低，并和铁、硅形成高熔点金属间化合物而沉降。因此，近年来在工业上已开始采用钛废料和低质量的氯化钛去掉熔体中的铁、硅和部分镍，以提高合金的耐蚀性能。如 AZ41M 合金用低质量的氯化钛（$TiCl_3 + TiCl_2$）和镁-钛中间合金（含钛24%）处理后，可将合金中的铁、硅含量由 0.01% Fe、0.01% Si 降低到 0.002% Fe、0.001% Si。

含锆的镁合金，应严格限制硅、铝、锰杂质的含量。当铝、硅、锰含量各超过 0.1% 时，合金中的锆含量将大大降低。实验结果如下：

（1）当锰含量为 0.1% ~ 0.5% 时，合金中锆含量可减少 3 倍。

（2）当铝含量为 0.1% ~ 0.5% 时，合金中锆含量可减少 11 倍。

（3）当硅含量为 0.1% ~ 0.5% 时，合金中锆含量可减少 60 倍。

15.5.4 变形镁合金熔体的变质处理

镁合金的晶粒粗化倾向较大，为使其晶粒细化，需进行变质处理。

（1）加入变质剂法。镁合金最有效的变质剂是锆和铁。

根据镁合金晶粒细化程度，镁合金可分为两类：

第一类是可以得到稳定的细化晶粒的镁合金，包括 Mg-Zn 系和 Mg-RE 系的合金。其有效细化剂是锆。锆的控制量在 0.3% ~ 0.9%，以 Mg-Zr 中间合金的形式加入，它有着长时间的细化效应。ZK61M 合金中，锆含量和晶粒尺寸的关系如图 15-1 所示。

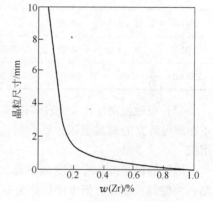

图 15-1 锆含量与 ZK61M 合金晶粒尺寸的关系

第二类是难于细化的镁合金，包括 Mg-Mn 和 Mg-Al 为基的合金系，而 Mg-Al-Zn 系合金（如 AZ40M、AZ61M、AZ80M）的晶粒大小与杂质铁的含量有关，以 AZ41M 合金为例，根据铁含量不同，其晶粒粗化程度可分为三组（据统计），如表 15-6 所示。

表 15-6 铁含量对晶粒粗化程度的影响

铁含量(质量分数)/%	小于 0.005	0.006 ~ 0.2	大于 0.02
晶粒大小	粗晶粒	中等晶粒	细晶粒

该系合金中含有微量的锆、硅、铍时，晶粒被粗化。如存在 0.002% 锆时晶粒粗化；硅高于 0.08% 时，不可能细化；当铍超过 0.001% 时，则出现柱状晶和粗晶。

合金形成柱状晶的倾向性与杂质含量有关。当钛大于 0.01%，或硅大于 0.01% 或硅、铁含量比值大于 1 时，铸锭模截面上形成大量的柱状晶，应将 AZ41M 合金中的杂质含量控制在以下范围：铁、硅含量比值大于 1，最好为 3 ~ 5；钛含量小于 0.005%。这样可得到 0.1mm 的细晶。

对 Mg-Mn 系合金来说，可用碳作细化剂。但碳和碳化物细化晶粒的效应时间很短，不能适应 6 ~ 8h 熔铸工艺时间的要求，因此不实用。如在净化过滤系统中使用碳化物，效果可能提高。

M2M、ME20M 合金中，铁元素也有细化晶粒的作用。使 M2M、ME20M 系合金变粗化的是铝，而不是锆和硅。当铝高于 0.02% 时，不可能得到细晶组织。而对 ME20M 合金，杂质铝的含量超过 0.25%，将使晶粒粗化，当铝含量在 0.014% ~ 0.025% 时，则能细化晶粒，尤其与强冷的工艺条件相配合，铸造扁锭效果更好。在实际生产中，铸造 ME20M 合金可利用含铝的镁合金一级废料，把铝的含量调整到最佳范围，是细化晶粒的最有效措施。

另外，铍对于 M2M 和 ME20M 合金晶粒的粗化作用和 AZ41M 合金相似。在 ME20M 合金中加入少量的锆（以 Mg-Zr 中间合金或 ZK61M 合金大块废料形式加入）可得细晶组织。

在下列镁合金中，将杂质控制在如表 15-7 所示的范围，可得到细晶的而且还没有金属间化合物的铸锭。

表 15-7　几种镁合金杂质的控制范围

合　金	杂质含量(不大于)/%							
	Fe	Si	Al	Mn	Zr	Ni	Cu	Be
AZ41M	0.02 ~ 0.04	0.05			0.002	0.004	0.05	0.001
ME20M	0.03 ~ 0.05	0.05	0.02		0.002	0.005	0.05	0.001
ZK61M	0.03	0.05	0.03	0.05		0.005	0.05	0.001

（2）电磁搅动镁合金液穴熔体细化晶粒法。在镁合金熔铸过程中，若只用变质处理往往不能获得满意的细晶组织，然而对铸锭液穴熔体，进行电磁搅拌却能保证获得稳定的细晶组织。

熔体的黏滞运动可促使晶粒细化。研究指出，电磁场所造成的熔体运动可引起体积结晶，故使晶粒细化。但电磁搅拌也有极不希望出现的现象，即金属中间化合物一次晶落入铸锭，同时还粗化晶枝（晶内结构），本质是由于悬浮结晶的（所造成的一次晶）结晶速度小的结果。

为造成液穴内的熔体按磁场作用力的方向运动，一般采用工频感应器。其电源由一台电压为 380V、频率为 50Hz 的降压变压器供给，搅动功率的变化可用变压器二次分接头来实现。二次分接头的电压不超过 24V，电流在几十到几千安培之间变化。

铸造直径大于 500mm 的圆锭时，把感应器放在液穴上方较合理，参见图 15-2，而铸造小直径铸锭时把感应器放在结晶器的外围较好，参见图 15-3。

铸造 M2M、ME20M 和 AZ41M 合金 165mm × 540mm 扁锭时，感应器供给的功率为 20 ~ 100kW，当功率不低于 40kW 时，可发现液穴内熔体有明显运动。当功率增大到 100kW 时，则引起熔体的激烈搅动，甚至使氧化膜破裂，而污染金属。

1）电磁搅动熔体时，首先使液穴内的温度降低和均匀。对于结晶温度范围不同的合金，其温度降低也不一样。对于纯镁和共晶成分的合金以及结晶温度范围小的工业合金 ME20M，其温度可均匀地降低到共晶温度或者低于其液相线 2 ~ 3℃。而对结晶温度范围宽的合金如 AZ41M，则发现其温度降低得更

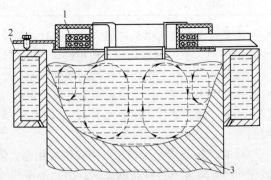

图 15-2　感应器布置在结晶器上方的形式
1—电磁感应器；2—结晶器；3—铸锭

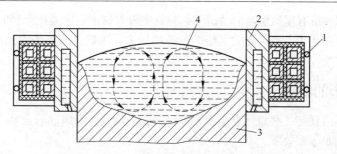

图 15-3 感应器布置在结晶器外围的形式

1—电磁感应器；2—结晶器；3—铸锭；4—液穴形状

大，能低于其液相线 10~20℃。图 15-4 为 ME20M 合金有、无电磁搅动时的冷却曲线对比。

2）当用电磁搅动液穴熔体时，将改变铸锭结晶面的形状，用低结晶器时液穴底部扩大；用高结晶器时，液穴底部加深。搅动愈激烈，则液穴内降温部分越大。在激烈搅动时，被冷却的熔体将扩及整个熔体。形核数与熔体运动速度成正比。液穴内熔体搅动强度对晶粒尺寸的影响见图 15-5。

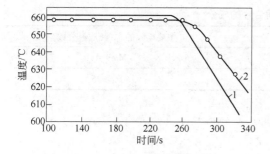

图 15-4 铸造 ME20M 合金时有、无
电磁搅动的冷却曲线比较

1—没有电磁搅动；2—采用电磁搅动

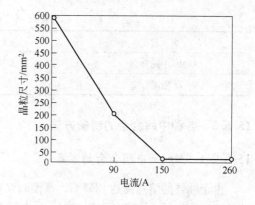

图 15-5 熔体搅动强度对晶粒尺寸的影响

3）电磁搅动将引起晶枝（晶内结构）明显粗化和金属中间化合物一次晶数量增加，这可能是随着搅动强度的增加使长大着的枝晶和一次晶在液穴内停留时间增长的缘故。

ME20M 合金铸锭经电磁搅拌，其金属中间化合物增大，数量增多，而 AZ41M 合金铸锭的金属中间化合物尺寸减小，数量却大大增多。图 15-6 为 ME20M 合金锭中金属间化合物的数量与电磁搅动强度的关系。

实践表明，用功率为 60kV·A 的感应器铸造 ME20M 和 M2M 合金锭时，可以完全消除柱状晶，而 AZ41M 合金只需 40kV·A，晶粒尺寸减小 100 倍以上，且晶粒均匀。

若将 ME20M 合金中的锰含量控制在 0.3%~0.55%，AZ41M 合金中的锰含量控制在 0.30%~

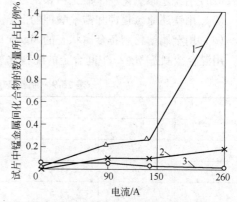

图 15-6 ME20M 合金中金属间化合物
数量与搅动强度的关系

1—含 1.8% Mn；2—含 1.55% Mn；3—含 1.3% Mn

0.55% 范围内，则在所有搅动强度的情况下，铸锭中没有锰的一次晶化合物的聚集。

由于电磁搅拌细化了晶粒，增大了结晶前沿的压力，因此，改善了固液区的裂纹区条件，故有效地减少了热裂纹。

15.6　中间合金的制备

中间合金是铝或镁与一些难熔合金组元如锰、锆、硅及钕等组成的合金。

中间合金应满足下列要求：

（1）熔化温度低。

（2）化学成分均匀。

（3）合金元素的含量尽可能大。

（4）有足够的脆性以便在配料时破碎。

对于加入的中间合金，在加入前将其熔铸成一定数量的饼、块、锭以便于操作。

15.6.1　中间合金的成分

中间合金的成分如表 15-8 所示。

表 15-8　中间合金的成分

名　　称	合金牌号	主要组元的含量（质量分数）/%
Al-Mn 中间合金	AlMn10	Mn 9 ~ 11
Mg-Zr 中间合金		Zr≥25

15.6.2　各种中间合金的制备方法

15.6.2.1　Mg-Zr 中间合金的制备

由于纯锆的熔点高达 1865℃，高温时又难以防止氧化，因此含锆镁合金除了采用加混合铝盐的方法加锆外，最好是先制成 Mg-Zr 中间合金，再向合金中加入。

制备 Mg-Zr 中间合金的主要方法：

（1）用镁还原光卤石和锆氟酸钾的混合盐，制造熔渣式的 Mg-Zr 中间合金。

（2）用镁还原氯化锂、氟化钙和锆氟酸钾的混合盐，制造熔渣式的 Mr-Zr 中间合金。

（3）用镁还原氯化钾和锆氟酸钾的混合盐，制造金属状态的 Mr-Zr 中间合金。

（4）用金属锆粉制备金属状态的 Mg-Zr 中间合金。

用混合盐制备 Mg-Zr 中间合金的配料比见表 15-9。

表 15-9　制备 Mg-Zr 中间合金的配料比

方　法	配料成分/%					
	Mg	K_2ZrF_6	光卤石	LiCl	CaF_2	KCl
1	20	40	40			
2	20	53.5		20	6.5	
3	24	32.5				43.6

实践证明，用含 KCl 的混合盐制备金属状态的镁-锆中间合金，更适用于生产，其反应式如下：

$$K_2ZrF_6 + 2Mg \longrightarrow 2KF + 2MgF_2 + Zr$$

制备工艺如下:

(1) 配料比按表 15-9 要求。

(2) 先将 KCl 升温熔化,停止沸腾后,将温度升到 880 ~ 900℃。

(3) 将预热的 K_2ZrF_6 加入到已熔化的 KCl 中,边加入边搅拌,加完后再充分搅拌 5min。

(4) 继续升温达 880 ~ 900℃时,将预热的镁锭加入坩埚里,待熔化后再用机械搅拌 10 ~ 15min,然后吊出坩埚在室温下冷却。

(5) 待完全凝固后,用水浸泡 1 ~ 2h,再从坩埚中倒出金属状态的镁-锆中间合金。如将其熔化,能获得质量比较高的镁-锆中间合金,重熔温度为 690 ~ 710℃。

15.6.2.2 锰盐熔剂的制备

(1) 原材料的要求:

工业纯氧化镁:Mg 不低于 91.0%,$MgCO_3$ 不大于 30.0%。

工业用氯化锰:$MnCl_2$ 不低于 92%,水分不大于 0.5%,不溶物不大于 1.5%。工业用氟化钙 CaF_2 不低于 90.0%,SiO_2 不大于 5.0%,水分不大于 1.0%。

(2) 配料成分:$MnCl_2$ 为 76%,CaF_2 为 13%,MgO 为 11%。

(3) 工艺流程:先将氯化锰放入坩埚中熔化,温度达 750℃时加入氟化钙和氧化镁,边加入边搅拌,温度降至 720℃时进行浇注,然后在球磨机中粉碎。

(4) 氯化锰重熔时,将氯化锰放在坩埚中进行加温重熔,在 600 ~ 650℃时保温脱水直至不冒气泡为止,然后浇到铁箱中冷凝固,置于保温炉中以备使用。

15.6.2.3 Mg-Li 中间合金的制备

Mg-Li 中间合金在 75% ~ 85% $LiCl_2$、15% ~ 25% LiF_2 混合熔剂下进行精炼。熔炼 Mg-Li 合金时,先加入除 Li 以外的其他组元最后加入锂,在加锂之前,全部熔剂都分布在金属液的上层,待加入锂后,熔剂则下沉至坩埚底部,因为此时熔液的密度已小于熔剂密度。为了使熔剂与金属更好地分离,采用数量不超过 30% 的溴化锂作浓稠剂。溴化锂在加入锂之后加入熔剂中。

15.6.2.4 混合盐的制备

(1) 配料成分:K_2ZrF_6 为 66%,CaF_2 为 8%,LiCl 为 26%。

(2) 制造工艺:先将氯化锂、氟化钙、锆氟酸钾装入坩埚内升温熔化,温度达到 800℃时,保温一段时间后进行浇注,然后用球磨机粉碎。

15.7 变形镁合金的熔炼工艺

15.7.1 变形镁合金的熔炼与精炼

用反射炉熔炼变形镁合金时,其熔炼工艺流程为:烘炉→洗炉→配料→装炉→熔化→扒渣→加合金元素→转炉→精炼→静置等。

15.7.1.1 烘炉

新砌和中修后的炉子,在投料前应进行烘炉。烘炉时应根据烘炉制度进行,这是达到烘炉目的的保证，特别是镁合金炉，必须重视烘炉，要严格执行烘炉制度。在制度中规定，新砌的炉子不超过三天必须烘炉，300℃以前用电烘炉，300℃以后用煤气烘炉，炉膛温度低于400℃时，一律半开着炉门，关闭烟道闸门烘炉；当超过400℃以后，烟道闸门和炉门全关闭。

长期停炉后的烘炉规定：停炉在5天以内，烘炉时间不少于一昼夜；停炉5~10天，烘炉不少于两昼夜，停炉10天以上时，烘炉不少于三昼夜。

15.7.1.2　洗炉

新砌和大中修后的反射炉，在开炉时，第一炉前先要洗炉，此外在合金转组时也应进行洗炉，转组洗炉规定如表15-10所示。洗炉时要使用纯镁或者熔剂，装料量为炉子容量的一半，升温至760~800℃时充分搅拌两次，停置少许后放出。洗炉的目的是防止合金中杂质含量的增高，除掉部分砖缝间存在的非金属夹杂物和气体。

表15-10　合金转组的洗炉规定

原来熔炼的合金系	转到该系合金时应洗炉	原来熔炼的合金系	转到该系合金时应洗炉
Mg-Al-Zn-Mn	Mg-Mn 和 Mg-Zn	Mg-Zr	Mg-Al-Zn-Mn
Mg-Mn	Mg-Zr		

15.7.1.3　配料

根据合金成分的要求，按配料标准进行配料，复化料用量一般不大于40%。配料时，按生产卡片备好所用炉料，并仔细检查有无混料，原镁锭有无油污，废料有无严重腐蚀。所采用的原材料及辅助材料应符合有关标准规定。

15.7.1.4　装炉、熔化及扒渣

装炉前先向炉内均匀地撒一层粉状二号熔剂，然后装炉。装料的顺序是先装碎料，后装镁锭，最后把大块废料放在上面。装炉时要装得严密规整，装完后再撒一薄层二号熔剂，然后开始升温熔化。用反射炉熔炼镁合金时，应使炉腔内的气氛呈微还原性。

在升温熔化及扒渣时，应注意防止金属燃烧。若发生燃烧，应立即用二号熔剂熄灭。待炉内金属化完时，先扒第一次渣，扒除表面渣之后撒一层覆盖剂，随后加大流量，并升温。当温度达到750~770℃时，扒第二次渣（包括扒底渣，扒渣时要及时撒熔剂，且不能搅动熔体太大，渣子要尽量扒尽）。

15.7.1.5　搅拌

在取样之前，第一次扒渣和调整化学成分之后，都应及时地进行搅拌，其目的在于使合金成分均匀和使熔体内温度趋于一致。它看起来似乎是极简单的操作，但在工艺操作过程中却是很重要的工序，因为它关系到合金成分是否获得准确地控制，所以搅拌操作应当平稳进行，不应激起太大的波浪，以防非金属夹杂物混入熔体中污染熔体。更重要的是搅拌要彻底，这样才能达到搅拌的目的。

15.7.1.6　取样

熔体经充分搅拌之后，应取样进行炉前快速分析，确定熔体化学成分是否符合标准要求。不同的合金取样的温度不同，M2M、ME20M、ZK61M合金的取样温度为780~800℃，其他合

金的取样温度为 720～740℃。

为什么取样温度不同呢？因为 M2M、ME20M、ZK61M 合金中含有锰和锆，锰的熔点较高，在镁中的溶解度较小，扩散速度又低，容易形成锰偏析；锆在合金中的溶解度很小，熔点高，密度大，更易形成锰偏析。如果取样温度低，锰和锆则不能充分溶解，所取试样也不准。

15.7.1.7 成分调整

当快速分析结果与合金要求成分不相符时，就应调整成分，即补料或冲淡。

调整成分是为了保证合金的化学成分在规定的标准之内，避免由于主要的合金成分超出厂内标准范围而降低合金的工艺性能和制品最终性能。在熔铸车间调整合金组元及杂质的配比是保证合金的铸造性能。

镁合金中各种合金元素的加入方法归纳如下：

（1）铝和锌：用铝锭和锌锭随炉料一起装炉。

（2）锰：锰的熔点较高，在镁中溶解得很慢，为了避免高温加锰、减少氧化烧损，可采用无水氯化锰（$MnCl_2$）或以镁-锰中间合金形式加入。如对 M2M 类合金可在取样后将熔体升温至 800～820℃，然后让炉膛温度稍降，扒出表面渣，即可加入 $MnCl_2$。$MnCl_2$ 在加入前需干燥脱水，并破碎成 40～50mm 以下颗粒，加入时边撒边搅拌。若 $MnCl_2$ 加入量多，可分批加入，加完应彻底搅拌。对 ME20M 合金加锰元素，可采用锰盐熔剂加入，这种办法，锰的实收率可提高 10% 左右。

（3）锆：加锆可采用镁-锆中间合金，也可以纯铝盐或混合铝盐加入。若以镁-锆中间合金加入，则可在第一次扒渣后将其投入熔体中，以恰好能淹没在熔体中为准，让其慢慢溶解，待温度升至 780～800℃后再扒第二次渣，之后彻底搅拌两次，静置少时，取样做成分分析。

（4）铈：铈元素在 Mg-Mn-Cl 系合金中作细化剂，不宜过早地加入熔炼炉，以免因长时间熔炼失去作用，因此宜在静置炉加入。首先将铈、铁装入加铈器里，在 760～780℃ 下，浸入液面下 100～200mm 并移动，这样可避免铈铁沉入炉底，加完铈，进行充分搅拌取样，待成分分析合格后再扒渣精炼。

由以上情况可看出，对锰、锆这样高熔点难溶解的金属，在加入时或加入后均必须升高熔体的温度，以利于较快溶解和均匀成分。

15.7.1.8 转炉

转炉是指熔体从熔炼炉向静置炉倒炉的过程。当所熔的合金化学成分符合倒炉标准，熔体温度达到 750～770℃时，即可将熔体金属从熔炼炉倒入静置炉。

转炉的方法主要有以下几种：

（1）静压力落差法。此法适用于两个炉床不在同一水平面上的反射炉。转炉时，打开流口钎子，金属便自动流出。

（2）虹吸倒炉法。

（3）离心泵倒炉法。转炉用离心泵如图 15-7 所示。

（4）电磁泵倒炉法等。转炉用电磁泵如图 15-8 所示。

15.7.1.9 精炼

精炼的目的是消除合金中的非金属夹杂物和溶解的气体，以获得较纯净的金属，从而提高合金的力学性能和耐蚀性能。

变形镁合金常用的精炼方法是用熔剂精炼。精炼的效果与所用熔剂的数量、质量、操作方法、精炼温度及精炼时间等因素有关。

当快速分析（最终的）取完样后，温度达到 730 ~ 760℃进行精炼，精炼熔剂的用量为每吨熔体约 10kg，精炼时间 10min 左右。

在生产中，除镁-锂合金外，一般采用二号熔剂加 10% ~ 15% CaF_2 作为精炼剂。根据上述熔剂的特点，最好采

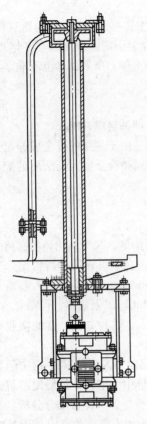

图 15-7　镁合金转炉用离心泵

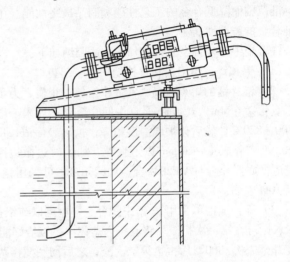

图 15-8　镁合金转炉用电磁泵

用五号熔剂进行精炼。在精炼后重新覆盖时，亦可用精炼熔剂覆盖，而不是采用二号熔剂覆盖。

精炼后，根据实际情况，将熔体静置不少于 60min，然后开始铸造。

镁合金的精炼特点和注意事项如下：

（1）含锆的镁合金，不用含铝和锰的氟化物熔剂，而采用四号熔剂。

（2）净化时一般不用六号熔剂，因熔剂中含 $TiCl_4$。Ti 和 Fe 发生作用，对 Mg-Al-Zn-Mn 和 Mg-Mn 系合金有粗化晶粒的作用。

（3）对镁-锰和镁-稀土系合金，不采用二号熔剂，因为精炼后会出现熔剂夹渣。

（4）五号熔剂可用于所用合金，因为精炼时掉进镁合金熔体中的氯化物少。用五号熔剂时，静置时间不少于 60min，如用五号熔剂覆盖，有可靠的保护性，6 ~ 8h 亦不失效。

（5）对含 Li 和稀土族元素的合金，要尽量缩短熔炼时间，减少元素的烧损。由于它们在转注和精炼时损失很大，应在补料时予以补偿。

15.7.1.10　静置

镁合金的精炼剂都是沉降型的，特别是对于粒度较小的熔渣，没有足够的时间静置是很难沉积至炉底。一般在铸造温度下需要静置不少于 60min，然后开始铸造。

15.7.1.11　清炉

清炉是铲除炉墙残渣，扒净炉内的烧渣。熔炼炉转炉完了和静置炉铸造终了时均要进行

清炉。

对 ME20M、ZK61M 等合金每生产四炉后要放干一次，将炉底剩余的熔剂、熔渣、金属放出后，还要进行大清炉，而对 AZ40M、AZ41M 等合金每生产若干炉后需放干大清炉。

15.7.2 废料复化

生产中把变形镁合金的废料按形状、尺寸、清洁程度的不同分为一级、二级和等外级几种废料。一级废料可以直接配入合金；二级或等外级废料必须进行复化、精炼，确定化学成分铸造成锭后，方能配入合金。镁合金废料质量的好坏直接关系到产品质量，特别是镁合金的碎屑更应严格控制，对碎屑有如下要求：

（1）镁合金碎屑必须分牌号收集保管，不得混入其他有色金属和黑色金属碎屑。

（2）镁合金碎屑必须保持干燥，不得有水、油、乳液或被化学试剂污染。

（3）镁合金碎屑中严禁混入较多的镁粉尘，以免熔化时引起爆炸。

15.7.2.1 废料复化工艺

一般在复化二级或等外级废料时，先向炉内适当撒入二号熔剂，再装入总炉量的 1/4 ~ 1/3 的大块料，升温熔化。当温度达到 720 ~ 740℃ 时，撒入二号熔剂，扒出表面渣，然后分批加入碎屑，边加入边搅拌，最后升温至 750 ~ 770℃，扒去表面和底渣，转炉，于 740 ~ 760℃ 进行精炼，静置 40 ~ 100min 后铸造。

15.7.2.2 二级废料直接生产成品合金的工艺

熔炼工艺：清炉→熔化→扒渣→调整成分→精炼→静置→转炉。由于二级废料所具有的形状、尺寸以及表面质量，使它在熔体中易氧化烧损，产生大量的非金属夹杂物，所以在熔炼炉中进行第一次精炼，其制度与生产成品合金精炼制度相同，并且要静置 60min 才能转炉。在静置炉的生产工艺与成品合金相同。

15.7.3 镁合金熔体保护

镁极易氧化，而镁氧化膜又多孔且疏松，对熔体没有保护作用。在熔炼过程中必须另外采取措施保护熔体（也称为阻燃）。目前镁合金阻燃有三种基本方法，其中熔剂保护法和气体保护法是利用某些成分隔绝高温镁与空气接触，阻止镁的氧化。第三种是合金化法，是利用添加合金元素，使镁在熔炼中自动生成保护膜。

15.7.3.1 熔剂保护法

熔剂保护法利用低熔点的化合物在较低的温度下熔化成液态，在镁合金液面铺开，因阻止镁液与空气接触从而起到保护作用。熔剂主要有两方面功能：一是覆盖作用，熔融的熔剂借助表面张力作用，在镁熔体表面形成一层连续完整的覆盖层，隔绝空气和水蒸气，防止镁的氧化或抑制镁的燃烧。二是精炼作用，熔融的熔剂对夹杂物具有良好的润湿、吸附能力，并利用熔剂和金属熔体的密度差，把金属夹杂物随同熔剂从熔体中排出。

现在普遍使用的熔剂由以无水光卤石（$MgCl_2$-KCl·$6H_2O$）为主，添加一些氟化物、氯化物组成。该熔剂使用较方便，生产成本低，保护使用效果好，适合于中小企业的生产特点。但是，该熔剂使用前要重新脱水，使用时会释放出呛人的气味。由于熔剂的密度较大，会逐渐下沉，需要不断添加。该熔剂在使用过程中释放出大量有害气体，污染环境，严重腐蚀厂房。

15.7.3.2　气体保护法

气体保护法是在镁合金液的表面覆盖一层惰性气体或者能与镁反应生成致密氧化膜的气体，从而隔绝空气中的氧，主要采用 CO_2、SO_2、SF_6 等气体，其中以 SF_6 的效果最佳。

CO_2 与 Mg 熔体反应生成的无定形碳充填于氧化膜空隙，提高氧化膜的密度系数。带正电荷的无定形碳还能强烈抑制钠离子透过表面膜的扩散运动，也能抑制镁的氧化。SO_2 与 Mg 熔体表面反应生成很薄，但很致密的带有金属色泽的 $MgS \cdot MgO$ 复合表面膜，可抑制镁合金氧化。

高温条件下，SF_6 与镁发生化学作用，表面膜中生成 MgF_2。MgF_2 与 MgO 结合形成连续、致密的混合膜，因而含 SF_6 的气氛有防止镁熔体燃烧的作用。SF_6 浓度处于 0.01% ~ 0.1% 之间，最好是 0.2% ~ 0.3%。由于 SO_2 气体有腐蚀性、味道较难闻，且保护效果不甚理想，故国外大都采用 SF_6 与 CO_2 或 SF_6 与干燥空气混合而成的保护气氛。目前利用 SF_6 气体保护镁合金的技术在我国也有了初步运用，有些较大规模的镁合金压铸厂已逐步用气体保护代替了熔剂保护。

15.7.3.3　合金化法

通过向镁合金中添加合金元素，使其在熔炼过程中自动生成保护性氧化膜，这样将大大降低熔炼设备及工艺的复杂程度，也不会对环境造成严重污染。

过去人们采用在镁合金中添加铍元素来提高镁合金的阻燃性能，但铍的毒性较大，且加入量过高会引起晶粒粗化和增加热裂倾向，因此受到限制。日本学者认为，添加一定量的钙能明显提高镁合金的着火点温度，但是存在加入量过高，且严重恶化镁合金的力学性能的问题。同时加入钙和锆具有阻燃效果。国内研究认为，在镁合金中加入稀土铈可有效提高镁合金的起燃温度。

　　　　　　　　　　　　　　　　【复习思考题】

1. 基本概念：熔体净化、变质处理、中间合金、配料、成分调整、熔体保护。
2. 简述镁合金熔炼特点。
3. 简述镁合金熔体与气体的相互作用。
4. 简述镁合金的熔体净化与变质处理工艺。
5. 简述中间合金的制备方法。
6. 简述镁合金熔炼的工艺流程与操作过程。
7. 简述镁合金熔体的保护方法。

16　变形镁合金的铸造

16.1　镁合金铸造的特点及方法

16.1.1　镁合金铸造的主要特点

镁合金的铸造和铝合金基本相同，但由于镁合金的铸造性能和铝合金比较相差较大，故其熔铸工艺比铝合金复杂，其主要特点是：

（1）镁极易氧化，在熔铸过程中需要全面保护，因此给工艺带来许多问题。

（2）镁合金的许多合金组元，在镁熔体中难以溶解，因而难以加入。最难以避免的是合金组元和杂质间的相互作用，形成金属间化合物而沉积。

（3）镁合金的粗晶倾向性较大，因此要特别重视铸造前的变质处理。

（4）为了保证镁合金制品有高而均匀的性能，对铸锭的致密度和成分区域偏析也要重视。

（5）镁合金的热裂纹倾向性较大，因此铸造时的结晶速度不宜过快，但结晶速度较小时，又将促进金属间化合物的形成和发展。可见，热裂纹与金属间化合物，二者在工艺上有矛盾，但镁合金的冷裂纹倾向性小。

（6）铸造的表面质量差，车皮量多，几何废料多。

（7）由于与液态镁接触的工具可用铁制作，所以输送铸液时，外壁需作保温处理或特殊加热。

16.1.2　镁合金铸造过程的气体保护

镁合金铸造时所有的敞露液面需用 FS_6 气体保护或其他惰性气体保护。一般是用铁管做成 FS_6 圈，根据流盘、流槽或冷凝槽的形状，沿管路朝液面方向钻 $1 \sim 2$ 排小孔，使管路排出的 FS_6 气体能均匀地覆盖在液面上。保护气体的浓度由 FS_6 气体的压力控制，原则上是以保证镁液面不燃烧为准。

16.1.3　镁合金的铸造方法

镁合金铸锭质量同铝合金一样与铸造方法关系很大，其铸造方法有铁模、水冷模、半连续铸造等。前两种方法比较陈旧，由于铸锭质量差和生产效率低，已很少采用，目前在工业生产中广泛采用的是半连续铸造法。

采用半连续铸造方法，使镁合金的铸锭质量有了很大的提高。与旧式方法相比，半连续铸造方法的主要优点是：

（1）结晶速度快，改善了铸锭的晶内结构，减小了化学成分的区域偏析，提高了铸锭的力学性能。

（2）由于改善了金属熔铸系统，减少了氧化夹杂和金属杂质，因此提高了金属的纯净度。

（3）由于合理的结晶顺序，提高了铸锭的致密度，并使铸锭中心部位减少了疏松。

（4）增大铸锭长度，相对减小了切头、切尾等几何废料的百分比。

（5）实现机械化，改善了劳动条件，提高了劳动生产率。

半连续铸造的缺点是：

（1）铸锭因结晶速度增大，造成了更大的内应力，使裂纹的倾向性增大。

（2）由于结晶速度增大，对扩散系统比较小的个别组元，造成较大的晶内偏析。

（3）由于结晶速度增大，在液穴内温度梯度较大，虽不利于金属间化合物的颗粒过于长大，但易于形成金属间化合物。

16.2　镁合金的铸造工艺制度

镁合金半连续铸造的基本工艺参数是铸造速度、铸造温度、冷却水压和结晶器高度。这些参数中可调度最大的是铸造速度、铸造温度和冷却水压（它表示水冷强度）。此外，影响铸锭组织、裂纹倾向性、铸锭致密度以及铸锭表面质量等因素也很多，例如结晶器的锥度和光洁程度、进出口的大小及水的喷射角度、铸造漏斗直径、孔径、孔数、沉入液体的深度等。

在不同铸造速度条件下，冷却强度对液穴深度的影响如图 16-1 所示。结晶器高度对冷却强度的影响如图 16-2 所示。

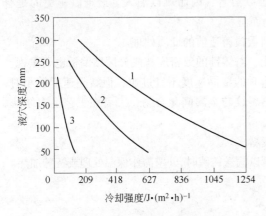

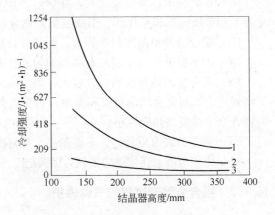

图 16-1　在不同铸造速度条件下，
　　冷却强度对液穴深度的影响
1—铸造速度 9.0cm/min；2—铸造速度
7.0cm/min；3—铸造速度 5.5cm/min

图 16-2　结晶器高度对铸锭冷却强度的影响
1—铸造速度 9.0cm/min，水压 0.12MPa；
2—铸造速度 7.0cm/min，水压 0.05MPa；
3—铸造速度 5.5cm/min，水压 0.05MPa

一般情况下，为防止通心裂纹，可采用较高的结晶器，换句话说，当增加结晶器高度后，可适当提高铸造速度而不致引起通心裂纹的产生。但是增加其高度，如果铸造速度低，又会引起发状的表面裂纹；对于热脆性较大的合金，若采用低结晶器，必须相应地降低铸造速度，但此时铸锭表面的冷隔（又称成层）缺陷又增多，同时可能出现横向裂纹。因此必须合理地选择结晶器和铸造速度，使其不出现通心热裂纹、其他形式的热裂纹和冷裂纹，同时还能提高铸锭表面质量。

铸造速度和结晶器高度对液穴深度的影响见图 16-3。冷却强度对结晶速度的影响见图 16-4。以上介绍的是镁合金圆锭的普遍情况。

由于结晶器高度增高，相对降低了结晶速度，实质上是延长了金属间化合物的生长时间。结晶器越高，对镁合金中的金属间化合物的尺寸增大和数量增多的影响越明显。表 16-1 介绍了 200mm × 300mm AZ41M 合金扁铸锭金属间化合物偏析与结晶器高度的关系（根据标准检验其合格率）。

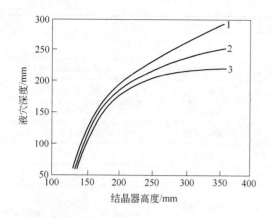

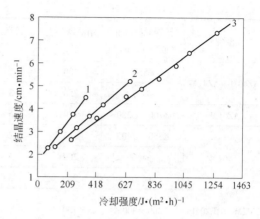

图 16-3　液穴深度和结晶器高度与铸造速度的关系
　1—铸造速度 9.0cm/min，水压 0.12MPa；
　2—铸造速度 7.0cm/min，水压 0.05MPa；
　3—铸造速度 5.5cm/min，水压 0.05MPa

图 16-4　冷却强度对结晶速度的影响
　1—铸造速度 9.0cm/min；2—铸造速度
　7.0cm/min；3—铸造速度 5.5cm/min

表 16-1　200mm×300mm AZ41M 合金扁铸锭金属间化合物偏析与结晶器高度的关系

结晶器高度/mm	铸造参数					金属间化合物偏析情况		
	铸造速度/m·h⁻¹	铸造温度/℃	金属水平/mm	水压/MPa		试片总数/个	合格试片/个	合格率/%
				大面	小面			
300	2.5	720	50	0.03	0.01	49	22	44.9
		735	70	0.045	0.02			
250	2.5	720	50	0.03	0.007	120	101	84.1
		735	70	0.045	0.015			

　　考虑以上原因，结晶器高度最好控制在以下范围内：当铸锭直径为 350~690mm 时，其结晶器高度为 145~250mm；200mm×800mm 扁铸锭的结晶器高度为 250mm；260mm×960mm 扁铸锭的结晶器高度为 300mm。镁合金的铸造工艺制度如表 16-2 所示。

表 16-2　镁合金的铸造工艺制度

合金牌号	铸锭规格/mm 或 mm×mm	结晶器高度/mm	铸造速度/m·h⁻¹	铸造温度/℃	冷却水压/MPa
M2M、ME20M	ϕ100，ϕ200	130	4.5~6.0	730~750	0.03~0.06
	ϕ350，ϕ405	145	2.0~2.3	720~740	0.03~0.06
	ϕ482	200	1.5~2.2	720~740	0.03~0.06
AZ40M、AZ41M	ϕ100，ϕ200	145	4.5~6.0	720~745	0.03~0.06
AZ40M、AZ41M AZ61M、ME20M	ϕ350，ϕ405	145	2.0~2.2	710~730	0.03~0.06
AZ40M、AZ41M AZ61M、AZ80M	ϕ482	200	1.5~2.2	710~725	0.03~0.06

续表 16-2

合金牌号	铸锭规格/mm 或 mm×mm	结晶器高度 /mm	铸造速度 /m·h^{-1}	铸造温度 /℃	冷却水压/MPa	
AZ40M、AZ41M	φ550	200	1.5~2.2	700~720	0.05~0.08	
	φ690	250	1.3~1.8	700~720	0.05~0.1	
AZ61M	φ100、φ200	130	4.5~6.0	710~750	0.03~0.06	
ZK61M	φ350,φ405	145	2.2~2.4	700~730	0.03~0.06	
	φ482	200	1.5~2.2	690~725	0.03~0.08	
	φ690	250	1.3~1.8	690~710	0.05~0.1	
M2M、ME20M	200×800	300	2.0~2.5	735~750	大面 0.02~0.05	小面 0.008~0.025
ME20M	260×960	300	2.0~2.5	730~745	0.02~0.05	0.008~0.03
AZ40M、AZ41M	200×800	250	2.0~2.5	730~745	0.02~0.05	0.007~0.025
ZK61M	160×540	250	2.4~3.0	720~750	0.02~0.04	0.004~0.02

　　在国外，对 ZK61M 镁合金还仅限于铸造圆铸锭。在我国某厂已成功地铸成 160mm×540mm 扁铸锭，结晶器高度为 250mm。

　　ZK61M 合金热裂倾向性很大，对水冷强度极为敏感，为了减少热裂纹，可采取推迟二次水冷办法，如图 16-5 所示，其效果很好，既保证了铸锭表面质量，也基本上克服了铸锭的热裂纹。

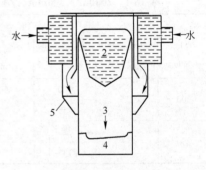

图 16-5　ZK61M 合金 160mm×540mm 扁铸锭铸造系统示意图
1—结晶器；2—液穴；3—铸锭；4—底座；5—挡水板

16.3　铸造工艺参数对铸锭的影响

16.3.1　冷却速度对铸锭质量的影响

　　（1）对力学性能的影响。对同一合金来说，铸锭的力学性能一般随冷却速度的增加而提高。

　　（2）对铸锭裂纹倾向性的影响。随着冷却速度的增加，铸锭中的热应力相应提高，使铸锭的裂纹倾向性增大。

　　半连续铸造时，向结晶器和铸锭供水的均匀程度很重要。局部供水不足将导致冷却速度的差别，造成各部分收缩大小不一样，收缩不同步将引起热应力的变化和增大裂纹倾向性。

　　提高冷却速度可以减轻铸锭区域偏析的程度；可是过大的冷却速度，铸造速度低是铸锭表面形成冷隔的原因。

　　提高冷却速度对改善铸锭组织和提高铸锭力学性能有明显的作用。半连续铸造时，获得强烈冷却的条件是：

　　（1）尽可能采用矮结晶器。目前工厂除采用矮结晶器之外，可采用绝热膜或热顶铸造方法。

　　（2）在一定范围内增大冷却水量，提高水的流量，降低水温。

　　（3）适当加大铸造速度。

16.3.2 铸造速度对铸锭质量的影响

半连续铸造过程的一些基本工艺都与铸造速度有关。铸造速度的快慢直接影响铸锭的结晶速度、液穴深度和过渡带的宽窄，因此它是决定铸锭质量的重要工艺参数。

（1）对铸锭力学性能的影响。总的来说，铸造速度对铸锭力学性能的影响取决于它对铸锭结晶速度和过渡带尺寸影响的综合结果。随着铸造速度的提高，使平均结晶速度增加，当铸造速度过快时，铸锭的组织和成分的不均匀性及疏松程度增加，也使其力学性能下降。在正常条件下，提高铸造速度将使铸锭力学性能不均一程度增大，尤其对大截面的圆铸锭更甚。

（2）对裂纹倾向性的影响。铸造速度对扁、圆铸锭裂纹倾向性的影响都较大，裂纹出现的方向与铸造速度有关。

以扁铸锭为例，小面区由于受三面冷却，冷却速度远大于宽面中心层而导致在铸锭窄边产生沿高度方向作用的拉应力。当提高铸造速度时，将降低轴向的温度梯度，同时使窄面端头结晶壁变薄，减少了内层对外层的收缩阻力，因此提高铸造速度，可降低铸锭产生侧面冷裂纹的倾向性。但是，随铸造速度的增加，小面沿高度方向上拉应力值降低的同时，却增大了铸锭在宽面上产生顺向表面热裂纹的倾向。这是由于铸造速度提高时，在增加横向温度梯度的同时，温度沿水平截面的分布更不均匀，使作用在水平方向上的横向拉应力增大。

以圆铸锭为例，铸造速度对裂纹倾向性的影响分为两种情况：

第一种是在铸造速度较高时，液穴加深，如果液穴底部延伸到结晶器之外，则铸造速度愈大，形成中心裂纹的倾向性愈大。因此在这种情况下，位于结晶器之外的液穴底部，由于周边金属已凝固，后凝固的中心层收缩困难，形成拉应力。这种拉应力是中心裂纹产生的原因。

第二种是铸造速度低，液穴底部在结晶器里，铸造速度愈小，则结晶器内液穴底部位置愈高，铸锭表面产生裂纹的倾向性愈严重。这是由于铸锭的凝固收缩，铸锭表面与结晶器内壁形成空隙，表层不断被液穴金属熔体加热，当脱离结晶器时被二次水急剧冷却，表层急剧收缩而受到已凝固的内层阻碍，在表面产生拉应力。这种应力是产生表面裂纹的主要原因。

（3）对表面质量的影响。

随着铸造速度的增加，液穴变深，铸锭凝固壳变薄，偏析浮出物的倾向性增大。偏析物易与器壁接触，使铸锭表面形成拉痕，严重时被拉裂，但是铸造速度过慢，将造成冷隔的产生和发展，而产生横向裂纹。

总之，根据铸造速度对铸锭质量影响的规律，对于铸造大截面的圆铸锭，为了提高铸锭的致密度，降低裂纹倾向性，应该采用低速铸造。对于结晶范围窄的合金，在保证表面质量和不出现裂纹的前提下，应采取高速铸造。对于方铸锭来说，铸造速度的选择应以不出现裂纹为准。

16.3.3 铸造温度对铸锭质量的影响

铸造温度通常指静置炉中的金属熔体温度，显然，这一温度首先应保证金属熔体从静置炉通过铸造系统，在注入结晶器前具有必须的流动性，更不能出现结晶。

提高铸造温度，会增加形成柱状晶组织的倾向性，同时会使凝固壳变薄。增加铸锭表面偏析浮出物的数量，也会导致产生裂纹的倾向性增加。

铸造温度过低，不仅影响金属的流动性，促使冷隔的形成，而且还会导致体积顺序结晶，造成铸锭组织不均一而降低铸锭的力学性能。另外，由于铸造温度过低，流动性差，使排气补缩条件恶化,将造成铸锭的疏松、气孔、氧化膜夹渣等缺陷增多,而且还会促使初晶和金属间化合物的产生。

通常铸造温度的选择应该比合金液相线温度高 50 ~ 100℃。对于某些形成金属间化合物一次晶倾向较大的合金,铸造温度可以选择高一些;而对裂纹倾向性较大的合金,铸造温度可以选择低一些。

适当地提高铸造温度有利于排气排渣。由于金属液黏度小,有利于补缩,可减少疏松、气孔、夹渣和冷隔等缺陷,又能改善表面质量。实际上铸造温度每提高 30℃,液穴内温度平均仅能提高 1 ~ 2℃。可见,在液穴内熔体温度虽然提高不大,但对铸锭组织和缺陷的影响却很关键。

16.3.4　结晶器内的液面高度对铸锭质量的影响

除了以上三个参数对铸锭质量有重要的影响外,结晶器内的液面水平高度对铸锭质量影响也很大。

通常结晶器的有效高度就是指金属液面的水平高度,这个高度决定了一次冷却的接触面积。结晶器增高,就使一次冷却范围扩大,二次冷却推迟;结晶器降低,则一次冷却范围缩小,二次冷却提高。

很显然,降低结晶器高度,由于直接二次水冷提前,使冷却速度增大,金属的平均力学性能提高,同时有利于消除圆铸锭的表面裂纹。相反则可能导致其他类型裂纹的产生,还可能造成表面冷隔等缺陷。

提高结晶器的有效高度,可使器壁与凝固壳间的接触面积、摩擦阻力增加,易出现拉痕和拉裂,也容易引起产生表面偏析瘤等缺陷,还可使镁合金的金属间化合物的尺寸和数量增多。

16.4　铸造工具

用半连续铸造法生产变形镁合金的铸造工具,按其作用可分为三类:

(1) 铸锭成型工具:包括结晶器、水冷系统和底座。

(2) 液流转注和控制工具:包括转注用虹吸管、流槽、流管和大钎子等。

(3) 操作工具:清渣用的渣刀、渣铲和锤子等。

其中,铸锭成型工具、转注工具和控制工具对铸锭质量有很大影响,应予以重视。

16.4.1　结晶器和冷却装置

16.4.1.1　结晶器和冷却装置及底座

半连续铸造所使用的锭模称为结晶器或冷凝器,它是铸锭成型的主要工具。它的结构仅仅决定了铸锭的形状和尺寸,而且在很大的程度上影响着铸锭的内部质量、表面质量和裂纹倾向性等。圆铸锭结晶器是由外套和内套两部分组成,如图 16-6 所示。其结构形式和铝合金相同,但比铝合金用结晶器高。结晶器的规格见表 16-3。

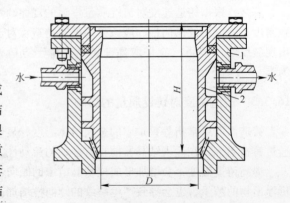

图 16-6　圆铸锭用结晶器
1—结晶器外套;2—结晶器内套

表 16-3　镁合金圆铸锭用结晶器尺寸

结晶器直径/mm	100	200	350	405	482	550	690
结晶器高度/mm	130	130	145	145	200	200	250
向铸锭供水角度/(°)	30	30	30	30	20	20	20

当铸造热裂纹倾向性较大的合金的大直径铸锭时，建议采用较高的结晶器，且应带较小的供水角度。

无论是圆铸锭还是扁铸锭用的结晶器，其内表面粗糙度应尽可能低，为了减小摩擦阻力，要求内套表面粗糙度在 $1.6\mu m$ 以下。粗糙度越低，铸锭表面质量越好。

扁铸锭结晶器一般是用厚度为 10mm 的紫铜板在两端对焊而成。由于镁合金扁铸锭尺寸较小，且铸锭冷裂纹倾向性较小，故不采用端头小面带缺口的结晶器。因为这种结晶器操作不便，尤其是对熔态金属直接见水有爆炸危险的镁合金，更不宜采用。

扁铸锭结晶器直接安在冷却水箱上，水箱上钻两排 4~6mm 水孔，与铸锭表面分别成 90°和 45°角，水孔间隔 10mm。为保证水压正常，进水孔面积应比出水孔总面积大 25%，并在水箱宽面下方设一挡水板，挡水板和结晶器下缘有一均匀间隙，以保证见水线位置和铸锭表面能同时见水。扁铸锭的结晶器尺寸如表 16-4 所示。水箱结构见图 16-7，扁铸锭结晶器见图 16-8。

表 16-4　扁铸锭结晶器尺寸

铸锭规格 /mm×mm	结晶器尺寸/mm				小面弧/mm	
	宽度	厚度	高度	锥度 （上口比下口）	R_1	R_2
200×800	806	206	250	小 2~3	50	250
200×800	806	206	300	大 0~2	50	250

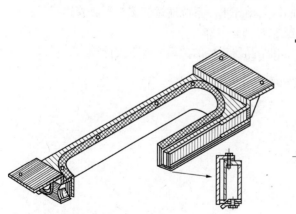

图 16-7　扁铸锭用水箱示意图

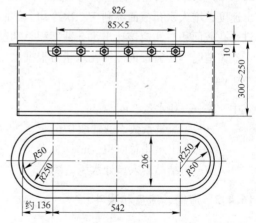

图 16-8　铸造镁合金扁铸锭用结晶器示意图

底座与锭模的底作用一样，在半连续铸造中它还有引锭下降、支承铸锭重量、与铸造机平台连接的作用。制作底座材料的要求：导热性好、耐急冷急热性好、质轻、耐腐蚀性好。镁合金方锭底座一般采用铸铁制作。底座断面尺寸应比结晶器下缘尺寸小 1%~2%。镁合金一般不易裂纹，可以采用平底座。

（1）材料的选择。内套材料应具有高的导热性、良好的耐磨性和足够的强度，通常采用

2A50 和 2A11 等铝合金锻造毛料经淬火后加工而成。

　　铸造过程中，内套内表面与高温熔体接触，而内套的外表面与冷却水接触，这就使内套不可避免地受到一定的应力作用，同时还受冷却水压力和熔体静压力的作用。因此内套厚度的确定是在保证有较小的热阻力的原则下，应具有足够的强度，内套壁厚通常为 8～10mm。

　　（2）结构。直径小的铸锭，结晶器内表面一般可加工成圆筒形。大直径铸锭，内套的内表面距上口 20～50mm 的距离内，要加工成高为 30mm 的锥度区，其锥度为 1∶10。这种结构形式可保证金属液面维持在锥度区里，使铸锭和内套壁之间先形成空气隙，以降低结晶器上端铸锭外层的冷却强度，有利于减少或消除冷隔，同时还能防止拉裂和悬挂。

　　大直径的结晶器内套外表面车成双纹螺旋筋，作为一次冷却水的导向板，这样可以提高水的流速，使一次水冷均匀，也可提高结晶器的刚度和强度，减少内套发生翘曲。小直径结晶器可不采用此种形式。

　　（3）主要尺寸。结晶器的高度对铸锭质量的影响，在前节已介绍过。目前采用的结晶器高为 130～250mm，结晶器下缘直径的尺寸可用下式确定：

$$D = (d + 2\delta) \times (1 + \alpha) \tag{4-1}$$

式中　D——内套下线直径，mm；

　　　d——铸锭规格（即铸锭名义尺寸），mm；

　　　δ——铸锭所需车皮厚度，mm；

　　　α——铸锭的线收缩率，%。

由于镁合金的线收缩率较小，在设计时 α 值可以忽略不计。

16.4.1.2　水冷系统

　　由内套和外套组合构成水套。内套外壁下沿的斜角与外套内壁下沿的小沟槽组成角度为 20°～30°的方形水孔，截面积为 3mm×3mm，间距为 7mm。减小水孔截面，能提高冷却水的喷出速度；增大水孔截面不利于二次冷却。结晶器与循环水冷系统通过管接头和胶管连接。一般进水孔截面积总和应该比出水孔截面积总和至少大 15%～25%。

　　铸造时，圆铸锭的冷却耗水量可根据水压和结晶器直径的关系，按下式计算：

$$W = \mu F \sqrt{2p} \tag{4-2}$$

式中　W——耗水量，m^3/s；

　　　μ——流量系数，通常取 0.6；

　　　F——出水孔总面积，m^2；

　　　p——结晶器入口处水压，MPa。

16.4.2　流槽、流盘和漏斗

16.4.2.1　流槽

　　流槽是金属的铸造工具之一，它是用 3～5mm 的钢板焊成。流槽和铸铁流眼紧密地结合在一起，预防镁合金液体沿结合缝隙流到外面。

16.4.2.2　流盘

　　流盘是流槽长度的延续，是为了保证镁合金液体沿流盘各分支或流眼均匀地流入各结晶器内。为防止降温还应进行底部加热，而且流槽和流盘上面需环绕 SO_2 气管。流盘和流槽搭接处采用石棉泥或硅酸铝纤维毡封闭，预防金属液体外流。为了防止二次污染，采用同水平铸造法是一项可行的最佳办法，它还能增强 SO_2 的保护作用。

16.4.2.3 漏斗

漏斗是合理分配液流的重要工具。通过分配漏斗控制液穴形成和深度，改变熔体结晶组织和表面质量。

对漏斗的基本要求是：使熔体能均匀地供给到铸锭的整个截面，并且能使熔体供给到靠近结晶前沿温度梯度比较大的部分；使铸锭能获得均一的结晶条件，从而能得到组织均匀的铸锭。镁合金的漏斗可用铁或不锈钢制作。各种规格圆铸锭铸造时使用的漏斗直径按表 16-5 选取。

表 16-5　圆铸锭使用的漏斗规格　（mm）

铸锭直径	350	405	482
漏斗直径	140	160	180

16.5　镁合金的铸造设备

半连续铸造是目前国内外广泛采用的一种铸造方法。直接水冷半连续铸造可分为立式和卧式两种，其中以立式半连续铸造应用最普遍。

立式半连续铸造机按机械传动方式有如下几种：辊式铸造机、液压式铸造机、丝杆式铸造机、链带式铸造机、钢绳传动式铸造机。

辊式铸造机是利用两个辊子把铸锭从结晶器中拉出来，通过改变辊子的转速可调节铸造速度，这种铸造机简单，铸造速度稳定。但每次只能铸一根，生产效率低。

液压式铸造机的优点是可以任意调节速度，但是结构复杂，铸锭长度受活塞行程限制，一般不超过 3m，而且活塞下降速度易随铸锭质量增加而不断加快，难以保证铸造工艺要求。

丝杆式铸造机运行平稳，但制造、安装和维护都很复杂，尤其是丝杆、螺母易磨损，更换十分麻烦。

钢丝绳传动式铸造机的特点是运行较平稳、结构简单、造价便宜，其流槽可以靠近流口，铸造系统降温小，铸锭长可达 6m，因此现在中小加工厂普遍采用这种铸造机。

钢丝绳铸造机的缺点是钢丝绳损坏较快，需要经常更换。一旦钢丝绳突然断裂，平台就会坠落或摔坏，而且四根立柱一旦受力发生弯曲很不易调整。

对于镁合金的立式半连续铸造机，不论选择哪种型号和种类，都要把平台上的螺母处、滑轮处用铁板保护起来，预防跑溜时将螺母或钢丝绳烧坏。

16.6　镁合金铸造流程和操作

工业上所采用的各种铸造方法，其中以连续和半连续直接水冷铸造法最佳，并且在有色金属加工工业中得到最普遍的应用。本节叙述的就是有关此铸造方法的内容。

铸锭废品的产生在很大程度上是由于操作不当造成的，因此从事熔铸工作的工程技术人员和工人，必须认识到决定铸锭质量的关键是工艺制度，同时也要遵守具体的操作规程。

镁合金典型的铸造工艺流程是：铸造前的准备→开头→水平控制→打渣→收尾。

16.6.1　铸造前的准备

由熔炼炉将熔体金属输送到静置炉的过程称为转炉或倒炉，也可称为出炉。

转炉这一工序，看起来很简单，但实质上影响着铸造的产品质量，因此在生产中出现了许多转炉方法。为解决吸气和氧化夹渣废品，较普遍地应用流管转炉法。

流管转炉法是根据熔炼炉和静置炉的落差产生的液体静压力，使液体经流眼、沿流槽和流管进入静置炉的方法。在这一过程中要用硫黄粉或熔剂保护液体表面，还要保证金属满管流动，以使流槽内的熔体平稳地流动。

此外，转炉方法还有虹吸转炉法、充氮增压转炉法、磁力泵和离心泵转炉法。上述方法由于操作和装置都比较复杂，应用的较少，在此不再介绍。

在转炉时要控制温度，避免在静置炉重新升温。控制的温度一般比铸造温度高10℃，这是因为在静置炉还需精炼、扒底渣，这些工艺过程都要引起降温。镁合金的静置温度和静置时间很重要，必须有利于渣子有充分的时间沉淀。

铸造前按所需要的铸锭规格，选择并安装结晶器和SO_2管等之后，再将排烟罩罩好，连接SO_2胶管。应当指出的是漏斗需在工具加热炉内事先加热。

16.6.2　铸造

未打开流口之前，先打开冷却水阀，调好压力，把SO_2阀打开，使之充满排烟罩，然后打开排风机，此后，将流口打开。有落差的流盘，先把各落差点用金属封闭，然后各槽同时打开小流眼向槽内放入金属。如果用同水平流盘，则要把金属液面保持适当的高度之后再打开小流眼。底座上流入液体金属则要迅速用预热好的渣刀将液体金属扒平，并打出氧化渣，待液面快达到金属水平高度时，放入预热好的漏斗，继续注入金属液体，同时开车。通常金属液体流入槽内一定高度时，先开车少许，让槽内液面水平稍稍下降，可避免悬挂。

16.6.3　金属液面的水平控制

结晶器内的金属液面应该控制平稳，因为它直接影响铸锭的表面质量，失控严重者可能造成铸锭的报废。液面的水平面控制是操作者的基本操作技能。

最初注入金属液体时，应该使液面慢慢上升，供流不要过快，控制到适当位置即可。一旦液面高了，要缓慢地降，但要避免液面过低，过低会产生冷隔或漏镁现象，严重的可能引起裂纹。

16.6.4　打渣

金属液面铺满底座时，应及时打渣。渣刀不要过于搅动金属，动作要轻而快。

铸造过程中，只要氧化夹渣或者氧化膜没有卷入金属中，就不要打渣或搅动金属表面。

16.6.5　铸锭收尾

铸造完了，要及时取出漏斗，浇口部不要再打渣，一直到铸锭凝固完才能停止供给SO_2，然后将排烟罩拿走，卸掉SO_2管和流盘及冷凝槽，开车上升到能捆钢丝的高度为止，趁热写上合金牌号、炉号、熔次号、铸锭号，然后将铸锭吊出。

16.7 工频炉浇注工艺流程

镁合金熔炼和铸造用工频感应炉、电阻炉与单丝杠铸造机配合，已用于生产，并取得明显的效果。在此介绍成熟的工艺。

利用工频炉进行熔炼，生产能力可达 0.3t/h，而且合金转组也不必洗炉。工频炉通电之后能产生强烈的涡流搅拌作用，利用搅拌作用能保证成分的均匀性。在工频感应坩埚内已熔制完的成分符合标准的镁合金液体处于密封状态下，当通入压缩空气压力为 0.2～0.3MPa 就可以使液体沿铸造管转入电阻坩埚内，并进行精炼。精炼制度如表 16-6 所示。各种镁合金的静置制度见表 16-7。

表 16-6 坩埚生产镁合金精炼制度

合金牌号	精炼温度/℃	精炼剂用量/kg·t^{-1}
AZ40M、AZ41M、AZ61M、AZ80M	740～750	7
M2M、ME20M、ZK61M	740～750	10
二级料	740～750	10

表 16-7 各种镁合金的静置制度

合金牌号	静 置 温 度	静置时间/min	
		电阻炉	工频炉
所有合金	精炼终温度至铸造温度上限	100	100
复化料	730～750℃	60	60

静置之前要密封坩埚炉盖、铸造管和通压缩空气管，调整铸造管出口的水平高度，此时按表 16-7 所示的静置制度开始静置，然后通电保持铸造管处于赤红状态。当结晶器和底座安装调整好之后，摆好二氧化硫管，罩好排烟罩。铸造前一切准备工作完成之后，先停通铸造管的电，然后给水，打开二氧化硫阀门，启动排烟机，再往坩埚内通入一定风压。当金属液体进入结晶器时，要缓慢调整风压，适当控制流量并及时打渣，要防止将渣子从漏斗孔眼挤出。

在铸造过程中一般不必打渣，铸造终了时二氧化硫阀门不可关闭太早，以避免铸锭口烧渣。铸锭在结晶器中下降至距下口 10～20mm 时停车，结晶终了再脱槽，然后停水，启动操作台，在铸锭上打上炉号、熔次、根号和合金牌号。

16.8 铸锭的机械加工

镁合金铸锭必须切除浇口和底部，并锯切成符合生产要求尺寸的坯料，并经车、铣把铸锭表面的缺陷清除，以便外观检查和压力加工。

镁合金具有良好的切削性能，在锯齿上的单位压力为 250～400MPa；合金导热性能高（导热系数为 0.18～1.50J/(cm·s·℃)）；硬度为 45～75HB。

镁合金铸锭允许高速切削，在切削加工时，不采用水或乳液冷却，通常用压缩空气冷却。

通常，镁合金铸锭的锯切采用高速钢作为切削工具，车刀选用前角 15°～30°、后角 10°、锐角 60°～75°为宜。镁合金铸锭的锯切制度见表 16-8，镁合金圆铸锭的车皮制度见表 16-9。

表 16-8　铸锭锯切制度

铸锭规格/mm×mm 或 mm	锯盘转速/r·min⁻¹	锯切速度/r·min⁻¹	锯盘前进速度/r·min⁻¹
φ350	13.5	60.6	280
φ482	13.5	60.6	245
200×800	408	1700~1830	1370~1840
260×960			

表 16-9　镁合金圆铸锭车皮制度

铸锭直径/mm	350	405	482
车皮速度/m·min⁻¹	688	830	916
每道次车削深度/mm	7.5	7.5	7.5

复习思考题

1. 基本概念：半连续铸造、铸造速度、铸造温度、冷却强度、结晶器内液面高度。
2. 简述镁合金铸造特点。
3. 简述镁合金铸造的基本参数及对铸锭质量的影响。
4. 简述镁合金铸造工具及设备。
5. 简述镁合金铸造流程和操作过程及注意事项。

17　镁合金铸锭的均匀化退火

大多数镁合金铸锭在压力加工前要进行均匀退火（简称均热火），即将铸锭在高温下进行长时间加热，以便获得比原有铸造状态更均匀、更稳定的组织，增加合金在冷加工和热加工时的塑性，并使制品获得所希望的性能。

17.1　均匀化的目的

铸锭均热处理的目的是消除铸锭的化学成分和组织的不均匀性，进而改善铸锭的压力加工工艺性能以及制品的某些最终性能，同时消除铸锭的残余应力。

工业生产的合金铸锭，特别是半连续铸造的铸锭，由于冷却速度快，在凝固时会产生不平衡结晶，因此表现出：

（1）晶粒内部的化学成分不均匀。

（2）合金的开始熔化温度降低，这是由于在合金的局部区域，即最后凝固的局部区域，结晶粒边界出现的低熔点物造成的。

（3）合金在非平衡结晶时，固溶体的溶解度曲线发生偏移。在平衡状态下的单相成分的合金可能出现非平衡的第二相，而两相合金中第二相的数量增多。

（4）在固溶体内某些扩散速度很慢的元素，在此时其浓度会超过平衡结晶时的极限浓度。

根据上述表现可知，半连续铸锭组织多是非平衡状态结晶的，其组织和性能往往发生一些反常变化，影响制品的质量和性能。如果进行均匀退火就会产生如下好处：

（1）提高铸锭的塑性，改善工艺性能。

（2）减少轧制和挤压制品的异向性。

（3）提高制品的抗腐蚀性能。

（4）消除铸锭的残余应力。

17.2　均匀化退火工艺制度

均匀化退火对于半成品的生产具有较大的意义，但它并不是一项必须进行的工序。因为均匀化退火后，将使制品的强度降低，因此对要求高强度的制品均热是不利的。另外投资、耗电都大，还使铸锭表面质量变差。半成品是否需均热，必须根据工厂和用户的实际情况而定。

表 17-1 和表 17-2 列出了工业生产中经常采用的镁合金圆铸锭及扁铸锭的均匀化退火制度。

表 17-1　镁合金圆铸锭均匀化退火制度

合金牌号	铸锭种类	制品种类	金属温度/℃	保温时间/h
AZ80M、AZ40M、AZ61M	实心、空心	所有	390 ~ 405	18
AZ41M	实心、空心	所有	385 ~ 425	14
M2M、ME20M	实心、空心	所有	410 ~ 425	12
ZK61M	实心、空心	所有	375 ~ 390	12

表 17-2　镁合金扁铸锭均匀化退火制度

合金牌号	铸锭厚度/mm	制品种类	金属温度/℃	保温时间/h
AZ40M	200	板材	410~420	18
AZ41M	200	板材	400~420	18
AZ61M	200	板材	390~405	18
AZ80M	200	板材	390~405	18
ZK61M	200	板材	360~380	10

复习思考题

1. 基本概念：均匀化退火。
2. 简述均匀化退火的目的。
3. 简述镁合金均匀化退火制度。

18 镁合金铸锭的质量检查和常见缺陷及防止方法

18.1 铸锭质量检查内容

18.1.1 扁铸锭检查项目

（1）化学成分。

（2）尺寸偏差。

（3）表面质量检查：包括裂纹、冷隔、偏析浮出物、拉裂等项目的外观检查等，要求符合标准。

（4）铸锭在铣面之前，均取试片进行低倍、熔剂腐蚀、氧化夹渣及锰偏析检查。

（5）铸锭在铣面之后，均在锭坯表面进行检查，不允许有裂纹夹渣、疏松气孔等缺陷。

（6）铸锭经熔剂腐蚀检验合格后，将合格锭坯先铣面，然后进行探伤，检查各种夹渣和裂纹。

18.1.2 圆铸锭检查项目

（1）化学成分。

（2）对于不车皮的铸锭，其表面质量必须符合相关标准。

（3）车皮后的锭坯，表面不允许有裂纹、疏松气孔、冷隔、夹渣等缺陷，粗糙度应符合一定要求。

（4）空心锭一律镗孔，粗糙度应符合要求。

（5）所有铸锭一律从每一根铸锭底部和头部切取低倍试片，检查有无裂纹、夹渣及各种组织缺陷。重要用途的铸锭，要求从每一个锭坯两端切取低倍试片检查，并辅之以断口检查和工艺试样断口检查。

（6）车皮后的铸锭应按标准进行探伤检查。

18.2 常见缺陷及防止方法

镁合金和铝合金一样，经常出现的裂纹有两种类型，即热裂纹和冷裂纹。在镁合金中，热裂纹倾向性较大，而冷裂纹只在 ME20M 和 AZ80M 合金铸锭中发生，且亦少见。

18.2.1 冷裂纹

造成冷裂纹的基本原因是当铸锭冷却到低于不平衡固相线温度以下时，由于铸锭收缩困难而造成的，也就是取决于当时铸锭的内应力大小和塑性的高低。铸造应力一般可分为热应力、相变应力和收缩阻力三类。

在连续铸造条件下，镁合金的相变应力很小，主要是热应力和收缩阻力两类。由于铸锭外形简单，结晶器对铸锭收缩的阻力较小，只有在铸锭底部和底座接触的部位才有较大的收缩阻力。铸锭内部各层间的阻力，是由于收缩时间不同步和收缩系数大小不一致而造成的。收缩阻

力虽是不可避免的，但它在一定范围内是可调整
的。因此，冷裂纹取决于在固态时铸锭内部热应
力的大小和塑性的高低。铸锭的塑性一般用其伸
长率δ来表示。

形成热应力的原因是由于铸锭内外各层间
的收缩时间不同步，收缩系数不一样所致。例如
ZK61M 合金 ϕ530mm 的圆铸锭，各层的冷却曲
线见图 18-1。由图可知，当铸造速度为 33.6cm/
min 时，在铸锭横截面上，各部分的冷却速度相
差很大；在铸锭中心部分，其平均冷却速度为
48℃/min，而外表层则为 58℃/min，这几种冷
却速度不同步必然导致收缩系数不一样，冷却速
度愈大，收缩系数也愈大；另外各层收缩的时间

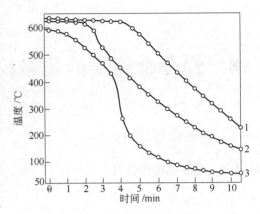

图 18-1　ZK61M 合金 ϕ530mm 铸锭的冷却曲线
1—中心部位；2—1/2 半径处；3—表皮部位

也不同步，铸锭表皮先收缩，中心部分后收缩。这样先收缩的冷却速度大，后收缩的冷却速度
小，这就形成了铸锭内部的热应力。

此外，如果外加的冷却不均和熔体的金属进入不均，就更加剧了铸锭收缩的不均匀性，也
将使热应力加大。

在铸态时，如果铸锭本身的塑性较低，则在较大热应力的作用下，将形成冷裂纹。

热应力的大小除与线膨胀系数 α 及温差有关外，还与合金本身的弹性模量有关。由于镁合
金的弹性模量小（$E = 45000$MPa），在镁合金铸造过程中所允许的结晶速度较低，所产生的热
应力一般较小，故其冷裂纹出现的几率较小。

18.2.2　热裂纹

在结晶温度区间内收缩困难是造成热裂纹的首要因素。合金在给定条件下，一切能缩小脆
性区温度范围、减小脆性温度区内收缩困难的因素，都有利于减小热裂纹倾向性（简称热脆
性）。

估价一个合金的热裂纹倾向性大小可根据其脆性区内塑性 δ 和线收缩 ε 的大小来判断，即
根据温度-塑性关系图，可以明确知道其脆性区大小和该区内塑性的高低。

当脆性温度区内的 δ 大于 0.5% 时，热裂纹倾向性很小，几乎不产生热裂纹。当脆性区内
的 $\delta = 0$ 时称为绝对脆性区，这时裂纹是难以避免的。因此，合金固液区内塑性的大小是衡量
一个合金的热脆性大小的重要指标。

合金脆性区的上限等于或小于固液区的上限，其下限则和固液区的下限重合，有时甚至低
于其下限。

化学成分和许多的工艺因素对裂纹倾向性都有影响，简述如下。

18.2.2.1　化学成分（包括变质剂）对裂纹倾向性的影响

实验证明，一切能使晶粒细化的因素，都会降低给定合金脆性区的上限，相对缩小脆性区
的温度范围。因为晶粒愈细，愈趋近等轴晶，则愈有利于晶间形变，减少结晶时的收缩阻力。
例如，在镁合金中（Mg + 4.5% Zn），加入 0.8% Zr 后，其固相线由 344℃提高到 550℃，脆性
区减少了 206℃。可见变质剂 Zr 既细化了晶粒，同时又将脆性区缩小了 25 倍。如果在此合金
中再加入 1% La，其固液区的伸长率 δ 提高到 0.7%，这样合金就不会产生热裂纹，可见化学

成分对热裂纹的影响是如此之大。Mg-Zn-Zr 系合金的温度-塑性关系见图 18-2。由图 18-2 可见，在 Mg + 4.5% Zn 合金中加入变质剂 Zr 后，不但减小了脆性区，同时降低了固液区内的线收缩和提高了固液区内的塑性，这三者都有利于消除热裂纹。Mg-Zn 系合金只有在加入 Zr 后，才有了工业价值。

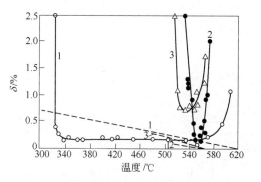

图 18-2　Mg-Zn-Zr 系合金结晶区内
温度与塑性的关系
（虚线为 ε,%）
1—Mg + 4.5% Zn；2—Mg + 4.5% Zn + 0.8% Zr；
3—Mg + 4.5% Zn + 0.8% Zr + 1% La

另外，在 Mg + 4.5% Zn + 0.8% Zr 合金中，再加入 1% La，使固液区内的塑性由原来的 0.2% 提高到 0.7%，使它变成了无脆性区的合金。La 的作用就在于它急剧地增大了合金中的共晶量。凡是增大共晶量的组元，都会提高固液区内的塑性。因此，影响合金的热脆性，尤其是加入少量的组元就可增加更多共晶量的因素，将明显减小合金的热脆性。增大共晶量，直接影响晶界液膜的厚度。晶界液膜愈厚，愈便于晶间形变而不受阻，也就是液膜愈厚，更适应晶间形变。另外，随共晶量的增大，将大大改善补缩条件和裂纹改善条件。

共晶量和裂纹倾向性，二者并不是简单的直线关系，当共晶量小于某一极限，裂纹倾向性小；当增加到某一范围时，裂纹倾向性为极大；如再继续增加，裂纹倾向性又逐渐变小，一直到零。很显然，共晶量在数量上有一个区间，在此区间内裂纹倾向性最大，我们将这个区的共晶量称为临界共晶量。避开临界共晶量，则可避开裂纹峰。有些人认为，临界共晶量是在 3% ~4%，而另一些人则认为是在 12% ~15%，显然，这是计算基础问题，但都承认了这一区间的存在。图 18-3 示出了 Mg-Zn 系镁合金结晶区内温度与塑性的关系。

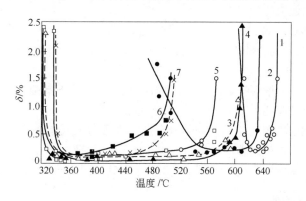

图 18-3　Mg-Zn 系镁合金结晶区内温度与塑性的关系
1—含 1% Zn；2—含 3.0% Zn；3—含 4.5% Zn；4—含 6% Zn；5—含 8% Zn；6—含 12% Zn；7—含 14% Zn

18.2.2.2　工艺因素对热裂纹的影响

（1）结晶速度的影响。不同冷却速度对镁合金脆性区大小及在该区内塑性的影响见图 18-4。由图可见，铸锭结晶时，随冷却速度加大，减小了脆性区的范围，且提高了固液区的塑性，有利于减少热裂纹。

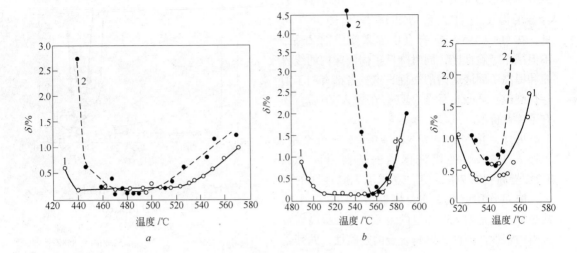

图 18-4　不同冷却速度对镁合金脆性区及塑性的影响

a—Mg-0.8%Al-0.5%Zn-0.3%Mn；b—Mg-4.5%Zn-0.8%Zr；

c—Mg-4.55%Zn-0.8%Zr-1%La

1—结晶时慢冷；2—结晶时快冷

（2）熔体过热和晶粒粗化对裂纹的影响。铸锭的晶粒粗细将影响脆性区的大小，晶粒粗化者，其脆性区范围也较大。当合金熔体过热时，将使晶粒粗化，因此，也将使脆性区加大。

另外，晶粒形状也对脆性区和固液区内塑性的大小有影响。柱状晶的脆性区较大，而且其固液区内的塑性也较低。

熔体过热使晶粒粗化，在本质上影响脆性区大小和固液区内的塑性。这一点在铝合金固液区性质图中有充分的证明。

（3）铸造工艺参数对热裂纹的影响。铸造速度、铸造温度、水冷强度和铸锭的形状及尺寸，都直接影响铸锭的结晶速度。而结晶速度的大小直接影响铸锭的应力、脆性区间和固液区内塑性的大小。

在镁合金铸造时，当增大铸造速度时，就不应当同时增大冷却强度，如二者同时不适当地增大，将增大热裂纹倾向性。

镁合金热裂纹倾向性较大，其裂纹的分布形式主要与工艺条件有关。有些合金如 ZK61M 合金扁铸锭，需要在冷却带调整冷却量，以适应合金的铸造性。镁合金扁铸锭中，常见的几种裂纹形式有表面裂纹和发状裂纹，都属于热裂纹。因其成因不同，解决方法也不同。

18.2.3　镁合金铸锭的偏析

镁合金铸锭中成分的偏析和铝合金相似，也可以分为晶内偏析和区域偏析（或称带偏析）。

18.2.3.1　晶内偏析

枝晶内的化学成分不均匀性称为晶内偏析，在镁合金中如 Mg-Zn-Zr 系，其枝晶轴皆含有更多的难熔组元锆。

晶内偏析可通过组织均匀化来减少或消除，晶内偏析程度的大小取决于结晶速度和成分均布系数。

18.2.3.2 区域偏析

合金铸锭各部分化学成分不均匀性称为区域偏析，在镁合金中，区域偏析有两类，易熔组元反偏析和形成金属间化合物组元的正偏析。

含铝和锌的镁合金铸锭中，此二元素经常是呈反偏析。其反偏析值一般不超过合金化组元平均含量的15%。

锰和锆形成一次晶，聚集在液穴底部，这类组元呈正偏析。

当强制搅动液穴内熔体时，可以改变易熔组元的偏析特征，这时铝和锌发生正偏析，而形成金属间化合物的组元偏析特征不变。

稀土元素：La、Nd 和 Ce，当其含量超过1%后，在铸锭中发生正偏析。偏析机理和铝合金相似。

18.2.4 镁合金铸锭的缺陷和废品

镁合金铸锭中，常见的缺陷和废品有裂纹、熔剂夹渣、氧化夹杂、金属中间化合物、气孔和冷隔（成层）等缺陷。此外，还有羽毛状晶（扇形晶）的缺陷，它可由宏观试片或打断口显示出来，在轧制和自由锻造时，可能引起铸锭的断裂。原则上出现的扇形晶不算废品。

18.2.4.1 裂纹

铸锭中明显的裂纹作废品处理，超过铸锭表面铣削量的发状裂纹应予以报废。

18.2.4.2 冷隔

冷隔是由于铸造速度慢、铸造温度低、金属在结晶器中液面控制不稳、铸造漏斗选择不当、结晶器锥度不合理和结晶器斜置等原因造成的。

其防止方法是采用液面自动控制，适当地加大铸造速度和提高铸造温度。如果由于增大铸造速度和提高铸造温度，而引起热裂纹时，则可适当地提高结晶器高度，就可得到既无冷隔又无裂纹的铸锭；或者增大结晶器锥度，以减少铸锭表皮导热来防止产生冷隔。

18.2.4.3 带状气孔

带状气孔缺陷是由成片分散的微气孔所组成的。它经常出现在 AZ41M 合金扁铸锭的大面上，有时和冷隔伴生。此缺陷较难显现，铸锭铣面后，在有带状气孔的地方，以亮点形式出现，需要有一定的经验才能发现。

有带状气孔的铸锭，轧制时在板材表面将出现成串的拉裂和孔洞。在这些地方，不易氧化上色，因此将不利于阳极氧化保护。

带状气孔是体积结晶发展的结果，搅动液穴中熔体，或个别地带金属补充不足时容易产生。带状气孔一般只在细晶铸锭上发生。在研究其显微组织时，发现带状气孔大量产生于晶粒边界，它降低铸锭力学性能，同时可能因此引起铸锭裂纹。

18.2.4.4 熔剂夹渣

熔剂夹渣是镁合金中最危险的隐患，因为它可能成为制品断裂的根源。

熔剂夹渣是因熔炼、精炼工艺过程不合理，熔剂选择不当和熔体过热引起的。当工艺过程合理、精炼和覆盖剂选择合适时，熔剂夹渣废品一般不超过百分之几。这类缺陷在 ME20M 合金中最多，ZK61M 合金次之，而在 AZ41M 合金中最少。熔剂夹渣与精炼熔剂的组成有密切的关系，采用五号熔剂时，几乎消除了 ME20M 合金中的熔剂夹渣废品。

18.2.4.5　氧化夹杂

氧化夹杂缺陷实际上是薄膜状 MgO，伴有 MgO·MgS 和部分金属间化合物混合而成的，在试片断口上呈球状。此缺陷是由于工艺不完善或不正确引起的。当采用五号熔剂时，铸锭中的氧化夹杂可大大减少。

18.2.4.6　金属间化合物

金属间化合物的产生机理和铝合金相似。金属间化合物的相组成，因合金不同而异。在 ME20M 合金中主要是 β-Mn 一次晶，其中可以溶解总和为 2% 的铁和铝。

ME20M 合金中，在金属间化合物聚集处，锰含量比基体高 2.5~7 倍。

影响 MB8 合金中金属间化合物一次晶的工艺因素有浇注温度、冷却条件、配料成分以及锰含量等，其中锰含量的影响较大。锰含量的临界值是 1.55%，在配料成分上希望合金中的杂质铁和铝均在 0.2% 以下。

必须指出，铁在 AZ41M 合金中基本的存在形式是进入含锰金属间化合物（呈固溶体），只有当铁含量大于临界值 0.02% 时，才出现个别的 $FeAl_3$ 相。当合金中的铁小于 0.005% 时，从未发现形成含铁的金属间化合物。

在金属间化合物聚集的地方，妨碍阳极氧化，同时含氧化铁处有被腐蚀的危险。

在 Mg-Zn-Zr 系合金中，化合物的主要成分为锆和锌。在化合物中，经确定含有 0.01%~0.19% Zr。当锆在 5% 以上时，形成的化合物为 ZnZr，它为四方形结构；当含锌量少时，则形成 Zn_2Zr_3。实际上，在工业生产的铸锭中未发现 Zn、Zr 化合物。

在镁合金中，化合物的鉴定皆通过断口检验，检验标准按有关规定执行。

复习思考题

1. 基本概念：冷裂纹、热裂纹、偏析、冷隔、熔剂夹渣、氧化夹渣。
2. 简述镁合金铸锭检查的主要内容。
3. 简述冷、热裂纹的特征，形成原因及其影响因素。
4. 简述镁合金铸锭的常见缺陷及防止或减轻措施。

附录 变形铝及铝合金化学成分及新旧牌号对照表

序号	牌号(新)	化学成分(质量分数)/%										牌号(旧)
		Si	Fe	Cu	Mn	Mg	Cr	Ni	Zn		Ti	
1	1A99	0.003	0.003	0.005	—	—	—	—	—	—	—	LG5
2	1A97	0.015	0.015	0.005	—	—	—	—	—	—	—	LG4
3	1A95	0.030	0.030	0.010	—	—	—	—	—	—	—	—
4	1A93	0.040	0.040	0.010	—	—	—	—	—	—	—	LG3
5	1A90	0.060	0.060	0.010	—	—	—	—	—	—	—	LG2
6	1A85	0.08	0.10	0.01	—	—	—	—	—	—	—	LG1
7	1080	0.15	0.15	0.03	0.02	0.02	—	—	0.03	Ga:0.03 V:0.05	0.03	
8	1080A	0.15	0.15	0.03	0.02	0.02	—	—	0.06	Ga:0.03 V:0.05	0.02	
9	1070	0.20	0.25	0.04	0.03	0.03	—	—	0.04	V:0.05	0.03	
10	1070A	0.20	0.25	0.03	0.03	0.03	—	—	0.07		0.03	L1
11	1370	0.10	0.25	0.02	0.01	0.02	0.01	—	0.04	Ga:0.03 B:0.02 V+Ti:0.02	0.03	
12	1060	0.25	0.35	0.05	0.03	0.03	—	—	0.05	V:0.05	0.03	L2
13	1050	0.25	0.40	0.05	0.05	0.05	—	—	0.05	V:0.05	0.03	
14	1050A	0.25	0.40	0.05	0.05	0.05	—	—	0.07		0.05	L3
15	1A50	0.30	0.30	0.01	0.05	0.05	—	—	0.03	Fe+Si:0.45	—	LB2
16	1350	0.10	0.40	0.05	0.01	—	0.01	—	0.05	Ga:0.03 V+Ti:0.02 B:0.05	—	
17	1145	Si+Fe:0.55		0.05	0.05	0.05	—	—	0.05	V:0.05	0.03	—
18	1035	0.35	0.6	0.10	0.05	0.05	—	—	0.10	V:0.05	0.03	L4
19	1A30	0.10~0.25	0.15~0.30	0.05	0.01	0.01	—	0.01	0.02		0.02	I4-1

续表

序号	牌号(新)	化学成分(质量分数)/%										牌号(旧)
		Si	Fe	Cu	Mn	Mg	Cr	Ni	Zn	①	Ti	
20	1100	Si+Fe:0.95		0.05~0.20	0.05	—	—	—	0.10	①	—	L5-1
21	1200	Si+Fe:1.00		0.05	0.05	—	—	—	0.10		0.05	L5
22	1235	Si+Fe:0.65		0.05	0.05	0.05	—	—	0.10	V:0.05	0.06	
23	2A01	0.50	0.50	2.2~3.0	0.20	0.20~0.50	—	—	0.10		0.15	LY1
24	2A02	0.30	0.30	2.6~3.2	0.45~0.7	2.0~2.4		—	0.10		0.15	LY2
25	2A04	0.30	0.30	3.2~3.7	0.50~0.8	2.1~2.6	—		0.10	Be:0.001~0.01②	0.05~0.40	LY4
26	2A06	0.50	0.50	3.8~4.3	0.50~1.0	1.7~2.3	—		0.10	Be:0.001~0.005②	0.03~0.15	LY6
27	2A10	0.25	0.20	3.9~4.5	0.30~0.50	0.15~0.30	—	—	0.10		0.15	LY10
28	2A11	0.7	0.7	3.8~4.8	0.40~0.8	0.40~0.8	—	0.10	0.30	Fe+Ni:0.7	0.15	LY11
29	2B11	0.50	0.50	3.8~4.5	0.40~0.8	0.40~0.8	—	—	0.10		0.15	LY8
30	2A12	0.50	0.50	3.8~4.9	0.30~0.9	1.2~1.8	—	0.10	0.30	Fe+Ni:0.50	0.15	LY12
31	2B12	0.50	0.50	3.8~4.5	0.30~0.7	1.2~1.6	—	—	0.10		0.15	LY9
32	2A13	0.7	0.6	4.0~5.0	—	0.30~0.50	—	—	0.6		0.15	LY13
33	2A14	0.6~1.2	0.7	3.9~4.8	0.40~1.0	0.40~0.8	—	0.10	0.30		0.15	LD10
34	2A16	0.30	0.30	6.0~7.0	0.40~0.8	0.05	—	—	0.10		0.10~0.20	LY16
35	2B16	0.25	0.30	5.8~6.8	0.20~0.40	0.05	—	—	—	V:0.05~0.15	0.08~0.20	LY16-1
36	2A17	0.30	0.30	6.0~7.0	0.40~0.8	0.25~0.45	—	—	0.10		0.10~0.20	LY17
37	2A20	0.20	0.30	5.8~6.8	—	0.02	—	—	0.10	V:0.05~0.15 B:0.001~0.01	0.07~0.16	LY20
38	2A21	0.20	0.20~0.6	3.0~4.0	0.05	0.8~1.2	—	1.8~2.3	0.20	—	0.05	214
39	2A25	0.06	0.06	3.6~4.2	0.50~0.7	1.0~1.5	—	0.06	—	—	—	225
40	2A49	0.25	0.8~1.2	3.2~3.8	0.30~0.6	1.8~2.2	—	0.8~1.2	—	—	0.08~0.12	149

续表

序号	牌号(新)	化学成分(质量分数)/%										牌号(旧)
		Si	Fe	Cu	Mn	Mg	Cr	Ni	Zn		Ti	
41	2A50	0.7~1.2	0.7	1.8~2.6	0.40~0.8	0.40~0.8	—	0.10	0.30	Fe+Ni:0.7	0.15	LD5
42	2B50	0.7~1.2	0.7	1.8~2.6	0.40~0.8	0.40~0.8	0.01~0.20	0.10	0.30	Fe+Ni:0.7	0.02~0.10	LD6
43	2A70	0.35	0.9~1.5	1.9~2.5	0.20	1.4~1.8	—	0.9~1.5	0.30	—	0.02~0.10	LD7
44	2B70	0.25	0.9~1.4	1.8~2.7	0.20	1.2~1.8	—	0.8~1.4	0.15	Pb:0.05 Sn:0.05 Ti+Zr:0.20	0.10	LD7-1
45	2A80	0.50~1.2	1.0~1.6	1.9~2.5	0.20	1.4~1.8	—	0.9~1.5	0.30	—	0.15	LD8
46	2A90	0.50~1.0	0.5~1.0	3.5~4.5	0.20	0.4~0.8	—	1.8~2.3	0.30	—	0.15	LD9
47	2004	0.20	0.20	5.5~6.5	0.10	0.50	—	—	0.10	—	0.05	
48	2011	0.40	0.7	5.0~6.0	—	—	—	—	0.30	Bi:0.20~0.6 Pb:0.20~0.6	—	
49	2014	0.50~1.2	0.7	3.9~5.0	0.40~1.2	0.20~0.8	0.10	—	0.25	③	0.15	
50	2014A	0.50~0.9	0.50	3.9~5.0	0.40~1.2	0.20~0.8	0.10	0.10	0.25	Ti+Zr:0.20	0.15	
51	2214	0.50~1.2	0.3	3.9~5.0	0.40~1.2	0.20~0.8	0.10	—	0.25	③	0.15	
52	2017	0.20~0.8	0.7	3.5~4.5	0.40~1.0	0.40~0.8	0.10	—	0.25	③	0.15	
53	2017A	0.20~0.8	0.7	3.5~4.5	0.40~1.0	0.40~1.0	0.10	—	0.25	Ti+Zr:0.20	—	
54	2117	0.8	0.7	2.2~3.0	0.20	0.20~0.50	0.10	—	0.25	—	—	
55	2218	0.9	1.0	3.5~4.5	0.20	1.2~1.8	0.10	1.7~2.3	0.25	—	—	
56	2618	0.10~0.25	0.9~1.3	1.9~2.7	—	1.3~1.8	—	0.9~1.2	0.10	—	0.04~0.10	
57	2219	0.20	0.30	5.8~6.8	0.20~0.40	0.02	—	—	0.10	V:0.05~0.15	0.02~0.10	LY19
58	2024	0.50	0.50	3.8~4.9	0.30~0.9	1.2~1.8	0.10	—	0.25	③	0.15	
59	2124	0.20	0.30	3.8~4.9	0.30~0.9	1.2~1.8	0.10	—	0.25	③	0.15	
60	3A21	0.6	0.7	0.20	1.0~1.6	0.05	—	—	0.10④	—	0.15	LF21
61	3003	0.6	0.7	0.05~0.20	1.0~1.5	—	—	—	0.10④	—	—	

续表

化学成分（质量分数）/%

序号	牌号（新）	Si	Fe	Cu	Mn	Mg	Cr	Ni	Zn		Ti	牌号（旧）
62	3103	0.50	0.7	0.10	0.9~1.5	0.30	0.10	—	0.20	Ti+Zr:0.10	—	
63	3004	0.30	0.70	0.25	1.0~1.5	0.8~1.3	—	—	0.25	—	—	
64	3005	0.6	0.7	0.30	1.0~1.5	0.20~0.6	0.10	—	0.25	—	0.10	
65	3105	0.6	0.7	0.30	0.30~0.8	0.20~0.8	0.20	—	0.40	—	0.10	
66	4A01	4.5~6.0	0.6	0.20	—	—	—	—	Zn+Sn:0.10	—	0.15	LT1
67	4A11	11.5~13.5	1.0	0.50~1.3	0.20	0.8~1.3	0.10	0.50~1.3	0.25	—	0.15	LD11
68	4A13	6.8~8.2	0.50	Cu+Zn:0.15	0.50	0.05	—	—	—	Ga:0.10	0.15	LT13
69	4A17	11.0~12.5	0.50	Cu+Zn:0.15	0.50	0.05	—	—	—	Ga:0.10	0.15	LT17
70	4004	9.0~10.5	0.8	0.25	0.10	1.0~2.0	—	—	0.20	—	—	
71	4032	11.0~13.5	1.0	0.50~1.3	—	0.8~1.3	0.10	0.50~1.3	0.25	—	—	
72	4043	4.5~6.0	0.8	0.30	0.05	0.05	—	—	0.10	①	0.20	
73	4043A	4.5~6.0	0.6	0.30	0.15	0.20	—	—	0.10	①	0.15	
74	4047	11.0~13.0	0.8	0.30	0.15	0.10	—	—	0.20	①	0.15	
75	4047A	11.0~13.0	0.6	0.30	0.15	0.10	—	—	0.20	①	0.15	
76	5A01	Si+Fe:0.40		0.10	0.30~0.7	6.0~7.0	0.10~0.20	—	0.25	—	0.15	LF15
77	5A02	0.40	0.40	0.10	或Cr:0.15~0.40	2.0~2.8	—	—	—	Si+Fe:0.6	0.15	LF2
78	5A03	0.50~0.8	0.50	0.10	0.30~0.6	3.2~3.8	—	—	0.20	—	0.15	LF3
79	5A05	0.50	0.50	0.10	0.30~0.6	4.8~5.5	—	—	0.20	—	—	LF5
80	5B05	0.40	0.40	0.20	0.20~0.6	4.7~5.7	—	—	—	Si+Fe:0.6	0.15	LF10
81	5A06	0.40	0.40	0.10	0.50~0.8	5.8~6.8	—	—	0.20	Be:0.0001~0.005②	0.02~0.10	LF6

续表

序号	牌号（新）	化学成分（质量分数）/% Si	Fe	Cu	Mn	Mg	Cr	Ni	Zn		Ti	牌号（旧）
82	5B06	0.40	0.40	0.10	0.50~0.8	5.8~6.8	—	—	0.20	Be:0.0001~0.005②	0.10~0.30	LF14
83	5A12	0.30	0.30	0.05	0.40~0.8	8.3~9.6	—	0.10	0.20	Be:0.005 Sb:0.004~0.05	0.05~0.15	LF12
84	5A13	0.30	0.30	0.05	0.40~0.8	9.2~10.5	—	0.10	0.20	Be:0.005 Sb:0.004~0.05	0.05~0.15	LF13
85	5A30	Si+Fe:0.40		0.10	0.50~1.0	4.7~5.5	0.05~0.20	—	0.25	—	0.03~0.15	LF16
86	5A33	0.35	0.35	0.10	0.10	6.0~7.5	—	—	0.50~1.5	Be:0.0005~0.005②	0.05~0.15	LF33
87	5A41	0.40	0.40	0.10	0.30~0.6	6.0~7.0	—	—	0.20	—	0.02~0.10	LF41
88	5A43	0.40	0.40	0.10	0.15~0.40	0.6~1.4	—	—	—	—	0.15	LF43
89	5A66	0.005	0.01	0.005	—	1.5~2.0	<	—	0.25	—	—	LT66
90	5005	0.30	0.7	0.20	0.20	0.50~1.1	0.10	—	0.25	—	—	
91	5019	0.40	0.50	0.10	0.10~0.6	4.5~5.6	0.20	—	0.20	Mn+Cr:0.10~0.6	0.20	
92	5050	0.40	0.7	0.20	0.10	1.1~1.8	0.10	—	0.25	—	—	
93	5251	0.40	0.50	0.15	0.10~0.50	1.7~2.4	0.15	—	0.15	—	0.15	
94	5052	0.25	0.40	0.10	0.10	2.2~2.8	0.15~0.35	—	0.10	—	—	
95	5154	0.25	0.40	0.10	0.10	3.1~3.9	0.15~0.35	—	0.20	①	0.20	
96	5154A	0.50	0.50	0.10	0.50	3.1~3.9	0.25	—	0.20	Mn+Cr:0.10~0.50①	0.20	
97	5454	0.25	0.40	0.10	0.50~1.0	2.4~3.0	0.05~0.20	—	0.25	—	0.20	
98	5554	0.25	0.40	0.10	0.50~1.0	2.4~3.0	0.05~0.20	—	0.25	①	0.05~0.20	

续表

序号	牌号(新)	化学成分(质量分数)/%										牌号(旧)
		Si	Fe	Cu	Mn	Mg	Cr	Ni	Zn		Ti	
99	5754	0.40	0.40	0.10	0.50	2.6~3.6	0.30	—	0.20	Mn+Cr: 0.10~0.6	0.15	LF5-1
100	5056	0.30	0.40	0.10	0.05~0.20	4.5~5.6	0.05~0.20	—	0.10	—	—	
101	5356	0.25	0.40	0.10	0.05~0.20	4.5~5.5	0.05~0.20	—	0.10	①	0.06~0.20	
102	5456	0.25	0.40	0.10	0.50~1.0	4.7~5.5	0.05~0.20	—	0.25	—	0.20	
103	5082	0.20	0.35	0.15	0.15	4.0~5.0	0.15	—	0.25	—	0.10	
104	5182	0.20	0.35	0.15	0.20~0.50	4.0~5.0	0.10	—	0.25	—	0.10	
105	5083	0.40	0.40	0.10	0.40~1.0	4.0~4.9	0.05~0.25	—	0.25	—	0.15	LF4
106	5183	0.40	0.40	0.10	0.50~1.0	4.3~5.2	0.05~0.25	—	0.25	①	0.15	
107	5086	0.40	0.50	0.10	0.20~0.7	3.5~4.5	0.05~0.25	—	0.25	—	0.15	
108	6A02	0.50~1.2	0.50	0.20~0.6	或Cr:0.15~0.35	0.45~0.9	—	—	0.20	—	0.15	LD2
109	6B02	0.7~1.1	0.40	0.10~0.40	0.10~0.30	0.40~0.8	—	—	0.15	—	0.01~0.04	LD2-1
110	6A51	0.50~0.7	0.50	0.15~0.35	—	0.45~0.6	—	—	0.25	Sn:0.15~0.35	0.01~0.04	651
111	6101	0.30~0.7	0.50	0.10	0.03	0.35~0.8	0.03	—	0.10	B:0.06	—	
112	6101A	0.30~0.7	0.40	0.05	—	0.40~0.9	—	—	—	—	—	
113	6005	0.6~0.9	0.35	0.10	0.10	0.40~0.6	0.10	—	0.10	—	0.10	
114	6005A	0.50~0.9	0.35	0.30	0.50	0.40~0.7	0.30	—	0.20	Mn+Cr: 0.12~0.50	0.10	
115	6351	0.7~1.3	0.50	0.10	0.40~0.8	0.40~0.8	—	—	0.20	—	0.20	
116	6060	0.30~0.6	0.10~0.30	0.10	0.10	0.35~0.6	0.05	—	0.15	—	0.10	
117	6061	0.40~0.8	0.7	0.15~0.40	0.15	0.8~1.2	0.04~0.35	—	0.25	—	0.15	LD30
118	6063	0.20~0.6	0.35	0.10	0.10	0.45~0.9	0.10	—	0.10	—	0.10	LD31
119	6063A	0.30~0.6	0.15~0.35	0.10	0.15	0.6~0.9	0.05	—	0.15	—	0.10	
120	6070	1.0~1.7	0.50	0.15~0.40	0.40~1.0	0.50~1.2	0.10	—	0.25	—	0.15	LD2~2
121	6181	0.8~1.2	0.45	0.10	0.15	0.6~1.0	0.10	—	0.20	—	0.10	

续表

序号	牌号(新)	化学成分(质量分数)/%										牌号(旧)
		Si	Fe	Cu	Mn	Mg	Cr	Ni	Zn	其他	Ti	
122	6082	0.7~1.3	0.50	0.10	0.40~1.0	0.6~1.2	0.25	—	0.20	—	0.10	—
123	7A01	0.30	0.30	0.10	—	—	—	—	0.9~1.3	Si+Fe:0.45	—	LB1
124	7A03	0.20	0.20	1.8~2.4	0.10	1.2~1.6	0.05	—	6.0~6.7	—	0.02~0.08	LC3
125	7A04	0.50	0.50	1.4~2.0	0.20~0.6	1.8~2.8	0.10~0.25	—	5.0~7.0	—	0.10	LC4
126	7A05	0.25	0.25	0.20	0.15~0.40	1.1~1.7	0.05~0.15	—	4.4~5.0	—	0.02~0.06	705
127	7A09	0.50	0.50	1.2~2.0	0.15	2.0~3.0	0.16~0.30	—	5.1~6.1	—	0.10	LC9
128	7A10	0.30	0.30	0.5~1.0	0.20~0.35	3.0~4.0	0.10~0.20	—	3.2~4.2	—	0.10	LC10
129	7A15	0.50	0.50	0.5~1.0	0.10~0.40	2.4~3.0	0.10~0.30	—	4.4~5.4	Be:0.005~0.01	0.05~0.15	LC15
130	7A19	0.30	0.40	0.08~0.30	0.30~0.50	1.3~1.9	0.10~0.20	—	4.5~5.3	Be:0.0001~0.004②	—	LC19
131	7A31	0.30	0.60	0.10~0.40	0.20~0.40	2.5~3.3	0.10~0.20	—	3.6~4.5	Be:0.0001~0.001②	0.02~0.10	183-1
132	7A33	0.25	0.30	0.25~0.55	0.05	2.2~2.7	0.10~0.20	—	4.6~5.4	—	0.05	LB733
133	7A52	0.25	0.30	0.05~0.20	0.20~0.50	2.0~2.8	0.15~0.25	—	4.0~4.8	—	0.05~0.18	LC52
134	7003	0.30	0.35	0.20	0.30	0.50~1.0	0.20	—	5.0~6.5	—	0.20	LC12
135	7005	0.35	0.40	0.10	0.20~0.7	1.0~1.8	0.06~0.20	—	4.0~5.0	—	0.01~0.06	
136	7020	0.35	0.40	0.20	0.05~0.50	1.0~1.4	0.10~0.35	—	4.0~5.0	Zr+Ti:0.08~0.25	—	
137	7022	0.50	0.50	0.50~1.0	0.10~0.40	2.6~3.7	0.10~0.30	—	4.3~5.2	Zr+Ti:0.20	—	
138	7050	0.12	0.15	2.0~2.6	0.10	1.9~2.6	0.04	—	5.7~6.7	—	0.06	
139	7075	0.40	0.50	1.2~2.0	0.30	2.1~2.9	0.18~0.28	—	5.1~6.1	④	0.20	
140	7475	0.10	0.12	1.2~1.9	0.06	1.9~2.6	0.18~0.25	—	5.2~6.2	—	0.06	
141	8A06	0.55	0.50	0.10	0.10	0.10	—	—	0.10	Si+Fe:1.0	—	L6
142	8011	0.50~0.9	0.6~1.0	0.10	0.20	0.05	0.05	—	0.10	—	0.08	
143	8090	0.30	0.30	1.0~1.6	0.10	0.6~1.3	0.10	—	0.25	Li:2.2~2.7	0.10	LT98

注：本表摘自 GB/T 3190—1996。

①用于电焊条和堆焊时，铍含量不大于 0.0008%。

②铍含量均按规定量加入，可不做分析。

③仅在供需双方商定时，对挤压和锻造产品限定 Ti+Zr 含量不大于 0.20%。

④仅在供需双方商定时，对挤压和锻造产品限定 Ti+Zr 含量不大于 0.25%。

参 考 文 献

[1] 唐剑，等．铝合金熔炼与铸造技术[M]．北京：冶金工业出版社，2011.

[2] 周家荣．铝合金熔铸生产技术问答[M]．北京：冶金工业出版社，2008.

[3] 肖亚庆，等．铝加工技术实用手册[M]．北京：冶金工业出版社，2005.

[4] 王祝堂，田荣璋．铝合金及其加工手册[M]．2 版．长沙：中南大学出版社，2000.

[5] 孟树昆．中国镁工业进展[M]．北京：冶金工业出版社，2012.

[6] 徐河，等．镁合金制备与加工技术[M]．北京：冶金工业出版社，2007.

[7] 王德满，潘永富，等．新型铝熔铸机组熔铸铝合金过程的工艺特点[J]．轻合金加工技术，2005(9)：16～19.

[8] 周家荣．英国铝合金添加剂的生产及应用[J]．铝加工，1992(2)：9～13.

[9] 张建新，钟建华．微量添加剂对铝合金晶粒细化的工艺探讨[J]．轻合金加工技术，2002(8)：18.

[10] 杨孟刚．铝及铝合金气幕铸造工艺[J]．有色金属加工，2002(4)：33.

[11] 路贵民，柯东杰，等．铝合金熔炼理论与工艺[M]．沈阳：东北大学出版社，1999.

[12] [日]大崛泓一．铝-镁-硅系合金[J]．杨湘生译．铝加工技术，1989(3、4)：60.

[13] 许石民，孙登月，王祝堂，等．铝合金熔炼铸造能源与资源节约[J]．轻合金加工技术，2004(12)：1～5.

[14] 田守礼．中小型铝加工厂熔铝炉述评[J]．轻合金加工技术，1985(7)：1～7.

[15] 曹学军．蓄热式燃烧器及控制技术在熔铝炉改造中的应用[J]．铝加工，2002(2)：41～43.

[16] 高荫桓．国内外铝合金熔铸技术的现状[J]．轻合金加工技术，1994(10)：7～11.

[17] 何代惠，徐敏，蒋呐．电熔剂精炼工艺在铝锂合金铸锭生产中的应用[J]．铝加工，1999(3)：13～15.

[18] 向曙光，蒋呐．罗杰．熔剂在铝锂合金中的行为[J]．铝加工，2000(2)：8～13.

[19] 党积闰．现代化熔铝炉的技术发展[J]．轻合金加工技术，1988(3)：5～10.

[20] 余志华．熔铝炉用蓄热式烧嘴[J]．轻合金加工技术，2004(12)：13～15.

[21] 魏宝昌，曲贵贞．DJQ-1 型电磁搅拌系统的工业试验[J]．轻合金加工技术，1991(6)：13～17.

[22] [美]Wiesner J J．对流传热式熔炼的理论和实践[J]．张育钦译．轻合金加工技术，1985(11)：1～4.

[23] [美]Marino J A．提高熔炼炉和保温炉效率的高速烧嘴[J]．张育钦译．轻合金加工技术，1984(5)：7～10.

[24] [日]饭田弘文．节能的铝熔炼法——铝快速熔炼炉的研究[J]．李金华译．轻合金加工技术，1983(11)：1～9.

冶金工业出版社部分图书推荐

书　名	定价(元)
有色金属塑性加工原理(有色金属行业职业教育培训规划教材)	18.00
金属学及热处理(有色金属行业职业教育培训规划教材)	32.00
重有色金属及其合金熔炼与铸造(有色金属行业职业教育培训规划教材)	28.00
重有色金属及其合金管棒型线材生产(有色金属行业职业教育培训规划教材)	38.00
轧制工程学(本科教材)	32.00
材料成形工艺学(本科教材)	69.00
加热炉(第3版)(本科教材)	32.00
金属塑性成形力学(本科教材)	26.00
金属压力加工概论(第2版)(本科教材)	29.00
材料成形实验技术(本科教材)	16.00
冶金热工基础(本科教材)	30.00
连续铸钢(本科教材)	30.00
塑性加工金属学(本科教材)	25.00
轧钢机械(第3版)(本科教材)	49.00
机械安装与维护(职业技术学院教材)	22.00
金属压力加工理论基础(职业技术学院教材)	37.00
参数检测与自动控制(职业技术学院教材)	39.00
有色金属压力加工(职业技术学院教材)	33.00
黑色金属压力加工实训(职业技术学院教材)	22.00
铜加工技术实用手册	268.00
铜加工生产技术问答	69.00
铜水(气)管及管接件生产、使用技术	28.00
冷凝管生产技术	29.00
铜及铜合金挤压生产技术	35.00
铜及铜合金熔炼与铸造技术	28.00
铜合金管及不锈钢管	20.00
现代铜盘管生产技术	26.00
高性能铜合金及其加工技术	29.00
铝加工技术实用手册	248.00
铝合金熔铸生产技术问答	49.00
镁合金制备与加工技术	128.00
薄板坯连铸连轧钢的组织性能控制	79.00